闽台传统聚落空间形态研究丛书

张　杰　主编

教育部青年基金项目(11YJCZH229)：两岸文化交流下的闽南古村落保护与发展研究

中央高校基本科研业务费专项资金资助(WZ1122002)：文化生态下的闽台古村落空间形态研究

海防古所：
福全历史文化名村空间解析

张　杰　著

东南大学出版社·南京

内 容 提 要

　　本书基于建筑学、城市规划学的专业基础理论,结合历史学、军事学、地理学、旅游学等相关学科知识,系统剖析了东南海防古所——国家历史文化名村福全的村落空间演变历程,揭示了村落空间形态、民居建筑形态在军事制度、家族血缘、闽海文化、宗教信仰及其不同历史时期的社会制度等间的相互关系,及其在这些文化影响下,福全古村落空间的特征,传统民居的特征,并以此为基础,提出了古村落文化遗产保护与复兴之道。

　　本书可供建筑学、城市规划、设计学、遗产保护专业的研究者以及闽南文化等研究领域的学者、闽南华侨、广大社会读者阅读参考。

图书在版编目(CIP)数据

　　海防古所:福全历史文化名村空间解析/张杰著.
—南京:东南大学出版社,2014.3
　　(闽台传统聚落空间形态研究丛书/张杰主编)
　　ISBN 978-7-5641-4772-3

　　Ⅰ. ①海… Ⅱ. ①张… Ⅲ. ①乡村—空间规划—研究
—晋江市 Ⅳ. ①TU982.295.75

　　中国版本图书馆 CIP 数据核字(2014)第 038205 号

海防古所:福全历史文化名村空间解析

出 版 发 行	东南大学出版社
出 版 人	江建中
网 址	http://www.seupress.com
社 址	南京市四牌楼 2 号
邮 编	210096
经 销	全国新华书店
排 版	南京新翰博图文制作有限公司
印 刷	南京玉河印刷厂
开 本	889mm×1194mm 1/16
印 张	18.75
字 数	581 千
版 次	2014 年 3 月第 1 版
印 次	2014 年 3 月第 1 次印刷
书 号	ISBN 978-7-5641-4772-3
定 价	65.00 元

本社图书若有印装质量问题,请直接与读者服务部联系。电话(传真):025-83791830

序言一

  福全历史上是一座所城,作为福建福全历史文化名村保护规划顾问,我曾两次造访这座明代的边防所城。明代为整饬边防,在北方长城沿线和南方东南沿海建立了一整套的军事防御设施,全国统一认真选址,按地势位置和便于管理调度等需求设立了镇、卫、所、台、燧五级防卫要塞、城、镇和据点。"所"的全称是防御千户所,当时是属于比较重要,也是基层的兵防基地。在海疆,这些所城均设在海防要冲,因此在城堡的选址形制的构成上,就呈现出边防重镇的雄姿。古城石墙残垣,形容山势高峻的海礁、沙滩,令人遐想当年抗击倭寇的疆场,后来战事消停,遂成居住良所。古城内石屋鳞比,巷陌转折,许多新盖的小楼反映了近年来人民生活的改善。古城堡里还建有多个所谓的番仔楼,是当年海外侨胞荣归故里的写照,是外来文化和土著文化的合璧。祠堂、庙宇在小城里也留存了不少,近年来多有修缮重建,有的香火鼎盛,一派融和的景象。福全古堡留有丰富的物质与非物质的文化遗存,并具有自身独特的文化物质和风貌景观特色,是名副其实的历史文化名村。

  当地拥有许多挚爱家乡、热爱传统文化的老居民,特别是些老归侨对老城堡、老历史遗存怀有强烈的感情。他们自发地出资、出力,组织起同村居民修缮宗庙、老屋及一些历史遗迹,并寻觅到我名城中心帮助他们制定保护规划。张杰博士是我的学生,以他为首的团队认真做了名村保护规划,并顺利地通过了评审,不久却传来消息说地方政府要发展产业,擅自在列为保护范围内区域兴建违章的房屋,当地侨领赶到上海来谋求对策,我为此专门以名城中心名义致信给福建省建设厅和文物局,省有关单位发了公文制止了这些破坏行为。真是保护不易,也幸有护宝人士,福全才能得到安全的呵护和合理的发展。

  张杰独具慧眼,他观察到这座城堡所蕴含的丰富建筑文化资源远不是保护规划所能涵盖的。他带领学生们做了更深入的调查和研究,拓展了规划技术层面以外的内容,以城镇空间为线索研究了各类空间演变,解读、分析以及探讨了古村落保护与发展及旅游活动等诸多方面,言之有物,析之有理,洋洋洒洒,数十万字,以福全古堡为例,写出了有深度的研究文集,有益于学科的发展,诚用心之人,费心成事。赞其用心,欣然命笔为序。

阮仪三

2013.11.30

序言二

　　山川揽胜,日月钟华。我的故乡福建晋江福全,是个千年古村。一千多年前,先民从中原大地来到这东海之滨,挥开红壤的第一锄,中原文化、闽越文化、海洋文化的火花从此在这里交汇奔放。1387年,江夏侯安放他在围头半岛的第一个罗盘,从此一座巍峨的边城伴随父老乡亲雄镇海疆。六百多年来,福全古城迎风斗浪,在倭寇多番围城狂攻面前巍然不动令敌胆寒,尤其在倭寇肆虐的明代中叶,卫城永宁两度失守,陷城洗街至为惨烈,金门浯屿甚至沦为倭寇巢穴,唯独我福全所城屹立一方,守城全体乡亲同仇敌忾,在孤立无助、毫无援军指望的情况下,依然拼死抵挡并击败围城三月强敌,有力地保障了闽东南地区人民的安宁,谱写了我国抗倭史上最为可歌可泣的英雄名城里无名英雄们集体创作完胜的不朽史篇。而今,加罗东耸立的岩礁宛如昂然的丰碑闪亮着强悍的先民抵御倭寇、捍卫家园的胸膛;古城城墙的年轮依然倔强地昭示着历史长河的光芒;青任头海滩依稀回映着豪迈的先辈为华夏开疆辟土的渔火青烟;层叠起伏的风涛则永远是伴随着他们跨洋过海千古吟颂的华章。

　　故乡福全古城地处滨海,乡亲们长期与海洋和敌寇搏斗周旋,养成粗犷彪悍的体魄与勇毅开拓的精神,众多的福全人漂洋过海,过台湾,下南洋,四海为生,也把这种福全精神广泛传播。这些中原将士的后裔披荆斩棘在异域开创宏基,并热忱地回馈故乡家园,从这一意义上,福全不仅是晋江著名侨乡、台胞寻根之地,而且是中华民族走向世界的一个中继站。故乡福全地灵人杰,姓氏繁多,鼎盛于明代,有"百家姓,万人烟"之称。历代出将入相,科甲累累,人文荟萃,名医商贾,能人巧匠,英才辈出,充分体现海滨邹鲁的文化景观和泉南重镇的发达经济。由于历史沉淀,福全古城蕴藏着丰富历史文化遗存,并传承五彩缤纷的民间艺术。

　　躬逢李孙忠老师、洪捷序省长及良图、子鸿兄力挺,故乡福全2007年有幸入选第三批"中国历史文化名村"。由上海华东理工大学张杰副教授领军的团队自福全入选"中国历史文化名村"以来,以其丰富敏锐的专业视角,会同"中国历史名镇名村之父"阮仪三教授实地考证、一一收集、记录、拍摄、分析、查证、设计,历经两年心血完成的《福全历史文化名村保护规划》,经过5次专家组论证,终获国家批准。最近张教授根据福全古城千百年来史实和现状,以专精学识为基石,高屋建瓴,条分缕析,撰写成这由东南大学出版社出版的《海防古所:福全历史文化名村空间解析》一书,为我国古建筑学、园林学书丛,增添一朵洋溢着海洋文化、闽南文化、闽越文化的奇葩。《海防古所:福全历史文化名村空间解析》这本书,图文并茂,内容精彩,为人们留下福全居民抗击倭寇、兴建城邑、传播文化、养育子孙生动美好的历史记忆,揭示先祖们胼手胝足创下无名功业,"千秋肝胆常相照,史志留芳颂万年",他们的福泽绵延千百年,他们的精神陶冶了历代子孙,成就了当代福全人的文化基因和古城的文化价值及精神内涵。他们当时的苦心孤诣,浴血牺牲,造就今日子孙兴旺、百业发达的局面。

　　翻开这本书,让我顿然时空反转,坠入五十多年前的孩提时代,不由回忆起在爆竹声时起时落的除夕午夜里屁大小孩的我,一步一颠地跟着中年父亲的身影绕境进香,路径一年东西,一年南北,要么从观音宫起,要么从关帝庙起,一年一度屁颠屁颠地踏着城中一条条早已被先人踩得平滑圆润的石板路,绕着全城二十八座庙宇,虔诚地一一烧香、叩头、祈求平安的曼妙情怀,于朦朦胧胧之中去开启童年的心智和感悟大自然的造化之功；又仿佛回到往日消受着盛夏午分在福全城隍庙里避暑消暑的几十上百号老人小孩围堆着、追逐着说书人"讲古"的逍遥自在与清爽悠然！或许人间的这种不经意的涓涓细流才是千百年来文化传承的真谛。毫无疑问，这本书给海外的游子送去故乡醇醇的祝福，亲切的记载召唤着他们去追寻儿时童年的时光，故乡永远是他们心中圣洁的天堂。这本书给遍布海外乃至港澳台的子裔们报告祖居地的旧貌新颜，幅幅都在娓娓地细说历史的磨难与变迁；故乡父老期冀着他们万世一系，源远流长，伫候着他们频传的报捷喜讯和寻祖返乡的足音回响。这本书给在家乡亲留下此时此地的画面情影，启迪人们重拾流逝岁月的峥嵘；既是实录古城历史文化的浓郁积淀，又是反映当今日常的生活真章。这本书给后来人提供昔日家乡壮丽史诗的图卷，呵护山水一草一木他们重任在肩；缅怀祖德，催唤着他们奋力起锚扬帆远航，吮吸古城文化体系中最雄浑厚重的精髓，再造历史的辉煌！

　　这本书的出版发行，必将激发人们更加钟爱这个饱经风霜的家园，更加珍惜爱护古城文物古迹。本人是建筑学门外汉，无法准确领略建筑学价值的精髓一二。但是该书从不同层面展示出来的福全所城，力透纸背，展现一个沐浴沧桑历史、延续人文情操的著名古城，"历史是无限延续的长河，文化是无限积淀的山脉"。这对于民族传统文化的继承和发扬，有着重大的意义。更为难能可贵的是，张教授不但妙手绘宏图，更见"铁肩担道义"！他面对置国家政策法令及政府文件而不顾的违建违法行为，拍案而起，敢于正面回击，为学界参与地方保护历史遗存树立了光辉典范——这些都令人动容，故斗胆略述感受，是为序。

许瑞安

2013.12.06　初稿于台湾海洋大学

许瑞安，新籍华裔学者，教授，博士生导师。

目　录

第一章　闽海文化孕育下的福全古村落

1　福全村的自然与社会发展概况

　　福全古村落位于福建省晋江市金井镇镇域范围内。晋江市地处福建东南部沿海,金井镇位于晋江东南沿海,东临台湾海峡,西连英林镇,北接龙湖镇、深沪镇,南距金门岛仅 5.6 公里。福全古村落则位于金井镇的南部、围头半岛东侧,背山面海,东临台湾海峡,北接石圳村,南连溜江村,西邻沿海大通道。古村落西南离金井镇区 3 公里,东北距深沪镇约 11 公里,北距石狮 22 公里,距泉州 45 公里,水路距离金门 5.8 公里,距离香港 312 海里,距离福州 170 海里,交通相对便捷。(如图 1-1 所示)

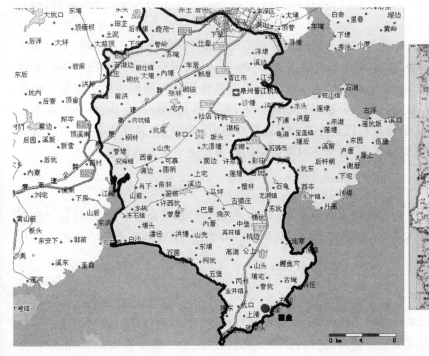

图 1-1　福全古村落的区位图

　　福全古村落历史悠久,唐代光启年间,林延甲戍守于此;宋代福全已成为我国东南沿海的一大商贸港,成为海上丝绸之路的重要组成部分;明代洪武年间江夏侯周德兴选此地修筑福全所城,置福全守御千户所。

　　自古福全古村落读书应试科举士人济济,至有"无姓不开科"之说。中进士者 11 人,中举人者多人,其中有"父子进士"蒋光彦、蒋德璟,"兄弟进士"蒋德璟、蒋德瑗。此外,福全还有蒋沂泉、陈洪椿等名医,蒋继勋、庄南亭和陈朝礼等慈善家。

　　2007 年,福全古村落被国家建设部授予"国家历史文化名村"称号,整个古村落内现有福建省、泉州市、晋江市(县)级文物保护单位 4 处,历史文化遗存数十处。非物质文化遗存有"玉成轩"布袋戏、大鼓吹、福全"内帘四美"嘉礼戏、纸扎工艺、御前清曲南音社、高甲戏等。

1.1　村落自然环境

福全村地处低纬度,东临台湾海峡,属亚热带海洋性季风气候,气候条件优越,气候资源丰富。冬半年主要受蒙古冷高压控制,盛行偏北风,气温低,干燥少雨;夏半年主要受副热带高压影响,盛行偏南风,气温高,湿润多雨。冬、夏半年的气候特征截然不同。由于季风活动的不稳定性,造成各种气候要素年际间变化大,也是自然灾害频繁发生的根本原因。全年气温差异小,夏无酷暑,冬无严寒。年平均气温为20.4℃,趋势为内地较沿海略高。降水量年际间变化大,少雨年份降水量不及多雨年份的一半。气象灾害频繁,热带气旋(即台风)、干旱、洪涝、雷电等气象灾害发生概率大。

福全村地质属闽东滨海加里东隆起带。整个村域地势西北为丘陵山地,东南为海域,呈现由西北向东南倾斜的形态。古村落则坐落在村域偏东南沿海、地势相对低的丘陵坡地上。

整个村域范围内自然环境保护较好,自然资源相对丰富。村域西北部、东南部沿海处为成片的木麻黄林地,近海处为保护较好、尚未开发的海滩,海水水质较好,基本没有受到周边工业企业发展的污染影响。

1.2　村落人口发展与华侨状况

2006 年,福全村总人口 1 464 人,423 户,出生 9 人,死亡 18 人,迁入 24 人,迁出 26 人。2007 年,总人口 1 453 人,418 户,出生 12 人,死亡 17 人,迁入 21 人,迁出 20 人。根据近 5 年来的人口变迁情况看,福全村人口趋于负增长。

另外,古村落至今尚存 24 个姓氏,是典型的侨乡。旅居海外的福全籍华侨数万人,其中较具有代表性的有旅居台湾的林氏家族后裔达 4 000 多人,卓氏家族后人达 2 000 多人,旅居菲律宾的陈氏家族后人达 3 000 多人,蒋氏家族后人达 2 000 多人、许氏家族后人 500 多人等。这些旅居海外的华侨对福全古村落饱含眷眷乡情,每年都会派遣各自的族人回到福全祭拜自己的先人,修葺祖坟、祖厝、家庙,并且出资为古村落修筑道路、桥梁、学校、寺庙等,其中较具有代表性的如旅居香港的曾国雄先生、陈荣典先生、许自展先生等出资上千万元修建了桥梁、道路、城墙等,为福全古村落面貌的改善作出了巨大的贡献。

1.3　村落经济发展状况

目前,福全村村级经济不是很好。全村拥有小企业 5 家,其中,服装生产加工企业 2 家,石料加工企业 2 家,五金加工企业 1 家,村级经济收入约 50 万元。全村可耕地约 300 亩,从事农业生产的农户约 60 户,农民人均纯收入约 8 000 元/年。

1.4　村落土地利用状况

古村落西部为林地,东部紧邻后垵村农宅用地,东北部为农田与林地,南部为溜江村农宅用地。古村西门外为工业用地与居住用地,村落内用地主要构成包括:住宅用地、林地、公共服务设施用地、市政设施用地以及宗教用地等。(如表 1-1 所示)

表 1-1　福全村用地现状情况表

分　类	面积(公顷)	占基地(%)
居住用地	28.00	50.04
公共设施用地	1.40	2.50
商业用地	0.85	1.52
工业用地	2.70	4.82
道路交通用地	3.90	6.97
工程设施用地	0.19	0.34
公共绿地	1.05	1.87

分　类	面积(公顷)	占基地(%)
旱地	9.18	16.40
果园苗圃	1.75	3.13
草地	5.13	9.17
未利用地	0.80	1.43
城门	0.05	0.09
水域	0.95	1.70
环卫设施用地	0.01	0.02
总和	55.96	100

1.5　公共服务设施

福全村内的公共服务设施主要有 3 处：小型农贸市场、老年活动中心、卫生所及溜江信用社。其中农贸市场位于北门附近的北门街西侧，占地约 30 平方米，建筑面积约 20 平方米；另一处位于南门至东门间，占地约 150 平方米，建筑面积约 100 平方米；第三处位于公所南侧，占地约 150 平方米，建筑面积约 100 平方米。老年活动中心位于公所南侧的农贸市场上，建筑面积约 100 平方米。卫生所位于原公所内，建筑面积约 60 平方米。另外在古村西门外建有邮电局，建筑面积为 220 平方米；南门处有信用社，建筑面积约 400 平方米，4 层。在村落南门外的溜江村内还建有派出所、小学、幼儿园、小饭店及酒楼 3 处，另有建筑面积为 800 多平方米的服务设施。总之，整个古村落公共服务设施相对完善。

1.6　村落交通状况

古村落内街道纵横交错，多呈丁字形连接。主要街道有北门街、西门街、太福街、文宣街、庙兜街等。西门为古村落主要的对外联系的大门，与沿海大通道直接相连。沿海大通道路面宽 30 米，为水泥路面，从古村落西北部东西向横贯整个村域。北门外有一条村道联系古村、后垵以及溜江，并可直接到达海边，路面宽约 3 米，为泥石路面。另外，南门有一条村道直接与溜江村相连，路面宽 12 米，为水泥路面。

1.7　村落行政管治

福全村自唐代光启年间就有军队戍守建设；在宋代时隶属于安仁乡弘歌里；明清属于十五都；民国时期属于金井镇福全保；1951 年属于十二区；1952 年属于二十区；1956 年属于金井区爱群乡；1959 年属于金井公社福全生产大队；1988 年至今属于金井镇福全村委会管理。目前村委会位于原福全小学内，占地约 2 000 平方米，建筑面积为 1 000 多平方米。

1.8　问题提出

基于上述，福全古村落到底是一个什么样的村落，其村落空间形态是如何变迁的，是否存在规律性，村落的道路系统、建筑形制与类型、建筑结构与构造、装饰艺术及其公共空间、祠堂建筑、庙宇建筑等等村落文化景观又包含哪些特征与特色，村落的内在文化是什么等问题值得我们研究。另外，古村落如何保护、如何发展等问题引发我们思考。

2　探寻福全古村落研究的背景

2.1　研究概述

漫长的中华文明孕育出了不少风貌古朴、性格迥异的古村落，它们点缀在中国广袤的土地上，灿若星辰。对此,学术界开展了广泛而深入的研究,其历史可以追溯到 20 世纪 30～40 年代,较早在建筑科学领域以传统民居建筑为研究对象,开展了建筑空间、营造技术、美学艺术、文化特性以及民居保护等研究,如刘敦桢、梁思成、刘致平等就是其中较早进行传统民居研究的代表学者。另外,在社会学与人类学方面,也出现了一批以村落为研究单元的经典著作,其中费孝通、杨懋春、林耀华等代表学者的研究成果得到了国际学术界的认可和广泛好评。之后历史学、民俗学、美学、地理学和旅游学等学科的学者也从不同的专业层面、不同的研究视角对古村落进行研究,内容主要涉及:建筑文化与技术、人居环境、空间与演变、历史遗产保护与旅游开发等。其中,比较典型的研究如:

在人类学方面,突破了"让村庄代表中国"的视野局限,注重聚落与"中国"间的关系问题的研究,关注的是与国家、宇宙观、政治经济过程、意识形态等概念相结合的"中国",如王铭铭通过对"溪村"研究,详细叙述了闽南安溪县溪村的社会生活史,揭示了一个"血缘群体"在寻求自身地域的"小传统"文化过程中如何协调现代文化和"反民间文化"的"大众文化"的压抑并再度创造自身社区的活力。另外,其《村落视野中的文化与权利——闽台三村五论》《社乡土社会的秩序、公正与权威》《逝去的繁荣——一座老城的历史人类学考察》等著作都对闽南地区的传统村落进行了人类学层面的系统研究,这些研究对于本课题的研究具有一定的启发与借鉴的意义。另外,孟凡行(2011)比较了中西方的村落与部落,认为西方人类学语境中的部落和中国的村落有着很大的不同,就两者的结构来看,村落有着部落所不具有的以"村落边界"为限的内外部多级结构,而其外部结构在一定程度上表现为"村落边缘",他据此提出了"村落边缘"的概念,并初步分析了这个概念的理论潜力。❶ 杨东升(2011)通过苗族古村落结构特征形成的文化地理背景分析,揭示了苗族古村落分布及形态结构是苗族历史文化和生境适应的综合反映,蕴含着苗族文化与生境适应的历史解码。❷ 而美国人类学家 F. 博厄斯和 A. 克罗伯,在研究北美的土著民族印第安人时,通过认真思考文化与环境的联系、印第安人的行为和文化,考察印第安人如何与其周围环境相适应以及环境如何在一定程度上塑造着印第安人文化,形成了所谓"文化区"的研究。1955 年,美国人类学家 J. 斯图尔德(Julian H. Steward)的《文化变迁理论》,阐述了文化生态学的基本理念,标志着文化生态学的诞生。近年来,关于古村落文化的适应与转型成为研究的热点,研究的内容包括文化适应与转型的方式、动力和存在问题以及转型过程中原真性的保持等。Paul C 从文化转型的时代背景和人们对现实发展的新展望入手,分析了村落传统文化转型的特性、内在动力和转型中在政策、民族和道德等方面存在的问题。Marko K 分析了斯洛文尼亚制定的村落改革和地区整体发展战略,认为旅游作为一个重要的支柱项目,将聚落文化、农业文化和生态作为旅游资源来开发,为未来旅游活动创造好的市场前景。J Xavier G 以"遗产是财产还是义务"为论题,通过分析博物馆质量、遗产相关服务的供应以及愿意得到服务的人之间的相互依存关系,建立了"遗产生态系统"。

在地理学方面,则从社会、经济、人口、土地利用等多方面研究聚落。车震宇(2010)以黄山市西递村的旅游发展与形态变化为例,引入村落意象要素,分析从渐变型到稳定型村落形态的变化特征,构建了旅游对稳定型村落形态变化的影响因素框架,指出完善的地方政策、严格的管理整治、村落人口零增长是主要影响因素,并讨论了稳定型村落发展中的利弊,为其他旅游村落的发展提供有益的启发与借鉴。❸ 张建(2010)运用自组织理论对传统村落形态演变进行了研究,阐述传统村落形态的自组织特征、演变过程和演变序参量,提出传统村落形态更新的基本原则。❹ 白佩芳、杨豪中、周吉平(2011)从村落非物质文化遗产与物质遗产二者关系的角度探讨了传统村落文化研究的理论基础、方法论以及研究过程中采用的手段,以此,架构出传统村落中场所与行为活动二者之间的互动关系,厘清传统村落文化的脉络。❺ 另外,德国地理学家科尔的《人类交通居住与地形的关系》、日本藤井明的《聚落探访》、英国 R. W. 布伦斯基尔的《乡土

---

❶ 引自:孟凡行."村落边缘"——中国乡村研究忽视的维度[J].社会科学家,2011(2):42-45。
❷ 引自:杨东升.论黔东南苗族古村落结构特征及其形成的文化地理背景[J].西南民族大学学报:人文社会科学版,2011(4):30-34。
❸ 引自:车震宇.旅游影响下稳定型村落形态变化特征及影响因素分析——以黄山市西递村为例[J].生态经济,2010(5):124-127。
❹ 引自:张建.自组织理论视角下的传统村落形态演变初探[J].福建工程学院学报,2010(3):222-226。
❺ 引自:白佩芳,杨豪中,周吉平.关于传统村落文化研究方法的思考[J].建筑与文化,2011(8):102-103。

建筑图示手册》都从地理学的视角,对村落的选址、布局、形态、分布、地域特点等展开了研究。

在建筑学与城市规划学方面,已从单纯的民居研究延伸到古村落的人居空间、聚落形制、聚落保护等领域。戴志坚先生长期从事闽南建筑研究,其《闽海民系民居建筑与文化研究》、《福建民居》、《闽台民居建筑的渊源与形态》等,都从地域文化的视角,探讨了闽南民居的平面布局、外部造型、结构体系及其细部装饰等,这些研究对于本研究具有一定的启发意义。陈志宏针对闽南近代建筑展开研究,该研究基于近代中西文化交融的时代背景,通过在侨汇经济、城市文化、近代营造业的兴起等方面系统研究,分析了侨乡建筑文化形成的社会背景,侨乡建筑类型等内容,剖析了传统建筑的近代延续演化、外来建筑影响的地域化过程,揭示了闽南近代建筑发展的规律与特征。❶ 另外,戴林琳、吕斌(2009)在对北京东郊历史文化村落开展大量实地调研的基础上,提出了对现有建设部所颁布的"中国历史文化名镇(村)评价指标体系"的补充修正,并对该区域村落保护与发展的现状予以综合评价,同时,针对性地提出保护策略。❷ 张健(2010)以明十三陵风景名胜区"陵邑"村落为例,分析其在发展演变过程中的职能转型、空间结构与形态、发展趋势等,探讨"陵邑"村落保护与发展的内在规律,提出了正确处理保护与发展关系的办法。❸ 李婷婷、郑力鹏、高云飞(2011)以广东省梅县茶山村为例,对民居单体采用绿色修缮设计和简洁标识设计,使民居建筑风格得以保留,使村落规划布局、自然环境等因素得到有效保护;同时,指出以保护为前提进行的旅游开发设计理念可以使传统建筑群得到普遍性保护与延续。❹

综上研究成果,可以看出:国内外的研究涉及学科广泛,成果丰富,相关研究已经形成了一种跨学科多维研究的局面。在研究技术与手段方面,借鉴了多学科研究方法,强调对具体案例进行研究和比较分析,广泛采用文献研究、调查研究、实地研究、比较分析和社会统计等基本方法。国内的研究主要集中在特征价值、形成与演变、保护方法、发展对策和旅游发展研究等方面。总体而言,内容广泛而全面,但不均衡,特别是对闽南地区的古村落研究成果多局限于社会学、人类学,以建筑学为主的研究成果在数量上不多。另外,在许多方面还有待进一步深化,具体表现在:(1)古村落的研究大多是根据现有村落所进行的研究,缺乏对村落生成机制以及形态发展演变的历史考察。(2)研究者较为重视对村落社会组织结构、经济关系、耕作制度、外部景观进行研究,从而忽略了包括村落自身发展演变规律在内的整个文化生态的系统研究。(3)古村落研究过多地局限于具体的案例或物质空间中,缺乏村落文化的适应性、文化的变迁与村落空间演变关系的系统研究。(4)研究者缺乏村落的实地调查与资料的收集。事实上,传统村落中的家谱、碑刻铭文以及口述史料对村落研究都具有重要的价值。此外,实地调查则可以更直观地观察村落的传统民居、祠堂家庙、景观形态、生产方式、村落文化、选址布局等要素。

2.2　研究意义

选择福全古村落作为研究对象是基于:

(1) 2007 年,福全被国家建设部评选为国家级历史文化名村,2008 年受地方政府的委托,我们编制了《福全历史文化名村保护规划》。在编制规划过程中,我们对福全古村落进行了十余次的全面而深入的调研,收集了大量的基础资料,这些资料包括人、房、地三方面相互关联的信息,即指每户村民的家族变迁的信息、姓氏辈分、经济收入信息,职业、人口、年龄等信息;房屋建筑的风貌、层数、建造年代等;以及用地等相关信息。该规划编制历时一年多,最终通过了福建省住建厅组织的专家论证。之后的数年中,我们做了多次回访,跟踪了整个村落的保护与发展过程。

(2) 在五年多来的调研与回访过程中,我们得到了福全村民的大力支持与帮助,特别是乡贤蒋福贤、

❶ 引自:陈志宏.闽南近代建筑[M].北京:中国建筑工业出版社,2012:1-5.

❷ 引自:戴林琳,吕斌,盖世杰.京郊历史文化村落的评价遴选及保护策略探析——以北京东郊地区为例[J].城市规划,2009(9):64-69.

❸ 引自:赵之,枫闫惠,张健.世界遗产地传统村落空间演变与发展研究——以明十三陵风景名胜区"陵邑"村落为例[J].华中建筑,2010(6):93-95.

❹ 引自:李婷婷,郑力鹏,高云飞.古村落的保护发展与规划设计——以广东省梅县茶山村为例[J].建筑学报,2011(9):104-106.

翁永南等前辈给予了我们极大的帮助。另外,诸多华侨,如许瑞安、曾国雄、陈荣典、许自展等都给予了我们极大的帮助与关怀,这是促使我们选择福全作为研究对象的情感缘由所在。

(3) 在五年多来的古村落发展中暴露出了许多问题,如村民自发保护古村落遗产的过程中,存在着诸多保护不当的行径,另外,地方政府缺乏监管及其不作为的行径造成了村干部带头违建违法的事件屡有发生,等等,这些问题都是当前其他地区遗产保护过程中同样面临的问题。因此,这些问题具有一定的普遍性,值得我们去研究、剖析其原因,探寻解决问题的办法。

(4) 福全地处闽南沿海,是闽南地区较为典型的血缘与地缘型村落,具有一定的普遍性,与此同时,福全古村落又在明清时期作为东南沿海抗倭、抗击外敌入侵的重要的军事防御村落,存在着诸多特殊性。另外,该村落与菲律宾、马来西亚、中国台湾和香港等地区有着密切的来往,在村落形态、建筑形制、宗祠文化等方面存在诸多相似的特征,存在着一定的历史渊源与情结,因此,选择福全作为研究对象具有诸多的学术价值与时代意义。具体而言:

① 完善古村落研究的体系。本研究基于建筑学的基础理论,综合运用了历史学、考古学、军事学、宗教文化、旅游等学科的相关理论与知识,系统而多维地解析了福全古村落空间演变的规律与影响因素,古村落空间结构防御体系,街巷空间以及环境变迁与村落形态、传统民居、景观、生态之间的关系,军事制度的变迁对村落空间结构的影响等等内容,这对于完善古村落研究体系具有重要的学术价值,对于弥补闽南地区古村落研究中的不足具有一定的学术意义。

② 推动闽南地区历史文化遗产的保护工作,完善保护制度。众所周知,随着城市化进程的加快,许多古村落的遗产正遭受着毁灭性的破坏。而福全古村落目前面临的诸多问题具有一定的普遍性,因此,本研究有利于抢救文物古迹,有利于推动闽南历史文化遗产的保护工作,有利于完善保护制度。

③ 有利于社会主义新农村的建设,促进旅游发展,推动文化制度的创新。目前,从新农村建设、政策层面上进行古村落的保护与发展的研究较少。所以,本研究无疑有利于新农村的建设。另外,本课题是通过对一系列文化的分析,探索古村落内的宗族、民间信仰与村落空间的关联性,这对于激发闽台乃至东南亚华侨的乡土情结,促进闽台及其周边地区的旅游互动发展等具有一定作用。据此,本研究能为农村物质文明和精神文明建设提供丰富的资源,具有一定的现实意义。

3　福全古村落的地域文化解析

要读懂福全古村落的空间形态,首先必须了解其地域文化。福全地处闽南沿海地区,其地域历史文化漫长而丰富,因此,有必要深入考察其地域文化,这是揭示其村落特色的前提与基础。

3.1　闽南地域

闽南地处福建省的东南部。从历代行政区划的角度来看,闽南主要由泉州府和漳州府组成,厦门曾长期隶属泉州府的同安县。另外,戴志坚先生从民系—语言—民居类型的演变角度,认为"闽南区占有今福建省今泉州市、厦门市、漳州市和龙岩市的部分县市和广东省潮汕地区"❶。该研究是从广泛的范围划分了闽南的区域,形成完整的研究文化圈。而何绵山先生认为源于中原河洛文化的闽南文化,闽南方言的"存在范围大致包括福建闽南地区和龙岩漳平、广东潮汕地区、雷州半岛、海南大部分地区、台湾地区"❷。厦门大学的曹春平先生认为:闽南在地理区域上指福建省南部的泉州市、漳州市、厦门及其所辖的德化、永春、安溪、南安、惠安、晋江、石狮和南靖、东山、漳浦、龙海、华安、同安等县市,面积约 2.5 万平方公里;泉、漳、厦三地位于福建沿海的晋江流域和九龙江流域,在地理上相邻,同风同俗,以闽南语系作为该地区的主

---

❶ 引自:戴志坚.闽海民系民居建筑与文化研究[D].华南理工大学学位论文,2000:123。
❷ 引自:何绵山.闽台区域文化[M].厦门:厦门大学出版社,2004:33。

要方言(少数为客家语系和潮汕语系)。❶

3.2　民系视野下的闽海文化

3.2.1　民系

民系(sub-nation),指一个民族内部的分支,分支内部有共同或同类的语言、文化、风俗,相互之间互为认同。其引申义用来指同属一地区有相互认同的人,不一定需要符合内部语言、文化、风俗相同的要求,民系使用仅限中国大陆。它是由广东学者罗香林因汉族等庞大的民族,因时代和环境的变迁而逐渐分化形成微有不同的亚文化群体现象而创立。❷　经半个多世纪的发展,这一术语已约定俗成,为中外学术界所接受。

民系的内涵是同一民族内部具有稳定性和科学性的各个独立的支系或单元。❸　因此,潘安先生认为"民系是一种亚民族的社会团体,是民族内部交往不平衡的结果,每个民系都有自己的方言、相对稳定的地域和程式化的风俗习惯与生活方式"❹。

（1）南方民系

现在汉民族存在着七大民系、十大方言(如表1-2所示)。另有一些学者根据地域、语言、文化中心等将之划分为十六大民系(如表1-3所示)。

表1-2　民族语言与民系构成

方言	北方官话、江淮官话、西南官话、晋语	吴语	赣语、湘语	闽语	粤语	客家语
民系	汉民族主体	越海系	湘赣系	闽海系	广府系	客家系

资料来源:戴志坚.闽台民居建筑的渊源与形态[M].福州:福建人民出版社,2002:8。

表1-3　地域、语言与民系构成

序号	民系	分布	语言	文化中心	经济中心
1	东北民系	东三省除大连以外的地区	东北官话	沈阳、长春、哈尔滨	沈阳、长春、哈尔滨
2	燕幽民系	北京和河北北部	北京官话	北京	北京
3	华北民系	山东中西部和河北大部	冀鲁官话	济南、天津、保定	天津、济南、唐山、石家庄
4	胶辽民系	山东东部和辽宁南部	胶辽官话	青州	青岛、大连
5	中原民系	河南、山东西部、江苏北部、安徽北部	中原官话	徐州、安阳、洛阳、开封、曲阜、阜阳	郑州、洛阳、徐州
6	晋绥民系	陕西北部、山西、内蒙古河套地区	晋语	太原、呼和浩特	包头、太原、大同
7	关中民系	陕西中部、甘肃南部、宁夏南部	关中官话	西安、咸阳	西安、宝鸡
8	西北民系	甘肃北部、宁夏北部	兰银官话	兰州、银川	兰州
9	上江民系	陕西南部、四川、重庆、贵州、云南、广西西北部、湖北中西部、湖南西部	西南官话	成都、武汉、重庆、昆明	重庆、成都、武汉
10	下江民系	安徽中部及南部沿江地区、江苏中部及西南部	江淮官话	扬州、南京、安庆	南京、芜湖、镇江、合肥

---

❶ 引自:曹春平.闽南传统建筑[M].厦门:厦门大学出版社,2006:1。
❷ 引自:百度知识(EB/OL).http://baike.baidu.com/view/835987.htm。
❸ 引自:戴志坚.闽台民居建筑的渊源与形态[M].福州:福建人民出版社,2002:6。
❹ 引自:潘安.客家民系与客家聚居建筑[M].北京:中国建筑工业出版社,1988:2。

续表 1-3

序号	民系	分布	语言	文化中心	经济中心
11	湖湘民系	湖南大部、广西东北部	湘语	长沙	长沙、湘潭、株洲岳阳
12	江西民系	江西	赣语、客家话、江淮官话、吴语、徽语、西南官话	南昌、赣州、景德镇	南昌、赣州、九江
13	吴越民系(江浙民系)	江苏东南部、浙江大部、安徽东南部(宣城部分地区、黄山市)、江西东北部分地区(上饶市的信州区、上饶县、广丰县、玉山县)、上海、海外	吴语、徽语	苏州、绍兴、上海、杭州、黄山市	上海、苏州、杭州、无锡、宁波、温州
14	客家民系	江西南部和西北部、广东东部和北部、广西北部以及南部沿海、福建西部,湖南、四川部分地区,台湾全岛,海外	客家话	梅州、赣州、惠州	惠州、深圳
15	河洛/闽海民系	福建中东部、广东东部、海南,台湾全岛,海外	闽北语、闽南语	福州、泉州、台北、潮州	福州、泉州、厦门、台北、汕头高雄
16	广府民系	广西东部、广东中西部,港澳地区,海外	粤语	广州	香港、澳门、广州、佛山、南宁珠海

资料来源:http://baike.baidu.com/view/835987.htm

罗香林先生早在20世纪30年代研究客家源流时,就对汉民族的民系形成提出:首先,将汉民族共同体分为北系和南系二大支脉。所谓北系就是我们通常所说的北方人,也就是一般意义上的中原汉人;南系则是由于南迁而形成的南方各大民系的总称。南系汉人在总体上可以分为五大分支——越海系、湘赣系、广府系(又称南汉系)、闽海系和客家系。❶ 另外,在近20年来的研究中,南系或者东南系已经成为一个被普遍使用的概念。在考古学、文化人类学、文化地理学等学科对中国区域文化的研究中,南系成为了探究文化体系的核心概念,并逐步被看作中国地域文化的一种独特类型,它可以指人类社会早期的土著群落——百越文化,也可以指北方汉文化南迁到江南后与百越文化融合形成的东南传统文化。❷

(2)闽海民系

中国南方的五大民系都是民族迁徙的产物,闽海系是汉民族的大迁徙过程中逐步形成的。根据历史学、语言学、人类学等领域的学者研究表明:闽海系的产生受到三方面因素的影响❸:①语言条件。地方方言的产生是民系产生的前提条件。②外界条件。战乱、异族入侵、社会动荡加速了民系的产生过程。③自然条件。闽海人定居的地方交通不便,外界信息难以沟通,人们老死不相往来,割断了汉民族与其他民族的联系。在这三大方面因素的共同作用下,在汉民族文化发展过程中,闽海系的先民保存的原中华文化系统和语言系统逐渐产生变异,形成了相对独立的闽海系。

闽海系的分布基本上与今福建省的行政区域相吻合,仅闽西、闽西南为客家系所占,福建最北的浦城县为越海系的南部边界。闽海系的南部边界跨出了福建省界延伸到广东的潮汕地区,东部边界越过台湾海峡延伸到台湾、澎湖列岛等岛屿。

3.2.2　闽海文化的主要特征分析

(1)人口大迁移下的闽南历史钩沉

在民系的概念中,人口迁徙是形成民系的关键因素。人口迁移(population movement)是指人口在地理空间上的位置变动,包括为经济、娱乐等目的而暂时离开居住地的人口位置变动和以寻求新居住地为目

❶ 引自:戴志坚.闽台民居建筑的渊源与形态[M].福州:福建人民出版社,2002:8。
❷ 引自:余英.中国东南系建筑区系类型研究[M].北京:中国建筑工业出版社,2001:18-19。
❸ 引自:戴志坚.闽台民居建筑的渊源与形态[M].福州:福建人民出版社,2002:14。

的的非暂时性人口移动❶。我国 2 000 多年的发展历程,经历了几次人口大迁移,随着人口的大迁移,文化也随之迁移,并与地域文化结合形成新的文化类型。

考察闽海文化的形成过程。福建历史悠久,文化璀璨。早在 5 000 年前,先民们就在福建这块土地上繁衍生息,并创造了与黄河中下游的仰韶文化、长江中下游的河姆渡文化相媲美的昙石山文化。据考古发现的资料表明❷:福建在先秦以前,河谷盆地和东部沿海平原的先民们(土著居民)在当时已经过着相对稳定的定居生活,形成了一定规模的氏族村落。

商周时期,福建属于“七闽”地,是福建之始,也是简称“闽”的由来。“七闽”其活动区域除了今福建全境外,还北涉浙江温州,南入广东潮州,西接江西余干,成为周代以来华夏的东南土著❸。

春秋时期越国为楚所亡后,越人南迁与东南土著文化融合。战国秦汉,先前活动于东南地区的土著诸蛮逐渐从汉文献中“消失”,代之于为越、闽越、东贩(越)、南越、西贩(越)与骆越、干越、扬越等不同支系的“百越”民族。由于楚国称霸江南和秦汉统一王朝的建立,以楚、汉文化为核心的外来文化逐渐移入东南地区,使东南早期土著性质的古文化相继终结。而华夏族对包括闽越在内的东南人文的认识逐步加强,闽越及其先民的历史文化也开始零星地出现于汉族文献中,“闽越”就是西汉时期出现的名字,它是越人与土著的闽人融合成为的闽越族。

秦始皇灭六国,建立了强大的中央集权及郡县制度,福建地区也设立了闽中郡,在中国版图上第一次出现了福建行政区。汉高祖五年(前 202),闽越国的建立,揭开了福建文明史的第一页。秦代和汉初中央政府虽然先后在福建设立闽中郡和闽越国,但均实行“以闽治闽”的方略,汉文化在福建的影响较少。

三国时期,占据江浙的孙吴政权把福建作为东吴的后方基地,五次出兵福建,一是经崇安入闽北的山路,一是经福鼎入闽东的海路,并在闽北建立对福建的统治,部分将士留驻福建与当地人通婚,繁衍后代。永安三年(260),置建安郡(今建瓯),成为福建第一座郡城,揭开了汉文化大规模传入福建的序幕。

晋太康元年(280),建安郡分设建安、晋安(今闽侯)两郡,属扬州管辖。南北朝梁天监年间(502—519),晋安郡人口增加,分出南安郡(今南安),从此,泉州一带开始繁荣。此时福全古村落的黄氏入闽,并在随后的几年间迁居泉州❹。陈永定年间(557—559),又于建安、晋安、南安三郡之上设闽州,这是福建自成一州的开始❺。

西晋末年,统治阶级内部爆发了诸王混战,衣冠士族纷纷渡江避难,“始闽者八族:林、黄、陈、郑、詹、邱、何、胡”❻,主要定居在闽北和闽江下游。东晋后,一部分汉人辗转到木兰溪和晋江流域,他们沿江而居,“晋江”因此而得名。同时,客家先人也迫于战乱,开始南迁,至宋末明初完成迁徙,居住在闽西山区,成为当地的主要居民。

南朝梁侯景之乱(548—552),是中原部分士族和大批劳动人民大规模南迁入闽时期,成为历史上第一次汉族移民入闽的高潮❼。他们集聚在福建建溪、富屯溪流域以及闽江下游和晋江流域,使闭塞而相对稳定的福建,在中原先进文化和生产技术的冲击下,农业和手工业逐步得到发展。

隋朝的建立使中国得到第二次大统一,大业三年(607),炀帝废州并郡,福建地区只设建安一郡,辖四县:闽县、建安、南安、龙溪,郡治设在闽县。

唐朝早期,又改郡为州,福建行政建制有较大的调整变迁,下设福州、建州(今建瓯)、泉州等三州。唐总章二年(669),泉、潮间“蛮獠啸乱”,居民苦之。高宗李治诏令中州颍川人玉铃卫左郎将陈政为岭南行军

---

❶ 引自:王恩涌,赵荣,张小林,等. 人文地理学[M]. 北京:高等教育出版社,2000:58。
❷ 引自:曾凡. 从考古发现谈福建史前社会的发展问题[M]//福建历史文化与博物馆学研究. 福州:福建教育出版社,1993:3。
❸ 据《周礼·夏官·职方氏》记载:职方氏掌天下之图,以掌天下之地,辨其邦国、都鄙、四夷、八蛮、七闽、九貉、五戎、六狄之人民。
❹ 引自:许瑞安. 福全古城[M]. 北京:中央文献出版社,2006:137。
❺ 引自:建瓯县地方志编纂委员会. 建瓯县志[M]. 北京:中华书局,1994:3。
❻ 据乾隆《福州府志》卷 75,外记,引《九国志》记载:晋永嘉二年(308),中州板荡,衣冠始入闽者八族:林、黄、陈、郑、詹、邱、何、胡是也,以中原多事,畏难怀居,无复北向,故六朝间仕宦名迹,鲜有闻者。
❼ 引自:李如龙. 福建方言[M]. 福州:福建人民出版社,2000:4。

总管,率府兵3 600人由闽北入闽征讨舍民起义,其母魏氏也挂帅后援入闽,击溃蛮獠,平定闽粤❶。随后,陈政家族与其所率唐府兵及其后裔,在闽地生息繁衍。武则天皇帝于垂拱四年(688)六月二十九日敕建漳州郡县,作为福建第四州,也是历史上第二次汉族移民入闽的主要居住地。唐开元十三年(725),置福州都督府,辖福、建、泉、漳、汀(原称长汀)五州,"福州"之称始见于史;开元二十一年(733),从福州、建州各取一字置福建军事经略使,从此有了"福建"的名称。❷ 对于福全古村落而言,据村落家谱记载,林氏、留氏、刘氏、许氏、翁氏、尤氏等先祖都是在这一时期入闽,特别是林氏先祖林延甲于景福二年(893)在福全开基,这是福全古村落家族中最早详细记载的开基始祖。

唐朝灭亡后,中国分裂为五代十国。光启二年(886),河南光州固始人王潮、王审圭、王审知(简称三王)乘乱率部属南下,淮南道光州、寿州的数万移民也随军进入福建,主要定居在福州一带,成为历史上第三次汉族移民入闽的高潮。后梁开平三年(909),王审知在闽立国,定都福州,被梁太祖朱晃封为"闽王",统领闽中五州之地,成为历史上闽国的创始人。

王审知安置中原移民,选用贤能,重教育、兴礼教,采取保境安民措施,兴修水利、发展农桑、奖励工商等一系列政策,使福建社会安定、生产发展、经济富裕,文化上也有长足进步。尤其拓展海外贸易方面,充分利用海洋资源,采取各种措施招徕海舶,使福州成了"控东瓯而引南粤"的海市,还开辟了"甘棠港",拓建"闽王城"。同时也扩大泉州的海外贸易,使泉州成为继福州后又一经济中心,为宋代福建经济的繁荣打下了基础。

宋代,中国的政治、经济中心南移,福建空前繁荣,福州成为全国的造船业中心。北宋雍熙二年(985)置福建路。南宋末年,益王赵罡逃来福建,登基于福州,升福州为福安府,作为行都。建炎初年(1128),宋室南渡,建都临安(今杭州),中原文化和全国经济的重点移到南方。三年(1130)冬,宋廷的西外宗正司和南外宗正司相继迁入福州和泉州,并掌管市舶业务,形成历史上第四次汉族移民入闽的高潮。这次汉民族大规模的迁移,使闽越人与汉人进一步融合,彼此再也分不清了,福建也由移民社会转为定居社会。也在这个时期,福全古港成为了海上丝绸之路起点的重要组成部分,是舶运货物集散的海港之一,福全古村落的重要职能之一就是服务于海上贸易。

元代,曾设福建行中书省于泉州。元代是泉州港发展的极盛时期,泉州港成为世界最大的贸易港之一,与埃及亚力山大港齐名,是中外经济、文化交流和友好往来的大门——"海上丝绸之路"的起点。

明太祖朱元璋灭亡元朝,又一次统一中国。一方面,统治者轻徭薄赋,鼓励垦荒,发展生产,福建经济又得以恢复。另一方面,受倭寇侵扰,政府采用"禁海"与"迁界"的海防政策,致使闽地人民,尤其是闽南人不得不出洋谋生,寻求发展。洪武四年(1371)改福州路为福州府城。同时为了抗击倭寇,东南沿海陆续建造了卫城、所城,福全古村落也由此建造了所城,成为了东南沿海重要的抗倭军事要塞。

清雍正十二年(1732),升福宁州为府,永春、龙岩为直隶州,福建成为八府二州建制。从宋到清的九百余年间,福建大部分时间保持八府建制,因而又有"八闽"之称。

(2) 闽海文化的形成

基于上述,西晋之前,居住在闽南本土的仅有少量闽越族,具有不成熟的海洋文明的特性❸。从东汉始,大量移入中原汉民,据文化的传播特性,发展较为成熟的高等级文化有向低等级文化传播的趋势,并成为主导文化。在中原成熟的文化迁入时,闽南还只是蛮荒之地,处于原始文化状态。两种发展悬殊的文化融合初期,必然发生摩擦,前期本土闽越文化曾极力抵抗中原文化的入侵,表现为蛮汉冲突。但文化的传播有其势不可挡的规律,弱势的闽越文化不断吸收强势中原汉族文化,发展到后期中原汉文化统一了闽越文化,成为闽南文化主体。

中原文化本是儒、释、道多元结合的文化体,在闽南融合了闽越文化,更具多元性。因而闽南的闽越文

---

❶ 引自:漳浦县志编纂委员会.漳浦县志(重版)[M],1986:12。
❷ 引自:福建省地方志编纂委员会.福建省志·城乡建设志[M].北京:中国社会科学出版社,1999:12。
❸ 由于此种海洋发展特征未表现为完整的社会、经济、政治结构及文化成果,因而有关学者认为该阶段为萌芽阶段的"海洋文明"。

化特征成为潜流融合在闽南多元文化之中,完成了中原文化地域适应性的转变。由此可见,闽南文化也是中原文化的一部分,朱光亚先生在《中国古代建筑区划与谱系研究初探》中,划分了12个大文化圈,闽南属于闽南粤东文化圈。闽南独特的"红砖文化"与闽东民居的江城文化、闽北民居的书院文化、闽中民居的山林文化、客家(闽西)民居的移垦文化、莆仙民居的科举文化共同组成闽文化。❶

闽南先民要在战乱中完成长途迁徙,除了府兵及家眷随军南下,还有其他大量移民,必然需要形成团结牢固的宗族组织关系,以宗族为单位相互协助。如福全的林氏,就是以此形式开基福全。虽然主要的移民人口组成来自上述的数次移民大潮,但其间陆续也有少量移民或从中原,或从相邻地区迁入。先民们饱受战乱之害,迁徙过程必怀惴惴之心,然而求生存、求发展的愿望,使先民们随着南迁的步伐养成了强韧、骁悍的性格。在这种性格的鼓动下,先民们若是再遇不易发展之境,必然认可向外开拓、闯荡的举动。因此,这一性格为吸纳海洋文化奠定了精神基础。所以,在后期转向定居社会时,闽南先民就不断向外寻求开阔的生存空间,如漂洋过海去台湾甚至南洋。

汉移民向南迁徙的时期和来源地不同,在迁徙过程中,不同宗族,在自求多福的心态中,形成了较为狭隘的宗族观念。早期形成的聚落多以单姓宗族为主,少量杂合少数杂姓。祖宗、宗祠成了团结联系宗族的精神中心。福全古村落内目前保留着24姓氏,有21祠堂、祖庙、家祠,这些建筑就成为团结同族人员的场所,族人的住宅也多以祠堂为中心布局,形成聚落。但同处闽南之地,随着宗族人口的发展,必然存在为争夺生活空间而滋生矛盾的现象,为了解决这些矛盾,需要由血缘关系转向地缘关系,达到异姓之间的共存。福全古村落中的全祠就是这一代表,为了族人的生存,抵抗强大的蒋氏宗族的侵犯,福全古村落的规模小的宗族结成联盟,统一改姓为全,建全祠,共同供奉,以形成强大的超于单个血缘为基础的地缘联盟。后期的杂姓聚落也形成了以地域神崇拜为主,协调处理聚落宗族关系的管理方式和地方信仰。但是仍无法根除异姓之间的排斥心理,因而闽南后期发展中,频频发生宗族之间的械斗事件,甚至要动用官府管制。

闽南土著在历次移民潮中,逐渐丧失生存的土地,残酷的生存竞争不可避免也发生在汉移民和土著之间。然而最终中原多次移民与当地少数民族逐渐由对抗走向融合。作为文化强势代表的中原文化是采取包容的态度接受了一定的闽越族文化,而弱势的闽越族文化则是采取屈服的态度融入大文化中。其中包括了闽越族海洋文化、图腾信仰、生殖崇拜等文化,小单位范围内牢固的宗族观念与大范围内浓烈的竞争与防御心理,成为闽南的特殊民族精神之源。伴随中原的文化在时代中不断更迭,闽南之地逐渐形成源自中原,又区别于中原的闽海文化。

(3) 闽海文化的主要特征

综上所述,在困境中求生存发展,促进了汉移民对闽越海洋文明的吸收。闽南海洋环境具有明显区别于中原黄河农耕环境的自然特点,造就了与重土安迁的中原汉文化不同的闽南海洋文化。而"人类源于海洋而生成的精神的、行为的、社会的和物质的文明化生活内涵"❷,形成了独特的海洋文化精神。曲金良先生在《海洋文化与社会》一文中提出海洋文化具有的特点:具有涉海性和对外的、外向的辐射性与交流性机制;具有商业性和慕利性价值取向;开放性和拓展性历史形态及生命的本然性和壮美性的哲学与审美蕴涵。从精神方面说,最根本的就是目光远大、开拓进取、敢于冒险、犯难及重商。而在历史传统和自然地理条件的影响中,由于地域性的适应,中原汉文化吸收和发展了海洋文化,并为闽海文化的形成奠定了基础。

常说"闽在海中",指的是福建地区"八山一水一分田"的地理环境,难以农耕,及闽人生活范围多集中在沿海地区,以海为田、以舟为车的印象。闽南地区位于福建省东南沿海,内有九龙江、晋江及天然的晋江平原和漳州平原,但闽南大部分地形还是以山丘为主,仅有九龙江平原较适宜农耕。因此先秦时期,闽越人在此居住时,便是沿江河海聚集,以捕鱼为生,形成了闽越的海洋发展传统。

据此,以闽南精神为核心的闽海文化有以下特点:(1)沿袭闽越土著文化特征,具有开拓冒险性精神和长期脱离政权中心而形成的自我意识,即海洋性与边缘性;(2)传承自中原文化,具有多元文化包容性的基

---

❶ 引自:戴志坚.闽海民系民居建筑与文化研究[J].新建筑,2001(04):80。

❷ 引自:曲金良.海洋文化与社会[M].青岛:中国海洋大学出版社,2003:26-33。

因，延续了儒家礼教思想和家族意识，即多元性、祖根性与族群性：这两种文化基因，形成了各方面的社会文化现象。如选择性继承了传统儒家文化，在以海为田的港市社会中不再重农抑商，不耻于言利，不惮于经商，形成典型崇商尚贾的精神。而儒学礼教，存在于上层文化意识中，在下层文化中则表现为以商养儒。而宗族观念在从商的闽南人中，通过以血缘、地缘为中心，世代相传，成立商帮互协互助，发挥新的凝聚作用。（3）受海外文化的影响，具有中西合璧的宗教信仰和文化特色。中原文化与闽越土著文明两者融合后形成的闽南本土文化，具有善于吸收和创造的特性。同时，闽南地区由于地理优势和历史机遇，融海外文化于本土文化中，并在维持本土文化特性的基础上形成新的闽海文化，培育了独特的闽南人精神。

4　闽海文化孕育下的福全古村落

4.1　福全古村落的历史沿革概述

福全古港为东南沿海要冲，自唐宋以来为泉州海外交通贸易港口之一。唐代朝廷曾派员戍守。至宋代作为"海上丝绸之路"起点的泉州港的支港，福全已发展成为我国东南沿海的一大商贸港埠。据《海防考》载，福全"为番船停泊避风之门户，哨守最要"，《闽书》称福全汛"要冲也"，亦如《万历泉州府志》之所云"若福全所，永宁卫，龟湖，浔美诸处，各有支海穿达，能荡涤氛瘴，通行舟楫，利运渔盐"。

明代初年，倭寇骚扰我国东南沿海，明太祖朱元璋为巩固海防，下令设立沿海卫所。洪武二十年，江夏侯周德兴在福建泉州设卫城一，守御所五，以防海寇，福全所为其一。在漫长的岁月中，福全所城与永宁、崇武、金门、中左（厦门）等卫、所共同构成的闽南海上防务体系，成为抗击入侵倭寇、保障海上安宁而雄踞我国东南的海防重镇。

清初，顺治十八年，清廷下令"禁海迁界"，令沿海三十里内的居民内迁，百姓流离失所，城内外建筑悉遭破坏，自此福全人丁减少"十无二存"，经济凋落，虽城墙犹存，但福全城已面目全非，走向衰落。

1937年抗战期间，国民党政府恐所城被日寇占领作据点，而征集民工拆福全所城门。

1958年金门"八二三"炮战，福全古村落又作出了沉重的牺牲，古村落在两三个月之内被征用为构筑海岸炮兵的钢铁堡垒基石和围墙。整个城墙彻底被拆除。

现在，福全村是属晋江市金井镇所辖的一个自然行政村，是闽南地区的国家级历史文化名村。

4.2　历史变迁孕育一千年的文化古村落

4.2.1　千年古村

福全村有文字记载的历史可以追溯到唐代光启年间。唐乾符五年（878）戊戌登武第的林延甲于三年（887）丁未与其弟延第率家眷聚集于圳山。景福二年（893）癸丑闽立国后，林延甲授骠骑兵马司，搬取尚居固始的夫人王氏，卜宅福全凤山，负乾揖巽，招来田丁，开垦田园，为久御之计。乾宁三年（896）丙辰生子名亮。天佑六年（909）已巳其子恩赐袭职。另外，据林氏《祖陵碑志》记："公幼习弓马，乾符（878）戊戌就试，捷登武第，屡次立功，授指挥使。入闽，封御于此。初履斯地，见挽海无际，荒野凄凉。公遥望北山，地势钟秀，树木丛茂，颇堪屯驻，于此相率聚集，名曰圳山。招徕田丁，开垦田园，为久御之地。癸丑年（893），公疏请群集于此。蒙圣恩，复授骠骑兵马司，并由固始搬取家眷，来闽定居。"由此可以得知，福全村是一个具有至少1 100年历史的古村落。

4.2.2　海交古港

（1）东方第一大港——泉州

据孙毓棠、杨建新、荣新江撰写的《中国大百科全书·丝绸之路》，丝绸之路是"中国古代经中亚通往南亚、西亚以及欧洲、北非的陆上贸易通道。因大量中国丝和丝织品多经此路西运，故称丝绸之路，简称丝路"。而"海上丝绸之路"是以丝绸贸易为象征的、在中国古代曾长期存在的中外之间的海上交通线及与之

相伴随的经济贸易关系。❶

　　泉州港(即刺桐古港)则在南北朝时期仅仅是"海上丝绸之路"上一个船舶靠泊点,尚处于发展的萌芽时期。从唐代开始,"海上丝绸之路"进入快速发展时期,并逐步取代丝绸之路成为华夏古国海上对外商贸交流的重要通道。同时,随着社会发展和科学进步,我国古代造船技术和航海技术与日俱增,"海上丝绸之路"也随之进一步发展兴盛。泉州港也逐步成为我国古代最为重要的对外交通口岸之一。

　　进入宋元时期,"海上丝绸之路"达到全面繁荣阶段。这一时期的"海上丝绸之路"上不仅是一些单向孤立的航线,而且是一系列多向互动、往来频繁的海上交通网络。此外,从我国出口的商品除丝绸之外更有大宗瓷器,因而"海上丝绸之路"又被称作"海上丝瓷之路"。在这一极盛时期,刺桐港已经与海外近百个国家和地区有海上商贸往来,刺桐城内更呈现"市井十洲人"的繁华景象。刺桐港一跃成为我国最大的贸易港,被海内外誉为"梯航万国"的"东方第一大港"。

　　从明到清代,以郑和七下西洋为标志,我国古代海上交通和"海上丝绸之路"的发展达到顶峰。但随着抗倭及禁海等一系列制度的实行,海上商贸活动变为私商贸易,这一变化成为当时社会的主流,由此带来了沿海的若干"兴旺"的贸易港口,古刺桐港亦出现过短暂的繁荣,但在自锁政策的桎梏下,这些港口难逃衰退的厄运。

　　(2)海交古港——福全

　　基于上述,泉州古港经历了兴起到发展,再到鼎盛、衰败的发展历程,同样这一历程也左右了福全古港的兴起与衰败。宋代,晋江沿海有三湾十二港。三湾是:泉州湾、深沪湾、围头湾,十二港是:洛阳港、后渚港、法石港、蚶江港、祥芝港、永宁港、深沪港、福全港、围头港、金井港、东石港和安海港。泉州湾在泉州港北部,是三湾中最重要的一湾,有后渚、法石、洛阳、蚶江四个港。围头湾位于泉州港的南边,又称围头澳,有围头、金井、东石、安海等四个支港。深沪湾介于泉州港北港与南港之间,有祥芝、永宁、深沪、福全四个支港,是泉州港通往海外的必经之路。因此,福全是海上丝绸之路的重要组成部分,也是泉州古港的重要组成部分之一。

　　福全港位于深沪湾之南,北连深沪,南接围头,为船只避风之所。泉州因古港而繁荣,同样福全也因海上的贸易发展而繁荣,这一繁荣一方面给福全古村落的发展注入了活力,极大地促进了村落商贸、渔业的发展;另一方面海外文化也充实了福全传统文化的发展,使得福全古村落的文化更具多元性。商贸的繁荣使得古村落发展迅速,成为东南沿海重要的舶运货物集散之地。因此,据距福全二十余里的浔海《施氏族谱》载:南宋,施氏四世祖菊逸公(1207—1278)"一日往视囷,见丈人甚伟,询公求寄行装,云老夫将抵福全,越宿来取,公欣然允寄。其半挑乃管弦乐器,尚半挑则裹密在囊。自后丈人绝往来迹,公窃视囊中,乃白金也……又尝一日,沙汀中遇商客装绵花数十挑,谓将往福全,阻潮未汐,立谈之间,爱公意气,叩公主焉,付公以绵,刻期来索。后逾数年未至,公以其赀施盖定光庵"。这两位客商,或带巨资,或带货物,其目的地都是福全,可见福全港的繁荣,也可以隐射出福全古村落的职能之一是服务于海上贸易。(如图1-2所示)

图1-2　福全古港

❶　引自:赵春晨.关于"海上丝绸之路"概念及其历史下限的思考[J].学术研究,2002(7):89。

（3）结论

综上所述，福全古港作为泉州港的重要组成部分，自唐宋以来便是海上丝绸之路的重要港口之一。其兴衰历程作为泉州港群，乃至整个东南沿海港口的缩影，见证了海上丝绸之路的变迁，对于海上丝绸之路以及相关历史的研究也具有极其重大的意义。

4.2.3　闽南古所印记

（1）卫所制度

卫所制度是明代重要的军政制度，涉及明帝国的版图、管理体制、土地（包括耕地）、官民田比例、户籍制度、人口迁移以及明清前期耕地数目解释等一系列问题❶，是明太祖朱元璋在建国之后，根据自身长期统兵征战的经验，同时又总结了唐朝府兵制和元朝的军事制度等大批前朝军制的基础之上建立的，是明代重要的军事制度。它的形成是基于明朝的军事领导体制，即在加强封建皇权的前提下形成和发展起来的。在中央，废除了原来最高军事职能集中于一个大都督府的制度，设立五军都督府以分领其事，互相牵制，而听命于皇帝。此外，为了达到以部治府、以文治武的目的，特地将原先军政与军旅的职权分离开来，由直接对皇帝负责的兵部来掌管日常军政事务。都督府除保留一部分领兵作战的职权之外，一切皆奉命行事。出征作战，军队临时调集，事毕各归戍所，军士与统军将帅并无直接而长期的隶属关系。在地方上，由中央直接派遣镇守固定地点的总兵官，取代原来的都指挥使，成为地方上实际的最高军事长官。更重要的是，为贯彻以文治武的既定方针，逐渐形成了对各级武官进行监督、指挥和罢黜的总督、巡抚和兵备道制度。

据《明史·兵志》记载，"明以武功定天下，革元旧制。自京师达于郡县，皆立卫所。外统之都司，内统于五军都督府，而上十二卫为天子亲军者不与焉。征伐则命将充总兵官，调卫所军领之；既旋则将上所佩印，军官各回卫所。盖得唐府兵遗意"❷。明朝的卫所制基本脉络：拱卫皇帝的上十二卫由皇帝亲领。皇帝以下，最高领导部门为五军都督府，分别为左军都督府、右军都督府、中军都督府、前军都督府和后军都督府。各都督府管理所属各省都指挥使司和在京卫所。由此，形成"都督府—都司—卫指挥使司—所—旗"的军事管理体系。都指挥使司（都司）和都指挥使是省一级的军事机构和统兵长官，都司之下，置卫或所，通常卫由卫指挥使率领，辖前、后、左、右、中五个千户所，千户所领十个百户所，百户所下设总旗。其中，战略位置非常重要的千户所区别于一般的千户所，为"守御"千户所，直接由都指挥使司管辖。其军官，卫称指挥使（正三品），所称千户（正五品）、百户（正六品）。千户所额定旗军 1 120 名，下辖 10 个百户所；百户所额定旗军 112 名。卫、所内设置有水军、马军，配置船只、马匹，往来巡逻。据《明会典》，每卫有备楼船 50 只，千户所 10 只，用以巡逻海上，所谓"春夏出哨，秋冬回守"。每卫有马 40 匹，每所有马 10 匹，前后与相邻卫所之马军往来会哨❸。另外，卫所的选择强调：凡交通枢纽，地位重要的城镇设卫；在小岛和孤立的要点如狭隘路口等设千户所；关口险隘但又不能多容兵处则设百户所。

卫所军担负保卫京师、镇戍地方的任务，是明朝武装力量的主体，包括京营军、地方卫所军、边防卫所军等。其中，边防军实际上是由驻守北方边镇和东南海疆两部分的卫所军队组成。其职能在于守备边防海疆，作战时相互支援配合。

卫、所之下，辖关、寨、台（瞭望台）、烽堠以及巡检司等。其中，瞭望台、烽堠等配置有旗军，以传递消息。关多为水关，也有陆上关隘，所谓"津陆要冲，置为关隘"，水关则设置兵船，加以巡查，"盘诘舟航，以防奸细"。山寨即"皆屯兵置舰，以为防守"。其次，卫、所之间还设置巡检司，据《明会典》兵部七："凡天下要冲去处，设立巡检司，专一盘诘往来奸细及贩卖私盐、犯人、逃军、逃囚、无引面生可疑之人。"根据卫、所之间的空间距离，选择设置，所谓"卫之隙置所、所之隙置巡检司"，"莫不因山堑谷、崇其垣墉，陈列兵士，以御非常"。

明宣宗以后，卫所制度逐渐走向衰弱，边备废弛，倭盗更加猖獗。据《明实录·英宗实录》（卷 126）载：

---

❶ 引自：王进. 二十世纪八十年代以来明清卫所研究综述[J]. 大江周刊，2010(7)：35-40。

❷ 引自：张廷玉，撰. 明史（卷八十九）·志第六十五·兵一[M]. 北京：中华书局，1974：2175。

❸ 上述有关数据是额定数字，实际情况与之并不完全相同。如旗军人数，晚期因为逃亡、病故或其他原因等，在编人数减少很多，往往不到额定人数的一半或更少。

"沿海诸卫所官旗,多克减军粮入己,以致军士艰难,或相聚为盗,或兴贩私盐。"到了正统初年,明廷的防御松弛,卫所城池颓敝、战船废坏、军伍空缺、军官懈怠,海防体系已处于散乱状态。正统之后,明朝政治日趋腐败,海防遂日益松弛,倭寇劫掠在沿海一带蔓延开来。到了嘉靖年间,宦官专权,贪污受贿,敛聚钱财,破坏了海防建设,使卫所的军力逐渐削弱,以至于衰落到"有城无守"的地步,倭寇入侵达到高潮。为了防御,明政府调整了海防体制,加强海上、海岸的驻守,并在沿海各府县加紧修筑城池,原有城池加固加高,无城池的加紧修建,这就构成了对倭寇有层次、有纵深的防御,加强了防御的有效性。明末时期,明廷军事中心移向内地,沿海防务逐渐削弱。

明代海防卫所的规模与分布。明代卫所包括沿边卫所、腹里卫所和沿海卫所。我国海岸带辖有海南、广西、广东、台湾、福建、浙江、江苏、山东、河北、辽宁,明统治者在漫长的海岸线上建立了严密完整的海防体系。明代初期设有十七卫亲军指挥使司,至洪武二十六年(1393),内外卫所329处,守御千户所65所,至万历年间,内外卫所493处,守御千户所等359处,明代的卫所军事格局在洪永年间基本定型,为维护王朝政治版图的拓展与重建地方社会秩序作出了贡献。到明朝末期,沿海省份重要的交通枢纽、出海口以及便于登陆的地段共建立卫城47座,千户所120多座。❶ (如表1-4所示)

表1-4　明代海防卫所列表

省/直辖市	海防线	今所在市	卫城	守御千户所/所城
辽宁	辽东湾	鞍山市	海州卫	左右中前后5千户所
		营口市	盖州卫	*
		大连市	复州卫	*
			金州卫	金州中左所
		锦州市	广宁中、左屯(锦州)卫	广宁中、左屯所
			广宁右屯卫	*
		葫芦岛市	宁远卫	宁远中左、中右所
			广宁前屯卫	广宁中前、中后所
天津	渤海湾	天津市	天津卫	*
河北	渤海湾	秦皇岛市	山海卫	左、右、中、前、后、中左、中右、中前、中后、山海10千户所
山东	莱州湾		莱州卫	王徐寨前千户所
		烟台市	登州卫	左、中、右、前、后和中左、中右7千户所
			宁海卫	金山左千户所
			大嵩卫	大山前千户所
			—	福山守御千户所
			—	奇山守御千户所
	黄海		靖海卫	*
		威海市	威海卫	左、右、百尺崖千户所
			成山卫	宁津、寻山后千户所、海阳千户所
		青岛市	灵山卫	左、右、中、夏河寨(前)、后千户所
			鳌山卫	浮山寨前、雄崖千户所
		日照市	安东卫	石旧寨后(石臼岛寨)千户所
江苏	黄海	太仓市	—	刘河堡中、东海中守御千户所
	长江口		镇海卫	崇明沙千户所
			太仓卫	吴淞江、宝山千户所

---

❶ 引自:杨培娜.濒海生计与王朝秩序——明清闽粤沿海地方社会变迁研究[D].广州:中山大学博士学位论文,2009:12。

省/直辖市	海防线	今所在市	卫城	守御千户所/所城
上海	长江口	上海市	金山卫	南汇咀中后所、青村中前所
浙江	东海	温州市	磐石卫	蒲岐、宁村、磐石后千户所
			温州卫	海安、瑞安、平阳千户所
			金乡卫	蒲门、壮士(后并为蒲壮所)、沙园
浙江	东海	嘉兴市	海宁卫	澉浦所、乍浦所
		绍兴市	绍兴卫	三江所
		宁波市	尚山卫	三山、沥海千户所
			观海卫	龙山所
			昌国卫	爵溪、钱仓、石浦前、后千户所
		舟山市	定海卫	大嵩、郭巨、舟山中中、中左千户所
		台州市	海门卫	海门前所、桃清、健跳、新河
			松门卫	隘顽、楚门千户所
福建	台湾海峡	宁德市	福宁卫	大金千户所
		福清市	镇东卫	定海、万安、梅花千户所
		莆田市	平海卫	莆禧千户所
		泉州市	永宁卫	福全、金门、高浦、崇武、永宁中、左千户所
		漳州市	镇海卫	六鳌、铜山、玄锺千户所
广东	南海	东莞市	南海卫	东莞、大鹏、从化千户所
		台山市	广海卫	香山、新会、海朗、新宁
		雷州市	雷州卫	海康、乐民、海安、锦囊、石城千户所
		潮州市	潮州卫	蓬州、大城、海门、靖海、澄海千户所
		汕尾市	褐石卫	海丰、平海、甲子门、捷胜千户所
		茂名市	神电卫	高州、双鱼、宁川、阳春、信宜千户所
广西	南海	北海市	廉州卫	钦州、永安千户所
海南	南海	琼山市	海南卫	崖州、檐州、万州、昌化、清澜、南山千户所
总计(个)		32	47	127

注:* 为卫所辖左、右、中、前、后 5 个或不足 5 个的千户所,明初设立后又撤销的卫所不在表格内。❶

　　清朝在接管各地时,对于明代已经逐渐失去军事职能的卫所采取了暂时维持现状的办法,在此期间,都司、卫、所经历了一个轨迹鲜明的变化过程。清顺治十八年(1661)春,颁布迁界令,俗称"辛丑播迁",强迫沿海居民内迁三十里,片板不得下海,违者处死,沿海卫所绝大部分被毁弃。并对明代卫所制度的改造和调整,建立起新的卫所制度。清代共设有 426 卫和 326 所,遍布大江南北、边陲内陆,并将卫所职能从原先的军事、经济相结合转变为以纯粹的经济职能为主,专事屯田与漕运,另外还有民事、教育、司法及军事等附属职能。管理辖境内的户婚田土、刑名钱谷之事;卫所大都附设有官学,以培养人才,加强教化;卫所还是犯罪充军之所,具有对充军人犯进行监管的司法职能。另外卫所的军事性质虽已被取消,但尚存一定的军事功能。卫所在清代大概存在了八十年时间,在此期间都司、卫、所变化可归纳为:一是官员由世袭改为任命制;二是卫所内部的"民化",辖地的"行政化"过程加速;三是将卫所并入或改为州县,使得卫所制度最终退出历史舞台。从而完成了全国地方体制的基本划一。❷

　　明代的卫所在清代广泛地延续了 80 多年,到雍正初年大体完成了并入行政系统的改革,作为地理单位

❶ 参考:段希莹.明代海防卫所型古村落保护与开发模式研究[D].西安:长安大学学位论文,2011:11-12.
❷ 引自:顾诚.卫所制度在清代的变革[J].北京师范大学学报,1988(02):15-18.

的卫所成了历史遗迹。1840 年鸦片战争以后,清政府在政治、经济、文化、社会等方面均发生了重大变化,商品经济的发展和轮船业、铁路业等近代交通事业的发展,使海防卫所在战争的阵痛中和历史的催促下呈现出不同的发展轨迹:沿海一些重要港口卫所逐渐民化形成城镇并进一步发展为商埠,如天津、营口、烟台等。大部分卫所内部民化之后都并入附近州县,成为村落。福全古所的命运归宿就是后者,重新又回归了村落。

　　(2) 福全古所

　　元末明初,倭寇对中国沿海地区进行侵扰逐渐频繁。明初皇帝朱元璋为巩固海防,在沿海各地设置卫所。据此,福全古所就是在洪武二十年(1387)江夏侯周德兴到福建沿海福、兴、漳、泉四府经略海防时所建。至洪武三十一年,在泉州沿海先后增设:永宁卫,福全、崇武、中左、金门、高浦 5 个守御千户所,巡检司45 个,筑卫所司城 16 座,以加强海防。福全所城由此而来。(如表 1-5 所示)

表 1-5　福建地区沿海卫所表

卫名	兵力(人)	所名	现今驻地	兵力(人)	城池概况
镇海卫	1 500	六鳌	福建漳浦东南	1 043	据《海澄县志》载:其周长 873 丈,城脊宽 1 丈 3 尺,高 2 丈 2 尺,有女墙 1 660 个,窝铺 20 个,垛口 720 个,开东西南北四门和水门,门各有楼。明正统十三年(1448)卫指挥同知桂福,弘治年间卫指挥袁侯,隆庆三年(1569)明总兵张元勋等先后重修。清顺治十八年(1661)对沿海实行迁界政策,卫城在界外,遂废。康熙二十年(1681)再修。现在的卫城遗址,便是当时重修的故垒。四个城门,南门和水门较为完好,南门建有两重城门,入城门两侧筑一半月形城墙,俗称月眉城。内外城门错开,便于藏兵纳将,防御进犯之敌
		铜山	福建东山东北		
		玄钟	福建诏安东南		
泉州卫			泉州		府治西。洪武元年置
福州左卫	1 697		福州		府治东南。洪武八年置右卫,二十一年改为左卫。又福州右卫,在卫西。洪武二十一年增置福州中卫,在左卫东
福州右卫	—		福州		—
福州中卫	—	中左	福建厦门		—
永宁卫	5 784	金门	福建金门岛	1 130	《晋江县志·城池志》载:永宁于"明洪武二十七年(1394)江夏侯周德兴改置,遣指挥童鼎筑城八百七十五丈,基广一丈五尺,高二丈一尺。窝铺三十有二。为门五:南曰'金鳌'、北曰'玉泉'、东曰'海宁'、曰'东瀛'、西曰'永清',各建城楼其上。城外壕广一丈六尺,间砌大石,深浅不同。"永乐十五年(1421)都指挥谷祥增高城垣三尺,门各增筑月城。""正统八年(1443)都指挥刘亮、同知钱辂于各门增置敌台
		福全	福建晋江南	1 224	
		崇武	福建惠安东南	1 224	
		高浦	福建同安西南		
平海卫		莆禧	福建莆田南		平海卫,在府东九十里。洪武二十年置并筑卫城,周四里有奇,有门四
镇东卫	1 432	万安	福建福清东南		镇东卫,在福清县之海口镇城东。洪武二十年置并筑卫城,周不及四里,为控扼要地
		梅花	福建长乐东北		
福宁卫	717	定海	福建连江东北		在州治东。洪武二十年建,领所一。守御大金千户所,在州南八十里海滨,亦洪武二十年建。旧为巡司,后改千户所。筑城周三里有奇,永乐以后不时修筑
		大金	福建霞浦东南		
漳州卫		南诏	福建诏安		府治西,洪武三年建
延平卫			福建南平市延平区		在府治东,洪武元年置。将乐守御千户所,在县治南。洪武四年置。又永安守御千户所,在县治东
汀州卫			福建长汀		在府治东,洪武四年建。武平守御千户所,在县西南二十五里,洪武二十四年建,周二里有奇,置兵屯守;又上杭守御千户所,在县治北,天顺六年以溪南寇作乱,始调汀州卫后千户所守御,成化二年遂置所于此,俱属汀州卫
邵武卫			福建邵武		在府治东北。洪武元年建
建宁左(右)卫			福建建宁		在府城内都司东,又建宁右卫在府城内都司西,俱洪武八年建。志云:旧有建阳胃,后革。埔城守御千户所,在县治西。成化十年增置,隶建宁右卫

　　福全所城,据《晋江县志》载"福全城,在十五都。明洪武二十年,江夏周侯德兴造为所城。周六百五十丈,基广一丈三尺,高二丈一尺,(《八闽通志》记:连女墙三丈一尺,窝铺十有六,为门四,建楼其上"。"永乐十五年,都指挥谷祥和正千户蒋勇增高城垣四尺,并筑东西北三月城。""正统八年,都指挥刘亮、千户蒋辅,增筑四门敌楼"。"国朝(清朝)康熙十六年,总督觉罗满保,巡抚陈瑸再修"。所城城墙皆以1米左右长、24厘米见方的花岗岩条石纵横交叠垒砌,内以角石垒砌为内墙,中间夯土填实,相当坚固。城墙沿着元龙山、眉山、三台山及其西门高坡,北门林地蜿蜒围合而成,因此整个福全所城外形似葫芦,故有"葫芦城"之称。

　　城内街巷呈现丁字街,并且结合地形高差形成"三山沉、三山现、三山看不见"的文化景观特色。所谓"三山沉"指当年建城采石凿成的龟池、官厅池和下街池,三池中皆有石;"三山现"是指城内的元龙山、三台山和嵋山;"三山看不见"系指在石坡上建筑城隍庙、临水夫人庙和保生大帝庙的三处岩石。

　　明代福全设铺递,置铺司一名,铺兵二名。所城内建有官署,"福全守御千户所,……两廊列十百户所。成化五年,正千户蒋辅重建"。城内造营房八百五十三间,辟地数十亩为校场,又修仓囤粮,名为福全仓。

　　按明初编制,福全千户所旗军定数为1 120名,分三个兵种:守城训练的称"见操军"或"往操军";配合永宁卫、漳州卫轮班戍守浯屿水寨(万历年间并驻防澎湖)的称"出海军";屯田种粮的称"屯田军"。因兵士或抽自民户,或调于外省,或由罪犯配发,所以经常发生逃亡,军队数目渐次减少,至隆庆间,福全所旗军仅存575名,至万历间,只存操海军116名,屯种军117名。

　　除负责防守所城和轮番驻守浯屿水寨外,福全千户所还辖有旱寨一处(在晋江县南十都潘径);屯田新旧二所(共田地六十七顷二十亩,计旗军二百二十四名,南安县一所在县北九、十都东埔;惠安县一所在县北二、三都涂岭等处);烽燧十处:安平(在县西南八都),坑山(十六都),东门外、洋下(上二处在十五都),陈坑(在十一都)、石菌、潘径、隘埔、石头、肖下(上五处在十都)。福全负责巡视的海域包括晋江至南安一带,俗谚有"北到大峡,南到料罗"之说。

　　随着福全所城的建设,其军事功能的逐步完善,原来的滨海渔村的职能,嬗变为东南沿海重要的军事要塞,这一嬗变彻底改变了整个村落的空间形态与格局,其村落文化也随之增加了所城文化,丰富了这一千年古村的内涵。所城的军士都来自北方中原地区或经济相对较为发达的地区,如福全蒋氏始祖蒋旺为安徽凤阳府人,于洪武二十八年乙亥(1395)晋赠封世袭武节将军骁骑尉福全守御所正千户;翁氏福全始祖为河南光州人士,翁思道为福全千户所百户;射江陈氏始祖为河南人士等等,所城旗军定数为1 120人,加上随军家属,人口规模达数千人,多聚居城中,并给这片土地带来了较为先进的生产方式和生产工具,从而大大促进了当地经济的发展。因此,福全所城必然成为深沪一围头一带的集聚中心而雄镇一方,被誉为"百家姓,万人烟"。据访谈结合其他文献考证,福全在明代时,城内街道纵横交连,有"丁字街"之称,并划分为"十三街境"。其时商贾云集,城内有多家米店、布店、染坊、油坊、磨坊、打铁铺、雕塑、剪纸、杂货店、衫行、典当铺、医馆和药店等,百业俱兴,商业经营的规模也较大,经济十分繁荣。商人如蒋继勋,初为贩布小贾,因善经营渐饶富,以至"累散千金济人缓急,乡里待以举火者五百余家",并且能在永春一次性买下数百顷田产。又如福全商人庄南亭,"周舍赈施、竭尽心力而后止,福全人颂于郡太守,进而旌之,以风海上"。商人陈朝礼,"买义冢与人襄葬、制药饼施人疾疫……贫乏无措者与以钱财"。以上几位商人的行迹足以证实,福全一地当时的商业经营规模是比较大的,经济是比较发达的,且社会秩序较为安稳,是当时经济发达的聚落。

　　(3) 福全地方抗倭历史

　　福全古村落作为连接东南沿海海防体系的重镇,在抗倭斗争中发挥着巨大的作用,也出现了许多抗倭的英雄,如"少负异才,骑射精妙,长于海战"的千户蒋继实,也有"才勇冠泉永二卫"的蒋学深,其中最著名的要数布衣抗倭英雄蒋君用,史载:"蒋君用福全所人,为诸生。值倭寇发,孤城孑立,众谋窜郡城以免,君用为开陈利害,协志固守,官民咸委重焉。属霆雨疾疫,拊循之如同室。乘间出奇攻贼栅,连蹂五营,贼宵遁。尽瘁四阅月,捐赀至三千金,家以落。金事万民英将为上功于督抚,君用逊谢。没后,乡人建祠祀之,黄凤翔为文记焉。"

　　从军事角度上看,所城见证了一系列福全人民抗击倭寇、保卫家国的重要事件,也体现了中华民族保家卫国、抗击外来入侵时不屈不挠的民族精神。至今,福全古村落内尚有所城古教场遗址、元龙山指挥台、古战场遗址、万军井、抢楼等见证抗倭历史的遗存供后人凭吊。

（4）结论

福全所城的建立,加强并丰富了永宁卫的防御功能,巩固了东南海防体系。从政治角度上看,福全所城的建立,将福全从一个普通的村落提升为具有较强烈军事意义的所城,正是由于这种政治地位上的提升和其军事功能双重作用下带来的社会安定,使福全能够吸引更多的居民来此定居或进行商业活动,由此推动了福全所城及其周边地区社会经济的发展。

4.2.4　文化多元的滨海古村

（1）人口迁移下的文化多元

在北人南迁的几次大迁移中,闽南地区注入了中原文化,逐步形成具有地域特色的闽海系文化。对于福全古村落而言,魏晋南北朝时期人口南移"林、黄、陈、郑、詹、丘、何、胡"八族,为福全古村落接纳外来文化创造基础,天宝十四年(755)的"安史之乱"造成第二次大的人口南移。在这场迁移中,林延甲就于唐景福二年(893)率军队来到福全戍守,成为了福全地方的开拓者之一。其次,北宋末年,宋、金对峙,又带来了规模更大、持续时间更长的人口南下。再次,明初为了巩固边防,建造了卫所,而为解决边防军的粮饷问题,明初组织了大规模的移民屯垦戍边,这一时期,以蒋氏为代表的一大批军户也之迁居到福全,为福全的发展打下了基础。

伴随着上述数次人口大迁移,给福全古村落带来了先进的农耕技术与丰富的中原文化。同时这些文化与地域原有的文化结合形成了闽海文化。因此,具有显著特色的闽海文化,塑造了福全文化的多元,即融合了中原文化、本土文化和海外文化于一体。

（2）福泉古村落文化特色

第一,尚文尊儒。

福全自古以来文风卓越,读书应试科举者众多,有"无姓不开科"之说。明朝内阁大学士蒋德璟便是其代表。而福全村民自古就非常重视文教事业,通过办学来提高村民素质,培养学子人才。明初建福全千户所时就建造了朱子祠,设学塾以教所城将士子弟。清末,蒋彩所在福全办私塾,教授乡中学童;蒋仰高在蒋氏四房祖厅办私塾,郑文卿在全祠办私塾;陈君让在庙兜街办私塾;蒋孝思、辛德民和曾焕章先后在蒋氏祠堂办私塾。刘子儒在刘氏祖厝办私塾。满城尽是读书人,桃李芬芳、人才济济。（如表1-6所示）

表1-6　福全古村落历代科举名录

序号	姓名	朝代	中举时间	序号	姓名	朝代	中举时间
1	林延甲	唐	乾符五年戊戌武进士	11	陈绍功	明	万历八年庚辰进士
2	留汝猷	宋	嘉定元年戊戌进士	12	留敬臣	明	万历十四年丙戌进士
3	留芳	明	成化十九年癸卯举人	13	蒋光彦	明	万历二十年壬辰进士
4	留志淑	明	弘治十八年乙丑进士	14	蒋光源	明	万历二十九年辛丑进士
5	陈露	明	嘉靖十三年甲午进士	15	蒋德璟	明	天启二年壬戌进士
6	翁思诚	明	嘉靖十七年戊戌武进士	16	蒋德瑗	明	天启五年乙丑进士
7	留元复	明	嘉靖二十五年丙午举人	17	蒋鸣雷	明	崇祯三年庚午举人
8	翁思晦	明	嘉靖三十一年壬子武举人	18	蒋堂衡	清	顺治八年辛卯举人
9	郑望岳	明	隆庆元年丁卯举人	19	蒋堂耀	清	顺治十四年丁酉举人
10	留震臣	明	万历二年甲戌进士	20	蒋堂嗛	清	顺治十四年丁酉举人

20世纪四十年代,蒋才国、曾焕宝和吴一鹏曾试办新式学堂。1947年,旅菲归国乡侨王清潭创办福全小学,并亲任校长,乡贤王永华、吴世彬、陈启山和陈清秀等以无代价义务当小学教师,免费招收学童入学。自此,福全才有一所正规的小学。

其次,至今福全籍人士在国内外各大高校就读就职者为数众多,不少已经成为了国内外知名的学者专家,如陈德茂、许瑞安、蒋福岩等教授、学者。其中,陈德茂教授是英国皇家内科医学院院士、香港大学医学院讲座教授、香港内科医学院院士、香港医学专科医学院院士、香港玛丽医院客座顾问、香港内科医学院高级内科学学部和肾科学部训练主任。许瑞安教授是国际癌细胞与基因疗法学会常务理事、国际口服基因疗法主要奠基人和发明人之一、国家科技部科技发展战略专家、国际科技合作管理专家、福建省生物医药工程研究生培养基地负责人、国家863"十五"肺癌基因疗法课题组组长、首席科学家、肝癌基因疗法课题组副组长。

第二,崇德尊孝。

在福全古村落建城之始,军士来自全国各地,人口众多,有"百家姓,万人烟"之誉。清初迁界之后,大量人口外迁,但是不论是外迁家族还是外出谋生者,对于福全故土的思念与热爱仍然是一代代得到了延续,时至今日,移居海外的华人华侨及其后裔以及外迁姓氏每年回福全寻根访祖者络绎不绝。福全村内的许多街道改造也是得益于海外福全籍人士及其后裔的捐助。

除了侨居海外的人士,现居住在福全的众多居民对于家乡也是一片赤诚。如乡贤蒋福衍、翁永南、蒋福辉、刘超群等,致力于福全地方传统历史文化的保护和传承,积极投身于福全古村落的保护和开发工作。这些都充分体现出了"崇德尊孝"的文化特色。

再次,中国家族制度十分强调家族血缘的纯洁性和传承性,福全也不例外,典型有蒋氏、陈氏、留氏等,遗存有蒋氏宗祠、陈氏宗祠、留氏宗祠等,并且从这些族谱的族规谱训中都可以领略到家族对于慎终追远的祈求。

第三,侨乡情深。

众所周知,泉州是我国的侨乡和台胞祖籍地,目前旅居海外的华侨达600多万,散布在110个国家与地区。据史籍记载,闽南人因经商出国的可以追溯到唐代,明清时期虽有海禁的闭关政策,仍有大量的闽南人出洋谋生或侨居海外❶,鸦片战争之后,出国人数骤增,其中以南洋各殖民地的华工最多、最为集中,此为近代华侨出国的一次高峰期。

华侨在海外寄人篱下,往往与籍贯相同的乡亲聚居在一起以求生存。在东南亚各国均有大量的华人社团组织,如福建会馆、漳泉公会、惠安会馆等;有的是宗亲会,如陈氏宗亲会、蔡氏济阳公所等,还有职业公会等等❷。这些华人社团对内保持团结,接济乡里;对外力求一致,以适应复杂的环境。

对于福全而言,作为侨乡最典型的组织就是福全旅港同乡会❸。目前,旅居香港的会员规模达500余人,计120余户。旅居澳门的规模30余人,10多户。该会于1982年年初,由陈秀美女士、卓金陵先生、蒋连彬先生倡议成立福全同乡联谊会。旅港福全同乡会于1982年6月25日,宣告成立。创会初期,乡会工作主要是联络乡亲、促进乡谊、协助乡亲婚丧喜庆活动、接待访港海内外乡贤,每年农历五月十三举办聚会联谊。第一届乡会的举办,即发动了对福全小学的资助,并捐修鱼池、兴建厕所、捐建"老人会"办公大楼等,极大地促使了福全古村落的发展。1999年7月2日,乡会推举蒋建友先生为理事长,蒋才习、许自展为副会长,成立第九届理监事会。在理监事会的推动下,修订同乡会章程,制定人事、会所管理、内事、外务、财务等规章制度,调整组织架构,广泛联络在港乡亲,为旅港乡亲排忧解难,提供力所能及的协助,并捐建了会所。2001年成立教育基金会,用于鼓励福全古村落学生的学习,并向福全小学提供资助34万元。2003年5月,旅居澳门乡亲正式加入旅港福全同乡会,增选出蒋海棠先生为乡会副会长,刘超群、蒋福郎为同乡会副监事长,实现港澳大联合。2004年至2005年,乡会二期捐资36万元,修建福全城西门❹。2005年10月,经福全、港、澳三地乡贤共同努力,为保护福全文物古迹,编辑《福全古城》杂志,向政府申报为文物保护单位等工作。该会的这些工作与努力极大地促使了福全古村落文化遗产保护,同时为改善村落环境与基础设施做出了巨大的贡献。而所有这一切均体现出古村落的浓浓侨乡深情。我们在与新任会

❶ 引自:庄国土.海贸与移民互动:17—18世纪闽南人移民海外原因分析[J].华人华侨历史研究,2001(1):28.
❷ 引自:李亦园.一个移植的市镇:马来西亚华人市镇生活的调查研究[M].台北:正中书局,民国74(1985):79-83.
❸ 引自:许瑞安.福全古城[M].北京:中央文献出版社,2006:203-204.
❹ 早于1995年,旅港乡贤陈荣典先生倡议家乡文物古迹的保护,曾经为保护家乡的文物,搜集资料做了很多实际工作。

长曾国雄先生的访谈中,进一步证实这种海外游子对家乡的一片赤子之情,他说:"我得了鼻咽癌,现在在化疗,我三岁就离开家乡了,现在村里只有一幢倒塌了的祖厝,父母都不在了,也没有什么亲戚。因此,我没有什么索求,只希望我的努力,能够为家乡留下些什么。今后,我的后人来到这个村庄,能够明白这里就是祖辈居住之地,我就满足了。"

在华侨的捐助下,福全古村落内的学校、桥梁、道路、寺庙、池塘及其市政设施等得到了改造与新建。华侨对家乡的热爱,给福全村的村民带来了方便和利益、为村落的发展做出了贡献。(如图1-3所示)

华侨捐建时留下的碑刻

2013年5月24日旅港同乡会拜访阮仪三教授,请教福全古城保护事宜

图1-3　华侨对家乡的热爱

第四,多元信仰。

福全的民间信仰也因北人南迁及其福全所城的建造而呈现多元的特色。其主要体现为:①福全的寺庙,祠堂众多。目前仍然保留了十九座寺庙。祠堂、家庙、祖厅众多,几乎是每个姓氏都保留了自家的祭祖厅堂建筑,典型的如林氏家庙、全祠、蒋氏祠堂、陈氏祠堂、许氏祖庙等。②从信仰的角度而言,呈现多元的特色,有信奉道教、佛教、儒教及其多宗教共同信奉拜祭的传统等,道教比较典型的是城隍庙、土地庙,佛教比较典型的是观音宫,儒家比较典型的是朱文公祠等,多宗教共同信奉的如妈祖庙,庙内不仅供奉着妈祖、土地、财神等道教神灵,还供奉着观音、佛祖等佛教神灵。③从文化特色来看,除了具有中原文化特色的城隍庙,土地公庙,关帝庙以外,还有极具闽南特色的妈祖庙,临水夫人庙,舍人公宫,更有体现福全地方多元信仰文化特色的八姓府宫,留从效庙等。福全民间信仰的多元化,必然使得村落文化多元化,这为营造古村落的特色创造了条件,同时这一切都是闽海文化这一大背景下孕育出的福全古村落的文化与文明。

4.2.5　福全古村落文化特色的归纳

基于上述,可知在闽海文化的孕育下,培养了福全古村落的文化特色。这一特色是在千年的发展历程中,在"北人南迁""海上丝绸之路"的文化交融中,在元明清时期抗倭中,逐步形成文化的多元、空间的多样,留存丰富的古村落文化空间。在这一空间中,最显著的就是具有七百多年历史的所城文化与所城空间,因此,这一切交织形成了福全"东南所城灵秀地,海交古港千年村"的特色。

第二章　系统协同下的福全古村落空间演变解读

1　系统理论概述与启发

1.1　系统理论概述

系统论是由美籍奥地利理论生物学家 V. 贝塔朗菲提出的,是研究各种系统的共同特征,用数学方法定量地描述其功能,寻求并确立适用于一切系统的原理、原则和数学模型,是具有逻辑和数学性质的一门科学❶。协同理论亦称"协同学"或"协和学",是 20 世纪 70 年代以来在多学科研究基础上逐渐形成和发展起来的一门新兴学科,是系统科学的重要分支理论。其创立者是联邦德国斯图加特大学教授、著名物理学家哈肯。1971 年他提出协同的概念,1976 年系统地论述了协同理论,发表了《协同学导论》。❷

系统论是一门从整体性的角度观察世界,研究事物整体性及其与环境的科学。主要内容包括:①整体的观点。把系统当作整体而不是把系统归结为元素,局部的机械总和,整体大于部分之和。②联系的观点。即系统内元素之间,系统与环境之间的关系。只有正确认识系统元素之间的关系才能认识系统。③有序的观点。系统内元素之间的联系制约是有规律的,有秩序的。主要表现在时间顺序,空间结构,功能行为这三个方面。④动态的观点。系统是活的机体。元素之间,元素与系统,系统与环境之间都存在着物质,能量,信息的流动。系统的平衡与稳定是一种动态的平衡和稳定。⑤最佳的观点。就是最优化,最优化现象和趋势是复杂系统客观存在的规律。❸

其中,整体性是系统科学最核心的问题。整体不同于部分之和,整体存在于环境之中。系统方法就是把研究对象放在系统的形式中加以考察的一种方法。具体说就是从系统观点出发,始终着重从整体与部分之间,整体与外部环境的相互联系,相互作用,相互制约的关系中综合地、精确地考察对象,以达到最佳地处理问题的一种方法。❹

系统有结构、功能、关系、模型的范畴;有庞大复杂的目的、行为、功能,生长和适应,资源的冗余,秩序、组织、结构的特征(如图 2-1 所示)。而系统的整体性可以从三个基本方面加以研究:从整体内部的组成和结构来研究;从整

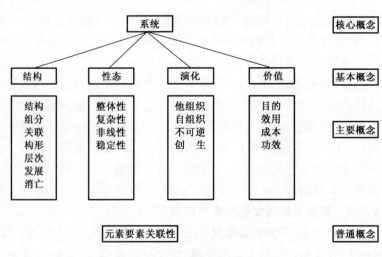

图 2-1　系统的整体性研究

---

❶　引自:http://baike.baidu.com/view/62521.htm。

❷　引自:http://www.hudong.com/wiki/%E5%8D%8F%E5%90%8C%E7%90%86%E8%AE%BA

❸　引自:吴元樑.科学方法论基础[M].北京:中国社会科学出版社,1984:225-254。

❹　引自:自然辩证法讲义[M].北京:人民教育出版社,1979:339-340。

体外部的属性和状态来研究;从整体在时空中的运动特征,即演化过程来研究。因此,系统论的基本思想方法,就是把所研究和处理的对象,当做一个系统,分析系统的结构和功能,研究系统、要素、环境三者的相互关系和变动的规律性,并优化系统观点看问题,世界上任何事物都可以看成是一个系统,系统是普遍存在的。

协同理论认为,在整个系统环境中,各个系统间存在着相互影响而又相互合作的关系。大量子系统组成的系统,在一定条件下,由于子系统相互作用和协作,这种系统会研究内容,研究各种系统的发展演变,探讨其转变所遵守的共同规律。协同论方法,为探索未知领域提供有效了手段,可以用于找出影响系统变化的控制因素,进而发挥系统内子系统间的协同作用。协同理论揭示了物态变化的普遍程式"旧结构不稳定性新结构",即随机"力"和决定论性"力"之间的相互作用把系统从它们的旧状状态驱动到新组态,并且确定应实现的那个新组态。

1.2　启发——古村落空间研究方法

基于系统论的理论与方法,结合其他学者的研究,在古村落空间演变的研究中,需要将地理学、人类学、文献学、考古学、建筑学、历史学及其形态构成、空间句法等科学知识与研究方法加以大融合,大协同,从整体出发,将古村落空间放置于这个大融合的系统中考察其演变的规律与逻辑轨迹。由此解读古村落历史的空间、文化的空间、社会的空间、街巷的空间、建筑的空间等,为进一步的规划与建设提供依据。

其次,联系是构筑系统协同的纽带,即强调不同学科与方法上的联系与协同,强调各学科与方法的相互印证与互补,以充实传统的以建筑学等某一学科与方法为基础的研究方法,弥补单个学科独立研究中的不足。

再次,在考古学中文化层是指史前人类活动留下来的痕迹、遗物和有机物所形成的堆积层。一般情况下,文化层的堆积构成某地的编年历史❶。据此,在古村落留存的物质遗存中,也呈现出时间上的前后关联,往往是越久远的遗存越稀少、零碎、实物印记越模糊,主要以文献留存,并且这些遗存按照时间先后的顺序叠加。因此,在揭示古村落空间演变中,文献学起着关键性的作用,是揭示久远时间维度上古村落空间面貌的钥匙。文献学是以文献和文献发展规律为研究对象,研究内容包括:文献的特点、功能、类型、生产和分布、发展规律、文献整理方法及文献与文献学发展历史等。文献学根据学科领域划分为历史文献学、古典文献学等。❷ 文献学运用目录学、版本学、校勘学等方法对历史信息进行科学的分析判断,真实地再现历史的本质。其中的二重证据法,即以文字、实物材料相互印证的方法成为考察古村落的重要手段❸。

对于古村落的文献解读材料包括❹:①对历史性材料的解读,如宗谱、历代方志、历史图(村图)等。②对现状村民口述内容的解读,主要是指涉及古村落风土人情的传说、故事、趣闻等口碑文献。③通过实物的考证,包括建筑物、构筑物、街巷道路、水系、坟墓等的考证。针对福全古村落则通过对《海防考》、《万历泉州府志》、《闽书》、《晋江县志》、《八闽通志》、《施氏族谱》、《蒋氏族谱》、《留氏家谱》、《林氏族谱》以及《祖陵碑志》、《怀恩碑》、《重修城隍宫记碑》、《功德碑》等文献的解读来获取信息,同时结合其他学科的知识,特别是基于建筑学的相关理论和现场调研,加以相互印证,以此从系统的角度推断空间的演变历程。

最后,空间句法是关于空间与城市的建筑性理论,通过分析街道网络来理解人们如何在城市中运动的方法,是一种以视域分析来了解公共空间运作方式的方法,该方法需要我们必须学会在思考空间时,不仅仅把空间看作人类活动的背景,也不仅仅把空间视为物体的背景,而是把空间看作人类做任何事情的内在属性。因此,不管是穿过空间移动,在空间中和其他人交往,或是从一点向周围的空间,这些都有其自然的和必要的空间几何性(如图2-2所示)。人以直线移动,在凸状空间和其他人交往,在移动时看到改变的视域范围。由于空间是人类活动的内在属性,我们就以反映这个特点的方式塑造空间,也正是通过这个点,我们所塑造的空间变得人性化。因此,这就成为分析空间的一个好的开端。❺ 其次,空间如何为人工作,

---

❶ 引自:张之恒.中国考古通论[M].南京:南京大学出版社,1992:9.
❷ 引自:http://baike.baidu.com/view/541810.htm.
❸ 引自:张杰,庞骏,董卫.古村落空间演变的文献学解读[J].规划师,2004(1):10-13.
❹ 引自:张杰,庞骏,董卫.古村落空间演变的文献学解读[J].规划师,2004(1):10-13.
❺ 引自:段进,比尔·希列尔.空间句法与城市规划[M].南京:东南大学出版社,2006:11-12.

则取决于组成这一布局的所有空间之间的关系,这种关系模式是我们思考问题的工具。因此,以分析的方法思考空间构形时,是通过图示(graph)的帮助,图示理论即为一种关系模式的理论。在表达复杂关系的图示中,被联系的物体是"节点"(圈),关系为"连接线"(用于连接两个圈的线)(如图2-3所示)。在分析中,需要用一种特定的方式思考图示,即使用所谓的关系图解,或者简称J图。在关系图解中,我们选择一个节点(灰色)作为整个图的根节点,并且按照其他节点达到根部节点所必须通过的最少节点数,把它们分层放置在根节点的上面,通过这种方式看待图解,就可以看出各个物体的相关关系。❶

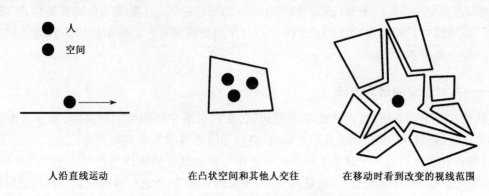

| 人沿直线运动 | 在凸状空间和其他人交往 | 在移动时看到改变的视线范围 |

图2-2　人做任何事都具有空间几何性❷

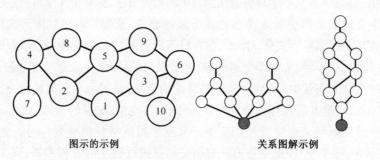

图示的示例　　　　　　　　关系图解示例

图2-3　图示示例与图解示例❸

　　空间句法是以构形关系分析任　何的空间元素的几何代表,不管这些元素是房间,或是线、凸面空间、视域范围、甚至是点,这种方式被证明是城市空间的一个重要的度量方法。它通过严谨的空间分析和仔细的人类活动观察,显示出空间和社会活动联系方式,即:①一种空间布局可以反映和具体表达一种社会模式,②空间可以塑造社会模式,❹据此,其相关分析方法有利于我们更为深入、理性地研究福全古村落空间。特别是对福全古村落的街道网络进行数学分析,以此揭示空间的特色,探究村落空间变迁的历程,并指导村落的保护与未来的发展。

2　系统协同下古村落空间演变的解读

2.1　古村落发展的一般规律

　　我国古村落的发展过程中都有一个比较相似的规律,都经历了一个兴起、发展、衰退的阶段发展过程,具体而言包括:

❶ 引自:段进,比尔·希列尔.空间句法与城市规划[M].南京:东南大学出版社,2006:13。
❷ 图片来源:段进,比尔·希列尔.空间句法与城市规划[M].南京:东南大学出版社,2006:13。
❸ 图片来源:段进,比尔·希列尔.空间句法与城市规划[M].南京:东南大学出版社,2006:13。
❹ 引自:段进,比尔·希列尔.空间句法与城市规划[M].南京:东南大学出版社,2006:14-16。

第一,兴起阶段,选择佳地聚族而居。

受各种原因影响,相当多的村落都是家族迁移的产物,如安徽的宏村、西递;浙江的南阁村、北阁村;湖北的水南湾村;河南的毛铺古村等都是典型的家族迁移聚落。在迁移时一些相对富裕和文化程度较高的家族,在村落选址时先看风水的好坏,一般选择依山傍水的风水佳地,即"智者乐水,仁者乐山"、"人之居处,宜以大地山河为主",考察天文地理,主要是地质、水文、气候、风向、日照、植被等生态环境及自然景观的构成,然后择吉地而经营人居环境,使之与自然生态环境及景观有机协调,从而达到趋吉避凶、纳福攘祸的目的,创造适于长期居住的良好环境。风水的实质就是有效地利用自然,与自然相协调,保护生态,协调发展,是人、建筑、自然和谐的统一。遵循"负阴抱阳,背山面水"的原则。所谓负阴抱阳村落选址的基本原则,即极为慎重地考虑到与山形水势的结合,不仅极力利用有利的自然因素来创造更加适合于生活和生产的环境,而且还要使整个村落和建筑等人工景观十分协调地融入大自然的环境之中,互相因借,互相衬托,从而创造出景观风貌丰富多样、地理特征又十分突出的自然聚落景观。(如图2-4、图2-5所示)

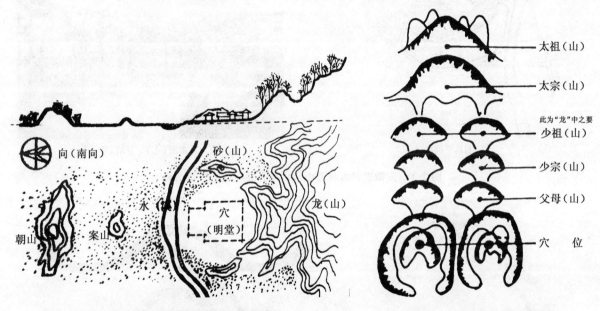

图2-4　风水术中的居住空间理想模式图　　　　图2-5　风水术中觅龙形势图

图片来源:孙大章.中国民居研究[M].北京:中国建筑工业出版社,2004:604。

因此,我国传统村落的聚居生活讲究因借自然,要求村落与自然山水相契合。常见的村落选址模式,或背山面水,或背山面田,或择水而居。如安徽宏村背倚黄山余脉羊栈岭、雷岗山等,地势较高,常常云蒸霞蔚,整个村子呈"牛"型结构布局,巍峨苍翠的雷岗当为牛首,参天古木是牛角,由东而西错落有致的民居群宛如庞大的牛躯。以村西北一溪凿圳绕屋过户,九曲十弯的水渠,聚村中天然泉水汇合蓄成一口斗月形的池塘,形如牛肠和牛胃。水渠最后注入村南的湖泊,称牛肚。在绕村溪河上架起的四座桥梁,作为牛腿。这种山、水、村及其文化相得益彰的设计,不仅为村民解决了消防用水,而且调节了气温,为居民生产、生活用水提供了方便,创造了一种"浣汲未防溪路远,家家门前有清泉"的良好环境。(如图2-6所示)

总之,自然山水成为村落的重要组成部分,这样的村落无不打上深深的环境烙印,因而其环境意象具有高度"可印象性"。[1] 对于福全古村落而言,村落建造在元龙山、眉山、三台山三座丘陵之间,村落内部散布有官厅池、下街池、龟池等,西门外挖有大堀(水面),南门外阔溪环绕,整个古村落背靠碎石山、南临大海,创造了人工与自然环境的有机结合村落景观。(如图2-7所示)

第二,发展与繁荣阶段,经商入仕建设家园。

古村落在其发展过程中,由于生存的压力,村落里中的家族往往比较重视经商或教育,以此来改变自

---

❶　引自:刘沛林.古村落:和谐的人聚空间[M].上海:三联书店出版社,1997:88。

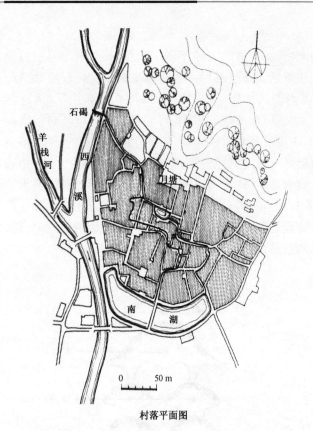

村落平面图

村落南湖(上)、月沼(下)

图 2-6   安徽宏村古村落山、水、与人文环境的有机结合

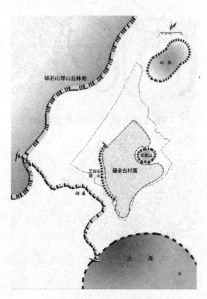

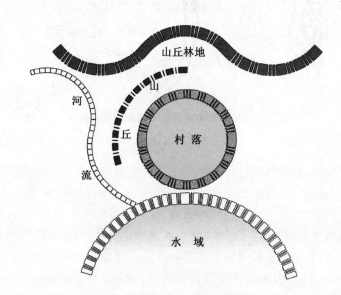

福全周边山、水、环境分析

福全山、水元素分析

图 2-7   福全古村落山、水、与村落空间环境分析图

己的家园。"重视耕读、经商和儒道教化,追求读书、科举之路和儒道伦理精神养身齐家"就成为推动村落发展的主要因素,由此,村民的文化素质得以提高、人才辈出。如福建芷溪古村落自明代开始,因耕地的不足导致了"人多地少"矛盾的凸显,促使了芷溪人纷纷外出谋生,从事商业活动,逐步形成了以杨氏为代表的巨商大贾,由此极大地促使了古村落的发展,与此同时,村落经济的繁荣又促使了教育发展,余庆堂、桃源精舍、石山房、琢玉山房、北溪草堂等十余家私塾、书院涌现于村落之中,其中集鳣堂、永裕堂、怡庆堂等则成为培养本族子弟的典型例子(如图 2-8 所示)。

图 2-8 福建芷溪集鳣堂

同样对于福全古村落而言，也因人多地少的矛盾，促使了大量村民外出谋生，如陈氏、林氏、许氏等族人漂洋过海，来到了台湾、菲律宾、马来西亚等东南亚地区，随着这些村民在海外的发迹，给古村落带来了大量的侨汇经济，这无疑极大地促使了村落的发展。与此同时，教育的重视也随之加强，特别是随着所城的建设，一大批军户的入驻，带来了中原尊儒重教的文化传统，由此形成了"无姓不开科"之说，涌现出了大量的举人、进士等，并建造了朱文公祠、家塾、私塾、书院等文化教育类建筑，这些都极大地推动了村落文化的发展，使整个村落逐步走向繁荣。

其次，强化宗族血缘的维系，全村族群融为一家，福祸与共，建立了和谐团结的群体关系，并以强烈的家族和乡土观念推进了家园的建设和经营。如福建漳州的埭尾古村落就是以陈氏宗族为核心的血缘型聚落，其开基始祖为唐代漳州圣王陈元光后裔——陈均惠，于宋祥兴二年(1278)为避乱而肇居埭尾，整个村落具有近千年的历史。自明代末，整个村落发展进入繁荣时期，现留存的传统古厝 276 间，多建于清代，保存较好的有 36 座，这些传统古厝大门均朝向北，与陈氏宗祠一个朝向，都面对远处的大冒山。而形成这样的古村落形态的原因之一就在于宗族血缘的纽带作用，致使全村族群的高度团结并以此营造出极富有地域特色的村落空间。（如图 2-9 所示）

图 2-9 福建漳州埭尾古村落

对于福全古村落而言，明代因所城的建造，引发了以军户为代表的多血缘宗族体系，如蒋氏、刘氏、陈氏、翁氏等，在这一多血缘宗族体系中，以蒋氏家族为代表在古村落的北门至西门段形成家族型的空间群，陈氏家族则在南门一带形成家族型空间群，黄氏家族则在西门南形成家族型空间群，何氏家族则在文宣街一带形成家族型空间群，刘氏家族则在下街东侧一带形成家族型空间群等等，而在这蒋氏家族空间群落中，又以明代崇祯朝的礼部尚书，兼东阁大学士蒋德璟为核心，形成了五进五开间的蒋氏家庙、三进三开间双月井双护厝的相国府，并且围绕家族建有围墙，宗族家族血缘的兴盛与发展极大地丰富了古村落的空间形态，促使了整个村落的发展与繁荣。（如图 2-10 所示）

第三，衰退阶段，社会变革走向衰退。

围墙   现存古厝   右护厝

图 2-10 相国府现状

在发展过程中,如果社会出现变革或环境条件改变,或者战争等突发因素,往往会导致古村落走向衰败,停滞不前,甚至灭亡。福全古村落由村落演化为所城,由兴起走向了鼎盛;但是到了清顺治十八年,随着"禁海迁界"等政府政令的下达实施,福全古村落走向衰败,其轨迹清晰可见,较好地印证了村落的发展历程。

2.2 福全古村落空间演变的历史解读

2.2.1 兴起——散状的居住点

村落形成的早期,据相关文献记载,林延甲于"景福二年癸丑(893)闽立国后,授骠骑兵司马,搬取尚居固始的夫人王氏,卜宅福全凤山,负乾揖巽,招来田丁,开垦田园……"❶另外,结合林氏《祖陵碑志》《福凤山上林氏渊源本家世谱》及其林氏相关记载,林氏较早入闽地定居。东晋太宁三年(325),林禄受命守晋安,卒封晋安郡王,是为林氏开闽第一人。林延甲于唐代末年定居福全凤山(今后垵村),其后裔分八房,"历宋元至明初,长房宁公守祖地后垵;二房宙公晋江十二都;三房宿公移居桃源(永春);四房讳公居石圳;五房妈县居晋江后坑;六房芳公居本所(福全)山上;七房治公居晋江坑园;八房宽公移居平南关内"。明洪武二十年(1387),朱元璋令江夏侯周德兴在福建沿海造城池防倭。是时到福全圈定城址,因林氏一房聚居的后垵村地势较低洼,被置于城外,而六房住的福凤山一带则被划入福全城内。于是有后垵林氏、福全林氏之分。自明代起,福全所城内的林氏亦曾分衍上山、西门、山上、所后、南门和内厝数房,人口颇盛。

基于上述,结合第一章,则可知:林氏是较早在福全定居的一军户家族,其开基于福全凤山,且此时林氏已经为骠骑兵司马,携带家眷定居福全,其成员人数较多。而在福全所城内定居的是林氏的六房芳公,时间是经宋元至明初。据此,福全古村落北部及其西门一带是以林氏家族为中心的小聚落。

其次,根据史料记载,留汝献于宋代嘉定元年成为戊戌进士。另据民间传说:留从效未发迹时曾居于福全,即在福全城南溜澳。现留有宋代建造的留鄂公庙。而据《留氏家谱》记载:留从效的子孙十三世于元代开基福全。

再次,结合考古学与建筑学的相关知识,在村落的北部西门街南侧留存有林氏家庙与林氏祖厅,根据建筑构件、营造方法等可以判断为清代建筑。另外,根据林氏家谱记载,林氏家庙建于道光十六年(1836),是因康熙年间族人仓促建成的祖厅已经破损不堪,福全族亲邀请台湾的林氏后裔宏炉兄弟回祖里共商建祠之事。宏炉出资构建。林氏家庙为大三开间两落古厝,红砖门墙,白石墙裙,墙面安一对青石枳圆窗。大门凹寿为木构面墙,下设浮雕麒麟的白石裙堵。门额横匾大书"林氏家庙",前面立一对白石廊柱,镌联:"殷代称仁,少师衍派;唐家登第,同始分支。"侧柱镌联也刻有宣扬"忠孝"思想以教化后代子孙。门路两侧对看堵装嵌雕刻花鸟的砖雕。大厅内梁栋用材粗大,施彩髹漆,吊筒、雀替、桶扇等木构件均施雕刻。中设神龛,号为"思本堂",右侧有室,奉祀林宏炉塑像。厅堂两旁粉壁墨书擘窠大字"忠、孝、廉、节"及"龙飞、凤舞"。其次,按照村落现存建筑建造年代,该建筑与周边建筑所形成的区块是整个村落中最早的建筑群。另外福全林延甲殁后葬于石圳村南,位于福全北门外,陵墓至今仍存。再次,东门南侧留存有留氏祖厝,不

---

❶ 引自:许瑞安.福全古城[M].北京:中央文献出版社,2006:119。

远处(城墙外)留存有留从效庙及其城外东南部紧邻为溜江村❶。

　　综上得出:①福全村是一个经历了千年发展历程的闽南古村落。②古村落西北部(林氏)与东南部(留氏)两处以血缘为纽带的宗族聚落点,并且在时间维度上具有早期性,是见证村落兴起的重要历史碎片。③战争引发的人口大迁徙是促使村落兴起的推动力,也是实现中原文化与地域土著文化碰撞与交融的原动力,是形成具有地域特色的闽海文化的主要因素之一,是塑造福全古村落文化的源头所在。④在空间上,呈现分散在南北的以林氏与留氏为主的两大居住点——小聚落点。(如图 2-11 所示)

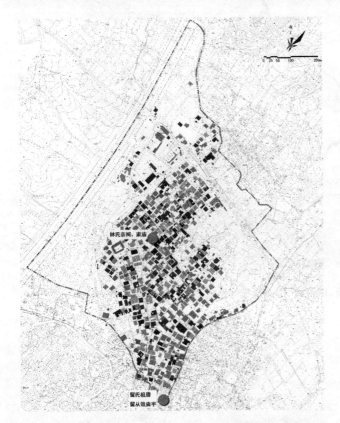

林氏家庙

留从效庙

图 2-11　南北两大居住点示意图

2.2.2　发展——海交古港

　　众所周知,泉州是我国海上丝绸之路的起点。而泉州港并非一个独立的海港,而是属于一个集群海港,由泉州湾、深沪湾、围头湾及 12 个支港组成,所以有"三湾十二港"之称,而福全是其四个支港之一,是泉州港通往海外的必经之路,也是中国东南沿海海防的军事要地。(如图 2-12 所示)

　　首先,福全港地处深沪与围头之间,是天然的避风港。福全历为海防要冲,宋代泉州贸易兴盛时,港市十分繁荣。历史文献上关于福全作为海港的记载也较多:据《海防考》载,福全"为番舶停泊避风之门户,哨守最要";《闽书》称"福全汛有大留、圳上二澳,要冲也";《万历泉州府志》之所云"若福全所,永宁卫,龟湖,浔美诸处,各有支海穿达,能荡涤氛瘴,通行舟楫,利运渔盐"。

　　其次,福全港作为泉州港的组成部分,其村落商品贸易曾一度较为繁荣。泉州地区民间文献中关于福全的记载就很好的佐证了福全古村落当年的繁华。如前一章论及的浔海《施氏族谱》记载,可以得知:福全港在南宋已是一个舶运货物集散的海港。另外,据文献记载,民国时期的文人曾道在凭吊福全古村落遗址时,留下了"东临大海后依山,遥瞰云边赤嵌湾。万里楼船仓猝至,一夫慷慨看当关"的诗句。这些足见福全因海上商贸而繁荣一时。(如图 2-13 所示)

──────────
　❶　溜江村是以留氏、陈氏为主的古村落。

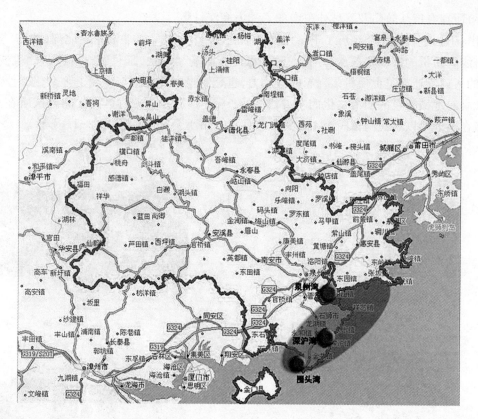

图 2-12   泉州湾、深沪湾、围头湾三湾示意图

福全古港遗址❶

古港现状

图 2-13   海交古港

　　再次,从现有的遗存考古证明,目前古港的轮廓尚存,并留存较多海港遗迹,福全嵋山南侧地名西山的石坡上附着海蛎壳,并有泊船的石孔,考古发掘的船锚和锭索等,其附近的地名称"港边"。沿阔溪而上的刘宅村又称留宅,古称港边村。而福全古村落城南的阔溪曾为古代泊船避风的良港。福全所城西门外地名仙床,有深沟通阔溪。仙床的石坡上附着海蛎壳和海螺壳,也有泊船的石孔,其地也是古代福全港的泊船码头。又沿阔溪而上,往西有一处地名西楼石坡,其地的石坡也附着海蛎壳的遗迹,石缝中尚有海螺壳,可证实该地域是福全港的支海。

　　综上得出:①福全古港见证了海上丝绸之路东南沿海港口及其泉州地区的变迁,见证了闽南沿海海上交通及其贸易的兴衰历程。②福全古村落曾是经贸较为发达的聚落点,是一个舶运货物集散的海港。③在空间上,福全村曾是所在地域内最具规模与活力的村落之一。

------

❶   图片来源:许瑞安教授提供。

2.2.3　鼎盛——闽南古所

福全所城是在洪武二十年(1387)江夏侯周德兴到福建沿海福、兴、漳、泉四府经略海防时所建。福全所城作为连接东南沿海海防体系的重镇,在抗倭斗争中发挥着巨大的作用,也出现了许多抗倭的英雄,如前一章论及的千户蒋继实、"才勇冠泉永二卫"的蒋学深及布衣抗倭英雄蒋君用等。

基于明代的军事制度,福全古村落由一系列分散居住点演变为由城墙围绕的军事要塞。现存的所城城墙遗址、古教场遗址、元龙山指挥台、古战场遗址以及万军井等都充分印证了其军事要塞的特征。

对于所城的城墙规模及其空间情况,则据《晋江县志》《八闽通志》等文献记载:"明洪武二十年,周六百五十丈,基广一丈三尺,高二丈一尺❶,窝铺十有六,为门四,建楼其上",并在"永乐十五年增高城垣四尺,并筑东西北三月城"、"正统八年增筑四门敌楼"、"国朝(清朝)康熙十六年巡抚陈瑸再修"。

其次,结合考古与建筑测绘,现存福全城城墙遗址全长约为 2 000 米,城墙外墙是由长约 1 米,宽 24 厘米的花岗岩条石纵横交叠垒砌,内墙以角石垒砌,中间夯土填实。

其中,西门,又名迎恩门。据《蒋氏族谱》载"西门外原有开山寺,延寿寺,因岁久倾圮,——且龙牌出城未称敬神之典,而於明成化间移於城北圆觉庵"。又载"西门外,原有蒋氏五世祖乐菴公生祠,其塑像於万历十六年移于洪谥公祠,后又移至祠堂之右","西门外建有迎恩亭。成化十年,千户蒋辅建,亭西有庵,为憩息之所"。迎恩亭位于西祀坛宫之西侧,此亭为接送官员之处。由此可知西门为整个古城对外接待、礼仪的要道,是整个古城四大城门中最重要的通道。

城墙遗址

南门遗址

北门水关

南门水关遗址

图 2-14　所城城墙与水关

---

❶ 《八闽通志》记:连女墙三丈一尺。

万军井

校场遗址

元龙山下厅池

元龙山关帝庙

图 2-15　村内景观

北门建有月城、壕沟,并在北门右侧,设一水关,为所城排水之处,至今尚保存。按照地方口碑文献,北门属虎门,婚丧喜庆不得从此门出入。

南门遗址在现飞钱亭东侧,其下有十余米的陡峭石坡,下临福全古港。西侧有水关,也为所城排水之处。

东门面临大海。现尚存东门南侧的条石建筑残件。东门外左边建有一石塔,俗称"无尾塔",原为所城镇塔。再往北,有一方形巨石,称"印石"。两者遥遥相对,而被视为福全所城的风水,称"一剑一印"。

另据村落家谱及其晋江地方志记载,清末"都蔡冤"械斗期间,曾在东门,及其庙兜街陈厝与尤厝间小巷发生过激战,现存枪楼及其楼上东墙留有的多处枪眼佐证了文献的记载。(如表 2-14,图 2-15 所示)

对于整个村落而言,因军事的需求,致使村落周边的元龙山、眉山、三台山等被划入所城内,在所城的空间形态呈现"三山夹一城"的"内凹型"特征,即中央低四周高的"内凹"型形态,将防御的屏障城墙构筑于四周的山陵上,在东南元龙山顶置指挥所,地势最低处开挖水井——万军井,并在东部平坦的空地开辟为校场。(如图 2-16 所示)

综上所述,福全所城的建立,将福全从一个普通的村落提升为具有较为强烈军事意义的所城,正是由于这种转变,提升了福全的政治地位,并且在双重功能作用下带来了一方的社会安定,使福全能够吸引更多的居民来此定居或进行商业活动,原先分散的聚落点也因此逐步联系为一个整体,村落由原先单一的居住型空间演变为集居住、教育、商贸、军事、宗教、娱乐、农耕等于一体的多功能空间,由此推动了福全所城及其周边地区社会经济的发展,使得福全古村落进入鼎盛的发展阶段。

2.2.4　衰败与重生

清初,顺治十八年,清廷下令"禁海迁界",令沿海三十里内的居民内迁,百姓流离失所,整个所城变为

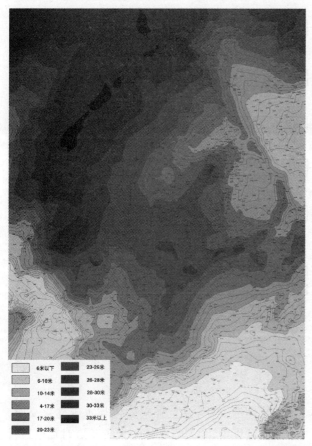
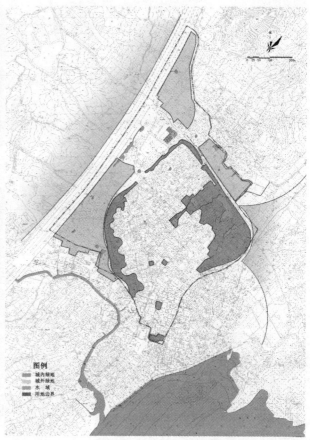

村落水系、山地环境分析图

图 2-16　"三山夹一城"的"内凹型"的形态分析

废墟,仅存城墙,由此,福全古村落进入了衰败的阶段,整个村落突变为废弃地,无人居住,但是整个村落的格局尚存,特别是道路系统、城墙格局等都保存相对完整。

康熙二十二年,清廷下令"沿海迁民归复故居",福全古村落又从死亡的境地逐步得到重生,村民逐步回乡,在原址上利用废墟里的碎砖瓦乱石砌筑房屋,逐步恢复了明代所城的部分格局,但校场、军事指挥所、东门大街等都没有恢复,整个村落人丁大大减少,所谓"十无二存",村落经济凋落,且恢复发展缓慢。

1937 年抗战期间,地方政府恐所城被日寇占领作据点,而征集民工拆福全所城门。1958 年金门炮战,古城遗留的城墙基石、围墙和大砖石再次遭到破坏,仅留夯土城墙基及南、北水关。

现在,随着台海两地交往的正常化与密集化以及社会主义新农村建设等,福全村又成为了晋江市对台涉外交流的一个重要的自然行政村。每年接受港澳台地区及其海外华侨的捐助近百万元,这些资金多用于改善村落村民生活环境,如铺设道路、修建公共厕所、寺庙、桥梁等。

2.2.5　历史空间的轨迹

基于上述,可以得出:福全村具有悠久的发展历史,在这一发展历程中,一系列的事件与制度促使了村落的兴起、发展、鼎盛、衰败、重生,其中,战争与人口大迁徙促使了古村落的产生——形成聚落点;海上丝绸之路使得聚落点成为了贸易的聚集之地,促进了村落的发展与繁荣;明初抗倭与军事制度又进一步推动了聚落点向卫所城堡的演变,创造了福全的鼎盛与辉煌;而清代的一系列对台制度又使得这种古所走向灭亡与重生;近现代的台海问题、社会主义新农村建设等又成为古村落发生巨变的重要因素(如图 2-17 所示),所以,古村落的发展与制度、特殊社会背景下的大事情有着密切的关联,在某种意义上,这两大因素是引发古村落空间突变的关键动力。而村落内部的家族血缘、地缘与业缘等又在微观领域影响了村落的发展,引发了村落微观空间层面的多元,促使了整个村落空间形态的变迁与发展。

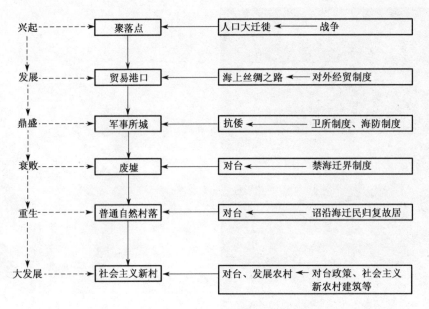

图 2-17　古村落发展轨迹的解读

2.3　文化空间变迁解读

2.3.1　村落文化发展概述

　　基于第一章的论述,可以得知:在几次人口南迁中,带来了中原文化,并且外来文化与本土文化交融,创造了极具地域特色的闽海文化。其次,在这场文化大交融的过程中,北方当时的士大夫阶层对福全古村落地域文化的形成起来了关键性的作用。随着这些知识分子阶层的南迁,不仅带来了当时先进的农耕技术,还带来了以儒学为主的、底蕴丰富的中原文化,这些文化在漫长的历史岁月中逐步沉淀,并牢牢地铭刻在村落之中,其中最显著的就是村落里留存着的大量的祠堂建筑,及其充分体现中原文化精髓的祭祖活动等等,村落中的每一个细节都透露出这种文化的印记,尤其是在今天,中原地区有些习俗早已消失了,但闽南古村落里依旧完整地保留着,这足见其珍贵。再次,明代的卫所制度对福全的影响深远,目前留存的大量遗存均为这个时间段的历史碎片,其中,以蒋氏为代表的一大批军户也正是在这样的历史背景之下迁居到福全,在古村落的北部形成以蒋氏为核心的居住片区,其中最具代表性的蒋德璟故居及其蒋氏宗祠、支祠、家庙等,为福全的发展打下了基础。(如图 2-18 所示)

蒋氏宗祠　　　　　　　　陈氏宗祠　　　　　　　　家庙

图 2-18　分散在整个古村落内的各类祠堂家庙

2.3.2　文化空间的变迁

　　基于上述,可以得出:①福全古村落从兴起之际,其独具特色的宗族文化伴随其发展,在时间上具有共时性,在空间上,则体现出核心性,即聚落点的居住空间是围绕祠堂建筑布置,这一点可以从文献及其现状的调研印证。②随着村落经济的发展,特别是海上贸易的发展,极大地促使了其他文化空间的发展,如妈祖文化、地域海洋文化以及中原传统的儒道文化等迅速通过其载体——妈祖庙、临水夫人庙、私塾等建筑空间显现,并与聚落空间相互交织,成为聚落中重要的信仰、娱乐、教育、休闲场所。③明清的卫所制度将与军事功能相关的一系列文化强加于聚落中,并随着分散的聚落点嬗变为所城时,一跃成为了整个村落除宗族文化之外的核心空间,元龙山关帝庙、十三铺境保护神庙、舍人公宫以及分布在四个城门口的土地神庙等逐步成为整个村落核心场所的组成部分,并与宗族祠堂联系为一个整体,均质地散布于古村落内,由此,使得文化空间演变为从宗族文化到铺境、地域海洋文化,再到军事文化的一个完整的文化空间体系。

2.4 街巷空间的解读❶

福全古村落的街巷系统形成于明代所城建设过程中,因此,在卫所制度的影响下,福全古村落的街巷空间形态必然服务于军事功能,由此而呈现出"丁字街"的形态,即为了军事需求,古村落内街巷纵横交错,如北门街、西门街、太(泰)福街、文宣街、庙兜街、南门的前街和后街等多成丁字形连接。其次,通过建筑测绘与图底分析等,印证了这种为了军事需要而形成的独特的街巷形态。并且,街巷宽度多在 3～5 米左右,长度多不超过 500 米,多数在 300 米内。联系城门的街巷都较其他街巷宽,且两侧多有村落内重要的建(构)筑物,如北门街两侧有林氏宗祠、家庙;蒋德璟故居等,庙兜街直对着元龙山军事指挥所与校场等。

2.5 建筑空间的解读❷

对于古村落空间演变的研究,从建筑层面,主要借助:文献学、考古学、建筑学、人类学等学科的理论与知识,通过户主姓氏、建筑朝向、造型类型、院落形式等加以分析,相互比较、印证。对于大部分消失,仅存少量遗存的建筑,则运用建筑学、考古学、文献学等学科的理论与知识加以判断,以此从建筑空间层面解读村落空间的演变历程。

首先,根据建造时间划分为明代、清代、民国、解放初、20 世纪 70 年代—90 年代、2000 年以来等六个类型。其中明代的建筑物为:节寿坊、城墙遗址、朱文公祠遗址、碑刻等,清代主要有林氏宗祠、林氏家庙、翁思诚故居、鹤峰陈氏祖居等。通过对建筑年代的划分,可以勾画出古村落内不同年代的建造区域。

其次,按照建筑风貌可以划分为传统形式(古厝)、番仔楼❸、石屋及其现代式样。其中,属于古厝类的建筑,较为典型有:林氏家庙、祖厅;青阳陈氏祖厝;尤氏祖厝;吴氏祖厝等。番仔楼较为典型有:陈连约住宅;陈贻钦住宅等。通过对建筑风貌的划分,可以勾画出古村落内不同风貌的区域。

再次,按照院落划分,现有民居可分为:三合院、二落四合院、三落四合院、三落合院单护厝、三落合院双护厝、特殊形式等。

最后,按照姓氏来划分,可以得出 24 姓氏的分布区域。随着北人南迁、闽海文化的形成,福全现留存的 24 姓氏很好地见证了福全村落的变迁。现存的 24 姓氏为:王、尤、李、庄、刘、许、吴、巫、何、张、苏、陈、林、卓、赵、郑、洪、翁、留、蒋、曾、温、蔡等姓氏。这些家族居住位置据史料、家谱等文献以及其他史料文献,将这些留存与外迁家族的居住地——一一对应分析,可以得出福全村主要家族的聚集地,由此可以为村落空间的演变提供依据。(如表 2-1,2-2 所示)

表 2-1 24 姓氏中部分在福全居住地汇总

姓氏	居住地	姓氏	居住地
许氏	许厝潭	留氏	留从效庙一带
陈氏	北门肯井一带	刘氏	东山境一带
曾氏	北门肯井一带	苏氏	文宣街一带
张氏	北门肯井一带、文宣街一带	青阳陈氏	英济境一带

---

❶ 详见后文对所城空间格局的论述。
❷ 详见后文对建筑空间的论述。
❸ 番仔楼亦称"楼仔厝"、"小洋楼",是指具有欧洲住宅与热带建筑特色的所谓"殖民地外廊样式"建筑,与传统民居相结合的建筑。

姓氏	居住地	姓氏	居住地
林氏	上至上山埕,下至三台山、内厝山的"竹篙林"	射江陈氏	公所西
吴氏	城隍庙一带	鹤峰陈氏	太福街北侧
何氏	文宣街一带	飞钱陈氏	庙兜街、南门
卓氏	眉山境一带	颍川陈氏	庙兜街、西门
赵氏	万军井北	尤氏	东山境临水夫人庙一带、英济境一带
郑氏	庙兜街、文宣街、太福街、迎恩境、眉山境一带	翁氏	全祠西侧
黄氏	西门一带	曾氏	万军井南部地带
蒋氏	北门街两侧	李氏	不详

表 2-2　部分外迁家族曾在福全居住地汇总

姓氏家族	居住地	姓氏家族	居住地
柳氏	庙兜街柳厝巷	余氏	风窗竖一带
叶氏	定海境关帝庙南	巫氏	不详
杨氏	现陈祖荣厝后	詹氏	不详
白氏	北门内	银氏	陈氏宗祠北,银厝井附近
金氏	北门街下街池金厝井附近	郜氏	庙兜街

另外,按照建筑朝向划分可以得出居民与街巷、地形、军事指挥中心的关联性。其中,北门街一带为东西向,都面向其东部的龟池、下街池,与街巷成平行布置,并随着由西向东地势变低而排列,绝大部分建筑具有良好的采光与通风。南门一带建筑多南北向,与街巷成垂直关系。太(泰)福街西段建筑与街巷呈平行布置,东段则垂直布置。庙兜街至东门大道段,两侧建筑多与街巷呈平行布置。

2.6　空间句法对空间演变的验证分析

基于上述对村落发展历程、村落文化变迁、街巷变迁、建筑空间变迁等等的分析,得出了福全从分散的小聚落到聚落,再到所城,再到自然村的发展轨迹,对于这一发展轨迹结合空间句法进行进一步的分析,以此进一步探寻福全古村落空间演变的规律。

2.6.1　几个关键概念

基于前文,空间句法中参与运算的最基本的元素是凸空间。凸空间(Convex Space)是指空间内部任意两点之间都相互可见空间。凸空间展现的是空间的存在问题,在利用拓扑学分析时常用圆圈表示,而空间之间关系则用直线来表示。如图 2-19A 中黑色部分是墙体,白色部分是内部空间,在做空间句法分析的过程中,可将其简化为图 2-19B 中所示的图形结构,这里的一个方框就是一个凸空间,进而简化成图 2-19C 所示的拓扑模型结构,这样便可简单明了的表示出图 2-19A 的空间存在及空间之间关系的问题。

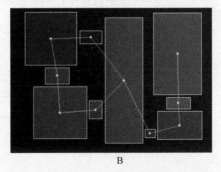

A　　　　　　　　　　B　　　　　　　　　　C

图 2-19　空间句法中凸空间的表示形式

空间句法中对于空间关系分析的基础是深度(Depth)。如图 2-19C 所示,a 空间与 b 空间的关系,可以表示为"a 距离 b 一个拓扑深度,或理解为一步",a 空间与 c 空间的关系,则表示为"a 距离 c 两个拓扑深度"。

空间句法的计算采用的是"总和特征"的方式,因而就引出了"全局深度(Total Depth)"的概念,即空间重映射以后,计算从中心空间开始到其他任意一个空间的深度,穷尽了所有可能的情况以后,把每种情况下的拓扑深度都加在一起便是这个空间的"全局拓扑深度"。一般来说全局深度小的空间可达性高,全局深度深度大的空间可达性低。

因为各种空间系统会受到许多复杂的不定因素的影响,单从全局深度而言不能够准确地表达出空间系统中的关系,因而通过一系列的数学关系消除系统中一些因素的影响后得到一个"整合度(Integration)"的概念。整合度可以较为准确地表达出空间系统的关系:整合度值高的空间,可达性高。而可达性高的地方,往往会是经济上、政治上城市功能较为集中的地方。

另一个空间句法中的重要概念是"选择度(Choice)"——空间重映射以后,除去中心空间以外,全系统中任意一个元素到另一个元素,最短拓扑路径上,中心空间出现的次数,就是中心空间的选择度值。一个凸空间的选择度越高,表明这个空间吸引穿越交通的潜力越大。

2.6.2　空间句法的分析方法

(1) 视线分析

空间句法中的一种模型是进行视线分析,它将重新映射的空间系统放在足够细密的网格中,一个格为一个元素单元,视线分析就是要分析每个元素到其他任意元素的可视深度(Depth),计算出其视觉整合度(Visual Integration)、视觉平均深度(Visual Mean Depth)、可看到的其他元素的个数(Visual Node Count)、空间边界对视觉的限定效果的强弱(Visual Clustering Coefficient)以及视觉控制范围的大小(Visual Control)等参数,然后用不同颜色将结果形象地表示出来,一般情况下是从红色到蓝色,颜色越暖表示数值越大,颜色越冷表示数值越小。

如图 2-20(1)所示为一空间的视觉整合度分析结果,从此图中就可分析出红色箭头所指的地方,也就是两个空间的连接部位,其视觉整合度大小处于一个过渡值,这就可以解释在一个有一定厚度的墙体上开出一个洞口,在洞口处会形成一个独特的空间,具有独立的艺术品质,就像古村落街巷两侧建筑间的门廊,给人以转折感和豁然开朗感。

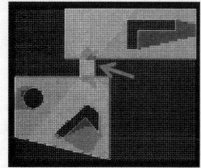
某空间的视觉整合度分析
(1)

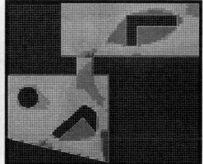
某空间的空间边界对视觉的限定强弱分析
(2)

某空间的视觉控制分析
(3)

图 2-20　某空间视觉分析

如图 2-20(2)所示为一空间的空间边界对视觉的限定强弱的分析结果,这个参数的意义在于,某处参数值越高说明该处的遮蔽性越强,参数值越低的地方遮蔽性越弱,从图中很容易可看出红色区域部分遮蔽性较强。

如图 2-20(3)则为一空间的视觉控制范围大小的分析结果。该参数越大,即说明该地点可以看到的范围越大,参数越小,说明即该地点可以看到的范围越小。

(2) 轴线模型分析

空间句法除了对空间中的视线进行分析,在较大尺度或较复杂的空间系统中,还可将空间转化为轴线

模型进行分析。基本方法是用轴
线来代替凸空间,即保持凸空间
的连接关系不变,用"最长且最
少"的轴线穿过所有凸空间,形成
轴线图。如图 2-21 所示即为将
凸空间转换为轴线图的一个简单
例子,左侧的空间结构就可简化
成右侧的轴线图。

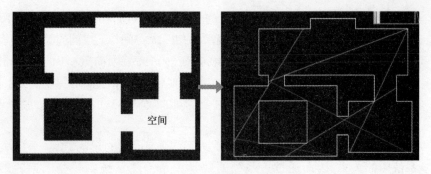

图 2-21　凸空间转换为轴线图

将凸空间转换为轴线网格
后,便可对其整合度及选择度等
因素进行分析。分析过程中会出现一个概念,即"整合度核心",即在一个空间结构中,有少数相互连接的
轴线,其整合度非常高,这部分便为整合度核心。考察传统聚落,如传统村落、古镇、古城等等,常会出现整
合度核心,而且这个核心与村落、古镇或古城的中心往往是重合的。

(3) 线段模型分析

仅对轴线模型分析,存在一定的局限性,因为轴线分析时仅仅考虑的是凸空间的拓扑关系,并没有把
忽略米制距离考虑在内,这就需要另一种模型——线段模型。线段模型是即在轴线模型的基础上,将参与
计算的轴线转化为不被打断的线段,作为新的元素,进行计算和分析。线段模型主要分析的是元素之间
"偏转角度"的关系,偏转角度对于人流方向存在一定的影响。对此,有人假设,人在城市中活动的时候,会
选择米制距离的最短路径,称这种方式为"Shortest Path(最短米制距离路径)";也有人假设,人在城市中
活动的时候,会选择拓扑路学意义上的最短路径,称这种方式为"Fewest Turns(最少步数路径)";还有人
假设,人在城市中活动的时候,会选择一条路径,转弯的角度加在一起是最小的,称这种方式为"Least
Angle(最小拐弯度路径)"。Bill Hillier 在针对伦敦的研究中,经过实验分析,得到的结论是人流的实际情
况与米制距离关系不大,而与角度分析所得结果有显著的相关性。因此,针对福全古村落空间中人流的分
析主要该依靠对"偏转角度"的分析。

空间句法将空间关系以一个种科学理性且直观的方式展现出来,其在城市规划、建筑设计过程中都起
着重要的作用,同时它对于古村落的研究,也提供了一种新思路。空间句法的工作方式是通过严谨的空间
分析和人类活动观察,来显示出空间和社会这两者的联系方式,即空间布局可以反映和具体表达某一种社
会模式。其次,空间的发展反之塑造社会模式。因此,空间句法的分析方法可以进一步揭示福全古村落空
间与社会各自的特征及其相互间的关联,由此解读出不同历史阶段村落发展的机制。

2.6.3　福全村现状空间形态的轴线模型分析

福全古村落从平面图形角度分析,大致呈一个菱形(如图 2-22A 所示),村落中的主要大路干道不明
显,建筑之间形成的空间关系较为自然,道路呈现出不规则的形态。要对福全村空间形态进行分析,首先
通过将福全村的道路系统在 CAD 中简化处理得到了如图 2-22(B)所示的轴线模型图。将其导入到空间
句法分析软件 Depthmap 中进行分析得到一系列结果,这些结果直观地显示出了福全村的空间形态。图
2-22(C)所示为福全村轴线模型全局整合度分析结果。

整合度分析图中,轴线颜色越暖说明其整合度参数数值越大,反之,轴线颜色越冷说明其参数数值越
小。从全局整合度分析图中可以看出,整合度最高的道路靠近村落中心,这里的可达性最大。这些整合度
最高的道路构成了"整合度核心"。一个空间结构中,有少数的那么一些相互连接的轴线,其整合度非常
高。而在自然聚落中常会出现这种现象。整合度高意味着形成了核心,而这也往往会是聚落中发挥重要
作用的部分。在福全古村落中,其中心出现了呈现"工"字形的整合度核心,如图 2-22(C)中①、②、③、④
号轴线颜色最暖,即为该空间系统的整合度核心。而这种基于数学计算的结论与实际调研正好耦合,即围
绕北门街、太福街、庙兜街这一工字型的街巷空间,聚集了蒋德璟为代表的蒋氏家族居住群,林氏家庙、宗
祠,陈氏祖厝,何氏祖厝,张氏祖厝,吴氏祖厝,尤氏祖厝,郑氏祖厝,许氏祖厝等家族血缘型空间聚落群,另

外还聚集着八姓府宫、帝君公宫、土地公宫、朱王府宫、上关帝庙、下关帝庙等寺庙以及北门商业集市、小商店等,与此同时此外,这三条街巷道路的可达性远高于其他街巷,一方面要到达这几条路有很多条路可以选择,如西门街、上街、下街、南门街、东门大街、文宣街等,而且村落中各个地点都很容易到达这里,因此,这工字型街巷是整个古村落的物质、文化、经济中心的聚集场所。

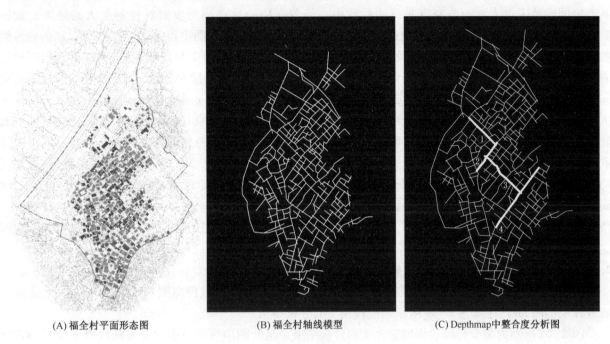

(A) 福全村平面形态图　　　　(B) 福全村轴线模型　　　　(C) Depthmap中整合度分析图

图 2-22　福全古村落的轴线模型分析

除了对其整合度分析的结果,Depthmap 软件还提供了选择度分析的结果,如图 2-23A 所示。结合前文对选择度的阐述,某一空间的选择度是指除去该空间以外,全系统中任意一个元素到另一个元素,最短拓扑路径上,该空间出现的次数。因此,如果某一空间的选择度高的话,那么则从另一空间到其他空间就更倾向于选择这一空间,也即这一空间具有较大的吸引穿越交通的潜力。从图 2-23A 选择度分析图中可看出,选择度较高的轴线有 4 条,即图中①、②、③、④四条红色轴线,即分别对应西门街、北门街、太福街、庙兜街,其中北门街、太福街、庙兜街与前文整合度较高的轴线相重合。据此进一步说明,这几条路具有较高的吸引穿越交通的潜力,而这四条路从整个村落的空间形态及其道路系统的角度分析,则构筑起了整个村落的网络体系。

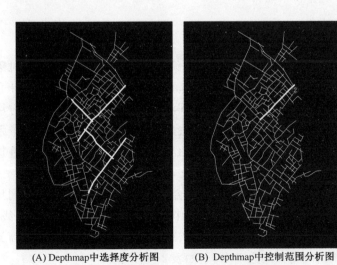

(A) Depthmap中选择度分析图　　　　(B) Depthmap中控制范围分析图

图 2-23　福全古村落的 Depthmap 分析

图 2-24　福全村线段模型整合度分析结果

在整合度分析和选择度分析过程中,整合度最高部分和选择度最高部分出现了重合,这就更说明了这几条路在该聚落中的重要地位。它们不仅仅是应该具有更多功能的村落中心,也是人们出行时更多会选择的线路。

其次,Depthmap还提供了控制度的分析。Depthmap中某一空间的控制度高,即说明该空间可控制其他空间的范围更大。一些空间系统的行政中心或管理中心往往应当安置在控制度大的地方。如图2-23(B)所示为Depthmap中对该空间系统的控制度的分析结果。从图中看出,②号有一条,红色轴线的控制度最大。这条线即整合度较大及选择度较大的轴线之一。结合前文与现状调研,围绕着北门街聚集着为蒋氏家族的集聚区,具体而言包含了相国府、前壁厅、后壁厅、街头厅、街路厅、蒋氏宗祠等蒋氏五房分布于北门街两侧及其八姓府宫、帝君公宫、杨王爷宫等,在这些丰富的物质留存背后映射出福全古村落强大的蒋氏家族,蒋氏一族自明代营造福全所城起就便以绝对的强势影响着整个村落的发展,终明代一朝,蒋氏世袭千户一职者达15人,素有"世袭罔替"的美誉,其间较为著名的如蒋旺在洪武二十八年以军功授武德将军,世袭福全所正千户守御。另外,蒋氏应科举登第为官宦者也非常多,如蒋光彦、蒋德璟、蒋德瑗的"父子进士"、"兄弟进士"等,明代崇祯年间礼部尚书、兼东阁大学士的蒋德璟;光禄大夫、太子少保、户部尚书、武英殿大学士蒋光彦等都高级官宦的涌现更进一步加强了蒋氏家族在福全古村落内的绝对强势与统领权。因此,基于上述一系列分析,佐证了空间句法分析的结论,即北门街空间控制度之高,其控制范围之大。

2.6.4　福全村现状空间形态的线段模型分析

线段模型的建立是在轴线模型的基础上进行的。将福全村的轴线模型图导入Depthmap中,便能生成线段模型图,并产生如图2-24所示的线段模型的分析结果。

图2-24所示为福全村线段模型整合度的分析结果。从此图中可以看出除了与轴线模型分析中整合度最高的①、②、③、④号轴线相吻合的几条线段模型,其线段整合度最高,还有一条⑤号线段的北端和南端其整合度也较高。⑤号街上承北门街,下启庙兜街,其地理位置也处于较为核心的部位。

结合调研数据分析,围绕着这五条轴线上的居民人口是最多的,每栋民居人口数达7人以上的民居多分布于这五条街道两侧。另外这五条道路也是村民走动最频繁的道路,据实际调研数据,其道路使用频率远远高于其他道路,由此足以说明,这五条街道的人口密度较大,人流的交通情况也较大。

线段模型的分析结果更进一步证明了①、②、③、④号街道,即西门街、北门街、太福街、庙兜街在福全村的核心地位。

综上分析,福全村的空间形态中最为重要的部分集中在其中部的四条街道。这里的整合度、选择度、控制度都相对较高,而且人流交通对其的选择度也较大。因此,这里应当是全村的中心。

3　空间解读的归纳

基于上述历史空间、文化空间、街巷空间、建筑空间、空间句法等子系统的解读,得出了一系列古村落空间演变的结论,将这些结论中的共同特征,按照协同的肌理加以整合,基于建筑学、文献学、考古学、社会学等学科的知识,进一步梳理出古村落空间更有序的发展脉络,探寻空间演变最佳的轨迹。具体在方法上,首先,从系统整体的角度出发,进一步通过大量的单一学科知识与方法之间的相互印证,验证各个子系统结论的最佳性。其次,将各子系统的结论转化为可识别图,形成子系统结论图层,通过图层的多维叠加(如图2-25所示),协同整合各子系统结论,形成最佳综合结论。

对于福全古村落而言,经历了分散的小聚落点,到聚落点逐步联系融合,形成一定规模的村落,再到具有军事功能的所城,再经历了整个村落的毁灭与重生的历程,在这一历程中,村落空间形态经历了点到线、线到面的演变过程。在整个形态的演变中宗族文化、铺境文化、宗教文化、军事文化、商贸文化等起了到关键性的作用,而其背后历史制度与大事件是影响这些要素的原动力。(如表2-3所示)

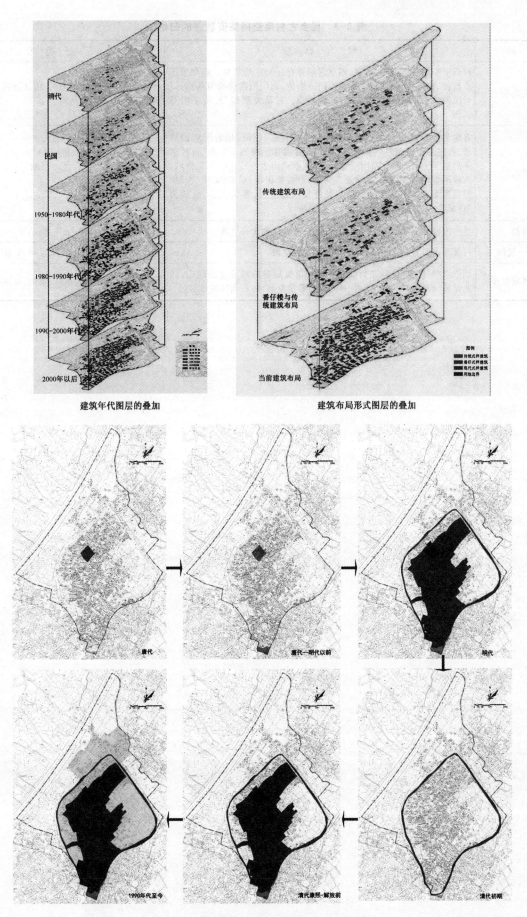

图 2-25　图层叠加下的古村落空间演变分析

表 2-3　福全古村落空间演变轨迹的归纳

阶　段	村　落　形　态	历　史　遗　存
明代以前	村落呈小聚落点,分散布置,相互之间有存在一定的联系。典型聚落点有:以林氏为核心,聚集于现西门街南侧,北门街西侧的聚落点;以留氏为核心,聚集于南门地带的聚落点。村落发展缓慢,海上贸易兴盛	林氏家庙、宗祠;留氏宗祠、留从效庙及以其为核心的同姓家族聚落圈
明代	各聚落逐步相连、融合,形成规模较大的村落,同时,随着所城的建设,古村逐步演变为军事抗倭重镇,村落街巷呈现为丁字街、古村落外形呈现为葫芦城,空间格局呈现为东西两山夹一片古村落的格局。古村落规模逐步壮大,功能逐步完善,形成集居住、军事、文化、农耕、经贸等于一体的多功能聚落。经济发展迅速,村落文化多元,成为"百家姓,万人烟",村落发展进入鼎盛阶段	城墙、城池、万军井、蒋德璟故居、街巷、校场、古战场等
清初	整个古村落因"禁海迁界"而毁于大火,所城化为废弃之地	翁思诚故居残墙,万军井、街巷等
清代—民国	村落开始重建,人口锐减,经济凋落,发展缓慢	城墙遗址、各姓氏的祖厝、宗祠、家庙等
解放初期至今	福全由"所城"再次回归到"村落"。村落发展突破城墙遗址向南、向北发展,南部与溜江村连成一片,向北零星发展,与石圳村逐步靠近	城墙遗址、各姓氏的祖厝、宗祠、家庙等

第三章　卫所制度下的福全所城空间形态

根据前章的分析,明晰了福全古村落空间演变的历程,得知明代是福全古村落的鼎盛时期,其村落由普通的、分散的、自然聚落点嬗变为集军事、居住、文化、商贸等功能于一体的东南沿海重要的所城。但因清初的迁界,所城被毁,故现有的物质遗存多为清代及其以后历史时期的实物,因此,明代时期福全所城的空间形态需要进一步研究。

1　明清海防体系

众所周知,明代是我国海防发展史上的一个重要阶段,出于抗倭斗争的需要,明廷开始在沿海地区全力加强海防建设,并形成了完善的海防体系,其影响十分深远。史称:"海之有防自本朝始也,海之严于防自肃庙时始也。"❶明代前期❷福建为倭患最为严重的省份之一,为抗击倭寇的侵扰,明廷在福建建立起以卫所为基础的陆地防线,在海上建立了以五水寨为核心的海上防线,并形成了海陆联防的海防体系。

1.1　明代前期福建的海疆概况

明代福建地区的行政区划虽屡经调整,但大致上奠定了现行福建行政疆域的基本版图。在福建的辖境中,海疆是其重要的组成部分。福建位于东南海防的前线,是东南海防链条中重要的一环,战略地位十分显要,"海在福建,为至切之患"❸。福建的海岸线绵长,沿海分布着众多的岛屿,海湾、港汊星罗棋布,特殊的海疆地理形势,对明代福建地方海防体系的构建产生了重要的影响。

1.1.1　明代福建的行政区划与海疆形势

明代洪武二年(1369)置福建等处行中书省,洪武九年(1376)改行省为承宣布政使司,俗称行省,布政司以下设有府(州)、县两级地方行政机构,治所福州府(今福建福州)。

在明代福建所辖8府1州中,福州府、兴化府、泉州府、漳州府,4府辖临海区域,直属福宁州亦濒临大海。"(福建)东南皆据海,东北自浙江温州府界,西南至广东潮州府界,大海回环,约二千里。"❹其海防地位十分的重要,"万一福建失守,则广东将隔绝而不通;而浙江与福建连壤,其祸亦烈矣"。❺

而福建海岸线绵长,沿海岛屿星罗棋布,海岸线曲折,港汊众多,其滨海府、州、县的海疆形势十分险要。其中,泉州府,其海外三大岛屿——澎湖屿、浯屿、浯洲屿海防地位十分险要。澎湖屿"盖清漳、温陵二郡之门户",且为倭寇入犯的中转站,"若其入寇,则随风所之。东北风猛则由萨摩,或由五岛至大小琉球,而视风之变迁,北多犯广东,东多则犯福建,澎湖岛分隙,或之泉州等处,或之梅花所、长乐县等处"❻,"我据之可以制倭,倭据之亦得以制我,此兵法所谓必争之地也"。❼ 因此,澎湖屿为兵家必争之地,其战略地位非常重要。浯屿(今漳州龙海县岛美外海浯屿岛)扼守九龙江的出海口,战略地位十分险要。《筹海图

---

❶ 引自:茅元仪.武备志(卷209,占度载·度21)[M].台北:华世出版社,1984:8847。
❷ 是指明代洪武至隆庆年间。
❸ 引自:顾祖禹,撰.贺次君,施和金,点校.读史方舆纪要(卷95,福建一)[M].北京:中华书局,2005:4376。
❹ 引自:顾祖禹,撰.贺次君,施和金,点校.读史方舆纪要(卷95,福建一)[M].北京:中华书局,2005:4376。
❺ 引自:郑若曾,撰.李致忠,点校.筹海图编(卷4,福建事宜)[M].北京:中华书局,2007:283。
❻ 引自:郑若曾,撰.李致忠,点校.筹海图编(卷2,日本纪略)[M].北京:中华书局,2007:178。
❼ 引自:陈子龙.明经世文编(卷479,条议海防事宜疏)[M].北京:中华书局,1962:8。

编》称其"控泉州南境,外以控大、小岨屿之险,内可以绝海门、月港与贼接济之奸,诚要区也"。❶ 浯洲屿(即今金门岛)控守九龙江出海口之北,其西南隔厦门水道与漳州龙海县相望,内护厦门岛,北隔围头湾与晋江围头互为犄角。《闽书》云:"金与厦共为海洋之锁钥,全邑之藩篱,而尤要于厦门也。"正是因为其如此险要的形势,因而《读史方舆纪要》其"一隅之地,而千里之形在焉"。❷ 而福全则位于三大岛屿之间,因此,其战略地位极其突出,这也是建造所城的重要原因之一。

1.1.2　福建海防历史回顾❸

福建海防可以追溯到汉时闽越国,迄今已有 2000 余年的历史。在漫长发展历程中,经历了萌芽、确立和完善三个历史时期。

(1) 萌芽时期

秦汉时期是古代福建海防的萌芽阶段,以汉时闽越国设置海防为标志。闽越国灭亡后东汉王朝把大批闽越族人民迁徙到江淮一带居住,闽地遂墟。三国东吴和晋朝虽然都曾在福建设立郡、县,但由于当时政治斗争、军事斗争的中心在长江和黄河流域,福建或因其地理位置而成为他们的后方,或因无力顾及,而不设防❹,南朝的宋、齐、梁、陈和隋朝时期,在福建沿海先后有过农民起义军和豪强驻军设防,因时间都比较短暂,未曾产生大的影响。

(2) 确立阶段

唐和五代十国的闽国,是古代福建海防的确立阶段。据相关资料记载,中央政权在福建最早驻军设防的是唐朝。唐初期,有福州经略使,归江南道管辖。公元 733 年(唐开元二十一年)又设福建经略使,天宝初期,设福州所领长乐经略,有兵 1 500 人。此后,驻军基本没有间断过。唐后进入五代十国,王审知在福建创建了闽国。闽国的国界基本上是后来的省界。王氏家族割据福建 60 年,特别是前 29 年王审知执政,励精图治,保境息民,鼓励耕垦,发展海运和文化,福建又开始强盛,海防也进一步确立。

(3) 完善阶段

宋、元、明、清(鸦片战争前)是古代福建海防的完善阶段,宋朝为防海盗,在福建沿海设水寨、造舟船、建水军,并设置"治海制置使司",专管海防事务。其海防建设超越以前的历史时期。此后的元、明、清诸朝,尤其在各朝初期,不但均在福建沿海设防,而且其海防机构、海防设施渐趋完善,水军兵力、兵器也有较大的发展,曾称雄于海上,创造过福建海防的鼎盛时期。但明、清的中后期,因朝廷腐败,军备废弛,福建海防也遭到削弱,招致外敌多次入侵。

1.2　福建海防体系的建立

众所周知,明朝建立伊始便受到了来自日本海盗的袭扰,"时天下初定,海内乂安,倭穷发,滨海一带皆被骚扰"❺。由于福建特殊的地理位置,使得其成为倭寇侵扰的最主要的地区之一。史称:"日本地与闽相值,而浙之招宝关其贡道在焉,故浙、闽为最冲。"❻而风向上又利于倭寇入犯福建。因此,倭寇是明代前期福建海防最主要的对象。另外,海寇也是明初福建海防的重要对象之一。明初,虽然被张士诚、方国珍等武装集团相继扑灭,但其余党多逃亡海上,勾结倭寇,频频骚扰沿海地区。"方、张既降灭,诸贼强豪者悉航海,纠岛倭入寇。以故洪武中倭数掠海上。"❼方、张余党不仅勾结倭寇,而且与海盗、山寇都有联系,成为一支威胁新生政权的海上力量,使得福建成为其侵夺的重灾区。同时,加上明初福建沿海地区的农民起义此起彼伏,严重地威胁了明王朝在沿海的统治,也使得元明易鼎时期失控的海上秩序更加混乱和复杂。

---

❶ 引自:郑若曾,撰.李致忠,点校.筹海图编(卷 4,福建事宜)[M].北京:中华书局,2007:275。
❷ 引自:顾祖禹,撰.贺次君,施和金,点校.读史方舆纪要(卷 96,福建二)[M].北京:中华书局,2005:4514。
❸ 引自:驻闽海军军事编撰室.福建海防史[M].厦门:厦门大学出版社,1990:3-4。
❹ 因文献资料的不足,目前尚无关于福建设防的文献记载。
❺ 引自:郑若曾,撰.李致忠,点校.筹海图编(卷 3,广东倭变纪)[M].北京:中华书局,2007:241。
❻ 引自:张廷玉,等.明史(卷 91,兵三)[M].北京:中华书局,1974:2247。
❼ 引自:郑晓,吾学,编.续修四库全书(卷 67,皇明四夷考·日本)[Z].上海:上海古籍出版社,2002:179。

基于上述因素,明代海防卫所制度逐步形成与发展。明太祖根据"军卫法",诏谕沿海各行省,按统一部署的海防防御体系,将沿海地区划分为广东、福建、浙江、南直隶、山东、辽东、鸭绿江七大海防区,福建由此成为其中的主要战区之一。洪武十八年(1385)开始,朱元璋先后派出多位重臣往东南沿海经略海防。据《明史》的记载:"既而倭寇海上,帝患之。顾谓汤和曰:卿虽老,强为朕一行。和请与方鸣谦俱。鸣谦,国珍从子也,习海事,常访以御倭策。鸣谦曰:倭海上来,则海上御之耳。请量地远近置卫所,陆聚步兵,水具战舰,则倭不得入,入亦不得傅岸。"❶这一海防思想的提出,扭转了洪武初年专以巡海为务的海防思想,力主在海上和陆地两个方面筹建海防,即海陆联防的海防思想。朱元璋接受了这一建议,并且在总结元朝军事建制经验教训以及自身建国征战经验的基础上,承袭前朝军户世袭制度创立了"卫所"制度,并开始在东南沿海进行大规模的海防建设。

1.2.1　福建海岸防线的建立

(1) 福建海防卫所的建立

据《明太祖实录》记载,洪武二十年(1387)四月,"命江夏侯周德兴往福建,以福、兴、漳、泉四府民户三丁取一为缘海卫所戍兵,以防倭寇。其原置军卫非要害之所即移置之。德兴至福建,按籍抽兵,相视要害可为城守之处,具图以进。凡选丁壮万五千余人,筑城一十六,增置巡检司四十有五,分隶诸卫以为防御"❷。周德兴在福建构筑了以卫所、巡司为基干的海岸防线以及以水寨为核心海上防线。经过周德兴的建设,福建地方建立起了海陆联防的海防体系,基本奠定了明代福建海防的基础。福全所城就是在这一背景下从一个古村落一跃成为军事防御要塞——御守千户所。

考察整个福建沿海,基于战略位置与抗倭斗争的需要,福建濒海四府一州中,除福宁州外,福州府、兴化府、泉州府、漳州府,均设置有两个或两个以上的军卫,并且新设立的四个海防军卫分别与内陆的福州左、中、右卫,兴化卫、泉州卫、漳州卫等内地卫所互为应援,形成了海岸线与内陆之间的陆上战略纵深。而从军卫本身的规制上看,一方面,这一设置已经远远超越了"系一郡者设所,连郡者设卫"的规制;另一方面,海防军卫远超普通军卫的规模。如泉州府永宁卫,辖卫城内的左、右、中、前、后五个千户所以及在外的福全、崇武、中左、金门、高浦五个守御千户所。不计算在外的五个守御千户所,仅仅在卫内五个千户所的总兵力就有6 935名,已经超过一般5 600人一卫的规模。而所辖的崇武所操海、屯种旗军旧额1 221名,福全所差操、屯种旗军旧额575名,金门所差操屯种旧额1 535名,中左所操海旗军旧额1 204名,高浦所操海、屯种旗军旧额1 258名,则永宁卫辖在外守御千户所兵员为5 793名,加上在内五所的6 935名,总计12 728名,兵力相当于通常的两个卫,由此可见海防卫所规模之庞大❸,同时也折射出福全所在沿海战略地位的重要性。

其次,在卫所兵源方面,"以福、兴、漳、泉四府民户,三丁取一,为缘海卫所戍兵……凡选丁壮万五千余人"。这一措施的实行改变了原来临时抽调民壮抗倭的窘境,解决了海防兵力不足的问题。而且将其编入户籍,世袭为兵,也有利于军队的专业化。然而,军士由当地人充任往往跋扈乡里,再加上军士家在当地,往往潜离城戍,多不在伍,难以管理。因此,在洪武二十七年(1394)六月,明廷下令对海防卫所官军进行互调,最初将浙江、福建的海防官军进行互调,后以道远劳苦,而在本省内各卫之间互调海防官军❹。如据《铜山志》载:"去漳军而以兴化军易焉,故铜山之祖,皆兴化府人也。"❺《崇武所城志》亦载:"洪武二十年筑城后,抽漳州十县壮丁一千三百零四名,戍此(崇武)防倭。"❻对于福全所城而言,其第一任正千户所蒋旺则是在洪武十七年甲子(1384)由兴化卫调任福全永宁卫前所百户,于洪武二十八年(1395)晋赠封为正千

❶ 引自:张廷玉,等.明史(卷126,汤和传)[M].北京:中华书局,1974:3754。
❷ 引自:明太祖实录(卷181,洪武二十年四月辛巳朔戊子条)[M].上海:上海古籍出版社,1983:2735。
❸ 数据来源:黄中青.明代海防的水寨与游兵[M].台湾宜兰:学书奖助基金出版,2001:119。
❹ 引自:明太祖实录(卷233,洪武二十七年六月甲午条)[M].上海:上海古籍出版社,1983:3404-3405。
❺ 引自:上海书店出版社.中国地方志集成——福建府县志辑(乾隆铜山所志)[M].上海:上海书店出版社,2002:395。
❻ 引自:叶春及,撰.惠安政书·附崇武所城志[M].福州:福建人民出版社,1987:118。

户所,而三世蒋义则被分派惠安崇武所❶。由此,沿海卫所互调制度的实行,一定程度上解决了"士人为军反为乡里之害"的弊端,并且在沿海地方形成了许多不同于当地文化的军户社区。据《闽书》载:"故今海上卫军不从诸郡方言,尚操其祖音,而离合相间焉。"❷这极大地促进了所城特色文化的形成。

再次,沿海地区大多地势平阔,无险可据。因此,周德兴在设置沿海卫所的同时兴建了许多规模较大、设施完备的城池,掀起了明初福建地方第一轮海防筑城的高潮。在周德兴创建的 16 座城池中,除了福宁州城外,其他均为卫所、巡检司城。这些坚固的城池一方面可作为御敌的堡垒,另一方面也可作为沿海居民的避难场所。除了周德兴集中督造之外,各地也陆续有所筑建。从空间上看,此时期新建的城堡分布于福建沿海的府州县境内,从北面的宁德县到南面的漳浦县滨海地方。从大小上来看,建筑的军事城堡规制大概可以分为三类:卫城的规模最大,周围一般在 800 丈左右,如镇海卫周围 873 丈、永宁卫周围 875 丈;其次为千户所城,周围约 500 至 600 丈,如福全所城周围为 650 丈、崇武所城周围为 737 丈;最后为巡检司城,约 150 丈。城高在 1 丈 5 尺至 2 丈之间,多用石砌而成。❸

(2)福建沿海巡检司的设立

除了卫所的建设之外,由于福建沿海地方广阔,仅靠数量有限的卫所是无法全面顾及的。因此,周德兴经略福建海防时"增置巡检司四十有五,分隶诸卫以为防御",将巡检司制度纳入海防体系当中。

巡检司是明代最基层的军事组织,直接驻扎乡间,起到维护乡村社会秩序的职能。其长官称巡检,所属差员称弓兵。弓兵来源于巡检司所处地方的住户,即"于丁粮相应人户内佥点弓兵应役"❹,其人数大体"或二十人,或三十人",其职责为"盘诘往来奸细及贩卖私盐、犯人、逃军、逃囚、无引、面生可疑之人"等❺。根据《读史方舆纪要》的记载,周德兴在建立福建沿海巡检司时,除了直接选择滨海要地创建新司外,其他巡司的建立可以分为如下几种情况:第一,继承了宋元以来的建置。例如,福州府的北茭巡司,宋时称为荻芦镇,建有水寨,元代为荻芦巡司,周德兴将其改为今名,并筑司城。第二,继承了洪武初年的建置。例如,福州府的五虎门官母屿、闽安镇,创立时间较早,都是在洪武二年(1369)创立,周德兴将其保留了下来。第三,由内地迁移到了沿海,这种情况比较多。如泉州府的乌浔巡司旧置于安溪县大西坑,此时徙置此地。第四,则是在沿海地区改移。如崇武宋太平兴国六年由惠安县划分出崇武,并修筑小兜巡检寨,元初改为巡检司,明初又将小兜巡检司移到了小岞,并改为小岞巡检司,小兜建造崇武所城。❻

周德兴所创立的巡检司在规制上要比内地巡检司要大。据万历《福州府志》载:"弓兵者,每县括民丁役之,统于巡检,郡要害地置巡检司十有三:曰闽安镇巡检司,弓兵六十人;曰五虎门巡检,司弓兵六十人;曰竹崎巡检司,弓兵三十人;曰五县寨巡检司,弓兵三十人;曰杉洋巡检司,弓兵三十人;曰濑门巡检司,弓兵三十人;曰北茭巡检司,弓兵二十人;曰蕉山巡检司,弓兵七十人;曰小祉巡检司,弓兵七十人;曰松下巡检司,弓兵七十人;曰泽朗巡检司,弓兵四十人;曰牛头巡检司,弓兵百人;曰壁头巡检司,弓兵六十人,凡七百七十人。"❼由上述记载可以看出,沿海巡检司根据其重要性不同,所配备的弓兵数量也不尽相同,最多的可以达到百人,而一半以上的巡检司在人员上都大大超过了一般巡检司 20～30 人的规制。

在职能方面,沿海巡司除了维护乡间秩序、稳定统治秩序的职能外,其防海的职能同样十分明显。首先,周德兴所建立巡检司或占据倭寇入犯的门户,或扼守海上交通要道,并且巡检司在整个海岸防线中起到了联络附近各卫所的作用。因此,其选址的重要性特别突出。如泉州府的峰上巡检司,"司居浯洲屿最东,其澳曰料罗,同海外大、小嶝、鼓浪、烈屿诸岛相望,而浯洲、嘉禾为壮声势,以峰上、官澳、烈屿、白礁四巡检司,高浦、金门、中左三所可为犄角,而料罗则泉门户,宜急守"❽。而"深沪巡检司在十六都,去县七十

❶ 引自:许瑞安.福全古城[M].北京:中央文献出版社,2006:139。
❷ 引自:何乔远.闽书(卷 40,扞圉志)[M].福州:福建人民出版社,1987:998。
❸ 数据来源:驻福建海军军事编撰室.福建海防史[M].厦门:厦门大学出版社,1990:54。
❹ 引自:李东阳,等,撰.申时行,等,重修.大明会典(卷 139,兵部)[M].扬州:广陵书社,2007:22。
❺ 引自:李东阳,等,撰.申时行,等,重修.大明会典(卷 139,兵部)[M].扬州:广陵书社,2007:22。
❻ 引自:叶春及,撰.惠安政书·附崇武所城志[M].福州:福建人民出版社,1987:5-6。
❼ 引自:林燫等,纂修.万历福州府志(卷 10,戎备)[M].日本藏中国罕见地方志丛刊[Z].北京:北京书目文献出版社,1990:78。
❽ 引自:何乔远.闽书(卷 40,扞圉志)[M].福州:福建人民出版社,1987:981。

里,东滨大海,北永宁卫,南福全所,西邻浔尾通南日,接铜山,深沪抵永宁间为佛堂澳,可泊舟,海寇出入必经过门户也"❶。其次,福建沿海巡检司在海防体系中起到了弥补卫所防御不足的问题。"江夏侯周德兴经营海上,又以滨海地疏节阔,目非一卫一所所能遥制,更设巡检司于暇隙地。司各有寨城,有官,有射手百,间杂以房帐、墩台、斥堠相望。"❷以兴化府为例,周德兴经略福建海防时,仅在兴化府沿海地方设立平海卫,在外仅辖莆禧守御千户所一,而"自南日、湄洲至迎仙,环海二百余里"❸。仅靠此一卫一所,无疑难以防御。因而,在平海卫、莆禧所外,又设立小屿、吉了、嵌头、青山、冲沁、迎仙六巡司,以扩大防守范围。巡检司"平居则巡缉奸宄,会哨则督催官军,声势联络,相互应援。"❹。最后,巡检司起到了乡间堡垒的作用。周德兴所建立的巡检司一般都有司城,一旦敌寇来犯,周围民众可以入城坚守。"又附寨村落去郡城迢遰,有警各携老幼,挟衣粮,驰入寨城避锋镝,此又坚壁清野意也。"❺

至洪武二十一年(1388),福建沿海卫所、巡检司城池基本建立完毕。朱元璋又"命(汤)和行视闽粤,筑城增兵。置福建沿海指挥使司五,曰福宁、镇东、平海、永宁、镇海。领千户所十二,曰大金、定海、梅花、万安、莆禧、崇武、福全、金门、高浦、六鳌、铜山、玄钟"❻。经过周德兴的经略,福建海岸线上构筑起以卫指挥使司为支柱,守御千户所为展开,巡检司为联络的海岸防御体系。

1.2.2　福建海上防线的建立

江夏侯周德兴经略福建海徼,除了在海岸线上建立起了卫所、巡司为基础的陆地防线外,还在福建海上设立了以水寨为核心的海上防线。根据相关史料及黄中青研究,明初在福建沿海岛屿建有五座水寨:烽火、南日山、小埕、浯屿及铜山。

其中,浯屿水寨与福全所城有着密切的联系。浯屿水寨由周德兴所创立,"原设于海边旧浯屿山,外有以控大小岊屿之险,内可以绝海门、月港之奸,诚要区也。不知何年建议迁入厦门地方,旧浯屿弃而不守,遂使番舶南来。据为巢穴,是自失一险也。今欲复旧制,则孤悬海中,既鲜村落,又无生理,一时倭寇攻劫,内地哨援不及,兵船之设何益哉!故与其议复旧规,孰若慎密厦门之守,于以控泉郡之南境,自岱坠以南接于漳州,哨援联络,岂非计之得者哉"❼,由此可见:浯屿水寨为漳泉海上门户,是庇护漳泉的海上屏障。"盖其地突起海中,为同安、漳州接壤要区,而隔峙于大小嶝,大小岊,烈屿之间,最称险要。贼之自外洋东南首来者,此可以捍其入,自海仓、月港而中起者,此可以阻其出,稍有声息,指顾可知。江夏侯之相择于此者,盖有深意焉。"❽

另外,考察南日、铜山、烽火、小埕等其他四个水寨的设置位置,可以看出福建的五个水寨均设置于近岸的海岛之上或大陆突出部上,其主要的目的是为了从海上防御倭寇,即所谓"倭从海上来,则海防御之",以期达到"倭不得入,入亦不得傅岸"的战略目标。

其次,在福建水寨的兵力构成方面,明代的水寨有专设的军官,负责水寨的日常管理。同时,水寨也有来自陆地卫所兼职军官,管理汛期附近卫所调来的出海军。水寨设"指挥一人统其众,谓之把总;各卫所遣戍者,指挥一人领之,谓之卫总,终岁则更。"❾在水寨军兵的构成上,每到春、秋汛期,沿海各卫、所分别向水寨派出军官和出海军与水寨军兵共同承担出海的任务。其中,浯屿水寨则由永宁卫与漳州卫派出军官和出海军,"浯屿水寨原在海外今移入厦门澳,每岁分永宁漳州二卫官军二千八百九十八员名更番伦倭,领于把总指挥,以控泉州郡之南境"❿。其中,永宁卫出的兵丁包括了福全出海军⓫。水寨的主要兵力来自

❶ 引自:何乔远.闽书(卷40,扞圉志)[M].福州:福建人民出版社,1987:981。
❷ 引自:何乔远.闽书(卷40,扞圉志)[M].福州:福建人民出版社,1987:982-983。
❸ 引自:顾炎武.天下郡国利病书(卷91,福建一)[M].二林斋藏板图书集成局铅印,光绪二十七年仲秋:12。
❹ 引自:谭抡,总撰.福建省福鼎县地方志编纂委员会,整理.福鼎志(卷5,兵制)[M].上海:上海书店出版社,2000:152。
❺ 引自:何乔远.闽书(卷40,扞圉志)[M].福州:福建人民出版社,1987:982-983。
❻ 引自:张廷玉,等.明史(卷91,兵志三)[M].北京:中华书局,1974:2244。
❼ 引自:范义中.筹海图编浅说[M].北京:解放军出版社,1987:49。
❽ 引自:洪受,吴岛,校释.沧海纪遗[M].台北:台湾古籍出版有限公司,2002:40。
❾ 引自:林燫,等,纂修.万历福州府志(卷10,戎备)[M]//日本藏中国罕见地方志丛刊[Z].北京:北京书目文献出版社,1990:79。
❿ 引自:郑若曾,撰.李致忠,点校.筹海图编(卷4,福建兵防官考)[M].北京:中华书局,2007:341。
⓫ 引自:黄鸣奋.厦门海防文化[M].厦门:鹭江出版社,1996:44。

于陆地卫所汛期的出海军,水寨本身只有守船及少量作战军兵。因此,明初的水寨实行的是一种陆兵加兵船的模式,从严格上说水寨的军兵主力并不是专业化的水军,这在一定程度上影响了明代水军的战斗能力。同时也决定了水寨对陆地卫所有着很强的依赖性,脱离了陆地卫所的支援,水寨将无法起到其应有的作用,更无法独立在海上生存。

福建水寨作为福建海防体系中的第一道防线,在整个福建海防体系中具有十分重要的地位和作用。首先,福建五个水寨均占据着海上的冲要,是陆地的海上屏障。史称:"烽火之台山,小埕之东涌,海坛东庠,南日乌坵,浯铜澎湖、玄钟山皆倭寇必经之地。"❶其次,明初水寨扼守海上交通要道,起着控扼海道的职能。浯屿水寨控制着闽南海上的交通要道,据今存于浯屿岛上的清道光四年(1824)石碑《浯屿新筑营房墩台记》载:"浯屿之北有小担,又北有大担,并峙于港口海中,实为厦岛门户……大、小担之间门狭而浅,惟浯屿与小担其间洋阔而水深,商船出入恒必由之。浯屿之南汉亦浅,可通小艇,其东有九折礁,舟人所畏也。然真西则有限澳,可避风。山坡平衍,居民数百家,而大担、小担皆无之,故海人舣舟必于浯屿……而江、浙、台、粤之船,皆可绕屿而入厦港。"最后,水寨据守着大江大河的出海口,防止敌寇逆流内侵。福建的三大水系,包括闽江、晋江、九龙江,三条大江沟通福建沿海与内地,如果从这三大水系的出海口入寇,便可深入福建腹地。因而,这些江河的出海口成为水寨防守的重地。如浯屿水寨位于九龙江出海口的南端,是控制九龙江出海口的重要要塞。

1.2.3 卫所制度下的海防指挥系统

（1）备倭总兵官

明初,遇到大的征讨,即派遣公、侯、伯等出任总兵官,挂某某将军印,统兵出征。洪武、永乐年间抗倭也采用了任命总兵官挂印出征的制度,明廷多次派遣总兵官赴沿海领导抗倭。洪武、永乐年间的总兵官位高权重,地位十分显赫。所以,每遇总兵出征,则沿海都司、卫所、水陆官军皆听其调度,事权最重。如前文所述,洪武初年,朱元璋便采取任命总兵官统领中央和地方水军出海巡倭,建立了海上巡倭制度。永乐年间,海防体系基本建立之后,明廷仍多次任命总兵官率领水陆官军往沿海地方进行会剿,对倭寇保持了高压的态势。其中,以永乐六年(1408)的会剿运动规模最大,持续时间最长。朱棣先后派出安远伯柳升,平江伯陈瑄,丰城侯李彬、都督费燰,都指挥罗文光、指挥李敬,都指挥姜清、张真、指挥李珪、杨衍分别充任总兵官、副总兵官率领了多支水陆部队往山东、浙江、福建、广东沿海进行了大规模的会剿行动,直到永乐九年(1411)才宣告胜利收兵,取得了不小的战果。明初的总兵官事权虽大,但是却为差遣官,因事而立,因时而设,事毕则归,体现了很强的临时性的特点。随着地方海防体系的建立、完善,明廷更多的是依靠地方海防机构管理海防事务。到了明代中期总兵官由挂印到不挂印,再到以流官充任,其地位日益下降。"正德以来,总兵官领敕于兵部,皆跽,间为长揖,即谓非体"。❷

（2）都司指挥系统

洪武二十一年(1388)之后,福建海防体系基本建立完毕,福建日常海防事务的管理和指挥也由福建都指挥使司所承担。明初,福建的海防指挥系统与其他沿海省份不太一样❸,其最大的特点就是将海防事务直接统辖于福建都指挥使司,并未像浙江、山东等地设立行都司级别的备倭都司❹。《闽书》载:"以福建都指挥使司领福州左、右、中及福宁、镇东、兴化、平海、泉州、永宁、漳州、镇海十一卫。"❺又如《漳州府志》载:"国朝洪武二十年始置镇海卫……属福建都指挥使司。"❻可见,福建沿海的海防卫所直辖于福建都指挥

---

❶ 引自:陈仁锡.皇明世法录(卷75,海防)[M]//吴相湘主编.中国史学丛书[Z].台北:台湾学生书局,1965-1985:1987。

❷ 引自:张廷玉,等.明史(卷90,兵志二·卫所)[M].北京:中华书局,1974:2195。

❸ 一般认为,浙江备倭都司设立于洪武年间,具体时间应该就在筑城成功的洪武二十年(1387)前后。在山东,最初海防卫所设立之后,亦统属于山东都指挥使司,到了永乐六年(1408)在登州水城增设了备倭都司,以统领山东沿海卫所诸军。而福建的情况则与浙江、山东有所不同,洪武二十一年(1388),福建海防卫所设立之后,便一直统属于福建都指挥使司。

❹ 《明实录》、《八闽通志》、《闽书》等地方志中都未发现有任何关于"福建备倭都司"的记载,而福建唯一的行都司是洪武八年(1375)设立于建宁府的福建行都司,其设立的目的在于控压闽西的山贼,而非管理海防事务。

❺ 引自:何乔远.闽书(卷40,扞圉志)[M].福州:福建人民出版社,1987:983。

❻ 引自:罗青霄.万历漳州府志(卷33,镇海卫)[M]//吴相湘主编,彭泽修,等,编.明代方志选(三)[Z].台北:学生书局,1985:697。

使司。

到嘉靖年间,福建兵制改革之后,海防指挥系统也随之进行改革,海防事务改由镇守福建的总兵官统辖,而正统年间设立的"总督各倭"一职也作为冗员于嘉靖三十九年(1560)裁改为游击将军❶。都司设都指挥使1员,正二品,为全省最高军士长官;副职为都指挥同知2员,从二品和都指挥金事4人,正三品。其所属机构有经历司、断事司、司狱司以及仓库、操场等。都司的执掌为地方的军政,管理所属卫所,上达都督府,而听命于兵部。这样就自上而下地形成了:五军都督府—都司、行都司—卫—千户所—百户所—总旗—小旗的军事编制体系,与之相应的领导体系则为:都督(正一品)、都督同知(从一品)、都督金事(正二品)——都指挥(正二品)、都指挥同知(从二品)、都指挥金事(正三品)——指挥使(正三品)、指挥同知(从三品)、指挥金事(正四品)——正千户(正五品)、副千户(从五品)。福建海防事务便是以这一都司指挥系统进行管理和指挥。

纵观上述,福建海防卫所直辖福建都指挥使司相较于设立专门备倭都司的做法显得比较笼统,不利于对福建海防的管理和指挥。同时,卫所制度下的指挥系统中,各个卫所虽统辖于都指挥使司,但是其自身具有相对的独立性,彼此之间互不统辖,容易出现遇警相互推诿、互不救援的情况。

(3)海道副使

除了福建都指挥使司管辖沿海卫所之外,明廷又按照"以文制武"的原则设立了专职的监察官员对海防事务进行监察。据《殊域周咨录》载:"洪武三十年以后,总督领于都指挥,海道领于宪臬。"❷"宪臬"即按察司。据万历《大明会典》指出:"(提刑按察司)正官按察使一员,副使旧各二员,后添设兵备、海道等项副使,员数不一,今福建三员。"❸可见,海道副使其实为按察司副使,其全称应为"巡视海道按察副使"。据《八闽通志》载:"福建等处提刑按察使司:按察使一员,副使二员,金事四员,以上俱旧制职员。后又添设提督学校、海道、坑场、屯略一员,或副使,或金事,皆奉敕专理。"❹关于海道副使的职权,万历《大明会典》载:"(福建)海道一员驻扎漳州,督理沿海卫所官军,专管兵粮、海防,兼理团练,分理军务。"❺但是,在嘉靖之前,海道副使往往携家眷居住在省城的道署中,地方上的按察分司不过是他们出巡时的临时住所。到了嘉靖元年(1522)明廷才下诏,令全国各省守、巡道每年正月出巡,十一月还司,一年中大部分时间都要驻在地方。嘉靖十三年(1534),又令各省守、巡官专驻地方,不得驻扎省城,从此以后即为定制❻。而从史料来看,嘉靖之前,海道副使直接参与具体海防事务的记载并不多,其主要的职权在于巡视、监督。而嘉靖之后,随着海防压力的增大,海道副使才在监察的职能之外,增加了上述"专管兵粮、海防,兼理团练,分理军务"。嘉靖年间,明廷对福建兵制进行了改革,新的指挥系统建立了起来,但是,海道副使一职并没有被裁革。相反,海道副使与福州兵备副使、福宁兵备副使、兴泉兵备副使共同承担分理军务、监督沿海文武官员的职责❼。

1.2.4　福建海防体系的形成

基于上文,可以得出:周德兴经略福建海防时,基本按照方鸣谦的策略"量地远近置卫所,陆聚步兵,水具战舰",即从海、陆两个方面构建海防体系。由此形成了以海上五水寨为核心的海上防线;以海防卫所、巡司为基础的海岸防线;以内地卫所为支援的内地防线,并且在三条防线之间形成了两个战略纵深,即海上防线与海岸之间的海上战略纵深以及海防卫所与内地卫所之间的陆地战略纵深。并且,这三条海陆防线之间,在防卫、职官设置及兵力配置等方面都是彼此联系,相互应援。在海防实践中,海上截杀优于陆上。

---

❶ 引自:明世宗实录(卷484,嘉靖三十九年五月庚寅条)[M].上海:上海古籍书店,1983:8087。
❷ 引自:严从简.殊域周咨录(卷3,东夷·日本国)[M].北京:中华书局,2000:90。
❸ 引自:李东阳,等,撰.申时行,等,重修.大明会典(卷4,吏部三·各提刑按察司)[M].扬州:广陵书社,2007:93。
❹ 引自:黄仲昭,修纂.福建省地方志编纂委员会,主编.八闽通志(卷27,秩官)[M].福州:福建人民出版社,1991:584。
❺ 引自:李东阳,等,撰.申时行,等,重修.大明会典(卷128,兵部11·镇戍三·督抚兵备)[M].扬州:广陵书社,2007:1832。
❻ 引自:黄友泉.明代前期福建的海防体系[D].厦门:厦门大学硕士学位论文,2009:30。
❼ 引自:李东阳,等,撰.申时行,等,重修.大明会典(卷128,兵部11·镇戍三·督抚兵备)[M].扬州:广陵书社,2007:1832。

2 崇武千户所城的空间形态

与福全同期建造的所城有:崇武、中左、高浦等。其中崇武现存资料较为完整,且古城目前也保存相对较好,其历史文化遗产丰富且较为完整,据此,考察崇武古所有利于揭开明代福全古所的空间形态特色。

2.1 基本概况

崇武古城地处泉州湾和湄州湾之间,在惠安东南海隅的崇武半岛,亦称"莲岛",素以"南方北戴河"之称而闻名遐迩。惠安,地处福建省东南沿海中部湄州湾和泉州湾之间,依山临海,与台湾隔海相望,是福建省著名侨乡和台湾汉族同胞主要祖籍地。因盛产花岗岩、辉绿岩等多种石材,又精于石雕、石板影雕和摩崖石刻等,素有"中国石雕之乡"之称。

崇武古城所在的崇武镇地处惠安县东南部,俗称"惠东"。崇武古城的城墙、城门、门楼和灯塔等保存完好,被列为国家级文物保护单位。崇武占地 5.2 平方公里,是个半岛,东邻台湾海峡,与台湾中部遥对;北隔大港,与惠安县的净峰镇和小岞镇相望;南濒泉州湾,与石狮市的祥芝镇遥对;西连大陆,与惠安县的山霞镇的赤湖、大淡、东坑等村接壤。❶

2.2 所城发展概况

崇武古所的发展经历了由水寨到所城的发展历程,即根据《崇武所城志》载"宋太平兴国六年,置惠安县,分拆此地,名曰崇武乡守节里,续置小兜巡检寨,为自海入州界首,设有巡检一名,监税务一名。元丰二年,拨禁军一百名,置寨弹压。后抽还禁军,改移土军增十人为额。乾道七年,增二百人,淳祐间,管合前额三百一十人,立巡警界限。小兜南至岱屿,北至聲蓼而止。小兜原名小斗也,音讹小兜。元初,改为巡检司。明初,倭夷入寇,沿海患之。洪武二十年丁卯,江夏侯德兴奉命经略海基,置卫所以备防御,遂将小兜巡检司移于小岞,乃置崇武千户所,因地为崇武乡,故名城其地,周围七百八十三丈,计四里零六步。……嘉靖三十七年,曾三引贼攻城六昼夜,城为大坏。朱公紫贵揭呈兴泉道盛公唐,委惠安县典史陆公辅勘佑。城上马路狭窄,内迁无墙,呈详都御史王依例扣取各官军粮钱二百三十两五钱,三十四年军钞银二十一两六钱六分,三十五年官军钞银四十八两八钱二分三厘,分给所中上中下富户杨若愚等四十人领之,募匠筑内边城墙,高六尺,马路修阔一丈二尺,窝铺二十五座。工力不敷,勒上中户帮助;石料不足,折废大岞捍寨成之。时徐公鸾共督修理。三十九年四月初一日,倭寇袭陷所城,驻四十余日,屠掠惨甚,赖兴泉道万公克复之。崇祯十七年甲申,北京为赋所陷,旋而大清定鼎。丙戌九月清兵入闽,而街所官军之制遂废。顺治八年辛卯四月二十五日,所城复为海藩郑成功所破。竟日掠夺,其惨尤甚。十八年辛丑九月间,即康熙嗣位之初,旨下南浙闽粤沿海地方迁弃,城堆屋毁尽化为垢墟。迨康熙十九年庚申,金厦两岛荡平,总督姚公启圣,巡抚吴公兴祚,水师提督万公正色,具疏入京,奉旨复回。然人民散失,城郭崩颓,由今溯昔。越后城池再修,宫室重建,固依然如皆之可观也。但历久远而城又渐圮。至道光二十一年,邑侯雷公仑到崇观风,伤其残缺,劝众共修。时黄坑铺监提举许讳炘来崇,开张税典,捐白金三百元,崇富户监生何琼玖捐白金三百六十元,监生林怀芳捐白金三百大元,共心协力,众志成城,邑侯雷公不时尝到崇共督修理。噫,城之复固,虽崇人之有志,亦雷公之倡首也!"❷

据此可见,崇武所城是从宋时的滨海水寨,逐步发展为巡检司,到了明代发展演变为所城,并在清代同样经历了"禁海迁界"与"复界"而被废弃后重生的历程,在整个发展历程中,其军事防御性能是其存在的基础,同时,政治制度又使得其在瞬间泯灭,并获得重生。其次,所城的建设,特别是防御设施,同样经历了一个逐

---

❶ 引自:傅汕.泉州崇武古城的保护与发展[D].泉州:华侨大学硕士学位论文,2005:55.

❷ 引自:叶春及,撰.崇武所城志[M].福州:福建人民出版社,1987:5-7.

步完善的过程,即由水寨简单的防御设施到卫所,包括了城墙、护城河、庙宇、军营、官署等等与防御相关的、相对完善的设施。所城空间也日趋完善复杂。再次,从管理制度角度而言,也逐步从以巡检员、税务员为代表的简单的管理机制到相对复杂的巡检司,再到拥有千人规模、机构复杂、制度相对完备的军事防御管理单位。

2.3 所城布局与主要建筑

2.3.1 崇武古城的总体布局与主要特色

(1) 崇武古城的选址特点

纵观崇武所城的地理自然环境条件,可以发现其选址独特,即崇武西连大陆,北隔大港,南隔泉州湾,东临台湾海峡,为南北之咽喉,为舟行之锁钥。崇武古城选址于滨海险要之处,且近处海域遍布岛屿与礁石。据《惠安政书》记载:"澳城之役,在以防海也。而吾邑莫要于崇武、大岞孤悬海外,上与莆之南日、湄洲,下与晋之永宁、样芝,相为犄角,而邑北之沙格、峰尾,东北之黄崎、小岞,南之獭窟、臭涂,皆缩居内地,藉崇武为其捍蔽而为之声援,内外相犄,基置周密。"❶古城修筑在贴近崇武港处的莲花山上,与大岞山隔一沙平地而对峙,崇武境内地形复杂,小山丘居多。城址的选择,既符合"进可攻,退可守"的战略原则,也为住城军民创造一个舒适的生活环境。自古以来,因其地处险隘,"环海为城,盖防海岛夷之奥区,泉惠藩屏也"❷,成为东南海防要塞,历来为兵家必争之地。(如图 3-1 所示)

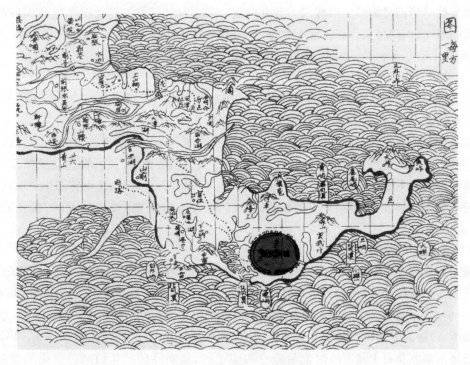

图 3-1 崇武所城位置图❸

崇武所东南北襟大海,西跨山埔。整个所城选址极具风水特色,即"龙脉地势以大帽山为祖,直至盘龙,岭头,始蜿蜒来至青山一带。而大山头折两支分古雷三峰,三峰山由北入为崇武,余一支为东赤山大岞则古雷,大岞皆崇武护卫,城筑如荷花穴,山顶头如蒂然,大海环绕,下一水插入洛阳江,直至陈三坝而止。上一水插入辋川而止。中夹一大支伏至崇武而尽。堪舆家谓是'金水行龙',其势甚微,而脉甚旺。昔有阃帅视师到崇,登陴四望,勉谓诸生曰'即日出金带文士矣,此后尚未艾也。'未几,卓峰戴先生首应之。但碍

---

❶ 引自:叶春及.崇武所城志[M].福州:福建人民出版社,1987:46。
❷ 引自:叶春及.惠安政书·附崇武所城志[M].福州:福建人民出版社,1987:108-109。
❸ 图片来源:叶春及.惠安政书·附崇武所城志[M].福州:福建人民出版社,1987:265。

东安门一煞,尚宜处置,城兜海石当严禁苹,勿致凿伤。"❶

综上,在军事防御需求与人们心理需求的共同作用下,崇武选取了最佳的地理生态环境,并营造出极具闽南沿海特色的聚落空间。

(2) 崇武古城的规格型制

理性与感性交织下的崇武古城选择了极具地域特色的地形条件,营造出了闽南沿海军事防御聚落与独特的古城规格形制。据前文研究,明初在沿海兴建的所城,"城周围七百三十七丈,城基广一丈三尺,高连女墙二丈一尺;为窝铺二十有六,城四方各辟一门,并建楼其上。二十八年,本所千户钱忠因门楼敝坏,重修葺之。永乐十五年,都指挥谷祥等增高旧城四尺,及砌东西二门城,各高二丈五尺"❷。城墙周长一般在 400 丈至 600 丈(约 1 300~2 000 米)之间,而崇武所城却大大超过,已接近卫城的规格,即达"周围七百三十七丈,计四里零六步",现实测周长 2567 米,城内南北门相距 700 多米,东西门相距 600 多米,总面积约 52 万平方米。

其次,崇武所城在修建之初就很特殊地按县城的规格把宋代建造的诚应庙改为城隍庙祀显佑伯,同时兴建了东岳庙。由此可见崇武古城所在位置的重要性。

再次,崇武所城平面呈荷花形,城墙四面的南城角、庵山顶、北城门、西城门各压着一座小山丘,城中有高突的莲花石,形似花蒂。城的规模之大堪称福建所城之最。城连女墙共高二丈一尺,明永乐十五年(1383)都指挥谷祥又增高四尺,城墙厚一丈五尺,嘉靖三十七(1558)年又筑内边城墙,厚一丈二尺。南城角和东城角尉地处高势而显峻险。四城门上均有门楼。东、西、北三门处还加筑半弧形月城(瓮城),瓮城门与正城门朝向不同,南门外只作照。城上窝铺二十余座,其中西南一座,极为要害,嘉靖二十四年(1545)用纯石砌筑,十分牢固。敌台共设四座,十分坚固,"其制上下四旁俱有大小穴孔,可以安铳。台内可容数十人,遇贼群至城下,台内铳炮一时齐发攻击,敌军无虞,彼贼立毙"。城四周还各建有一潭、一井和通向城外的邗沟;在构造上,崇武城墙全用花岗岩块砌筑,城外墙用长条形石作横直丁字砌。城门用铁板包钉,"前有附板函,如警急,则下板重闸,坚壁而守可固"。

崇武城墙上设有跑马道,呈双层,间有三层,用乱块石或卵石花砌。墙间夯以五花土。这种复层跑马道,主要是城内地形复杂、道路不畅使然。这种做法,既有利于城墙稳固,又可输送兵源粮草、传递信息和对外作战。城内部道路系统作不规则十字交叉形,其中心位置为所公署处,便于传递指令。还有东西向的一条道路贯通环城道路,与四个城门和军营相通,在城门处设有连接上下交通的台阶,在瓮城处跑马道加宽,便于兵马调动。

(3) 崇武古城的防御系统

崇武古城曾经是军事重镇,建城时从古城的整体规划、街巷布局到单体建筑,都是从防御敌人的进攻来考虑的。首先在总体布局上,所城公署地处城中心偏北,前有大门,上为谯楼,中为正堂,后有燕堂,再后为旗纛庙,正堂前有东西廊庑,组成一组轴线对称的建筑群。正堂东侧有镇抚司、监牢、西侧为文卷房。正堂东房为军器库,西房为龙事库。军粮仓在所治之西,有东西两廒,仓后设有铁局,为一系列军事供给配备设施。在所公署西侧莲花石上建有战时发号施令的中军台,是明隆庆元年(1567)抗倭英雄戚继光所建。台上插旗帜,日夜派军瞭望往来舟楫、陆路动静及附近墩台。遇有寇警,主将在台上指挥,通城不论官军、民户或乡绅子弟,尽照编号各执兵器登城守垛。城上发擂点鼓,俱依中军号令。明洪武年间,共置军营 987 间,每间一厅二房,后接厨舍一落,总旗二间,小旗一间,或二军共居一间,俱是官建。又于东、西、南、北四城门内靠近营房地段,在巷口、街边设有 10 处土地祠,便于兵士随时供奉和祷告。另外还有东岳庙、天妃宫、观音堂等散置城中。四个城门楼内,也分别塑神像:东门楼祀玄天上帝、南门楼祀观音菩萨、北门楼祀赵公元帅、西门楼祀关帝,各有所属,目的是想借助神力保佑军民,鼓舞士气。

在古城外围,西门外建有迎恩亭,是迎接诏书处,并建有演武场(明中期迁至东门外),港边设有船场。

---

❶ 引自:叶春及.惠安政书·附崇武所城志[M].福州:福建人民出版社,1987:33-34.

❷ 引自:黄仲昭,编撰.八闽通志(卷十三·地理)[M].福州:福建人民出版社,2006:343.

南门外有大片的葬区。城外的军事设施有烟墩和汛地。烟墩是古代军事上不可缺少的传递敌情的设施，崇武在城外大岞山、赤山、高雷山和青山四处设有烟墩，每处建一望楼，内供军士住宿，上置烟堠，遇有寇警，夜里举火、白天竖旗为号。汛地也不可缺少，崇武沿海岸设三处，北门外有青屿，泊哨船二只；南有龟屿，泊哨船八只；东有三屿，泊哨船二只。此三屿分别控制东、南、北三面的海面，遇有敌情即通知烟墩官兵。这样，由汛地、烟墩再传至中军台，然后由中军台发令迎击敌人，构成了崇武城完整的防御系统。

2.3.2　主要建筑

众所周知，传统聚落离不开有形文化的重要载体——重点建筑。根据《崇武所城志》记载：月城、门楼、城门、窝铺、敌台、水涵、城濠、公署、兵马司、馆驿等建筑，这些建筑大部分都不复存在，但对于研究崇武整个所城的空间及其建筑特征具有重要的价值，同时也是揭示福全所城乃至整个闽南沿海所城的空间形态、功能构成与建筑形制等的重要钥匙，具有极其重要的学术价值。

其次，考察现有崇武古城内保存较为完整的建筑对于实证研究，弥补文献的不足具有重要价值，并且对于揭示所城空间与文化具有一定的意义。目前包括崇武古城墙在内保存相对较好的共有16处，其中古城墙为国家级文物保护单位，张将军府（张勇将军故居）、关帝庙、城隍庙、东岳庙和崇武灯塔等5处为县级文物保护单位。此外还包括大量的闽南风格的民居及其以寺庙为主的公共建筑等，这些都与文献资料一起成为揭示所城空间与文化的依据。

其中，据《崇武所城志》载："城门，四内门每扇高九尺五寸，阔三尺八寸，用铁板包钉。该铁板并钉重一百四十六斤，以生铁二斤炼热一片板，用厚难坏，阔大省钉，必擦桐油，方耐海雾。前有附板函，如警急则下板重闸，坚壁而守可固。外门每扇高七尺七寸，阔二尺六寸，俱包铁钉擦油。""窝铺，环城二十六座。西南一铺，地势高坡，风雨易于飘摇，舟楫辏泊，奸宄难以测识，设有不戒，乘夜依浅，捣虚薄城，将可奈何，故此铺极为要害。""敌台，东城原设敌台一座，防贼舟随潮内讧，便于观察。万历二年兴泉道乔诣所，筹度险要，出帑金令胡公熊于南、北、西三面卜建四座，名曰'虚台'。其制上下四旁，俱有大小穴孔，可以安铳。台内可容数十人……""水涵，通城水涵四口：一正东门楼兜，一在第四铺放台边，一在下田庵前，一在西谢井边。又水关一道，亦在下田水涵之北，地尤低下，海潮直抵城脚，暴雨不住，易致水患。""城濠，濠周围不相通，因城有高下。今见存南门外一濠，而西城濠与镇抚潭濠，俱耕为园地矣。北城原无潦浚，每遇秋冬之交，飞沙填宿，至与城齐，五尺之童，可附而窥，缘而登也。当道檄岁下畚锸担移之役，无时不劳苦我士民。盖因后胡、赤涂墩、赤山东三处，开荒插薯使然耳，贪小利而忘大害。万历四十五年，惠安令陈公淙申详两院，竖碑禁革，不许耕种，留为荒埔，产米除豁，数年幸无沙患。""公署，所建于洪武二十年，中为正堂，后为燕堂，又后面为旗纛庙。正堂前左右列为廊庑共十间。又前为仪门，外为大门，上盖谯楼，观音堂即其地也。正堂岁久倾圮，至嘉靖二十一年壬寅秋七月，徐公鉴捐资俸重建。弘治间，钱公贵移建仪门于内庭，改仪门为大门，上建谯楼。正德十四年六月，掌印钱公鼎重修仪门。嘉靖四十年，朱公紫贵重修谯楼。后谯楼倾坏，万历六年徐公鸾以财用不敷，姑行拆卸，惟修大门，所内两廊，荡然无存。至万历□年，徐公鸾捐资，于东西盖二厅。正堂之东，弘治间建镇抚司，后东祀福德牌，西为吏书抄誊文移卷房。所后东隅设监二间，羁系人犯，今已废坠。所堂东房为军器库，贮盔甲火药器械等物。门外竖修建所城楼石碑。西房为龙亭库，收藏龙亭仪仗等物。门外悬钟一口。正堂东边井一口，泉甘。仪门外西边井一口，宋建巡司时，盖已有之。""铺舍，铺在观音堂之左，惠安县年编拨铺司一名，兵一名，递送公文。嘉靖十一年秋，县丞邱公亮重修。年久倒废，司兵家居听差。""馆驿，驿在所前观音堂之右，旧址已为人居，但馆驿之地名尤存焉。""铁局，局设在仓后，洪武间打造军器镇库，今已废坏矣。""兵马司，所城四门皆有其地，原建一厅二房，年久倒废。东在岳前殿大门左边，今盖庵前面空地是遗址也，系胡思明请产开厕。北在城上阶前，王公佩请产盖屋。西在井对面，系胡助请税盖店，各纳在所。惟南门原经张公文辅修茸，今亦倒废，已成平地矣。""中军台，隆庆元年四月，总兵戚公继光号南塘，建于城中仓兜山顶头，拨三名军守之，瞭望东南北海上往来舟楫，及伏路墩堠去处。有警时，掌印官在台中指挥，通城军民人等，尽照派定垛口各执器械防守。昼则火炮三声，竖起大旗一面，暮则火炮三声，挂起大灯二盏。城上发擂点更，俱依中军之令。如一更尽，台上吹长声喇叭，城上各转更。天明落灯，各军方许下城。后被风雨摧坏，胡公熊捐资修茸，又废。""仓廒，仓在所治之西，洪武二十三年建。永乐二年增建官厅一座,后公廨一座。原设廒六座,后废其四,只存东西二廒,岁贮秋屯粮米八千七百六十五石。""迎恩亭,亭原建于西门外三官庙之左,乃迎接诏书所在。倒废。""军营房,洪武中建城设军守御,置军营共九百八十七间。每间一厅二房,接以后厨舍一落。总旗二间,小旗一间,或二军共居一间,俱是官建。后因每伍各拨军往该地方屯种及逃移,故被附居者混冒占住,更易起盖,册籍蔑存无稽。""演武场,教场原设在西门外,离城三里,名曰西埔。后改在东门外。嘉靖十年,朱公彤管操,凿石为记,左竖十二队,右竖十二队,分为界限,以杜侵犯,造册画图,申详都司胡公印钤发所存照,自是军民遵守。嘉靖二十五年九月,朱公彤重建官厅一座,并筑露台居中,操时总旗在此大旗下驻扎。官厅两旁另盖小厂二间。上司按临阅操,则下各官俱在此中居处,便于伺候。明末已被豪强一占耕作及划掘葬坟,至清朝官军已废,迫迁移而官厅倾倒无存矣。""边围墩台,洪武初,倭寇叵测,扰害乡落,制惠安县疆里设有墩台二十三座,皆用民夫守了。中建望楼,以便起居饮食。置烟墩,夜遇寇至则举火,昼遇寇至则竖旗,使数十里之地顷刻见知而为之备。正统十二年五月,奉都察院卯字二百二号勘合,委官会勘,定崇武所管辖地方:上至惠安县二十七都护海宫为界,下至二十六都青山宫炉内为界。内设墩台四座:大岞、赤山、古雷、青山是也。拨军守之。隆庆元年,总兵戚公南塘以烽堠为边防第一要务,拨军五名递报有无警息,于各衙门五日一报,定于子、午、卯、酉之年更代,后以苦差,一年一更。其余若下朱、炉前、肖山、后黄、峰尾、高山、大山、下头、海头、后任、黄崎、马头、尖山、小岞、程埭、獭窟、柯山、白崎、自沙等处诸墩俱废,只以峰尾、小岞、黄崎、獭窟设为巡司,可以拥卫内地,声息相闻,不事墩台可也。至清朝边防不没,而墩台废矣。""埠寨,寨在大岞地方,距所城三里许。旧传此地古光员石一大块,形似人首,向于城之东门,有窥伺状,加之东埯一煞直射,故筑小城以镇之。内为官厂,罩其石于中,周围四十余丈,西辟一门。先年所中拨军守之,承平事废。嘉靖三十七年八月,兴泉道盛唐,因筑本所城边墙缺石,令人拆毁,将石搬运添筑。三十九年,倭陷城,人皆谓毁寨有伤风水所致,四十年正月,掌印朱公紫贵申请各军月粮及坦城祖银重建,仍旧址也。""汛地,本所北门外有青屿,南日寨后峭兵船兵分泊二只在此。南有前屿,浯屿寨前呐兵船分泊八只在此。东有墓窟、三屿,浯屿前哨分二只泊此。又有湄洲游兵船不时上下,分泊协守,但前屿三屿不利南风,立夏后,南飓盛发,当急移于石湖及青屿二处,可保无虞,此定法也。此法设,不惟奸民不敢肆其海,即倭奴无所乘其隙。总兵戚公南塘太山四维之功,所谓世世赖之也。至清朝面水察汛防之法遂弃焉。"❶

　　另外,目前留有大量保存相对完好的传统建筑。首先,就是遍布古城内的各种宗教文化及民间所奉非宗教而被神化的人物的寺庙,如关帝庙、云峰庵、恒淡庵、东岳庙、奇莲寺、城隍庙、水潮庵、观音堂以及五帝爷宫、天王宫、崇报祠、思德祠和灵安尊王宫等。其中关帝庙和东岳庙最具特色且历经修缮,风貌仍保存完好。关帝庙位于城南门内,明嘉靖四十六年(1567)建,经明清四次大修,庙堂座西北朝东南,分两进,中有廊庑及拜亭,庄严肃穆,占地面积近 600 平方米;东岳庙位于城东门内北侧,与城同时建,为守城官员拜贺圣寿及

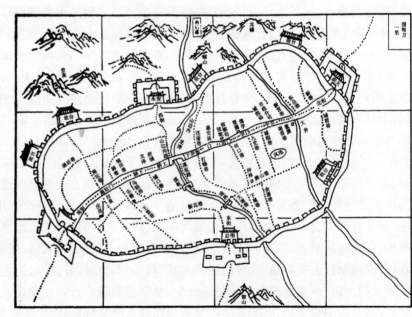

图 3-2　崇武所城图❷

❶　引自:叶春及.惠安政书·附崇武所城志[M].福州:福建人民出版社,1987:7-16。
❷　图片来源:叶春及.惠安政书·附崇武所城志[M].福州:福建人民出版社,1987:87。

祭习仪的地方,清初曾被焚毁,康熙四十八年(1709)重建,庙堂坐北朝南,分三进,中殿前后相隔两座迎龙拜亭,基座石砌。其次,为存留了一定数量的民居建筑,这些民居包括有普通居民住房,也有级别较高将官的府邸,一般都是清代遗存。另外,从建筑风貌而言,有官式大厝民居与石筑民居,其中石筑民居以悠久的石筑技术与花岗岩为建筑材料构成了泉州沿海特别是在惠安、晋江、南安等地民居住宅的独特风貌。无论是墙基、墙身、柱础、柱子和楼板,还是门窗、石栏杆和石级梯,甚至是整条街坊,都体现了石文化的广泛影响。石筑民居的格局大都采用传统的布局形式,从底层至顶层,均以中轴为主轴,两边厢房,厝内大都以走廊满足交通和通风的要求。厝的后落连接走廊作为后厅,在基层设有正(大)门、后门及左右两个小便门。目前崇武古城内官式大厝民居约有 360 座,占总量的 14％,多建于晚清或民国初年,有百余年历史。其余大部分为沿海石筑民居,建造年代直至现代。(如图 3-3 所示)

南城角和东城角因地就势　　　　　　　　　　　城(瓮城)

所城滨海处　　　　　　　　　　　　所城内街巷

修复后的城墙

图 3-3　崇武所城

3　其他所城概况

3.1　金门千户所城

3.1.1　发展概况

金门位于福建东南沿海的厦门湾内,由大金门、小金门(俗称烈屿)和周围的大担、小担、大瞪、小嵘、角屿、草屿、北旋、南锭等礁岛组成,与厦门岛隔海相望。金门本岛形似一块银锭,其地中部狭窄,东西两端比较宽,全岛东西长约20公里,南北宽约15.5公里,中部狭窄处仅三公里,全岛面积约178平方公里。

金门岛古称语洲,又有语江、语岛、语海、沧语、仙洲等别称。孤悬福建外海,但处在福建南部出海口的咽喉位置,成为泉漳门户,海防地位重要,自古是兵家必争之地,具有重要的战略地位。对此,史籍中有诸多记载,如何乔远《闽书》:"金门守御千户所,在同安县浯洲屿,西连烈屿、中左,南达担屿、镇海,料罗尽其东,官澳极其北,用七便可至澎湖,同尽处也。"❶

南宋以前,金门海宇清平,俨如世外桃源,没有兵事记录。南宋末年以来,我国东南沿海倭患渐兴,海寇猖獗,金门因其险要的地理位置成为海防重镇、兵家必争之地。宋嘉定十年间(1217),由于海寇侵犯,泉州知府真德秀"巡海滨、屯要害,尝经略料罗战船"❷。入明以后,金门的倭患愈演愈烈。洪武二十年(1387),为防御倭寇,江夏侯周德兴在金门置守御千户所,及峰上、官澳、天浦、陈坑、烈屿等五处巡检司,筑城驻军。倭寇之外,海盗、葡萄牙人、荷兰人也时时侵犯金门。有明一代,金门成为明军和倭寇、海盗及西方殖民者争夺的焦点,曾多次发生海战。明末清初,郑成功父子以金、厦为反清复明的基地,金门再次陷入战乱之中。康熙二年(1663),清军占领金门,焚屋毁城,同时,为了防止明郑势力入侵,清朝颁布迁界令,将岛内民众迁至离海三十里的界内,金门变成一片废墟。直至康熙十九年(1680),郑经退守台湾,岛民才渐返故乡。

3.1.2　金门所城空间布局与主要特色

明代东南沿海倭寇猖獗,明洪武二十年(1387),为防御倭寇侵扰,江夏侯周德兴在此筑千户所城,因其形势"固若金汤,雄镇海门",遂将城命名为"金门守御千户所城",简称"金门城"。而城所在之岛称金门岛。据清初,顾祖禹《读史方舆纪要·卷九十九·福建五·泉州府》:"守御金门千户所,在同安县东南五十里。本浯州屿,洪武二十年(1387)置。筑城周三里有奇,辖县东刘五店等五寨,县西洪山等三寨。""所东有官澳巡司,相近又有料罗、乌沙诸处,皆番舶入犯之径。其控扼要害,则在官澳、金门"。❸

据《金门志》记载:"金门城,在浯洲之南,离县城八十里;水程一百里,一潮可至。北阻山,东西南阻海。洪武二十年,置守御千户所于此,周德兴筑。周六百三十丈,基广一丈、高连女墙二丈五尺,窝铺三十六。外环以濠,深,广丈余。东西南北四门,各建楼其上。永乐十五年,都指挥谷祥增高三尺,并砌西北南二月城。正统八年,都指挥刘亮、千户陈旺增筑四门敌楼。嘉靖三十七年,所署毁于火。国朝康熙时,重修。总兵官驻劄原在旧城;高耸临江,极目东南,为伦海要地。平台后,总兵陈龙以所域稍圮,人烟稀少,移驻后浦,为前会元许懈居。今颓址存。"❹另据《八闽通志》:"金门千户所城在同安县东南浯州屿。洪武二十年,江夏侯周德兴创筑。周围六百三十丈,高连女墙一丈七尺,城台广一丈,为窝铺二十有六,东西南北辟四门,各建楼其上。永乐十五年,都指挥谷祥等增高城垣三尺,并砌西北二月城。正统八年,都指挥刘亮督同本所千户陈旺复增筑各门敌台。"❺

所城内建有公署、仓厫、书署、祠祀、校场等。其中公署是由总兵陈龙就会元许独居改置。中建正堂,

---

❶　引自:何乔远,编撰.闽书(卷40 扞圉志)[M].福州:福建人民出版社,1994:985。
❷　引自:林焜熿.金门志(卷2,分域略沿革)[M].台湾文献史料丛刊第二辑(38),台湾大通书局印行,2009:5。
❸　引自:陈寿琪,等,修撰.福建通志(卷八十六,各县衙要)[M].台北:华文书局股份有限公司,1968:1725。
❹　引自:[清]林焜熿.金门志(卷2,分域略沿革)[M]//台湾文献史料丛刊第二辑(38).台湾大通书局印行,2009:49-50。
❺　引自:黄仲昭,编撰.八闽通志(卷十三·地理)[M].福州:福建人民出版社,2006:343。

东西夹二室。西藏王命、书籍等项,东贮饷库。翼以将神官厅,而即案牍祠;下辟甬道,两廊列吏、户、礼、兵、刑、工及本稿诸房。仪门外为土地祠、材官厅。大门外为旗厅,左右盖鼓吹亭。南开辕门,环以木栏。辕门之外,西为左营防汛厅、东为右营防汛厅,暖阁后为穿堂,为内署,耳房不计。最后绕以周垣,有旷地可辟为圃;中有啸月轩,东为东花厅,群厉为箭道。马房厅之西,有通衢。越衙为西园幕厅,间架宽敞,前辟露庭,再西有房宇,已圮。其南数宇,嘉庆间总兵林孙重修,署曰棠花阁。❶　其次,寺庙有缠带庙、厉王庙、宝月庵等,其中,缠带庙位于所城外,建于明代,两庙向背毗连,俗称"相带庙",北部的庙宇祀奉真武大帝,南部的庙宇则奉关帝。厉王庙位于所城外,与宝月庵紧邻,祀唐代的张巡,该庙宇非常灵应,香火旺。(如图3-4所示)

金门所城位置图❷

金门传统建筑

图3-4　所城金门

　　另外,金门千户所在同安县东南十九都,洪武二十年,江夏侯周德兴创建。两廊列十百户所。校场在所城北门外。营八百六十间在本所城中,今仅存五百六十五间。埔寨八处俱在同安县。洪武二十一年创

❶　引自:[清]林焜熿.金门志(卷2,分域略沿革)[M]//台湾文献史料丛刊第二辑(38).台湾大通书局印行,2009:51-52。
❷　图片来源:[清]林焜熿.金门志(卷2,分域略沿革)[M]//台湾文献史料丛刊第二辑(38),台湾大通书局印行,2009:3。

建。刘五店寨、澳头寨(上二寨在十七、八都)、牛岭寨、秼林寨(上二寨在三、四都)、瓯山寨(五都,已上五寨俱县东)、洪山寨(七、八都)、西山寨(一、二都)、天宝寨(九、十都)。上三寨俱县西。屯田一所在漳州府龙溪县南二十一等都,共田三十五顷三十亩,计旗军一百三十名。烽燧六处同安县四处,石井(在四十三都)、溪东(四十五都)、街内、下吴(上二处在四个六都.已上四处俱县西南),同安县二处:白石头(县甫十都),叶了(县东南十九都)。❶

3.1.3　金门所城的防御体系

除了金门所城之外,还建造有峰上巡检司、田浦巡检司、官澳巡检司、陈坑巡检司、烈屿巡检司与天宝寨、西山寨、洪山寨、牛岭寨等九处�寨以及六处墩台。其中,峰上寨位于十八都,明代时即为巡检司城,城周长九十五丈,基广一丈,高一丈五尺,四个窝铺,一处城门。陈坑巡检司位于十八都,城周长一百五十三丈,基广一丈一尺,高一丈七尺,有四个窝铺,一处城门。❷ 整个所城总兵力一千五百三十名,旗军一千人,屯军一百三十人❸,其中,操海军六百一十八名,屯种兵七十四名,屯田三十五顷三十亩,旗军一百三十名,校场在所城北门外,营房八十六间在所城内。❹

3.2　中左千户所城

清初,顾祖禹《读史方舆纪要·卷九十九·福建五·泉州府》:"守御中左千户所,在同安县西南五十里。本名嘉禾屿,为厦门海口。洪武二十七年(1394年),移永宁卫中左所官兵于此,筑城戍守,周二里有奇。永乐(1403—1424年)、正统(1436—1449年)以后,不时修筑,辖县西南东澳、伍通二寨。天启二年(1622年),红夷突犯,总兵徐一鸣据城守拒,贼败败却。"❺另据《八闽通志》:"中左千户所城在同安县南嘉禾屿厦门海滨。洪武二十七年徙永宁卫中左千户所官军于此守御。筑城周围四百二十五丈九尺,高连女墙一丈九尺,为窝铺二十有二,东西南北辟四门,各建楼其上。永乐十五年,都指挥谷祥等增高城垣三尺,四门各增砌月城。正统八年,都指挥刘亮督同本所千户韩添复增筑四门敌台。"❻而《乾隆版·泉州府志》:"中左所城洪武二十七年江夏侯周德兴造周四百二十五丈,基广九尺,高一丈九尺,窝铺二十有二,为门四东曰启明,西曰怀音,南曰冷德,北曰汉枢,各建楼其上,徙永宁中左千户所官军守御于此,永乐十五年都指挥谷祥增高城垣三尺,四门增砌月城,正统八年都指挥刘亮千户侯添复增筑四门敌台,城内外皆筑石。"❼

中左千户所在同安县西南二十三都。洪武二十七年,都指挥谢柱徙建宁卫中左千户所创建。两廊列十百户所。教场在所城南门外。营九百八十七间在本所城中,今仅有七百一十四间。埠寨二处俱在同安县西南二十二等都。洪武二十七年创建东澳寨、伍通寨。烽燧八处俱在同安县西南。厦门、高浦、径山(上三处在二十二都)、东渡、下尾、流礁(上三处在二十三都)、井上,龙渊(上二处在二十四都)。❽

3.3　高浦千户所城

清初,顾祖禹《读史方舆纪要·卷九十九·福建五·泉州府》载:"守御高浦千户所,在同安县西南六十里。洪武二十三年(1390),徙永宁卫中右所官兵戍此,更今名。筑城周不及三里,辖县西高浦、大员堂、马銮等三寨。"❾另据《八闽通志》:"高浦千户所城在同安县西南十四都。洪武二十三年,徙永宁卫中右千户所官军于此守御。筑城周围四百五十丈,高连女墙一丈七尺,城基广一丈,为窝铺一十有六,东西南北辟四门,俱砌月城,并建楼其上。永乐十五年,都指挥谷祥等增高城垣三尺。正统八年,都指挥刘亮督同本所千

---

❶ 引自:黄仲昭,编撰.八闽通志(卷四十一·公署)[M].福州:福建人民出版社,2006:1188。

❷ 引自:[清]林焜熿.金门志(卷2,分域略沿革)[M]//台湾文献史料丛刊第二辑(38).台湾大通书局印行,2009:51-52。

❸ 引自:郑若曾,撰.李致忠,点校.筹海图编(卷4,福建事宜)[M].北京:中华书局,2007:337。

❹ 引自:林焜熿.金门志(卷2,分域略沿革)[M]//台湾文献史料丛刊第二辑(38).台湾大通书局印行,2009:77。

❺ 引自:[清]顾祖禹.读史方舆纪要(卷九十九·福建五·泉州府)[M].北京:中华书局,2005:4541。

❻ 引自:黄仲昭,编撰.八闽通志(卷十三·地理)[M].福州:福建人民出版社,2006:343。

❼ 引自:郭赓武,黄任,怀荫布,纂修.乾隆版泉州府志[M].上海:上海书店出版社,2000:237。

❽ 引自:黄仲昭,编撰.八闽通志(卷四十一·公署)[M].福州:福建人民出版社,2006:1189。

❾ 引自:[清]顾祖禹.读史方舆纪要(卷九十九·福建五·泉州府)[M].北京:中华书局,2005:4541。

户赵瑶复增筑四门敌台。"❶《乾隆版·泉州府志》:"高浦城在十四都,明洪武二十四年,江夏侯周德兴造,为所城,周四百五十二丈,高一丈七尺,基广一丈,窝铺十六,为门四,俱砌月城,建楼其上,永乐十五年指挥谷祥增高城垣三尺,正统八年都指挥刘亮千户赵瑶增筑四门敌台。"❷

高浦千户所在同安县西南十四都。令仅存八百八十五间,埠寨三处俱在同安县西十五、六都。洪武二十三年创建高浦寨、大员堂寨、马銮妻寨。屯田新旧二所共田地六十六顷二十二亩,计旗军二百二十四名。南安县一所,在县东南三十二都三峰等处;同安县一所,在县西一、二、三等都萧田等分。烽燧五处俱在同安县。下崎(在三都)、东关浔、亭泥(上二处在四、五都,以上三处俱县北)、刘山、西卢(上二处俱在县南十一都)。❸

4 明代福全所城空间形态

4.1 选址

上述四大所城的选址都选择了沿海,极具战略性的位置,其战略防御地位是所城存在的基础。据此,福全古所的选址也遵循这一原则。

首先,从与周边卫所的关系而言,"永宁卫在县东南五十里,东临大海,北界祥芝、浯屿,南连深沪福全,为泉襟裾"。❹ 可见,福全在永宁整个卫所体现中,占据重要的位置,是永宁南部的重要防御节点,也是形成以泉州为核心的防御圈的重要组成部分。

其次,从福全自身的位置来看,"所西南接深沪巡司,与围头、峻上诸处并为番舶停留避风之门户,哨守最切。福全、深沪有备,寇不能犯矣"。❺ "福全在县东南,福全西南接深沪与围头,峰上诸处并为番舶停泊避风之门户,哨守最要,福全汛有大凿圳上二澳要卫也,明置守御千户所于此。"❻由此得出:地理位置的重要性促使福全由村里嬗变为军事防御所城,即夹在深沪与围头汛间,且有港口,故依港口建造城堡以抗倭寇入侵,由此使得福全所城不仅仅是战略要塞之一,也是船舶避风停靠的良港。(如图3-5所示)

再次,从福全周边地形的角度分析,福全北背靠碎石、乌云诸山,东南临大海,且东南地势高耸,可以俯视整个海湾,东北与石圳毗邻,西南与溜江紧靠,整个所城呈现南、北、西高,东低的内凹型地址,这种地址从军事的角度来分析与现存最完整的崇武古所比较,具有类似的特征,因此,从古所及其周边的地形分析,福全也是古所所在区域内最佳的选址所在。(如图3-6所示)

复次,结合前章关于风水的论述,从村民心理分析,福全所城的选址也符合愿望的地点。考察福全古村落地处临海的丘陵地带,古村落外多山,自东北方沿西往南方有峻山、吉龙山、慕山、塔山、乌云山、碎石山等诸山,这些山蜿蜒连绵而环抱在古村落的北部,形成了"背山",东南则临大海,并且东南部有条阔溪从南门前流过,形成"面水",由此营造出"背山面水"的格局。因此,福全所城的选址符合我国传统聚落选址的山水理念。

综上,可以看出福全所城所占据的地形高低适宜,地理、自然环境十分独特,南面临海,踞于城上视野开阔,利于观察海上敌情,有益于与深沪、围头等其他寨堡进行联络,控制敌人,也便于海上运输物资、海上

❶ 引自:黄仲昭,编撰.八闽通志(卷十三·地理)[M].福州:福建人民出版社,2006:343
❷ 引自:郭赓武,黄任,怀荫布,纂修.乾隆·泉州府志[M].上海:上海书店出版社,2000:237。
❸ 引自:黄仲昭,编撰.八闽通志(卷四十一·公署)[M].福州:福建人民出版社,2006:1188。
❹ 引自:郭赓武,黄任,怀荫布,纂修.乾隆·泉州府志[M].上海:上海书店出版社,2000:237。
❺ 引自:陈寿琪,等,修撰.福建通志(卷八十六,各县衙要)[M].台北:华文书局股份有限公司,1968:1724。
❻ 引自:郭赓武,黄任,怀荫布,纂修.乾隆版泉州府志[M].上海:上海书店出版社,2000:237。

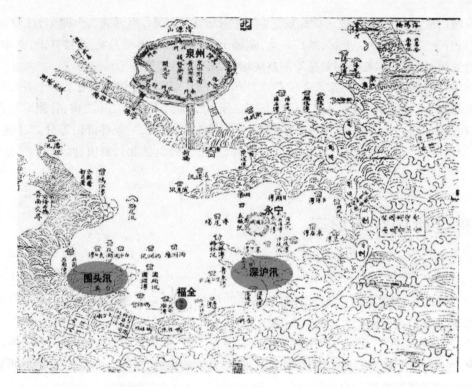

图 3-5   福全古所选址 ❶

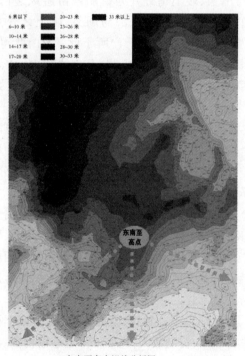

东南至高点视线分析图

古城地形分析图

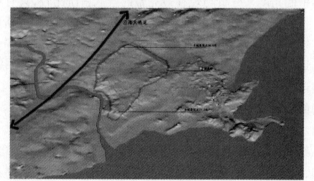

东南至高点向海边观景照片

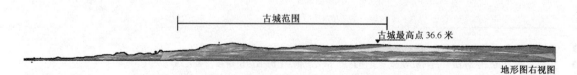

地形图右视图

图 3-6   福全古所选址分析图

❶   图片来源:周学曾,等,纂修.晋江县志[M].福州:福建人民出版社,1990:6。

贸易及其渔民海上作业。福全所城的外围,山峦起伏,是藏龙卧虎之地,又是屯兵操练的好场所,既能战又能守,进退自如,使这一带一直较为安宁,达到了卫所建设的目标——"设险以守其固"。其次,福全的选址也符合了风水堪舆的理论,满足了村民的心理需求,即福全所城是负阴抱阳的龙穴,西北靠山,东南临水,处于山水环抱之中,是村民们认为的吉祥之地。再次,根据所城发展需求以及多丘陵少田的现状,要求在选址布局时,不仅要考虑利用地形条件满足军事防御的要求,也要争取获得更多的屯田资源。由此,军需首要,风水次之,地况再次,这三方面的作用,营造了极具闽南特色的所城空间。

4.2 福全所城的防御体系

众所周知,福全所城隶属于永宁卫,因此,福全所城是永宁卫防御体系中的重要组成部分。从永宁卫的防御体系分析,永宁卫在宋代为水寨,明代洪武二十七年,由江夏侯周德兴改为卫,并派遣指挥官童鼎修筑了卫城。[1]永宁卫的设立是为控制泉州府惠安至同安间海道而设。卫指挥使司设于永宁,在整个泉州府海岸线中处于居中的位置,是泉州三大湾之一的深沪湾门户。宋代乾道八年(1172)起置寨,为泉州左翼水军三寨之一。元仍然为水寨。明代江夏侯周德兴创设时,永宁卫领左、右、中、前、后五千户所外,在沿海又设置了崇武、福全、中左、高浦、金门等御守五个千户所。同时,在五个御守千户所下每个所又移置 4~5 个巡检司以及沙提、深芦、仓后、东店等 15 个寨隘与 12 个烽火燧,另外在海上通过浯屿寨等,形成了以永宁卫为核心,联络周边福全、崇武、金门等 5 个守御千户所以及海上水寨、陆上寨隘和烽火燧立体防御体系,以此成为保护泉州的门户。

在这一立体防御体系中,福全所城与其下移置的峰尾巡检司、乌浔巡检司、深沪巡检司、祥芝巡检司等 4 个巡检司,其中,围头巡检司位于晋江县东南、福全所城西,是由原来永春陈岩巡司移此,乌浔巡检司是外港要地,在晋江县东南九十里,东紧邻深沪,西则与福全相连,有可以停泊船舶的港口,在深沪福全之间。深沪巡检司位于晋江东南七十五里,北与永宁卫相连,南紧靠福全所城,西面临近浔美。祥芝巡检司位于晋江东部,南靠永宁卫城,与崇武所城隔海相望。这些巡检司的地理位置显著,相互联系紧密。其次,有埠寨一处为潘径,洪武二十一年创建。烽燧十处,俱在晋江县,安平(在县西八都)、坑山(在十六都)、东门外、洋下(上二处在十五都)、陈坑(在十一都)、石捆、潘径、隘埔、石头、萧下(上五处在个都)。已上九处俱县南)。[2]另外,在城外诸山设哨防守,如北门外大山头、南门外内厝山、西门外三牲石山、东门外青任头、加罗头、中屿等海滨的岩石高地均有守护哨站,由此形成了一个由外围到近城郭的环状防御体系,有力地保护了福全所城的安全。同时对于整个永宁卫所防御体系而言,福全及其周边构筑成所、司、燧的陆上防御体系,这一体系融入永宁卫城的大体系中,在海上与浯屿水寨相互联系、相互协作,构筑起以福全所城为核心的立体防御体系,并使这一体系成为永宁卫城大体系中有力的支撑点。(如图 3-7 所示)

4.3 城池

4.3.1 城墙与城门

基于上文,结合对目前保存最好的崇武古城的调研,并对福全所城城墙遗存的清理、踏勘、测绘与文献解读,地方志记载:"福全城,在十五都。明洪武二十年,江夏侯周德兴造为所城。周六百五十丈,基广一丈三尺,高二丈一尺,窝铺十有六,为门四,建楼其上。永乐十五年,都指挥谷祥增高城垣四尺,并筑东西北三月城。正统八年,都指挥刘亮、千户蒋勇,增筑四门敌楼。国朝康熙十六年,总督觉罗满保、巡抚陈璸修。"[3]

可以解读出:福全所城城墙是分阶段完成的,第一阶段建造了整个城墙,使得整个城墙初具规模;第二阶段是对城墙进行增高,增添月城,是一个完善的阶段;第三阶段是清代的维修。

❶ 引自:永宁古卫城文化研究编委会.永宁古卫城文化研究[C].福州:福建人民出版社,2001:1.

❷ 引自:黄仲昭,编撰.八闽通志(卷四十一·公署)[M].福州:福建人民出版社,2006:1188.

❸ 引自:周学曾,等,纂修.晋江县志(卷九·城池志)[M].福州:福建人民出版社,1990:198.

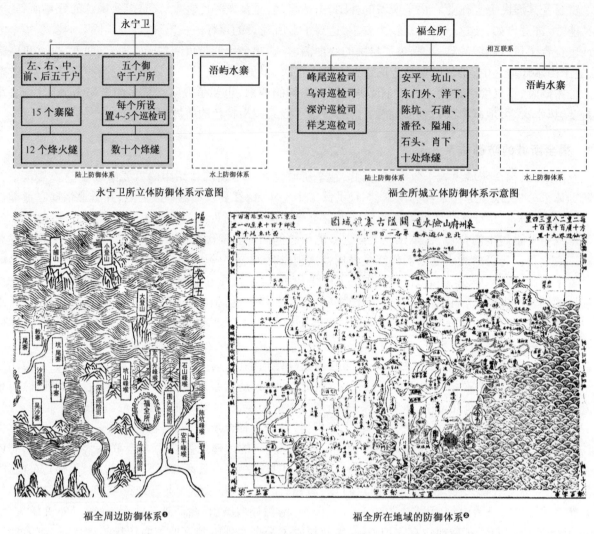

图 3-7　福全防御体系分析

其次,针对最终的城墙规模与形制,对明代所用丈量单位与现在单位的换算,同时结合实际考古测绘,最终确认:福全所城城墙全长 2 186 米,城墙地基宽 4.8 米,城墙台面面宽 4 米,城墙高 6.5 米。城墙走向为现留存的遗址位置,其中北门、西门段清晰,南门与东门段已经建满民居,遗址破坏严重。

再次,现在东、西、北城门的月城已经破坏殆尽,地面已经不留任何遗存,但文献记载清晰,即东、西、北三门建有月城。且在建造福全所城月城时,崇武也在建造月城,且都是谷祥负责建造,所以,福全月城形制与崇武所城月城具有一定的一致性,具有一定的考察价值。因此,根据崇武所城现存月城,可以判断福全月城为方圆形,城门上建有城楼,为三开间歇山顶燕尾脊式样的城楼,红墙红瓦白色规带,双曲面屋顶。

最后,根据文献,福全城墙周边有护城河,但在南门段因地形落差较大,因此护城河实际上为沟壑,不是类似于西门的护城河形式。另外,在北门东侧有一水关,南门北侧也有一水关,均为所城排水之处。

西门,即福全现在西门所在处,是整个所城最重要的门,是迎接官员、所中婚丧喜庆大事出入的门,故又称"迎恩门"。西门外有大堀与二堀水域,大堀水域连接西壕沟,两堀上均建有桥。其中大堀上的桥称为"大堀桥",该桥由八条大石板构筑而成;二堀上的桥称为"二堀桥",为四条大石板铺设而成。两座桥梁造型古朴简洁。西门外建有迎恩亭,亭西建有庵,为憩息之所。

北门,即现在北门所在处,北门外有条路,可以直通乌浔司城与深沪司城。

---

❶ 图片来源:郑若曾,撰.李致忠,点校.筹海图编(卷 15)[M].北京:中华书局,2007:78。
❷ 图片来源:陈寿琪,等,修撰.福建通志[M].台北:华文书局股份有限公司,1968:10。

南门,在现飞钱亭东侧,仅存遗址,出南门可通围头司城。路旁东侧小石洞内祀奉佛祖,现为祀土地公。南门外石坡上下山埕北建一个节孝坊,现已仅遗址。

东门,正对东门大街(遗址)处,现尚存东门南侧的条石建筑残件。在正对东门陈厝与尤厝间小巷上建有枪楼,以供防御。

所城外碎石山周边为墓地区,这里安葬着射江陈氏始祖轸公、苏云从家墓、蒋氏永赠及其后人墓等,另外在东门外也有一片墓地。(如表 3-1 所示)

表 3-1　永宁古城下辖五大所城城池建筑比较

名称	崇武	福全	金门	中左	高浦
建造时间	洪武二十年(1387)	洪武二十年	洪武二十年	洪武二十七年(1394)	洪武二十三年(1390)
城池规模(周长)	七百三十七丈	六百五十丈	六百三十丈	四百二十五丈	四百五十二丈
城墙高、厚等尺度	连女墙共高二丈五尺,城厚一丈五尺,嘉靖三十七年又筑内边城墙,厚一丈二尺	基广一丈三尺,高二丈五尺	高连女墙二丈,城台广一丈	基广九尺,高二丈二尺	高二丈,基广一丈
城门	四个门,且均建有门楼,东、西、北城门建有月城,南门外筑照壁	四个门,建楼其上;东西北三门建有月城	四个门,城门上建有楼,西北二门建有月城	四个门,城门上建有楼,四门建有砌月城	四个门,城门上建有楼,四门建有砌月城
窝铺、敌楼	窝铺 26 座、堞 1 304 个、箭窗 1 300 个	窝铺 16 座,四门建有敌楼	窝铺 26 座,各门建有敌台	窝铺 22 座,四门建有敌台	窝铺 16 座,四门建有敌台
构造、材料	花岗岩石块砌筑,城外墙用长条形石块做横直丁字砌筑。城门用铁板包钉	城外墙以 1 米左右长,24 厘米见方的花岗岩条石纵横交叠垒砌,内以角石垒砌为内墙,中间夯土填实	—	城内外皆筑石	—
比较结论	1.建城时间——福全、崇武、金门为最早并同期,中左建造最晚。 2.城池规模——崇武最大,福全次之,中左最小。 3.城门数量——相同。 4.月城——崇武、福全、金门三门建有月城与楼,崇武与福全均为东、西、北建造月城。 5.城墙高度——崇武与福全等高。 6.构造及其材料——崇武与福全一样				
	福全的城池建造时间、形制、构造、材料与崇武基本类似,仅仅在规模上崇武大于福全,因此,对于福全城池的复建,崇武是一个可以参照的对象				

4.3.2　鼎盛时期人口规模

按照明初军队建制制度,同时参阅相关文献,福全古所军队人数为 1 120 名[1],分三个兵种:守城训练的"见操军"或"往操军";配合永宁卫、漳州卫轮班戍守浯屿水寨的"出海军";屯田种粮的"屯田军"。另外,据文献记载,福全所城建好后,曾在抗倭中,周边十三个小乡村的村民搬迁入所内,即"十三乡入城"之说,同时,结合对现状村落人口情况的调研,可以推测出明代鼎盛时期福全古所的人口规模达 5 000 人以上,即文献记载所谓的"百家姓、万人烟"。

为了满足所城内居民的生活需求,一方面在所城内北门与东门间、城隍庙南部两块用地开辟农田,种植农作物以供生计,另外,屯田新旧二所共田地六十七顷二十亩,南安县一所,在县北九、十都东埔,以弥补农田的不足。[2]

---

❶ 卫所制是明朝军队的基本组织形式。卫领导所,"卫所"隶属于都指挥使司,都司之下,府县二级遍设卫所,一府设所,连府设卫。5 600 人为一卫,每卫辖五个千户所;每千户所 1200 人,辖十个百户所;每百户所 120 人,下辖二总旗,十小旗。

❷ 引自:黄仲昭,编撰.八闽通志(卷四十一·公署)[M].福州:福建人民出版社,2006:1188.

4.4 空间形态

4.4.1 平面形态

　　基于对城墙遗址的测绘,明确了福全古所城墙形态,进一步结合元龙山、眉山、三台山夹一城的内凹型地形,可以得出福全所城的城墙,因北城墙较长,南城墙呈现尖状,形如葫芦,因此,整个所城平面呈现为"葫芦形",村民也称之为"葫芦城"。比较崇武所城平面呈现的荷花形,可以得出当时所城的建造是因地制宜,其建造的材料也是就地取材,取之周边的丘陵地段,并结合现有地形进行规划建造,形成葫芦形的所城空间形态。(如图3-8所示)

福全古所平面　　　　　　　　　　　　　崇武古所平面

图3-8　福全、崇武古所平面形态比较分析图

4.4.2 山水空间形态

　　福全古所在营造过程中,结合地形,开挖了龟池、官厅池和下街池,同时,加上许厝潭、城边潭等,形成了古所内部的水系空间。在空间上,从其分布来看,除了城边潭在南部外,龟池、官厅池、下街池、许厝潭、东官厅等都集中在北部,且水池间相互联系沟通,与北门水关、护城河相连,由此整个所城形成了"一环、一带、多点"的水系空间,即围绕城墙形成护城河——一环❶,在所城北部形成多点状——水池,各水池间、水池与护城河间通过小渠加以沟通,形成"一带"。

　　其次,从地形的角度,福全古所东、南、西高,北低,东南西三面有元龙山、眉山、三台山,这三座山都在城内,由此,形成了三大制高点,其中,在元龙山山顶上建有上关帝庙、山底建有临水夫人庙,眉山半山建有城隍庙、妈祖庙,由此,形成"三高、二露、一明、一藏"的山势与人文空间,即三高:元龙山、眉山、三台山;二露:妈祖庙、城隍庙;一明:上关帝庙;一藏:临水夫人庙。

　　再次,水系空间与山势空间结合,则形成"三山沉、三山现、三山看不见"的空间特色,即"三山沉":龟池、官厅池、下街池三池中都有岩石,岩石都沉在水中;"三山现":元龙山、眉山、三台山三座大山显现在村落内;"三山看不见"是指在"三暗"周边的三块大岩石被三座山遮掩住,正常视线看不到。

4.4.3 街巷格局❷

　　为军事防御所需,城内街巷在结合地形地貌的基础上,形成了南北交错、东西相连的丁字形的街巷空

---

　　❶　因地形的原因,护城河在南门一带只是以沟壑的形式存在。

　　❷　对于街巷空间的分析详见下章。

间格局,其主要道路有西门街、北门街、南门街、太福街、庙兜街等,这些街巷都呈丁字形,即丁字街。

4.5　所城布局

4.5.1　功能布局

福全所城内元龙山位于东北角,是福全所城城内最高点,登上元龙山,整个古所尽收眼底,向所外眺望,南可观围头、金门岛屿,北可见乌浔司城,西可眺南安群山,因此,元龙山顶成为了御敌瞭望指挥中心,建有瞭望台和指挥台。

元龙山东北麓及其东门外东北滨海处辟为校场,元龙山西北龟池与下街池间开挖万军井,以供士兵饮用,另外,在姓氏聚集地内也开挖了许多井,以满足所内生活用水所需,如张厝井、苏厝井、吴厝井、柳厝井等均分布在各姓氏聚集地内。

前街现公所处为所治,官衙所在地,另外根据文献,还设有营房、旗纛庙、军粮仓等。其中,营房八百五十三间,到了清代乾隆年间仅存五百八十一间❶。军粮仓,即福全仓,在所城内,洪武二十年立为福全所军仓,正统六年改隶晋江县❷。

眉山南麓建城隍庙、妈祖庙、蒋君遗公祠等,街巷、街边设土地庙、各铺境保护神庙等。整个所城为福全铺,包括所城内外❸,所城内划分为"十三街境",城内商贾云集,有多家米店、布店、染坊、油坊、磨坊、打铁铺、杂货店、典当铺、医馆和药店等,在南门外有鱼市,经济非常繁荣。其次,在文化教育上,在庙兜街开设学塾,在许厝潭畔建有朱子祠,供学子们研学讨论。

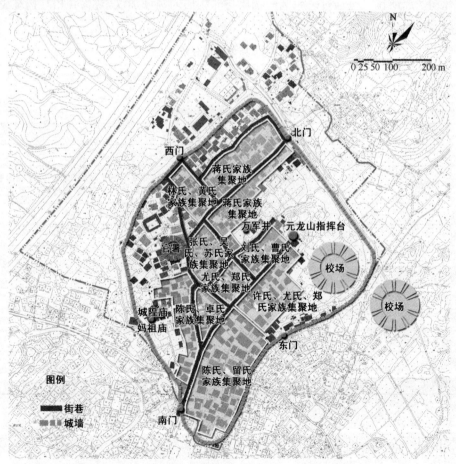

图 3-9　城内家族聚集地与军事设施布局示意图

❶　引自:郭赓武,黄任,怀荫布,纂修.乾隆版泉州府志[M].上海:上海书店出版社,2000:581。
❷　引自:黄仲昭,编撰.八闽通志(卷四十一·公署)[M].福州:福建人民出版社,2006:1178。
❸　引自:黄仲昭,编撰.八闽通志(卷四十一·公署)[M].福州:福建人民出版社,2006:1178。

4.5.2   所治的考证

前街现公所处设置千户所所治(官署),地方志记载"福全御守千户所,在晋江县东南十五都。洪武二十年,江夏侯周德兴创建,两廊列十百户所。成化五年,正千户蒋辅重建"❶。对于其位置的考证,则根据对整个村落传统民居的普查,结合 24 姓氏家谱的解读,在明初建造所城前后,北门街周边为蒋氏家族集聚地;北门街与西门街以西地块为林氏家族、黄氏家族集聚地;太福街周边为陈氏家族、张氏家族、吴氏家族、苏氏家族集聚地;庙兜街周边为许氏家族、尤氏家族、郑氏家族聚集地;下街与庙兜街间为刘氏家族、曾氏家族聚集地;南门内地块为陈氏家族、留氏家族聚集地(如图 3-9 所示),加上所城内山地,则仅有现公所周边有较大的空地可以建造官署,另外再结合访谈,得知公所曾是所城内的政府部门机构所在地,由此可以推测:千户所所治(官署)位于古所中心偏北,现公所处。

对于官署的形制,比较崇武与福全的等级规模,则推测其形制应与崇武古所基本一样,占地规模略小,即前有大门,上为谯楼,中为正堂,后有燕堂,再后为旗纛庙,正堂前有东西廊庑,组成一组轴线对称的建筑群。正堂东侧有镇抚司、监牢,西侧为文卷房。正堂东房为军器库,西房为龙亭库。军粮仓在所治之西,有东西两厫,仓后设有铁局,为一系列军事供给配备设施。

4.6   所城空间构成

通过前几节的论述可以得出福全所城的建造在整个福全发展中占据了举足轻重的位置,是整个村落发展的鼎盛阶段,福全的物质与非物质的成就都可以从所城这一视角加以体现,因此,所城是福全历史文化价值的集中体现。而所城又是通过一系列的物质与非物质的领域加以丰富,并相互构筑成完备的系统,具体构成如下(如表 3-2 所示):

表 3-2   所城构成分析表

物质领域	军事方面	城墙、城门、月城、敌楼、水关、护城河、千户所所治(官署)、校场、营房、福全仓、万军井、打铁井、指挥台等
	宗教方面	旗纛庙、城隍庙、遗功祠、十三境保护神庙等
	石刻碑刻、塔	石刻、碑刻、牌坊、无尾塔等
	民居	蒋德璟故居、翁思诚故居、全祠、陈氏宗祠等
	山、水环境	元龙山、三台山、眉山、官厅池、下街池、龟池、城边潭等——古村落内古树因建城而被开光,山石因建城而被大规模地开采,由此形成"三山沉、三山现、三山看不见"的景观特色
	街巷	丁字街——北门街、西门街、庙兜街、泰福街、下街、上街、前街、后街等
	城池	葫芦城
	屯田	田地、粮仓
	文教	私塾、朱文公祠
非物质领域	抗倭事件	蒋君用抗倭故事、清初禁海等事件
	家谱	《陈氏家谱》、《翁氏家谱》、《蒋氏家谱》等
	十三境文化	十三境铺境民间信仰
	科举文化	无姓不开科、读书应试科举人才济济
	百家姓文化	现村 24 姓文化

5   村落空间形态生长解析

综上所述,结合前一章,可以进一步揭示福全古村落的空间形态生长机理,得出了福全村空间演变的历程,即由分散的聚落点逐步演变为村落,再突变为军事要塞所城,最后演变为今天的自然村,其形态也经

---

❶ 引自:周学曾,等,纂修.晋江县志(卷十三·公署志)[M].福州:福建人民出版社,1990:305。

历了由"点"到"线"再到"面"的变异历程。在这一过程中,一方面,以历代村民顺应或者改造地形地势的建设活动为基础,逐步促使村落的生长。另一方面,明初其军事制度,使得自发的空间拓展嬗变为有计划的生长过程,村民按照所城规划设计,有计划、有步骤地改造自然环境,由此形成了东南沿海的军事要塞。

5.1　早期的村落生长模式的解析

5.1.1　林氏聚落点的生长

结合前章论述,在村落形成的早期,是以林氏家族为典型代表的聚落点作为福全村落生长的起点。考察林氏家族的家谱及其相关文献,林延甲正处于唐代晚期,中国的家族制度正由强调"门第高下为主的门阀制度"向强调"敬宗收族、注重血缘关系的宗族制度"过渡,因此,这个点是带有浓郁中原文化特色的、以血缘为纽带凝结起来的一个聚落点。在这个聚落点中,作为宗族社会象征的宗祠,必然成为聚落的核心。聚落点的布局首先强调的是宗祠位置的布局,所谓"君子营建宫室,宗庙为先,诚以祖宗发源之地,支派皆源于兹"。整个聚落点的布局习惯以宗祠为中心展开,在平面形态上形成一种由内向外自然生长的格局。❶ 所以,福全古村落初期的生长方式是以血缘宗祠为核心,向四周拓展。

其次,随着林氏家族血缘为核心的聚落点向四周的拓展,地形地势逐步成为其改变生长方式的重要因素,即林氏宗祠西部为丘陵山地,限制了其进一步向西生长,由此使得该聚落点沿村落西部丘陵地的东南坡向东、南方向发展。

另外,考察现存林氏宗祠、家庙及其周边地形地势,发现这两大祭祀建筑与下街池正好相对,且下街池及其附近地块地势很低,存在着下街池原本就是林氏祠堂所要的"面水"。这一布局遵循了风水观念,即后有靠山、前有水池(或流水),左右有沙山护卫。所以,林延甲"卜宅福全风山,负乾揖巽",据此,在南、北、西三面中,南部的拓展应大于北面与西面,南向为聚落点主要生长轴。

5.1.2　留氏聚落点的生长

村落南部的以留氏家族为核心的聚落点逐步形成,该家族与林氏家族一样,其生长也是以宗祠为核心向四周拓展。但是,因海上贸易及其渔业捕捞的生产需求,该聚落点向南近海生长的力量远大于其他方向,因此,向南的生长成为了主要生长轴。

5.1.3　早期村落的生长

基于上述,早期福全古村落是以两大血缘为纽带的宗族聚落点的形式存在,这两大点在早期的生长方式上具有一定的类似性,即都是围绕各自的宗祠向四周扩展。但是随着进一步发展,北部林氏聚落点受地形的限制而改变了四面拓展的方式,调整为向东、南、北三个方向拓展,并以南向为主要生长轴。南部留氏聚落点同样以南方作为主要的生长轴。福全古村落早期的两大聚落点的生长轴具有一定的类似性与发展方向,但两者之间并不存在必然的联系,是独立自发生长的过程。而沟通两个聚落点间的道路,仅仅为交通功能,不肩负其他职能,即两聚落点是分散的。这也是福全古村落早期的道路功能所在。

5.2　鼎盛时期的生长模式解析

元末明初,福全古村落进入鼎盛时期。随着所城的建造,大量军户涌入,人口剧增,以宗族为聚落点的量大大增多,刘氏、许氏、蒋氏、陈氏、张氏、苏氏、翁氏等24姓氏纷纷以宗族的形式落户福全,这些家族聚落点的生长都是以祠堂为核心向四周拓展,在空间上,以正千户蒋氏❷家族聚落点为代表,该聚落点以北门街西侧、靠近北门为起始点,向南生长,然后跨过北门街向东拓展,形成以北门街为主要生长轴,向南拓展的生长态势,向东延伸为次生长态势。在时间上,则这些家族聚落点都是在明初定居福全,因此,在明初这一历史时间点上,整个福全古村落,呈现为自发生长的、分散的、以血缘为纽带的家族聚落点,随着发展,各聚落点逐步生长拓展,最终形成一个联系较为紧密的古村落。

---

❶ 引自:刘沛林.古村落:和谐的人聚空间[M].上海:生活·读书·新知三联书店,1997:20-44。

❷ 据明史及其蒋氏家谱等文献记载,蒋氏家族终明一朝,世袭千户十五人。

　　其次,从整个村落的生长情况来分析,明初的军事制度——所城军事要塞使得古村落的生长进入了理性规划型发展阶段,即按照所城的军事功能布局的要求,规划设计整个所城。在此过程中,一系列的军事功能的要求限制了以家族聚落点为基础的自发生长过程,迫使一系列的聚落点在生长中改变其生长轴。其中,蒋氏家族聚落点无法向东进一步拓展的原因就在于其东部为校场。

　　综上解析,鼎盛时期的福全古村落,从其整体分析,其生长是在理性规划主导下,按照军事要塞的布局要求来组织村落空间结构。而从微观的视角分析,则各家族聚落点以自发生长模式在拓展,最终形成以家族祠堂为核心的聚落点的集合。因此,福全古村落是在理性与自发相结合的模式下生长演变,最终形成东南沿海重要的军事所城。

第四章　福全古村落街巷空间解析

　　城市发展中,决定城市内部结构形态的是它的整体结构而不是单个要素,这种整体结构的特征主要取决于城市建成区的形状,骨架和核心要素,这些特征集中反映在城市道路网形态上,因此,可以依据城市街道网的结构形态来认识城市内部形态的整体特征。❶

　　对于古村落而言同样如此,街巷空间是揭示村落空间形态的重要切入点。其次,随着城镇化进程的迅猛发展,古村落经历着一系列的嬗变,许多历史信息,诸如传统古厝、番仔楼、洋楼等都在发生激烈的变化,面临着被破坏的危险,由此,古村落历史遗存的信息变得越来越模糊。而在这场危机之中,街巷是保存信息最多的载体,可以通过它们直接和清楚地解读出古村落最根本、最久远的轮廓与结构。据此,解析街巷空间对于研究古村落具有重要的意义。

　　福全古村落的街道是历史物质形态要素中最主要的要素,它是整个村落的脉络,担负着居住、交通、文化、经济、防御等多重功能。同时,街巷空间因形成过程中的随机性、适应性以及无规范制约等,其形态表现出自由丰富、多样化的特征,这就构成了村落空间的特殊品质与魅力,具有人文内涵和风土特质。从这个层面上剖析街巷空间对于揭示村落内在的空间特色及其内涵具有重要的作用。据此,本章将对福全古村落街巷的空间形态进行分析。

　　众所周知,空间要素包括一切看到的东西。❷ 对于福全古村落街巷而言,其空间要素包括:物质要素与非物质要素。其中,物质要素包括:人工与自然环境,人工环境主要包括建筑与巷弄本身。(如表 4-1 所示)

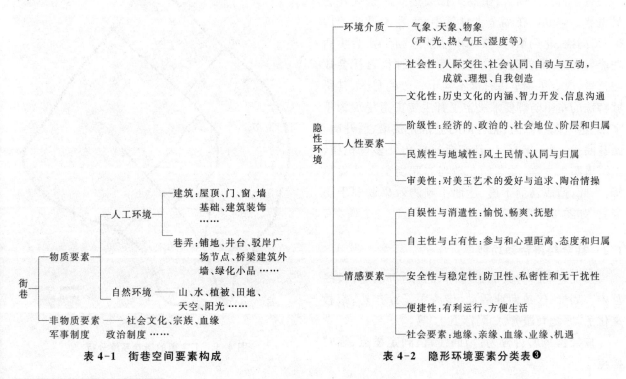

表 4-1　街巷空间要素构成　　　　　　　　表 4-2　隐形环境要素分类表❸

❶ 引自:武进.中国城市形态:结构、特征及其演变[M].南京:江苏科学技术出版社,1990:196。

❷ 引自:段进,季松,王海宁.城镇空间解析——太湖流域古镇空间结构与形态[M].北京:中国建筑工业出版社,2002:7。

❸ 引自:胡月萍.传统城镇街巷空间探析——以云南传统城镇为例[D].昆明:昆明理工大学学位论文,2001:5。

从物质要素在街巷空间中的构成而言,街巷由底界面、顶界面和侧界面组成,虽然这三方面有完全不同的功能和形态特征,但它们的组合关系和比例决定了街巷空间的尺度和围合度,它们的材质、细部和形态以及由此组成的空间所产生的场所感与行为性及其表达或者隐含的文化内涵等构成了街巷的特征,并与其他物质与非物质空间一起成为彰显古村落特色的重要因素。因此,对于街巷空间的解析就是对上述三个界面的解读,解读它们的材料、色彩、细部和形态及其他们的组合等表层的内容,解读这些表层的内容在人的心理与行为中的感知,视觉的认知与判断及其这种来源于空间外在形式与内涵的感知所表达出的某种意义的解读,而解读这一较为深层的意义的目的就在于探寻古村落空间形态的特征及其营造的规律。

1　街巷在古村落中的功能作用

村落的空间形态特征集中反映在街巷网络形态上,街巷是村落形态的骨架和支撑。在古村落中,街巷的主要作用是联系村落内部各要素成为有机整体,并有效组织线性交通;其次,作为村落的主要外部空间形式,承载着村民经济活动和社会文化活动的舞台;再次,作为乡村意象的主导元素,街巷又是在村落范围内进行意象组织的主要手段。

在城市中,一般将空间划分为"硬性空间"(hard space)与"软性空间"(soft space)两种基本形态。硬性空间是指主要由建筑而界定,通常是社会活动集聚的主要场所。软性空间则指城市内外以自然为主的场所。街巷空间作为城市中最为典型的线形硬性空间,具有典型的隐性环境要素如表4-2。

同样,在古村落中,其街巷也是典型的线形硬性空间,包含着典型的隐性环境要素,同时其特有的历史文化及其隐性环境的多元化,决定了古村落街道功能的模糊性和多重性。

1.1　军事功能

对于古村落而言,街巷是社会生活场景展开的最重要的空间。在福全古村落中,主要街道即西门街、南门街、北门街等,其军事功能远强于社会生活功能与交通功能,这是由于其特殊的时代与社会政治背景,决定了福全古村落不同于一般的村落,其所城特殊的军事防御要求决定了其主要街道呈现为丁字形,进入东、西、南、北各门的道路先狭窄、后开阔,街巷曲折、呈丁字交叉,且在街道转角处多设枪楼,以军事防御之需,如东门东街与庙兜街交叉处设枪楼,由此,造成通而不透、达而不顺的效果以利于防守。(如图4-1所示)

1.2　社会经济活动功能

与街巷场所有关的古村落社会经济活动,按经营内容划分:传统商业活动、传统手工业作坊、宗教文化活动、配套服务(如医疗卫生)等。

按经营场所可分为:门面经营、固定摊点、临时摊点等。

其中,门面经营:福全村内门面经营一般多为自家门面,如翁氏药房、北门蒋氏小卖部等,主要集中在公所广场、北门等商业性街巷段。(如图4-2)

固定摊点:在本地有固定住处而无门面,主要集中在北门商业性街巷两侧,公所农贸市场、公所广场上

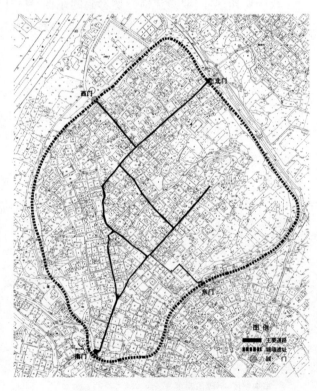

图4-1　丁字街的街巷系统分析

固定设摊,主要为零售业和服务业。

　　临时摊点:以古村落周边农副产品或小手工业者的产品为主。时间上有很强的间歇性,俗称"早日",多集中在早上7点至10点三个小时左右的时间段,且多为占道经营。

图4-2　北门街门面商店与早市

1.3　社会文化生活功能

　　除了军事功能外,福全古村落内街巷的社会生活功能较交通功能更为主导,村落内主要街巷都与铺境神庙宇、宗祠家庙等相互联系,这一联系使得村民家的文化活动、休闲娱乐、社会聚会等融为一体。居民的生活从家扩展到门前街道直至整个街区、村落,家的领域感在整个街区内得以建立而并未囿于宅内,每个人都是社会生活的参与者、管理者,是街区安全的守望者,这就是传统街区更具有归属感、安全感的原因。在较封闭的巷道中,生活氛围更浓,在北门街与西门街交叉处的碑刻下、翁氏祖厝边的大树下、公所的广场上、井台边、南门的飞钱厅、各保护神的神庙里等都是居民们社会文化活动的场所。

　　在现代娱乐项目进入普通人家之前,福全古村落的村民们主要是通过众多的节日和宗教庆典来自娱,街道及街道边的露天戏台、祠堂前广场、公所前广场、庙宇等便成为节庆活动的主要场所。于是线性街道空间又衍生出为上述活动提供场所的支持空间。(如图4-3所示)

城隍庙内虔诚的村民在祈求祝福　　　　　文宣街旁村民的祈福　　　　　太福街村民的祈福

图4-3　街巷的社会文化生活功能

1.4　空间秩序组织功能

　　利用街道连接重要公共建筑物和广场、三山(元龙山、眉山、三台山)等,以形成统一完整的构图轴线,是街道另一种重要功能,是古村落常用的空间组织手段。其基本做法就是以一条或若干条街道将古村落内各主要建筑、山林绿地等联系起来,把原来孤立的各景点组织到一个统一的网络之中。但是这种空间秩序组织的方式较城镇轴线对称的空间秩序组织而言,更具自发性,因此,在整个村落的空间秩序组织体现出自然、自由、非对称性的特色。

　　对于福全古村落而言,比较典型如庙兜街,该街巷的东北部街巷尽端以元龙山上关帝庙为终端,以南门街土地庙为起点,将下关帝庙、尤氏祖厝、郑氏祖厝、朱王府宫等串联为一个整体,并结合地形的变化,形成了开敞、闭合的一系列相对丰富的空间转换。又如,西门街则将西门城楼作为起点,以北门街碑刻群作为终点,形成一条空间序列轴。

2　福全古村落街巷的生长历程及影响因素分析

街巷的产生发展模式与福全古村落的形成直接相关,从该角度分析,福全古村落的形成方式可分为有机增长型、理性规划型和综合型,街道的形成机制也相应有自发性(原生性)和次生性。有机增长型则是指福全在唐宋时期的以血缘为核心的自发生长阶段,整个村落呈现为以家族为核心的分散的点状空间形态,联系各家族的路径就成为街道,这些街道,其中位置重要且形成较早的就成为主干道,由干道又衍生出若干巷道;当聚落再发展到一定规模时,一条干道无法满足发展的需求,特别是明初所城的建设,一条干道会延伸出更多的干道,并相互联系形成街巷网络系统。对于福全古村落而言,随着所城的建设,福全村落的发展趋于理性,其街巷在满足日常的交通、文化、经济活动外,军事功能成为街巷的首要功能,这一功能上的转变,改变了街巷自发的形成机制,逐步走向理性,由此形成了"丁字街"。与此同时,一系列非主干道也逐步带有军事功能,同时兼顾其他功能。

2.1　福全古村落街巷的演变历程

2.1.1　早期街巷的形成

通过前几章的论述,得出了福全古村落空间演变及其生长的历程,即早期处于一种围绕家族宗祠自发生长的阶段,鼎盛时期则为理性规划与自发生长相结合的拓展状况。因此,在村落早期,福全的街道形成机制也相应有自发自然生长的过程,在功能上仅仅是满足交通功能,在形式上体现为沟通聚落点之间的路径就成为了街道。其次,随着各聚落点自身的生长,聚落点内部也逐渐形成联系各户间的道路,即"巷",并且随着进一步的发展,部分巷道拓展为次级街道,在聚落点内部逐步形成由次级街道、向两级组成的道路网络体系。再次,除了沟通各聚落点间的主街道外,随着聚落点的拓展及其内部道路网络体系的形成并壮大,聚落点间的联系进一步加强,由此生长出沟通聚落点的次级街道。综上,在古村落早期发展阶段,福全古村落的街巷系统已经形成了以聚落点为单元的相对完善的街巷网络体系;并且,在各聚落点之间已经出现了主次层级的道路;在功能上,早期村落街巷的功能为交通功能。

2.1.2　鼎盛期完善的街巷体系

明初福全古村落进入鼎盛时期,村落嬗变为所城。该时期分散的以宗族为单位的聚落点逐步相向生长,同时随着大量外来军户落户福全,原有聚落点间的空地得到了填补,加快了整个村落的生长,与此同时,作为军事要塞的所城,其相关的军事功能也充斥了整个村落,由此形成了以军事功能为主的要塞。在这一发展过程中,原有聚落点内部的街巷系统随着24姓氏家族的入驻进一步复杂化,并形成新的街巷网络体系。

与此同时,原来联系聚落点的主次街道,其功能也随着整个村落功能的复杂化而进一步加强,并逐步加入了商业、军事、教育、文化等众多新的功能,由此形成了主次干道等级相对清晰,功能混合的道路系统。

在总体的街巷形态呈现为丁字街的形态的同时,丁字相交意味着两条街巷保持严格的垂直关系,由此,形成了多变的街巷形态,这种格局虽然有损于几何的完整性,但却使得街巷空间更富有变化、情趣和个性。❶ 而丁字街的街巷格局的出现源自于军事需求,它与所城的其他军事设施如城墙、校场、指挥台等一起构筑其军事防御的网络体系,因此,所城特定的军事制度要求决定了福全古村落的街巷格局。(如图4-4所示)

---

❶ 引自:彭一刚.村镇聚落的景观分析[M].台北:地景企业股份有限公司出版部,1991:75。

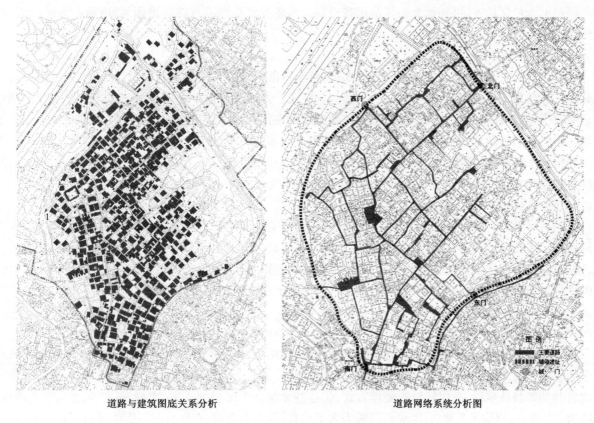

道路与建筑图底关系分析　　　　　　　　道路网络系统分析图

图4-4　福全道路系统分析图

2.2　街巷网络体系类型

　　任何空间形态体系的产生发展都离不开客观的环境与主观的意识。街巷空间体系的形成由三个主要因素起作用：①功能要求因素：军事防御、交通、导风、排水等；②客观环境因素：地形地貌地质、日照、风向、防灾等；③主观意识因素：礼制、风水观念、习惯、审美情趣等。

　　其中，功能要求是基本因素，当客观环境因素起决定作用时，形成不规则的有机增长型路网；当主观意识因素占优势时，形成规整型路网；当三种因素共同起作用时，形成介于二者之间的综合型路网。街巷系统作为村落图形的骨架反映其整体格局。作为福全古村落而言，其街巷网络体系根据其生长期，其早期呈现出有机增长型路网特征，明清及其以后时期则体现为综合型路网。

　　早期的福全古村落，其有机增长型街巷体系多由于村落本身所处地形条件的复杂性，加上人本意识、地域闽海文化、社会经济等因素的作用，促使了该类街巷的形成，这类街巷具有适应性、经济性较强，形态自由多变的特征，客观反映原始的自然条件。

　　随着所城的建设，福全古村落的街巷呈现为综合型街巷体系，即基于历史文化变迁、地理环境、文化风俗，融自然增长和理性规划于一体，形成主要街巷曲折、多变、宽窄不等，呈现丁字街、充分体现军事防御特色的街巷空间。这种街巷系统使外来人陌生，难以驾驭，无法准确定向，但本地人却能穿梭自如，熟谙家乡的独特乡村结构和标记。

2.3　福全街巷空间形成的影响因素分析

　　村落空间这一人工环境与大自然相互依存，构成原生环境与次生环境组成的生态系统。村落空间不仅在生态上与自然环境呈平衡关系，而且从形态上呈有机的联系。福全古村落地处闽南沿海丘陵地带，山林多、耕地少、地形高差明显，而道路系统配合地形产生了丰富的变化。街巷不仅是组织交通的通道，亦是通风、采光、排水的通道，所以利用环境因素趋利避害尤为重要。

同时结合前文论述,可知福全古村落街巷空间的形成主要受到了自然环境因素、所城军事防御因素、传统风水理念及其礼制等方面的影响。

(1)自然环境因素

福全古村落内部,地势东、南、西部较北部高,整个村落中央万军井处地势最低,呈现中央低四周高的"锅"形。村落东北部与西北部为元龙山、眉山与三台山。为了适应多变的地形,村落街巷必然呈现高低曲折。平行于等高线的道路则顺着等高线,随着地形蜿蜒布置,以此消除坡度、利于行车,并极大地减少了土方量。平行等高线间采用主干道丁字相交与支巷等方式加强联系,逐步减少高差。如西门至万军井,其街巷是经垂直于等高线、长约145米的西门街,到平行于等高线的北门街,然后再经下街池巷至万军井,由此缓冲了由西门直接到万军井高差达10米地形高差,便于交通通行。

(2)所城军事防御因素

自明清开始,福全古村落因抗倭的缘故,一跃成为闽南重要的军事要塞,其军事防御成为整个村落首要的职能。因此,在街巷网络体系中,防御性也成为了街巷生长的主要影响因素。在街巷空间中,曲折多变,宽窄自由,主要干道呈现丁字相交,使得整个村落的道路错落蜿蜒,犹如迷宫等,这些都是源于军事防御的缘由。所以,特殊的功能要求促进了福全古村落的街巷空间由有机增长走向规则与有机结合的综合形式的生长模式。

(3)风水理念的因素

福全古村落的西门前两窟以及东门外城根路畔的无尾塔、印石所形成的"一剑一印"等都来自于风水理念的影响。另外,针对着街巷,或者在街巷尽端的房屋,如丁字街的尽端、小巷的尽端、窗口、房门对着路口或者巷角等特殊地段,采用特殊的处理方式:①这些建筑多为保护神庙宇、宗祠、庙宇等,如庙兜街两端,北端为上关帝庙,南端为土地庙;太福街东端为朱王府宫,西段为全祠(祠堂);东门街西端为下关帝庙,东端为瓮城。②民宅在门口挂八卦镜、立石敢当等以阻挡煞气,如文宣街与太福街丁字相交处的陈氏祖厝,在其大门北侧立泰山石敢当以阻挡因针对文宣街的煞气。③通过照壁、影壁等加以化解。(如图4-5所示)

文宣街顶端的泰山石敢当　　　　　许厝巷顶端的貔貅　　　　　东门外的无尾塔

图4-5　街巷庇护空间

3　街巷空间结构分析

众所周知,街巷空间是最能体现古村落风貌的空间形式之一,蜿蜒曲折的街巷构成了福全独特的空间结构,也使古村落给人的总体意象形成。主街、巷道划分了街坊,限定了住宅的用地,形成以街道、民居为主的空间布局。

　　街巷的组织形式是反映村落肌理的重要因素,福全古村落的街巷,按其构成分为主街、巷道、建筑三个要素,这些要素有机结合形成了居住、生产、宗教活动、休闲等复合功能的有机系列空间组合。

　　另外,根据前文论述,福全古村落街巷最重要的功能就是满足军事防御需求,由此形成了丁字街的总体格局。其次,福全古村落的空间形态来自于围绕宗族祠堂的分散的聚落点,由此生长而来。据此,现有的街巷还承担着聚落点间的交通和连接功能。这两方面的结合使得福全的街巷整体结构有序,等级分明,并按等级分有主街道、支巷和更次级小巷,按功能分有商业性道路、主要流通干道、支路等。在结构上,支巷连接在主街道上,小巷连接在支巷上,这种一层层的结构井然,反映了福全古村落宗法礼制与特殊的军事制度共构的等级秩序性。(如图4-6所示)

下街　　　　　庙兜街　　　　　北门街　　　　　太福街

图4-6　主要街巷街景

　　福全古村落的主街道有:西门街、北门街、东门大街、南门大街、庙兜街、太福街;次街道有:公所街、文宣街、下街、前街、后街等;主巷有:后营路、下街池巷、沟巷、山前巷等;还有众多的次巷。其中,在各街巷交汇处多形成小广场或者节点空间,如太福街与庙兜街交汇处结合朱王府宫形成街巷节点空间,在公所街西段形成公所广场,公所街与庙兜街交汇处结合下关帝庙形成小广场等等。由此,形成具有空间序列与层次的街巷网络体系。(如表4-3所示)

表4-3　福全主要古街概况

名称	起止位置	街道概况	两侧重要建筑状况
北门街	北门至翁思诚故居	全长373.44米,路面宽3.1~3.4米,道路面积1118.40平方米,水泥路面	翁思诚故居、全祠、林氏家庙、林氏宗祠、蒋德璟故居,遗功祠、八姓公宫、蒋氏宗祠等
西门街	西门至北门街	全长145.67米,路面宽3.3米,道路面积485.69平方米,水泥路面	杨王爷宫,节寿牌坊遗址、黄氏祖厝等
太福街	北门街至朱王府宫	全长198.87米,路面宽2.8米,道路面积623.70平方米,水泥路面	土地公宫,张氏祖厝,吴氏祖厝,陈氏祖厝等
庙兜街	元龙山关圣夫子庙至南门土地公庙	全长470.35米,路面宽3.5~2.87米,道路面积1426.82平方米,水泥路面	元龙山关帝庙,许氏祖厝,陈氏祖厅,尤氏祖厝、私塾,下关帝庙、枪楼等
下街	临水夫人庙至老人活动中心北侧道路	全长252.28米,路面宽1.3~5.66米,道路面积856.79平方米,水泥路面	临水夫人庙,刘氏祖厅,吴氏祖厝等
文宣街	陈氏祖厝至老人活动中心北侧道路	全长112.80米,路面宽2.43~2.91米,道路面积309.43平方米,水泥路面	何氏祖厝、舍人公宫、苏氏祖厝等

3.1　街巷空间性质分析

　　心理学家研究认为,领域性强调人的社会性对空间使用方式所做的本质修改,并表现出明显的层次,依次为房——院——巷——街——聚落,即由私有空间——半私有空间——半公共空间——公共空间的次序[1]。由此,街道是聚落生活的一个主要领域,并且由于使用的不同,呈现出不同的场所领域特征,它除

❶　引自:芦原义信,著.尹培桐,译.外部空间设计[M].北京:中国建筑工业出版社,1985:33-35。

了空间自身的性质和形式外,还包括有人性的需求、文化历史、自然条件等的内涵因素,在实体空间中赋予了丰富而又颇具地方感的人文细节。

　　街巷空间主要由沿线展开的建筑立面界定而成,街巷按功能特征分为:商业性街巷、生活性街巷、交通性街巷、综合性街巷四种类型,它们具有共同属性和特征属性,根据场所、路径、领域各自的空间基本属性,可以看出不同性质的街道具有不同程度的场所、路径与领域特征,其中商业性街巷,其领域属性显现、场所属性突出、路径属性隐含;而生活性街巷则,其领域属性突出、场所属性隐含、路径属性显现。(如表4-4、表4-5,图4-7所示)

表4-4　存在空间的三种形态及属性特征

类别	空间基本属性		知觉图示
场所	内外沟通性	外向性	
路径	连续性	指向性	
领域	内外分隔性	内向性	

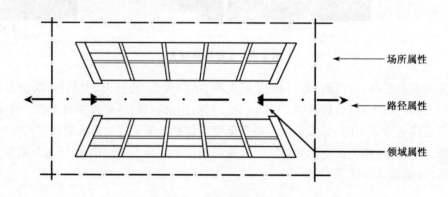

图4-7　街巷空间形态示意图

表4-5　街巷空间的属性特征对比

类别	领域属性	场所属性	路径属性
商业性街巷	显现	突出	隐含
生活性街巷	突出	隐含	显现
交通性街巷	隐含	隐含	突出
综合性街巷	隐含	显现	突出

3.1.1　商业性街巷空间的属性特征

　　福全古村落现街巷中,属于商业性的街巷空间相对较少,主要集中在北门八姓府官段,沿北门街向南大约80米的范围内;在老人会段,以老人会为中心,沿公所街与前街交叉口四周约120米范围内。另外在与溜江村接壤处,即东门与南门间,靠近南门的东部街巷存在南门段商业性街巷,约200米范围内,该范围内散布着小商店、小市场等,这些商店与民居、寺庙等交织在一起,形成功能相对混合的、以商业为主的街巷。(如图4-8所示)

　　其中,北门街段与老人会段位于古村落内部,南门段位于村民边缘与溜江村的小商店结合形成商业性街巷。据此,本书重点考察前两处商业性街巷空间状况。

　　北门街段的特征体现为:①街巷空间基本形态是由两侧线形分布的临时铺位组合而成,表现出显现的边界特征,边界的连续性和整体性是形成界定街道空间的重要因素。线形空间的两端有明确的空间界定,即北端以北门为界,南端以帝君公宫址为界,表现出显现的领域属性。②街巷线形空间是由一系列滞留、半滞留的空间串联起来的复合空间,具有隐含的路径属性,其中,八姓府宫前小广场就是该空间中滞留的节点空间,大量的人流在此滞留从事买卖活动,而北门内侧相对宽阔的空间一方面起到了界定空间的作用,另一方面也使得人流可以在此半滞留,以便进入整个线性空间中。③在该段 80 多米的商业性街巷内,布置了八姓府宫、帝君公宫等宗教类建筑,也留存有蒋氏宗祠遗址以及北门城楼、后壁厅等建筑,同时整段街巷又承担着商业性的功能,因此,街道功能体现出模糊性、多重性以及功能的叠合性,使其具有突出的场所属性。(如图 4-9 所示)

公所街老人会段的特征体现为:①街巷空间基本形态是以老人会底层集中布置的商铺为核心,沿"人"字形道路(公所街与前街)两侧零星分布临时铺位的形态特征,表现出核心处边界显现,周边模糊,沿公所方向边界较其他方向更具显现的领域属性。②"人"字形的街巷线形空间是以公所广场为核心滞留空间,"人"字路口观音宫为半滞留空间,向四周辐射形成滞留、半滞留的空间串联起来的复合空间,具有隐含的路径属性。③在功能上,该段"人"字形街巷周边布置着公所卫生医务室、老年活动室、戏台以及观音宫等,因此,街道功能上体现出模糊性、多重性以及功能的叠合性,使其具有突出的场所属性。(如图 4-10 所示)

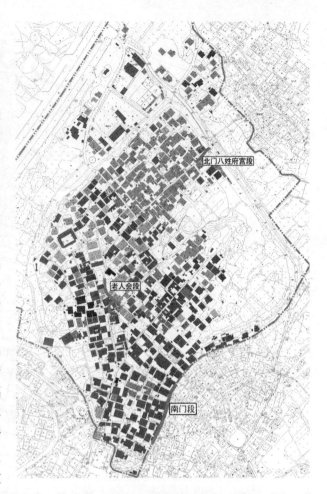

图 4-8　福全古村落商业性街巷位置图

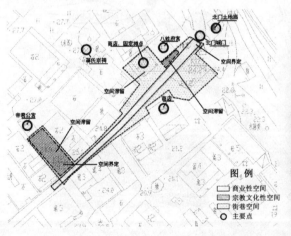

图 4-9　北门街段空间分析图

3.1.2　生活性街巷空间的属性特征

福全古村落除了上述两段商业性街巷之外,其他多数都是生活性的街巷,其基本形态是由两侧沿线分布的居住单元、山林、水池等组合而成,表现出明确的边界特征,因此,边界的变化性、实体性是其特点;另外,经常具有的尽端式的线形空间特点以及递进的空间私密性,使生活街巷空间表现为突出的领域属性。如下街向北以临水夫人庙为终端,并且街巷随临水夫人庙宇偏东转折,由此使得人在太福街与下街交叉口望下街,校场遗址的自然田野风景成为了下街的对景,下街消失在自然之中。(如图 4-11 所示)

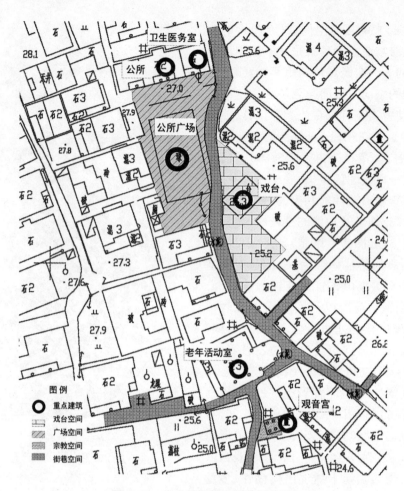

图 4-10   商业性街巷空间特征分析

图 4-11   下街街巷分析图

其次,整个村落街巷的宽度多在 4～5 米,由此形成了狭窄的空间。而狭窄的线形空间决定了其流动性,明确的通达性使其具有显现的路径属性。整个福全古村落的街道功能多较为单纯、明确。但是两侧的传统民居有着丰富的内涵,如庙兜街的尤氏祖厝、郑氏祖厝、青阳陈氏祖厝等等,街巷为这些传统民居提供了空间场所,而这些民居又赋予了街巷超出街巷交通联系功能之外的场所属性,而这一切都是以隐含方式表露。

3.1.3　交通性街巷空间的属性特征

福全古村落纯粹意义上的交通性街巷是不存在的,多是以综合的方式出现的。但是,其中交通性较为突出的街巷主要有:北门街、西门街、庙兜街、太福街、公所街、南门大街及其前街等,这些街巷成为了整个村落机动车出行的通道,因此,其路径属性突出,但其领域属性隐含,场所属性隐含。

3.2　街巷空间的行为属性特征

空间中的行为是千姿百态的,它们对空间形态的需求也多种多样。根据空间中行为的特征,街巷空间大致可分为运动空间和停滞空间,即 Sm 和 Ss(S—space, m—move, s—slow)。①运动空间(Sm):可用于前行、散步、游戏或比赛、欢庆、游行等运动行为;②停滞空间(Ss):可用于静坐、观望、等待、集会、饮食等行为。[1]

不同的行为要求有不同的空间载体。一般说运动空间(Sm)希望相对平坦流畅、无障碍物[2],在街巷中是其线性主体部分。传统街道中运动主体是人或小型机动车、畜力车等,以低速度运动。因此,其小尺度的侧立面、曲折多变的线型很适宜,沿路线运动时,在不同的视点与视线方向可以看到建筑物以及各种景物呈现不同的形象,如福全古村落的上街、下街就是通过两侧建筑立面、建筑的前后位置、植被及其地形缓慢的高差变化等,形成丰富的,多变的线性空间(如图 4-12 所示)。并且协同其他街巷形成了一系列富有变化的构图:具有连贯性和连续性,不停给人以刺激,使人得到关于街巷空间的完整的印象。

图 4-12　上街景观

停滞空间(Ss)要求有相对围合性并且巧妙地向运动空间(Sm)过渡,以满足其行为要求[3],在街巷中即是附属或相连的各类节点空间。如西门街与北门街交汇处的小广场,通过广场一侧的碑刻群,让人驻足停留,并引出空间转折进入北门街,巧妙地实现向 Sm 过渡。

另外,根据用途和功能来确定空间的领域,从而可以建立不同的空间序列:外部的——半外部的(或半内部的)——内部;公共的——半公共的(或半私用的)——私用的;多数集合的——中数集合的——少数集

❶　引自:芦原义信,著.外部空间设计[M].尹培桐,译.北京:中国建筑工业出版社,1985:33-35。
❷　引自:芦原义信,著.外部空间设计[M].尹培桐,译.北京:中国建筑工业出版社,1985:33-35。
❸　引自:芦原义信,著.外部空间设计[M].尹培桐,译.北京:中国建筑工业出版社,1985:33-35。

合的;嘈杂、娱乐、动的、体育性的——中
间性的、宁静的、文化的、艺术的等。

如果说符合"外部的、公共的、多数
集合的、嘈杂、娱乐、动的,体育的"这些
特征的是街巷空间中的运动空间 Sm;
符合"内部的、私用的、少数集合的、宁
静的、文化的"特征的是街巷两侧的建
筑、建筑群内部空间,那么停滞空间
(Ss)就是介于二者间,起过渡、转折作
用的"半外部(或半内部)、半公共(或半
私用)、中数集合中间性"的空间。据
此,根据形成机制可以将街巷停滞空间
分为两类:(1)道路膨胀成的节点,与道
路空间密接关系的小广场。如西门街
与北门街交汇处的小广场,就属于这类
节点。(2)空间转换功能的中间性空
间,如建筑入户前的小节点(如塌寿空
间)、檐廊、骑楼或石埕、前院(没有院
墙)等。通过上述分析,可以得出,正是
福全古村落内一系列的停滞空间(Ss),
其丰富的、多样的空间形态使得整个古
村落的街道空间成为村民生活的发生
器和促媒器。(如图 4-13 所示)

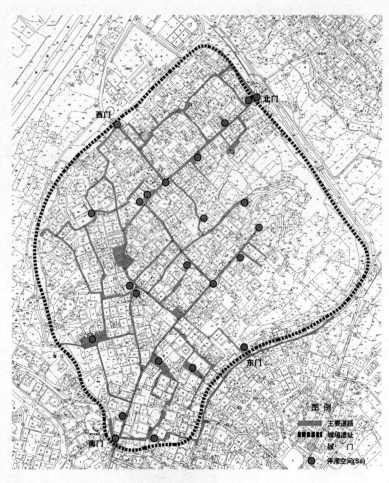

图 4-13 停滞空间(Ss)分析

3.3 街巷空间的构成要素分析

从街巷横剖面来看,它是三面围合出的"U"形空间,构成这一围合界面的要素是:街巷的底界面、顶界
面和侧界面,它们有完全不同的功能和形态特征,但它们的组合关系和比例决定了街巷空间的尺度和围合
度,它们的材质、细部和形态构成了街巷景观特征。

3.3.1 街巷底界面

街巷的底界面指路面及其附属场地,是承载人们户外活动的物质要素。由于人眼的水平视野比垂直
视野大得多,向下的视野比向上的要大,所以底面能给人以非常强烈的视觉感受。不同的底面处理可以用
来限定空间、标示空间领域、增强识别感,甚至改变尺度感。

(1)铺设

据口碑文献,历史上福全古村落主要街道的铺设采用条石、石板满铺,在与城门接口处及其重要的建
筑群前(如蒋氏宗祠、蒋德璟故居、寺庙)都会采用这样的方式铺设地面。但是随着时间的推移,现状村落
多数道路改造为水泥路面,仅在一些传统大厝的石埕前保留着传统的铺设。(如图 4-14 所示)

福全古村落内的道路的铺设是基于道路本身的狭窄及其与城门、重要建筑群的关系来确定,同时基于
各个地段的情况,而且,有些街巷铺地与周边建筑一起营造出尊卑主次关系,表达出肃穆、活泼等不同的气
氛。如陈氏宗祠前的铺设为规则、对称的铺设,沿中央门廊采用横向铺设,以体现出尊卑主次的关系与肃
穆的气氛;蒋德璟故居内的街巷则明确具有尊卑主次的特色。(如图 4-15 所示)

(2)街巷底界面的三向量变化

自然的地形地貌是古村落街巷底面的原始形态,而巧妙地利用地形的升起与下沉、通过台阶、斜坡和
台地来创造空间,既减少工程量又可形成极富特色的街巷空间形式。"……不仅从平面上看曲折蜿蜒,而

图 4-14 现存铺地

图 4-15 陈氏宗祠前铺地体现出引导、主次的关系

且从高程看又起伏变化……已经弯曲了的街道空间又增加了一个向量的变化,所以从景观效果看极富特色"[1]。处于这样的街巷空间,视点忽高忽低,例如从万军井周边仰视时的界面以三向量实体形象给人在质感、色彩纹理方面以深刻印象;从元龙山关帝庙、眉山城隍庙、西门城墙上俯视时的界面视野扩大许多,与层层跌落的石屋平顶与传统古厝交织在一起,增加了空间层次变化。(如图 4-16 所示)

元龙山关帝庙俯瞰三向量化分析图

❶ 引自:彭一刚.传统村镇聚落景观分析[M].台北:地景企业股份有限公司出版部,1991:73。

万军井南部街巷三向量化分析图

图 4-16　街巷三向量变化分析图

3.3.2　街巷顶界面

　　福全古村落中,建筑的屋顶对街巷景观的影响也很重要。从街巷向天空望去时,坡屋顶与骑楼使人产生一种视野逐渐扩展的舒畅感觉,即屋顶的坡度与骑楼都延长了建筑物的墙面,而平屋顶则可以加强街巷的封闭感,从而对它所构成的街巷空间产生影响。其中,对于坡屋顶与骑楼而言,它们对街巷景观的影响受两方面的影响:屋顶坡度越陡影响越强烈,房屋越高影响越弱,直至消失;而骑楼进深越深,则房屋的高度也显得越矮。

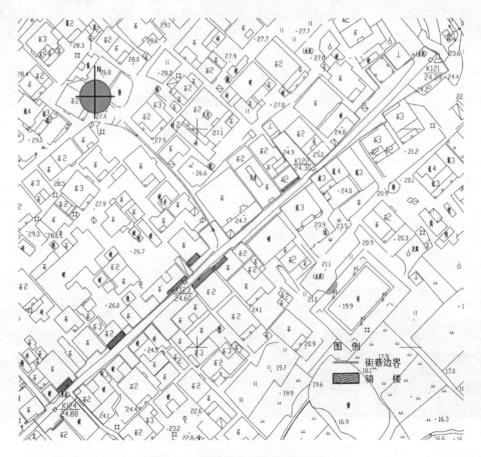

图 4-17　街巷边界与骑楼空间分析

其次,当巷道空间过窄,屋顶与骑楼给人的影响也非常强烈,对于坡屋顶而言,过窄的街巷会削弱顶界面的影响,但对于骑楼而言,则拓展了街巷的空间,延伸了街巷宽度,丰富了空间的层次,所以古村落内许多宽度狭窄的街巷,不是因为其屋顶的丰富而形成丰富的空间,而是因为骑楼的作用,给古村落增添了多变的街巷空间,形成了一系列极具地域特色的街巷景观。

再次,在相对较宽较直的街道,如北门街,其线形相对较直,但其宽度富有变化,即因两侧民居的前进或后退,形成了宽度不等的街巷空间,宽处可达十五米左右,而窄处则在三米左右,但是正是这一不等宽形成了极具变化的空间效果,宽窄相交加强了透视的效果,两侧民居的大屋顶也随视线灭点向前方伸展、叠落,产生强烈的趣味感。(如图 4-17 所示)

3.3.3 街巷侧界面

对于街巷空间而言,建筑物是作为面来表现的,中国传统民居以合院为基本空间模式,"当建筑由一幢变为两幢以至数幢,而最终形成街道时,建筑与建筑之间所形成的空间,与其看成建筑外部单纯的'背景'空间,不如作为由建筑与建筑围成的'图形'空间来考虑"[1]。这是具有"内部"特征的外部空间,界定街巷空间的众多建筑壁面的线形展开,就形成了街巷的立界面,它是街巷形象的最直接反映,是决定街巷性质的关键因素。街巷的建筑形象特征,街巷的天际线,都赖于围合界面来形成。街巷的走向及线型主要由两侧建筑界面的变化反映出来。

对于福全古村落而言,大门、石垾围墙、骑楼(柱子)、建筑墙体是构成界面的主要元素。村落相对统一的个体建筑的尺度与造型语汇决定了街巷形象的基调,而构成元素的差异性又使街巷立面异彩纷呈。福全古村落中传统古厝、石屋、洋楼、现代建筑等多样的建筑造型在街巷空间中得到充分的展示,丰富了街巷的界面。(如图 4-18 所示)

图 4-18 街巷两侧出砖入石的墙面

街巷空间景观效果主要由两旁建筑的比例、构造、细部作法来决定,一眼看上去,就可以对周围建筑产生鲜明的总体印象。不管建筑物以正立面还是侧立面朝向街巷,屋顶的坡度、造型、突出部分、材料与构造、屋檐处理,建筑立面的比例、层数层高、建筑的构造(门窗洞口的位置、雕饰、材料、色彩)、基座(高度、材质)、入口部分、过渡空间等,一起形成了界面意象。

林氏祖厅、家庙间的小巷

❶ 引自:芦原义信,著.街道的美学[M].尹培彤,译.天津:百花文艺出版社,2006:150.

下街　　　　　　　　　　　　　　　　　　　蒋德璟故居东侧小巷

图 4-19　生活性街巷空间

生活性街巷在福全古村落中最广泛地存在,宽度在 2～5 米之间,平面曲折、高低错落、空间变化丰富。其中诸如林氏家庙与祖厅间的窄巷、上街、蒋德璟故居东侧小巷等,行人在其间很难看到侧界面全貌,似有"一线天"的感受,对民居的印象主要由建筑两侧起伏有致的轮廓线、墙面、山墙侧入口门洞、门楣等的虚实对比来形成,大面积厚重密实的墙面给人以厚重、封闭的感受,而处理细腻的入口门洞又形成一串兴奋点。(如图 4-19 所示)

商业性街道是福全古村落中较为少见,主要集中在公所附近与北门及其北门街一段,整个商业性街道平直宽敞,多在 4～6 米间,界面虚多实少,内外空间有流动性,更多地表现其作为包容各种社会生活的容器的特征。如公所段商业性街道,整段街道长约 120 米,经北门街进入公所街前进约 20 米,即位于公所广场,公所广场长约 45 米,宽约 25 米,整个街巷空间在此显得开敞,加上周边建筑多为外廊式建筑,形成了一系列的灰空间,广场东侧为戏台以及文宣街、下街南延段,这一系列的开口,加剧了整段街巷的流动性,使得该街巷体现出融商业、文化、宗教、生活于一体的空间意蕴。(如图 4-10 所示)

(1)街巷侧界面的虚与实

构成街巷侧界面的元素有虚实之分,虚实是相对而言,街巷界面存在两种虚实关系:(1)实——沿街建筑侧界面;虚——巷口空间、后退的节点空间、矮墙后的院落空间等。(2)实——街巷侧界面中的实墙体;虚——临街门面、入户塌寿、窗洞、骑楼等。虚实界面既有对比关系,又有很好的衔接关系。建筑背景空间经刻意或不经意的处理后成为积极空间,使街巷界面保持了一定的连续感、统一感和整体感。

福全古村落内的街巷侧界面大部分是以建筑实体构成,封闭性和连续性较强,可使人的注意力集中在空间内,形成整体感觉的界面。根据临街的建筑界面不同,街巷分两类:(1)建筑正立面,多是村内主要道路;(2)建筑侧立面沿街布置,界面由山墙和院墙构成。连续排列的一栋栋建筑或者墙面构成一体、连成一片,如林氏小巷界面是由林氏祖厅与家庙的两侧山墙组成,林氏祖厅与家庙为三间张两落大厝,其两侧山墙,顶落屋顶的规带、榉头规、下落规带连成一弧线,形成优美的牵手规,其极具地域特色的形式营造了起伏连绵、流动自然、一气呵成的氛围。(如图 4-19 所示)

(2)墙体❶

墙体是构成街巷立面的主要元素之一,包括下落镜面墙与山墙、榉头间山墙、顶落山墙、石埕围墙、骑楼柱网等等。闽南建筑墙体多采用红砖,俗称"烟炙砖"、"雁只砖"、"颜紫砖"❷,墙体在转角处多采用隅石

---

❶ 详见后文民居建筑分析。

❷ 引自:曹春平.闽南传统建筑[M].厦门:厦门大学出版社,2006:83。

砌筑,白石与红砖相互嵌入。另外,古村落街巷两侧还存在一些墙体采用石头,或者出砖入石的方式,营造出独特的街巷风情。出砖入石是指一些民居外墙采用块石与红砖片混筑墙体,石竖立,砖横置,上下间隔相砌,石块略退后。出砖入石的墙体,成功地表达材料的本性,体现了材料的质感对比、色泽对比、纹理的大小粗细对比,砖石浑然天成,洋溢出朴实的乡土气息。❶(如图 4-18 所示)

　　上述镜面墙、山墙、后檐墙、围墙等通过各种处理手法混合为一体,线条曲折流畅、丰富多变,屋檐或起翘或层层跌落,檐口与墙面对比鲜明,形成了极其生动的街景立面。(如图 4-20 所示)

所口街　　　　　　　　　　　后街　　　　　　　　　　　庙兜街

图 4-20　街巷丰富的墙面

4　街巷空间的尺度与比例分析

4.1　街巷空间及建筑尺度分析

　　"城市空间尺度包含人与实体、与空间的尺度关系,实体的尺度关系,空间与实体的尺度关系"❷,同样对于福全古村落的街巷而言,其空间尺度包含了沿街建筑高度与街巷宽度的比例、两侧建筑之间或立面中各细部之间的比例关系,或立面高宽比例关系;街巷宽度、广场大小与周围建筑高度的比例以及人与实体、空间的关系。

4.1.1　街巷空间尺度的影响因素

　　街巷空间尺度的影响因素有许多,它首先是由街巷的功能性质需要来决定,对于福全古村落而言,作为所城首要的功能就是满足军事需求,因此,古村落内主要街巷呈现丁字形,街巷宽度收放灵活。其次是为了满足行为、情感的需要。人本身是街巷空间体验的主体,不同的空间可以通过其尺度感对人的视觉感受产生影响,不同效果和尺度的街巷空间会使人产生轻松感或压抑感、兴奋感或倦怠感、安全感或紧张感等多种截然不同的感受,甚至影响到人在街巷中的行为趋势,而人的这些感受反过来又影响到对街巷尺度的控制并形成习惯作法。

4.1.2　街巷空间尺度感的产生

　　人们对线性外部空间尺度的主观感觉是在"流动、对比、综合中产生的"❸。流动在传统街巷的多空间体系中所产生的综合感受与在现代城市中一眼可以看穿的道路空间的感受显然是不同的,前者使其主观感觉的尺度大于后者。"同样客观尺度的广场或街道,如果与其相连接的空间的大小不同,或地面铺砌的图案不同,或周围建筑高低的不同,这些综合的效应都会引起主观尺度感觉与客观尺度感觉的差异"❹。

　　为了营造街巷空间丰富的空间尺度感,对比是常用的手法,如位于庙兜街与太福街交接处的英济境保

❶　引自:曹春平.闽南传统建筑[M].厦门:厦门大学出版社,2006:96。
❷　引自:夏祖华,黄伟康.城市空间设计[M].南京:东南大学出版社,1998:32。
❸　引自:夏祖华,黄伟康.城市空间设计[M].南京:东南大学出版社,1998:32。
❹　引自:夏祖华,黄伟康.城市空间设计[M].南京:东南大学出版社,1998:32。

护神庙宇，其建筑本身矮小，但在狭窄的街巷空间、曲折的街巷、高低的地形等因素的协同下，显得高大而威严，而这正是庙宇所需要的氛围。再如眉山的城隍庙，通过曲折的公所街，转折进入宽度在 2～3 米，长近 50 米的小巷内，空间感压抑，到城隍庙前空间突然放大，向南视线开阔，人的心情随之舒展。同时，在城隍庙前有两株大榕树，南部进庙宇的台基，加上地形高差的衬托下，使整个城隍庙显得深邃，令人敬畏。（如图 4-21 所示）

| 由南进入城隍庙 | 太福街看英济境保护神庙 |

图 4-21　对比下的街巷空间

其次，临街建筑自身细部构造所形成的尺度对比也很重要。"尺度使人们产生寓于物体尺寸中的美感和亲切感，要体现尺度这一特性就需要把每个单位引到设计中去，使之产生尺度"[1]。传统街巷两侧古厝的立面一般是 3～4.5 米左右一个的开间、2 米宽的门板和塌寿、20 米左右一面的山墙，三间张、五间张等较为标准化的建筑营造使得人们对所处空间尺度的把握更容易，容易形成一系列风貌相对完整的街巷界面，而这些正是彰显传统街巷空间魅力所在。（图 4-20 所示）

4.2　街巷空间及其建筑比例

芦原义信在《街道的美学》的论述中，将街道的宽度设为 D（diameter），建筑外墙的高度高为 H（high），临街商店的面宽设为 W（wide），三者间的比例关系 D/H，W/D[2]。这一系列的比例关系透视出空间所创造出的不同的心理效应与场所特征，因此，分析这一系列的比例关系，可以进一步揭示福全古村落街巷空间的特色。

4.2.1　街巷空间比例与心理效应

D：H 的比值不同会引起不同的心理反应[3]：

(1) D：H 小于 1 时，视线被高度收束，有内聚和压抑感；

(2) D：H 约为 1 时，人有一种既内聚、安定又不至于压抑的感觉；

(3) D：H 约为 2 时，仍能产生一种内聚、向心的空间，而不致产生排斥、离散的感觉；

(4) D：H 约为 3 时，就会产生两实体排斥，空间离散的感觉。

如果 D：H 值继续增大，空旷、迷失或冷漠的感觉就相应增加，从而失去空间围合的封闭感。

由上述分析可以看出，不同 D：H 值的空间可以营造不同的环境氛围。根据对福全村落街巷 D、H 的统计，其 D：H 值在 0.5 至 1.5 之间，这也恰好能说明人们向心内聚、追求安定亲切的空间心理要求。（如表 4-6 所示）

❶　引自：夏祖华，黄伟康.城市空间设计[M].南京：东南大学出版社，1998：32。

❷　引自：芦原义信，著.街道的美学[M].尹培彤，译.天津：百花文艺出版社，2006：35。

❸　引自：芦原义信，著.街道的美学[M].尹培彤，译.天津：百花文艺出版社，2006：35-37。

表 4-6　福全街巷特征数据表　　　　　　　　　　　　　　单位:米

| 街名 | 类别 | | 典型段实测 | | 均值 | 街巷宽均值 | D/H | | 心理反应 |
			最高	最低			分项值	均值	
西门街	建筑围墙	一侧	7.2	3	4.05	3.3	0.815	0.824	视线被高度收束,有内聚和压抑感
		一侧	10	2	3.96		0.833		
北门街	建筑围墙	一侧	7.2	2	3.84	3.3	0.86	0.65	视线被高度收束,有内聚和压抑感
		一侧	12	2	7.49		0.44		
太福街	建筑围墙	一侧	12	3	5.58	2.8	0.5	0.55	视线被高度收束,有内聚和压抑感
		一侧	7.2	2	4.74		0.59		
下街	建筑围墙	一侧	2	7.2	3.21	4.5	1.4	1.51	有一种既内聚、安定又不压抑的感觉
		一侧	1	3.6	2.78		1.62		
庙兜街	建筑围墙	一侧	7.2	1	3.95	3	0.76	0.78	视线被高度收束,有内聚和压抑感
		一侧	7.2	2	3.74		0.80		

生活性街巷 D:H 值多数在 0.5～0.8 左右,有压抑、静谧的感觉,但是由于动态的综合感觉效应使人并无明显不适,因为平面上不时有街巷转弯、交汇处,或者节点空间出现;立面上轮廓线有节奏地起伏变化,打破了压抑感,空间抑扬顿挫、从而使人不断产生兴奋。如所口街,街巷的宽度均值为 3.8 米,两侧的建筑平均高度为 5 米,其 D:H 值为 0.76,按照这个数字,空间压抑,但是所口街巷曲折,并与文宣街、下街等交叉,加上两侧的骑楼等,削弱了街巷的压抑感,显现出静谧、安宁的空间场所感。(如图4-20所示)

4.2.2　街巷空间比例及其视觉效应

众所周知,人的正常视野范围为视角 60°,而且,在 45°视角范围内才能看清每一个细节部分[1]。同时,除了视角与距离外,不同的 D:H 值也会产生不同视觉效应,结合两者则存在以下规律[2]:

(1)当 D:H=1,即垂直视角为 45°时,注意力较集中,是全封闭的界限,观察者容易将注意力放在细部,可看清实体的细部,即檐下空间;

(2)当 D:H=2,即垂直视角为 27°时,是封闭的界限,可看清立面及整体的细部,易注意到立面整体关系;

(3)当 D:H=3,即垂直视角为 18°时,部分封闭,视觉开始涣散,易于注意建筑与背景的关系。可以看到坡屋顶,获得整体与背景的轮廓关系。(如图 4-22 所示)

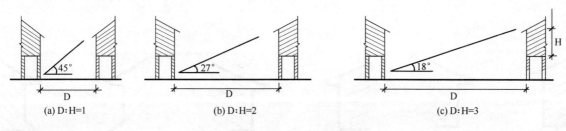

图 4-22　不同 D:H 值的视觉效应

(a) D:H=1　　　(b) D:H=2　　　(c) D:H=3

由图 4-23 可知,在传统街巷内,观察者垂直侧界面时,对一层以下的景观最敏感,二层以下的细部相对敏感,再往上则感觉较弱。

对照福全古村落其他街巷的宽度多在 5 米以内,因此,一般情况下,观察者第一敏感点集中在一层以

❶ 引自:[英]J 麦克卢斯基,著.道路型式与城市景观[M].张仲一,卢绍曾,译.北京:中国建筑工业出版社,1992:118-119.
❷ 引自:[英]J 麦克卢斯基,著.道路型式与城市景观[M].张仲一,卢绍曾,译.北京:中国建筑工业出版社,1992:119.

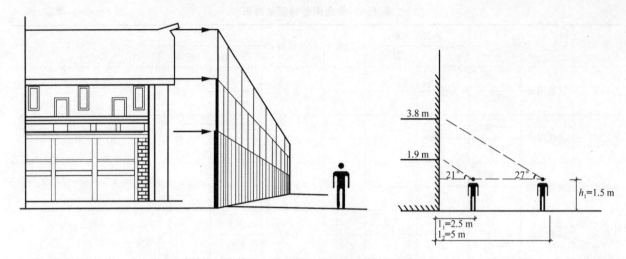

图 4-23　人对景观细部的感觉程度

下,如传统古厝的塌寿、镜面墙及其檐口下的水车堵,番仔楼的柱廊等。而对二层以上,其关注程度远远低于一层。其原因就在于街巷宽度本身无法提供足够的视线距离。

4.2.3　街巷横断面的空间特征

　　街巷空间形态的一些重要特质区别可以进一步通过横断面来研究,如描述街巷封闭程度及空间比例关系的量度指标 D:H;公共街巷空间、建筑空间及过渡灰空间各自的特征及其关系以及街巷对天空的开放程度等诸多描述空间的特性均可在横断面形态中予以清晰表达。结合前文分析,可以看出福全古村落街巷的剖面形式相对单一,但街巷空间自然和谐,令人愉悦的,这首先得益于其以人为本的空间尺度和比例。(如图 4-24 所示)

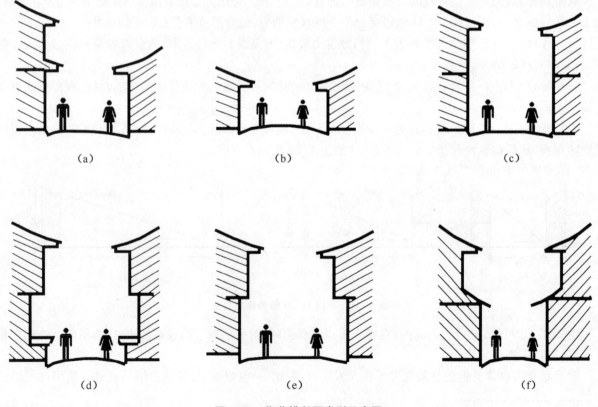

图 4-24　街巷横断面类型示意图

5　街巷空间景观构成

5.1　街巷平面形态及其景观反映

"道路是观察者习惯、偶然或是潜在的移动通道,对许多人来说,它是意象中的主导元素。人们正是在道路上移动的同时观察着城市,其他的环境元素也是沿着道路展开布局,因此与之密切相关"[1]。因此,不同的平面组合形态会展现不同的街巷空间景观。

从平面的角度分析村落街巷空间,可分为定形(直线)与变形(曲线)两种主要形态。其他类型皆由这两种组合演化而来。一般情况下,古村落内存在着几种街巷平面组合形态:直线型、折线型、曲线型、复合线型。

(1)直线型街巷

福全古村落中主要的街巷都属于这一类,直线型街巷的特征是街巷线型沿直线延伸,街巷边缘空间界定由民居围合,因此,边缘空间自由,街巷整体空间丰富,如西门街、北门街、庙兜街、南门街等,都是典型的直线型的街道,这些街道使人明确地感到一种理性的秩序感和韵律感。

(2)折线型街巷

由于自然地形的限制和土地的私有分割,使建筑群之间经常存在一定的角度,相应地街巷便由许多段折线组成。美学研究者研究指出:人们不仅对两度的平面图形的认知有简化完整化的倾向,对三度空间的立体形象的认知也有简化完整化的倾向,"一个成85°或95°的角,其多于或少于直角的那个度就会被忽略不计,从而被看成一个直角;轮廓线上有中断或缺口的图形往往自动地被补充或完结,成为一个完整连续的整体,稍有一点不对称的图形往往被视为对称图形"[2]。建筑立面由若干段折线组成,所界定出的街巷给人的大感觉往往非曲即直。福全古村落内较为典型的如后街、后营路、前街等,这些街巷基于地形及其周边建筑情况而由一段段的折线组成,形成折线型的街巷空间,但是这一系列的断裂却因上述因素而被削弱,因此,这些曲折型的街巷空间仍然让人感觉到街巷景观上的连续与不间断。

(3)曲线型街巷

自发形成的不规则街巷平面,常常是切合当地当时的具体条件,因势利导而得来的,例如上街是因地形的高差及其下街池等因素的作用,致使街巷弯曲,但是从视觉效果上来看,延伸的曲线是一种渐变,是在运动方向的稳定变化,这种情况在运动中不易被感知,但这种曲线型的街巷,可使街景逐渐展开,避免视线的一览无遗,产生一种不断变化的艺术效果。

5.2　福全街巷空间形式美的解读

街道美学是用交通的概念来研究道路的视觉环境,它虽然是观察者通过在街道上有方向性和连续性的活动中观察到的环境意象,但仍需符合建筑的审美观点和建筑美学的共同原则,尤其是古村落街巷景观更适宜对其作基本美学属性的研究,因此,对于福全街巷空间形式上探究,依然体现出了统一、均衡、韵律等属性。

(1)统一

古村落是渐进式的个人建设行为的集合,所以从建筑单体到空间所表现出来的多样化是其必然结果,但同时又表现出建筑艺术上的高度统一。具体体现在:一是材质的统一。福全古村落内的民居建筑主要采用的是红砖与石头,因此街巷两侧形成了以红或暖灰为主色调的传统大厝、石屋为主体建筑群,形成了色彩上的和谐。二是协调,可以由结构来表达,传统古厝因为采用统一的结构系统来支配外观,从而达到

---

❶　引自:凯文·林奇.城市意象[M].北京:中国建筑工业出版社,2001:75。

❷　引自:夏祖华,黄伟康.城市空间设计[M].南京:东南大学出版社,2002:30。

协调,如三间张、五间张的平面布局,砖木为主的建筑材料,插梁式构架❶等。另外还可以通过使用目的来表达,使特殊的功能需要与建筑外观达到统一,如为保证住宅的私密性而造成生活性街巷高度实体空间,为争取最大营业面积而形成商业性街道通透的虚空间。

(2)均衡

该原则是任何观赏对象都存在的特性,可造成审美方面的满足。均衡不是简单的对称,分以下三种类型:(a)数字均衡——重复的单元序列,但这种均衡中心不明确,仅是一个系列,如石质的围墙栏杆,门窗等;(b)中心均衡——由于强调了中心,轴线两侧垂直线的均衡性可以被察觉,如番仔楼的门廊,传统古厝的塌寿、门房等;(c)对称均衡——在系列的两端做了明确的限定,均衡表现得清楚,从而也暗示了其间的均衡中心。最典型的均衡实例就是古厝。(如图4-25所示)

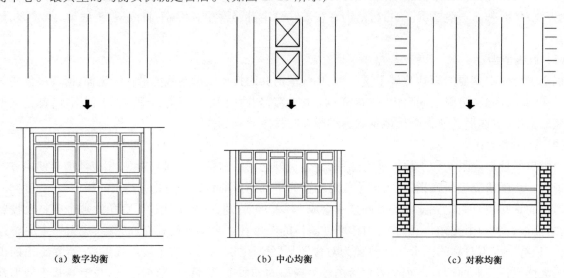

(a)数字均衡　　　　　(b)中心均衡　　　　　(c)对称均衡

图4-25　街巷中的均衡

福全古村落街巷界面中存在大量这类均衡美的实例:沿路庙宇建筑中存在实的墙体与虚的柱列空间的虚实对比均衡;规带与柱子、木门形成的竖线条也存在对比均衡。街巷中线条简洁整合的大面积实墙体与繁复精巧细腻的水车堵雕刻、塌寿处的雕刻之间同时存在简繁、实虚的对比均衡。

(3)韵律

在视觉艺术中,韵律是任何物体的各种组成元素成系统重复的一种属性,可以是一系列不相连贯的感受获得规律化的最可靠方法之一。在建筑中常见的韵律形式,有形状的重复、尺寸的重复、体量与线条的重复,可以产生紧凑感与趣味性:(a)相同的形状,虽间距不同,但形状的重复而形成韵律;(b)形状不同,但间距相同,相同的间距重复而形成韵律;(c)相同的形状、相同的间距重复而成的韵律。如传统古厝中的红砖及其红砖砌筑的镜面墙等等都形成了相同的形状,并在街巷中重复出现,由此形成韵律。另有一类是渐变的垂直韵律:(a)由大到小再到大的渐变过程;(b)由小到大再到小的渐变过程。(如图4-26所示)

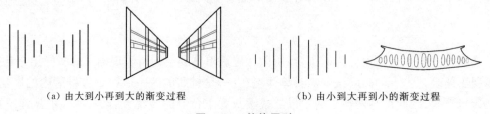

(a)由大到小再到大的渐变过程　　　　　(b)由小到大再到小的渐变过程

图4-26　韵律原则

❶　插梁式构架是指介于抬梁式与穿斗式构架之间的混合构架,其特点是承重梁的两端插入柱身(一端或两端插入),与抬梁式构架的承重梁压在柱头上不同,与穿斗式结构的以柱直接承檩、柱间无承重梁、仅有拉接用的穿枋的形式不同。引自:曹春平.闽南传统建筑[M].厦门:厦门大学出版社,2006:38。

5.3　街巷空间景观序列

街巷景观的空间序列分规则布局型和不规则布局型：

（1）规则型布局的空间序列。规则型布局的空间本身是规则的均衡，通常是以贯穿平面的直线为基准，把所有重要因素集中于空间主轴线上，沿轴线（直线）前进时，所有新的感受之间的相互关系，规则型布局是有意识地在视野中追随着一个明确结尾而组织起来，可以使人获得庄重、爽直和明确的印象。如福全古村落从西门进入西门街，主轴线贯穿东西，因地形西高东低，轴线由西门居高临下，经杨王爷宫、蒋德璟故居南门遗址、节寿坊等遗存，以正对西门街与北门街交叉的小广场后面的出砖入石墙体为结束，在这条规划型布局的空间序列中，可以感受到西门的城墙、城门、保护神庙宇以及出砖入石墙体与周边自然散落着石碑、石刻等遗存，并通过小广场向北转折进入北门街，街巷空间顿时相对开敞，但因地形高差，北门街西侧沿街建筑高于东侧，沿街前进约 20 米，为蒋氏街头厅遗存，再往前则街道西侧出现一系列台阶，高大的围墙、传统古厝、古厝内的古树及诸多的下马石、旗杆石等历史遗存，街巷景观序列进入蒋德璟故居，在沿北门街，两侧一系列的石屋、高大的围墙等，逐步引入帝君公宫、前壁厅、后壁厅、蒋氏宗祠、八姓府宫及其北门商业性街巷至北门，整个过程街巷空间节点大小、形态各异，而建筑色彩、材料统一，建筑形态巧妙变换，既利用一目了然对景的手法又更多地利用一连串空间形象被不断地体验、期待、对比、叠加、综合的手法，而这一切都由人这一主体参与村落意象的完成。（如图 4-29 所示）

(a)　　　　(b)　　　　(c)

图 4-27　福全古村落街巷交叉口类型

（2）不规则形布局的空间序列。不规则形布局的空间通常是以曲线的进程为基础，可以使人感受到流动与运动之感。沿街巷行进时，在不同的视点与视线方向可以看到景观、建筑物及各种景物呈现不同的形象。因此，古村落是一系列变化着的构图，这构图具有连贯性，不断给人的感官以刺激。对于古村落连续景观则是用动态观点分析村落空间视觉效果，即分析村落内步移景异的景观特点。

在福全古村落中，从街到巷再转入民居入口这一段空间序列经历了从公共空间到半公共半私密空间再到私密空间的一系列转换，充分展示了空间的进退有序、开合有法、高低有致、曲折有度以及对视觉的多焦点处理，导致了街景统一中又不乏变化。

公所街、前街随着地形蜿蜒转折，结束于南门街，形成一段较封闭的生活性巷道，两侧分布有公所、张氏祖厝、观音宫、土地公宫等建筑群。西入口由北门街，翁思道故居段相对开阔的街巷转折进入相对狭窄的公所街，因地形

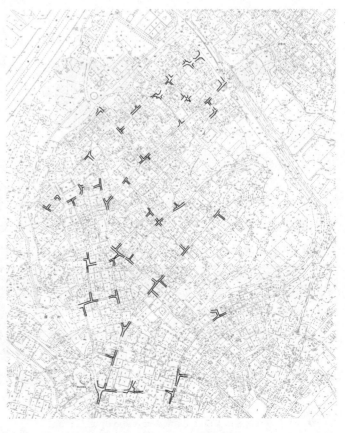

图 4-28　主要交叉口分析图

的高差,向地形低处推进约 20 米,进入空间开阔的公所广场,广场四周布置着戏台、公所、张氏祖厝的后山墙。再向前推进,则空间骤窄,转折进入前街,两条小街巷交接处以观音宫为交叉点,较好地处理了街巷空间的转换,进入前街,则街巷空间因地形缘故呈现下沉的感觉,两侧布有古厝、古井。古厝红墙、红顶,虽破败,但在街巷的串联下,加上古树、古井等要素的作用,显得古朴、典雅。地形由此逐步升高,改变了前段由高到低的感受,向前推进逐步进入南门街,在南门街交接处,则以土地公宫结束,由此,形成一系列变化丰富的景观序列。(如图 4-31 所示)

5.4 街巷景观的处理手法

5.4.1 街巷交叉口景观处理

福全古村落街巷的交叉口具有多种不同类型,并结合具体的建筑处理营造了丰富的节点空间。(如图 4-27、图 4-28 所示)

(a)"T"形交叉口:是丁字形道路交叉口的主要形式,该种形式主要源于军事需求,可以封闭巷道方视线,但同时对主街场景进行框取,有舞台效果,从而形成引人注目的亲切的街巷空间。(如图 4-29 所示)

(b)"十"字形交叉口:在福全村落内相对较少,其中较为典型的是太福街与下街❶相交呈现十字形交叉口。十字主干道交叉口尽量保持垂直相交以保证交通流畅、视线通透、形象中正,并以临水夫人庙、张氏祖厝、苏氏祖厝等,以相对规则的建筑控制空间,收拢视线界定空间。(如图 4-30 所示)

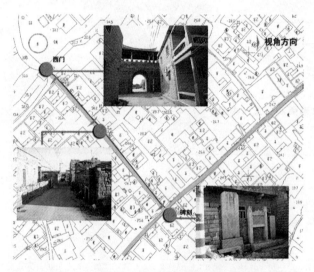

图 4-29 西门街街景分析

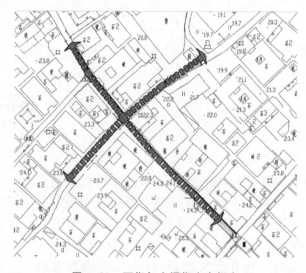

图 4-30 下街与太福街十字相交

(c)"Y"形交叉口:其特点是在一定距离可以看到对面两侧立面,远距离观察,视线有一定封闭感,随着视距缩短,视野变宽,其空间视觉有通透感,景观效果丰富多变。如北门街与公所街、前街与南门街、庙兜街等都是其典型的"Y"交叉类型。在北门街与公所街交叉处视线相对开阔,翁氏祖厝及其边上的一株古树成为了该交叉的一处景观,界定了该空间,而公所及其公所前广场则成为"Y"形交叉口的另一端空间界定的标志,由此形成了极具特色的空间景观。而前街与南门街、庙兜街交叉处,则以土地公宫为空间界定的标志物,形成一处生动而富有趣味的街巷空间观景。(图 4-31 所示)

5.4.2 街巷端部景观处理

福全古村落内庙兜街、下街、山前巷、城隍庙街等都是尽端式道路,对于这些尽端式道路的景观如果不做处理,则往往容易给人造成目标不明确的感觉,因而产生厌倦。对此,福全古村落中,对于这些尽端式道路的景观常采用以寺庙、山石、古树、碑刻等进行收束,使之成为道路对景。如庙兜街东段以元龙山及其元

❶ 下街原仅仅是指太福街起至临水夫人庙这段,近几年来下街西拓,一直延长至公所街,由此形成了下街与太福街的十字相交的格局。

龙山山顶的关帝庙对景进行了街巷端部景观的处理。(如图 4-32 所示)

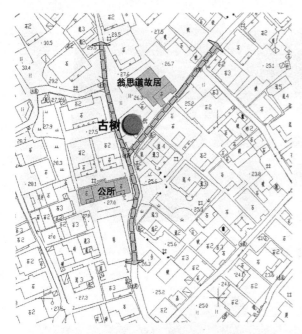

图 4-31　北门街与公所街"Y"形交叉景观分析图

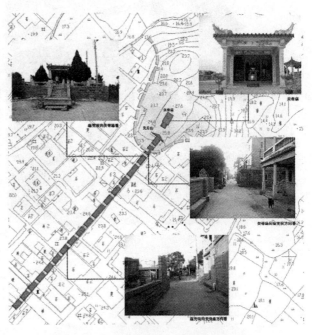

图 4-32　庙兜街东段景观处理分析

5.4.3　街巷中段景观处理

从景观构图上看,直线型街巷空间只有一个消失点,两侧界面构成均衡对称的画面,较为单调,曲线、折线型街巷则不同,其空间是两点或者多点透视,由此形成丰富的街巷景观效果。福全古村落内此类较为典型的街巷有前街、下街、山前巷等。(图 4-33 所示)

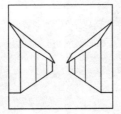

街巷透视分析

前街景观

图 4-33　前街景观分析图

5.4.4　其他

街巷中部分建筑后退,使得毗邻建筑的山墙暴露出来,且后退愈多空间效果愈强烈。同时山墙用不同色彩、质感的材料加以处理,如红砖山墙(红色)、条石砌筑山墙(暖灰)、出砖入石的山墙(红与暖色结合)等(如图 4-34 所示);或者建筑与街道通过外廊加以联系,形成骑楼,骑楼形成的灰空间,营造了丰富的街景视觉效果(如图 4-35 所示)。道路前方常用亭、庙宇等相对凸出的建筑点缀,使空间收窄或转折,形成底景收束视线,以改善街道气氛(如图 4-36 所示)。另外,通过建筑、庭院与道路相结合的方式,拓展了街巷空间尺度,丰富了街道景观效果(如图 4-37 所示)。

图 4-34　下街两侧建筑的山墙

图 4-35   前街骑楼

图 4-36   道路尽端的亭与庙宇

所口街建筑门前石埕与街巷   北门街蒋氏街路厅前石埕与街巷

图 4-37   建筑、前石埕与道路的结合

6　街巷节点空间分析

6.1　入口前导空间

　　福全古村落的街巷空间属于线性街巷空间系统,该系统是有起始点、发展和结束点的完整的空间序列,包括入口空间在内的各类节点为停滞行为和功能转换提供空间支持,为街巷整体意象的形成提供认知元素,是构成街巷空间体系的特征要素。

　　以西门作为福全古村落入口的前导性空间,连接外部与内部的主要道路。历史上的福全古村落西门广场由护城河、桥、广场、迎恩亭等组成,护城河因地形的原因形成两段,即两条前后并联的河流,两条河流上都架有石板桥,由此两河、梁桥将整个前导空间划分为三个小广场空间,迎恩亭处于中间的小广场上,行者通过三个小广场、二座石板桥等一系列的开放空间的引导进入瓮城脚下,再通过右边的瓮城城门进入城,瓮城近视方形的空间,将前导空间引入了一个空间兴奋点,这个点因其四周高耸的城墙围合而营造了紧张、压迫的感觉,这种感觉与福全作为军事要塞的功能整合契合,同时穿过这一空间进入城门后,展示给行为者的是入城的感觉。据此分析,福全西门的前导空间处理通过空间的开放、闭合等营造了一系列丰富的空间感受(如图4-38所示)。

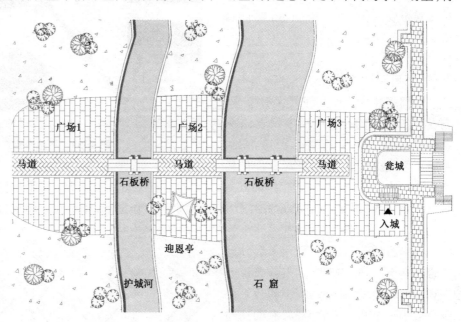

图4-38　西门复原示意图

6.2　广场空间节点

　　街巷广场往往与公共建筑有关,福全古村落内的寺庙、铺境保护神庙、宗祠等重要建筑群前往往容易形成广场,如下关帝庙广场、城隍庙广场、临水夫人庙前广场等。而街巷多与这些广场发生关联,多由此拓展出去而成为街巷体系的重要节点,因此产生相应规模的节点广场。它们在特殊日子用来满足宗教活动及庆典活动的需要,平时则被居民利用为进行文化、娱乐、商业、公共生活的场所。

　　下关帝庙位于公所街与庙兜街交接处,占地225平方米,广场核心建筑为下关帝庙,为一传统古厝式的庙宇建筑,建筑体量相对较小,庙宇西侧与北侧都为番仔楼,东面为传统式样的枪楼,尤氏祖厝、郑氏祖厝,东门大街由广场一侧延伸至东门,由此形成了三街巷围绕一广场的空间布局形式。东门大街,东西向布置,长约140米,下关帝庙广场成为从东门大街进入福全古村落的第一节点空间,而下关帝庙则成为了该节点空间的对景建筑物,其地标性意义突出。庙兜街南北向布置,由南门大街土地公宫为起点,元龙山关帝庙为结束,下关帝庙广场与其北侧的朱王府宫一起构筑成整条庙兜街中重要的节点空间。其次,从节点形态分析,南门街土地公宫节点与朱王府宫节点空间都为点状形态,空间狭小,紧凑;元龙山关帝庙节点则空间开阔,以元龙山为背景,视线开敞、自由;而下关帝庙广场空间形态方正,围合感较强,周边建筑风貌谐调。由此,对于整条庙兜街而言,下关帝庙广场意义突出,并且与其他节点一起形成了整条街巷的一系列重要的景观节点空间。公所街与所口街为东西向布置,其起点为北门街翁思道故居处,该空间节点自然开阔,经公所广场,进入所口街,街巷由此变得狭窄,视线闭塞,但进入下关帝庙广场则空间再次变得开阔,并由下关帝庙广场成为整条公所街与所口街东部结束点,因此,下关帝庙广场对于公所街与所口街而言是极其重要的一个节点空间(如图4-39所示)。

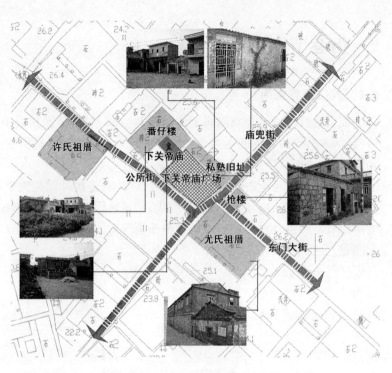

图4-39　下关帝庙广场空间分析

6.3　井台空间节点

专门将井台节点空间列为一类,因它在传统村落的社会生活中是普遍而重要的角色并与街巷空间密切相关。井除了可以提供饮水外,还可以提供其他生活用水,如洗衣、淘米、洗菜等;其次,井台也是村民交往的场所。对于古村落的妇女而言,她们很少有机会接触外界,因此,往往会趁在井台洗衣、淘米等劳作之际,相聚在一起进行言谈交流❶。因此,井台成为村民颇费匠心来经营的空间。

福全古村落的井近百口,多数井是结合在街巷一侧,或凹入街巷,或镶嵌在街巷的转角处,并借助周围的建筑而围合成为一个半封闭的空间,有的还通过设置矮墙来加强其空间领域感。如下街街巷边的古井就是典型的镶嵌在街巷一侧的空间场所(如图4-40所示)。

井台空间的形成,虽然主要是出于使用要求,但因井台本身就造型各异,又因街巷都比较狭窄,且多呈"线"状空间形态,具有较强的连续性,井台空间属于"点"状的空间形态,因此,井台空间丰富了街巷的节奏感❷,成为空间视觉焦点。

井台周边的铺地一般有别于街巷铺设。另外,为方便村民,许多井台还有石槽、石盆等器物。在村落中历史比

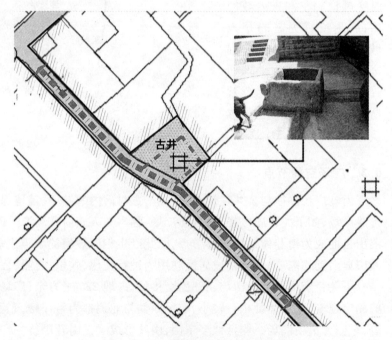

图4-40　下街街巷边井台空间分析

---

❶ 引自:彭一刚.村镇聚落的景观分析[M].台北:地景企业股份有限公司出版社,1992:103。

❷ 引自:彭一刚.村镇聚落的景观分析[M].台北:地景企业股份有限公司出版社,1992:103。

较悠久的古井有下街的万军井、打铁井,蒋氏古巷的蒋氏古井等(如图4-41所示)。

图 4-41　蒋氏古巷蒋氏古井及其石槽、石盆

第五章   建筑类型学下的民居空间形态解析

　　民居(民宅),即分布在各地的居住建筑,传统民居是指传统聚落(乡村、集镇)中的住宅建筑,称其民居主要是体现它属于各地工匠在国家制度体系的影响下比较自主的建造的民间建筑,与官式建筑有鲜明的区别❶。传统民居是古村落生活的利用主体,其数量、总面积在古村落各类建筑中占有比例最大,深刻地影响到村落的整体面貌。福全古村落内传统民居遗存丰富,这对于揭示古村落空间形态的变迁历程,空间形态的特征、空间组成、空间文化内涵等等都具有一定作用。据此本章从类型学的角度对福全古村落传统民居进行分析研究,通过对古厝、番仔楼在形式语言上的归纳、分类研究,确定并建立福全民居的类型系统,总结出传统民居的形式元素、具有普遍意义的形式特征,以此揭示村落历史的真实性,形态的典型性,并为古村落的保护与历史文脉的延续提供"遗传基因"。

1   建筑类型学理论简述

1.1   罗西的建筑类型学理论概述

　　分类意识和行为是人类理智活动的根本特性,是认识事物的一种方式。心理学研究成果揭示:人类认识事物具有多维视野和丰富的层次,认识过程和艺术创造过程本身就是类型学的,由此产生了庞杂的分类途径❷。类型学可被简单的定义为按相同形式结构对具有特性化的一组对象所进行分类描述的理论❸。

　　建筑上的类型理论,首先是一种认识的方式和思考的方式:①分类是有层次的,每一类别可以继续分类下去;②分类可依据不同的标准和不同的方法,分类不只是一种;③分类仅是一种认识方法,不能依次割裂类与类之间本源上的联系,各类别对立中仍有同一的成分。把一个连续、统一的系统作分类处理的方法用于建筑,就是建筑类型学❹。类型深层的概念则需伴随着与模式概念的区别而得以澄清。"类型并不意味着事物形象的抄袭和完美的模仿,而是意味着某一因素的观念,这种观念本身即是形成模式的法则。模式,就其艺术的实践范围来说是事物原原本本的重复。类型则是人们据此能够划出种种绝不能完全相似的作品的概念"❺。其中,以阿尔多·罗西的相关理论影响较为深远。

　　阿尔多·罗西的研究将类型学的概念扩大到风格和形式要素、城市的组织与结构要素、城市的历史与文化要素,甚至涉及人的生活方式,赋予类型学以人文的内涵。其建筑类型学理论可以归为两种主要思想:其一是理性主义和历史主义的类型学(Typology);其二是打破时空概念的"类似性城市"(Analogues City)的思想。前者用来阐述建筑的意义和其形式之间的关系,并论证形式的永恒特性;后者则强调人对城市场所及建筑的集体记忆,并借助这种记忆,将人的心理存在转化为真实的城市实体。罗西的城市建筑理论偏重理性精神和对传统建筑本质探求的结合,因此,他的有关理性主义类型学和类似性城市的思想,对分析、发现、建设、保护和完善有特色的建筑及城市的实践都有着重要的指导意义。

❶ 引自:潘莹.江西传统聚落建筑文化研究[D].广州:华南理工大学博士学位论文,2004:137。
❷ 引自:汪丽君.建筑类型学[M].天津:天津大学出版社,2005:10。
❸ 引自:汪丽君.建筑类型学[M].天津:天津大学出版社,2005:13。
❹ 引自:刘先觉.现代建筑理论[M].北京:中国建筑工业出版社,1999:303。
❺ 引自:汪丽君.建筑类型学[M].天津:天津大学出版社,2005:12。

1.1.1　理性主义和历史主义的类型学(Typology)

原型一词是荣格首先采用的,他认为原型就是柏拉图的理式,它不是对现实事物的抽象与概括,而是派生世界万物的超验、永恒的客观精神实体。因此,原型的概念是指人类世世代代普遍性心理经验的长期积累,沉积在每一个人的无意识深处,其内容不是个人的,而是集体的,是历史在"种族记忆"中的投影,而图腾、神话等往往是"包含人类心理经验中一些反复出现的原始表象",这种"原始表象"荣格称之为原型。在他看来原型"向我们提供了集体无意识的内容,并关系到古代,或者可以说是从原始时代就存在的形式"❶。阿尔多·罗西的建筑类型概念深受荣格"原型"理论的影响,他认为建筑类型与原型类似,是形成各种典型的建筑形式的一种内在法则,"类型是按需要对美的渴望而发展的,一种特定的类型是一种生活方式与一种形式的结合"❷。

罗西的类型学理论认为形式的决定性因素是它的结构,即类型和规则,形式是物质存在与精神的统一体。人类创造建筑,是以需要作为驱动力,又以审美作为形式的规定,这两者是不可分割的,它们共同促成建筑。"类型的概念就像一些复杂和持久的事物,是一种高于自身形式的逻辑原则"。这原则不是人为规定的,而是在人类世世代代的发展中形成的,它凝聚了人类最基本的生活方式,其中也包含人类与自然界作斗争的心理经验的长期积累。所以,建筑的形象、功能以及城市的形象、功能都不是由建筑师和规划师所决定,而是由它们的接受者决定,与人们的潜意识是否相符就决定了人们对建筑城市和相关环境的好恶。建筑类型是形成各种最具典型的建筑及要素的一种内在法则,这种法则不是由人来规定,而是在人类历史发展中形成的,它凝聚了人类最基本的生活方式,其中也包含人类世世代代心理经验的长期积累。因此,从类型学的角度,建筑内在的本质是文化习俗的产物,文化的一部分被编译进形式之中,而绝大部分则是编译进类型中。这样表现形式就是表层结构,类型则是深层结构,表现形式是具象的而类型则是抽象的,它是形成某种建筑形式的法则。一个建筑类型可导致多种建筑形式出现,但每一建筑形式只能被还原成一种建筑类型❸。因此,类型是原型在建筑和城市领域的一种变化,它们都试图通过事物表象去探索事物内在的、深层的结构。

罗西认为类型学要素的选择,过去、现在和将来都要比形式风格上的选择重要。类型的概念是建筑的基础,它是先于形式且是构成形式逻辑的原则。在建筑中,类型(type)是历史与空间的综合结果,类型是暗示性的,无法复制的,是一般的。它是一种意象(idea),而非某一样板(template)。

1.1.2　"类似性城市"的思想

"类似性城市"是罗西继类型学理论之后,阐述其城市思想的又一重要理论。在此,罗西强调了城市的集体记忆性,指出城市是人工的制品,而且是集体的人工制品,城市的集体性质将城市带入了文化地带,从而将城市作为一个整体结构来看待,即以建筑来看待城市,或对城市采取建筑的手段——"城市—建筑"的互参原则。在此,"建筑"的内涵包括了人类在制作过程中所注入作品的精神,是具有超越物质的客观规定性的意义,与精神是相统一的。实质是集体的。城市就是集体性质所给予的实体,是融合了历史与文化而成为一件艺术品。

集体记忆是"集体无意识"在城市研究中的变体。它是整个人类文明史和改造环境历史中的整体产物,每个历史阶段人们都为这个整体这种集体记忆增加新的内容。罗西认为城市类型其实是"生活在城市中的人们的集体记忆,这种记忆是由人们对城市中的空间和实体的记忆组成的。这种记忆反过来又影响对未来城市形象的塑造……因为当人们塑造空间时,总是按照自己的心智意向来进行转化,但同时他也遵循和接受物质条件的限制"。

集体记忆是超个人的,是长远历史经验在人们头脑中留下的生理痕迹,是集体无意识,它无法从个人经验中推演出来,而任何人都具有的或多或少相似的内容和样式的记忆,是超越了个人的共同心理基质,

---

❶　引自:尼跃红.北京胡同四合院类型学研究[M].北京:中国建筑工业出版社,2009:34。
❷　引自:汪丽君.建筑类型学[M].天津:天津大学出版社,2005:39。
❸　引自:汪丽君.建筑类型学[M].天津:天津大学出版社,2005:17。

并通过个人而表现出来。个人的城市记忆虽各有不同,但在总体上是有着本质的"类似性",这就是"类似性城市"的哲学基础。建筑的意义依赖于早已建立的类型,而这些类型都是由隐藏于现实单体间作无限变化背后的不变,是可以从历史中抽取出、经简化、还原后的产物。因而类型不同于历史上任何一种建筑形式,而又有历史因素,在本质上相连于历史,从而成为精神与心理上抽象获得的结果——"原型"。

1.2　类型学的研究方法

1.2.1　类型选择

类型选择,即对历史上的对象进行概括、抽象,抽取出那些在历史中能够适应人类的基本生活需要和一定的生活方式的建筑形式。类型的选择不仅是类型学方法的前提和基础,也直接影响生成的建筑环境的整体形象。从某种角度上说,类型选择是对大量具体的建筑现象进行筛选、提炼、归纳与概括的过程,其目的是发现、确定类型。关于这一点,波兰哲学家塔尔斯从语言学的角度,提出了"元"设计的概念,将用于描述的语言称为"元语言",在某一层次上研究另一层次语言时引发的逻辑问题称为"元逻辑"。这一分析方法在建筑设计过程中,按类型的方法区分出"元"、"对象"及"元设计"、"对象设计"的层次,然后生成一套属于"元设计"的过程,即类型选择的过程❶。对应于福全古村落的传统古厝而言,其可以提取的核心元素:四面围合、主体建筑的中轴对称、院落递进、房间尺度等等,便是"元设计"的过程,它源于大量的传统古厝实例,并用于描述福全古村落内的传统建筑。

1.2.2　类型转换

类型转换,即将历史上某些具有典型特征的类型进行整理,抽取出一定的原型并结合其他建筑环境要素进行设计,创造出既有历史意义,又能适应人类特定生活方式的建筑。其目的就是对原有类型的基因的继承与发展,由此保持整个村落建筑的视觉连贯性,又取得历史与现实的沟通与协调。

1.3　启发

基于上述,类型分析的主要内容是探讨对象的历史文化内涵和抽象形式上的特性,针对福全古村落而言,其传统民居作为该村落建筑风格主要形式之一,在村落发展中是具有持久性的,虽然单独的房屋存在是瞬间的、变化的,但是整个民居群经历数百年而不改变,其中原因是民俗传统的延续,民俗传统直接而不自觉把自己转化为实际的物质形式,民居则是其中的代表之一,因此,用类型学的相关理论来揭示古村落民居物质空间的特征与文化本源具有一定的作用。

其次,类型学为福全古村落,乃至整个闽南传统民居的当代继承提供了理论的和实际的方法。理论上,原型是从历史典型的建筑形式中抽取出来的,必然是一种简化、还原的产物,因此它不同于任何一种历史上的建筑形式,但又具有历史的因素,在本质上与历史相联系。类型学作为一种方法,可以指导建筑设计。具体说就是总结已有的类型,通过简化、抽象、还原提取出原型,从变化的要素中找寻出固定的要素,而后根据原型与要素进行拓扑变换,设计出千变万化的形式来。

再次,类型学注重整个聚落层面的研究,有利于揭示传统民居与整个村落间的关系。村落构成了建筑存在的场所,而建筑则构成了村落的片段。任何建筑都不应该脱离其所在的村落,都应与现存的历史空间形态相结合。因此,类型学将有助于传统民居同古村落肌理的结合,从建筑层面透视整个村落的空间特征。

2　村落民居建筑现状

福全古村落的民居主要包括传统民居、石屋、番仔楼等。其中,传统民居建筑面积为14 756平方米,占全村总建筑面积的16.3%;番仔楼建筑面积为3 416平方米,占全村总建筑面积的3.77%;石屋建筑面

---

❶　引自:尼跃红.北京胡同四合院类型学研究[M].北京:中国建筑工业出版社,2009:35。

积为58 222平方米,占全村总建筑面积的64.32%。(如表5-1所示)传统民居中比较典型的有:蒋德璟故居、翁思诚故居、许氏祖厝、吴氏祖厝、青阳陈氏祖厝、尤氏祖厝、鹤峰陈祖居等。番仔楼中比较典型的有:陈连约住宅(编号C-27)、陈天才住宅(编号C-133)、陈贻钦住宅(编号C-131)等。

表5-1　福全村建筑形式面积及比重统计表

建筑形式	建筑基地面积(平方米)	建筑基地面积比例(%)	建筑面积(平方米)	建筑面积比例(%)
现代形式	14 126	15.61	49 441	32.23
石　屋	58 222	64.32	82 391	53.70
传统形式	14 756	16.30	15 798	10.30
番仔楼	3 416	3.77	5 787	3.77
总　和	90 520	100	153 417	100

2.1　蒋德璟故居

蒋德璟故居又称相国衙,位于古村落城内北门街,东北至相国巷,东南至北门街,西北至后营路,西南至西门街,是由主体建筑群、附属建筑群、院墙、庭院等组成的大型建筑群,占地0.95公顷,包含了蒋德璟故居主体建筑群、蒋氏街头厅、蒋氏北面厅等,其中,蒋德璟故居主体建筑群为三进五开间,双月井,双护厝的单檐硬山式屋顶的官式大厝。大门内有一条宽阔的石埕。四周建有5米多高的出砖入石的围墙。围墙内建有花园。出大门经七级石台阶至北门街道,左右两旁各树石雕的旗杆夹。清初迁界,蒋德璟故居被烈火烧毁。现存正门石阶7级,每级长4米,宽28厘米,高16厘米;偏门石阶7级,每级长2.47米,宽30厘米,高13厘米。石埕一处,铺石天井两处。八角古井一口,石井栏直径75厘米,高45厘米。角石垒构残墙56米,高4.1米。花岗岩石旗杆夹2副。(如图5-1所示)

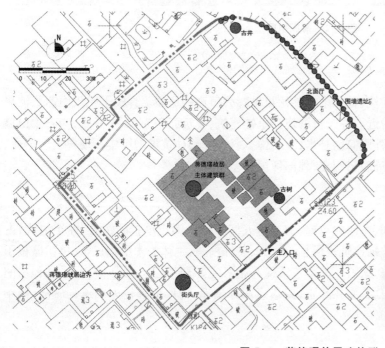

图5-1　蒋德璟故居建筑群

2.2　翁思诚故居

翁思诚故居位于北门街南端,与全祠紧邻。据《晋江县志》载:"福全守御千户所百户:翁思道,嘉靖间袭。翁曾(翁思道子),万历间袭。"又"翁思诲,福全所军余,嘉靖三十年壬子科武举人"。另据《翁氏家谱》

记载：翁思道即翁思诚。

　　翁思道故居建于明代，后毁于清初迁界，现仅存明代残墙与后建建筑群。其中后建建筑主体建于清代，建筑占地173平方米，建筑面积173平方米，为三进三开间合院式建筑群，总体布局简洁，房屋造型朴素，主体建筑为一落四榉头的布局形式，砖木结构，主体建筑外为石埕较大的院落，倒座为木结构建筑，两侧厢房则为石结构。主体建筑西部为两层番仔楼，面积为42平方米，建于民国时期，红墙红瓦，装饰精美。

　　现整个建筑群除主体建筑为翁氏祖厝用于祭祀祖先外，其他均空置。主体建筑梁柱构件腐烂、断裂、屋顶塌陷损害严重，倒座门窗腐烂、部分屋顶塌落，侧厢仅存墙体，一进院落杂草丛生。西侧番仔楼外观保存尚好，但底层门窗已脱落，楼板腐朽严重。整个建筑群周边环境较差，亟待建筑整体改善，环境整治。（如图5-2）

图5-2　翁氏祖厝

2.3　许氏祖厝

　　许氏祖厝位于庙兜街北端，为清代建筑，是福全许姓始祖秉辉公后裔的房屋。许氏于明代由西头徙居福全，较早居住在现祖厝东部的许厝潭附近。许氏祖厝现存单幢建筑，建筑面积为11平方米，为石木山墙承重结构的祭祖用房，面朝庙兜街开门，外观简洁朴素，少装饰，墙体较厚，建筑造型厚实。现存祖厝墙体、屋面保存完好，门窗均已经脱落，室内柱础腐朽明显，外部环境较差。

2.4　吴氏祖厝

　　吴氏祖厝位于太福街中部，下街南部，东西向布局，为三进五间张榉头间止单护厝古厝，建于清代，占地442平方米，建筑面积396平方米。整幢建筑规模相对较大，装饰精美，主体为木结构建筑，单护厝位于主体北侧，为石木结构建筑，墙体采用出砖入石。整幢建筑保存相对完好，但除主厅用于祭祖外，其他房间均空置，护厝内部结构部分已经塌陷，木结构腐朽严重，后落也部分倒塌，构件损害较为严重，二进院落杂草丛生，亟待修缮，环境整治。

2.5　青阳陈氏祖厝

　　陈氏祖厝位于庙兜街中部，太福街南侧，建筑东西向布局，为二进三间张古厝，建于清代，占地191平方米，建筑面积137平方米。为青阳派陈姓十二世元祚公于明季由青阳迁居福全所英济境的后裔祖屋。下落紧贴庙兜街，沿街塌寿面宽较大，两侧下房保存完好，正厅为祭祖用房，宽阔明亮，原来两侧榉头间已经倒塌，大房与后房保存完好，但后轩屋顶部分倒塌。

2.6　陈阳坛住宅（编号 C108）

陈阳坛住宅位于庙兜街中部，与青阳陈氏祖厝斜对，建筑东西向布局，主入口面朝西，为二进三间张古厝，建于清代，占地238平方米，建筑面积238平方米。沿街建筑相对完整，但塌寿处的身堵、顶堵、裙堵上的灰塑破坏严重，基本已经无存。住宅内部破坏严重，正厅建筑已经改建为石屋，两侧榉头间屋面倒塌严重，梁柱损害突出。

2.7　尤氏祖厝

尤氏祖厝位于庙兜街中部，紧靠陈阳坛住宅，位于陈阳坛住宅北侧。建筑东西向布局，主入口面朝西，为二进三间张单护厝古厝，建于清代，占地175平方米，建筑面积175平方米。沿街建筑相对完整，下房、塌寿保存完好，而且塌寿处的身堵、顶堵、裙堵上的灰塑精美，完整。但院内建筑破损严重，存在梁柱倒塌、屋面塌陷、腐朽等情况。

2.8　鹤峰陈祖居

鹤峰陈祖居位于太福街中部，下街西侧，与吴氏祖厝斜对。建筑南北向布局，主入口面朝南，为三进三间张古厝，建于清代，占地285平方米，建筑面积267平方米。沿街建筑相对完整。住宅西侧榉头间已经改建为石屋，正厅保存完好，两侧大房有一定破坏，二进破坏较为严重，梁柱腐朽突出。

2.9　陈连约住宅（编号 C-27）

陈连约住宅位于庙兜街北部，为建造于民国时期的番仔楼，二层，朝东布局，占地241平方米，建筑面积482平方米。建筑入口山花精美，带有西方巴洛克装饰风格，造型独特，平面布局简洁而灵活，厅堂居室宽敞，结构形式采用传统的梁柱形式，二层地面为木地板，室内雕刻均为典型传统形式。

2.10　陈贻钦住宅（编号 C-131）

陈贻钦住宅位于庙兜街中南部，与下关帝庙斜对，为建造于民国时期的番仔楼，二层，朝南布局，占地103平方米，建筑面积206平方米。建筑入口山花精美，柱子为简化的西式柱子，造型独特，立面门楣、窗楣处以传统雕刻为装饰，建筑平面布局简洁，厅堂居室宽敞，结构形式采用传统的梁柱形式，二层地面为木地板，室内雕刻精美，均为典型传统形式。

3　村落建筑类型分析

民居的平面与空间模式主要指民居的各类平面和空间要素的布局和组合方式，它是与建筑功能联系得最为紧密的要素，体现人们日常生活对平面、空间的利用方式和具体的使用需求。它一方面受到建造技术和材料的制约，另一方面又受到生活方式的深刻影响，包括家庭结构、经济来源与能力，家庭成员的日常起居方式和思想观念以及国家规定的生活制度等。在这一系列的因素的影响下，结合地域闽海系文化，形成了福全古村落传统民居平面、空间模式的以深井为核心组织平面和空间要素的做法，并形成了丰富的类型。透析这些类型，可以揭示出民居内在的本质——被编译在形式与类型之中的文化内涵。

3.1　传统古厝

在《中国民居》一书中，官式大厝被称为"四合院民居"，归属于"闽粤侨乡民居"之中❶。在《福建民居》

---

❶　引自：陈从周，潘洪萱，路秉杰，著. 中国民居[M]. 上海：学林出版社，1997：136-139。

中"泉州——大型宅邸因为是仿照北京四合院民居所建,当地称其为'宫廷式'"❶。在《老房子·福建民居》一书中,黄汉民先生在论及"闽南红砖民居"时指出:"闽南的红砖民居分布在厦门、漳州、泉州所属的绝大部分县市,护厝式的平面布局、红砖的墙面,花岗岩的运用,曲面的屋顶、艳丽的装饰是其突出的特点。——闽南红砖民居平面布局独具特色,它是以合院为中心,在两侧建护厝,左右拼接沿横向发展"❷。这种大型宅邸被称为"护厝式"。另外,在《泉州民居》中,有"宫殿式"、"皇宫式"和"皇宫起"三种❸。关于它的起源,有多种说法❹,官式大厝的"厝"字,作"房屋"解释,"大厝"就是指"大房屋"、"大宅邸"❺。官式大厝是指官家样式的大型宅邸,即"在闽南地区以官家宅邸为样板,主体部分以深井为中心,两侧以护厝来扩大建筑规模的大型传统民居"❻。而福全古村落现存的传统古厝,都具有了官式大厝的典型特征,即红砖墙、以合院为中心,横向发展等等形态。

3.2　传统古厝的布局形态类型

刘致平先生在《中国建筑类型及结构》认为:民居平面布置的形式主要有两种:①分散式布置;②一颗印式布置❼。在南方地区,"一颗印式"也被称为"天井式",是以天井为中心,环绕天井布置上堂、下堂、上下房和厢房(厢廊)等生活用房,据此,东南地区民居常见的平面类型包括了:"一明两暗"、三合天井型与中庭型三大基本类型❽。(如图 5-3 所示)

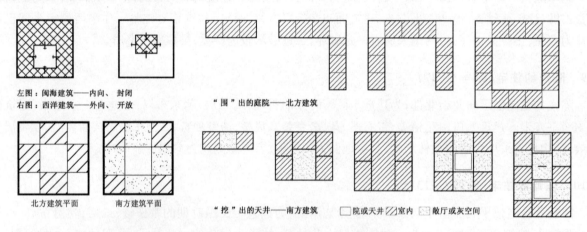

左图:闽海建筑——内向、封闭
右图:西洋建筑——外向、开放

"围"出的庭院——北方建筑

北方建筑平面　　南方建筑平面

"挖"出的天井——南方建筑　　□院或天井　▨室内　▢敞厅或灰空间

图 5-3　形成合院或者天井的途径

分析福建民居,其最为基本的平面格局是"一明两暗"❾。该布局形式是最基本的形态,只有正堂,左右房❿。因此,在建筑历史上属于最早阶段的建筑类型,也是最普遍的一种基本模式⓫,因此,福全古村落内的传统民居布局形态是由"一明两暗"的"原型"衍化而来,如陈祖远老宅就是典型的"一明两暗"的扩展演化模式——"一条龙式",即由三开间组合而成,其平面形式为长条形,堂屋和居室都为矩形,每间屋室通过外廊相互联系,外廊外为带有院墙的石埕,整个建筑空间简洁朴实。(如图 5-4 所示)

❶ 引自:高鉁明,王乃香,陈瑜,著.福建民居[M].北京:中国建筑工业出版社,1987:12-14。
❷ 引自:李玉祥.老房子·福建民居[M](黄汉民撰文).南京:江苏美术出版社,1994:37-54。
❸ 引自:张千秋.泉州民居[M].福州:海风出版社,1996:17-27。
❹ 其中,传说某朝皇帝有一爱妃黄氏,籍贯为泉州府,某一年暴雨不断,黄氏想起娘家屋陋,不能遮风避雨,因而伤心落泪。皇帝瞧见,乃问原因,黄氏如实告之,皇帝即道:"赐你一府皇宫起。"意为准许黄氏一家可兴建皇宫规制的住宅,但这一消息却被误传为泉州一府均可兴建皇宫式的住宅。在《闽南传统建筑》中"一些大厝,亦称'皇宫起'……"。
❺ 引自:曹春平.闽南传统建筑[M].厦门:厦门大学出版社,2006:4。
❻ 引自:关瑞明.泉州多元文化与泉州传统民居[D].天津:天津大学博士学位论文,2002:37-38。
❼ 引自:刘致平.中国建筑类型及结构[M].北京:中国建筑工业出版社,2000:11。
❽ 引自:余英.中国东南系建筑区系类型研究[M].北京:中国建筑工业出版社,2001:150-152。
❾ 引自:戴志坚.福建民居[M].北京:中国建筑工业出版社,2009:60。
❿ 引自:余英.中国东南系建筑区系类型研究[M].北京:中国建筑工业出版社,2001:150。
⓫ 引自:余英.中国东南系建筑区系类型研究[M].北京:中国建筑工业出版社,2001:157-158。

图5-4　一条龙式——陈祖义旧宅

其次,三合院天井型,即正房三间,二厢各一间辅助用房或厢廊。该类型可以向左右扩展至五开间、七开间、甚至九开间等,或向纵深扩展,形成两落、三落乃至五落的大宅院❶。

再次,中庭型,即十字形空间轴结构的平面格局。该模式的民居在纵横轴线上设置厅堂系统,形成"四厅相向,中涵一庭"的厅堂空间格局,厅堂与中庭共同形成一个系统的"亞"形空间,是全宅宗族公共生活中心❷。(如图5-5所示)

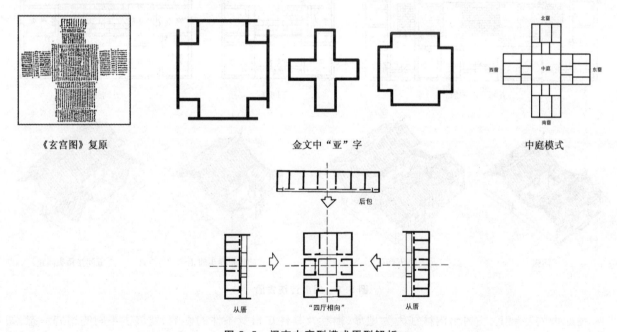

《玄宫图》复原　　　　　　　　　　金文中"亚"字　　　　　　　　　　中庭模式

后包

从厝　　　　"四厅相向"　　　　从厝

图5-5　闽南中庭型模式原型解析

基于上述,福全古村落内现存的传统古厝,其平面布局原型为三合院天井型或中庭型为核心或中心单元组合演变而成,其平面构成为三间张二落大厝与五间张二落大厝,顶落为三开间或者五开间,平面布局为:第一进为下落,门厅所在;第二进为顶落,也称上落,大厅及主要居住用房所在;两厢为榉头,右边的榉头一般为厨房,左边的榉头一般为闲杂间❸。下落、顶落与榉头围合成天井,称"深井"。下落前方有石埕。住宅两侧加建长屋为"护厝"。(如图5-6所示)

❶ 引自:余英.中国东南系建筑区系类型研究[M].北京:中国建筑工业出版社,2001:159。

❷ 引自:余英.中国东南系建筑区系类型研究[M].北京:中国建筑工业出版社,2001:160-161。

❸ 以门厅面向顶落为基准,分为左右榉头。

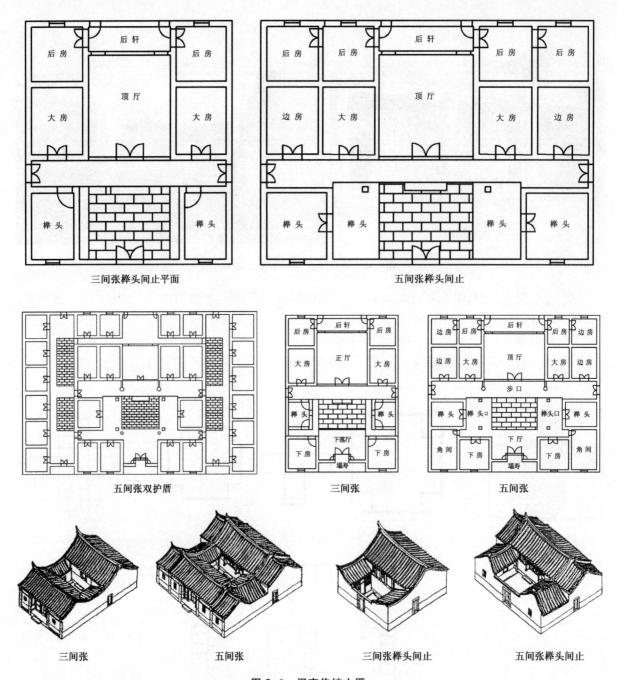

三间张樟头间止平面　　　　　　　　　　五间张樟头间止

五间张双护厝　　　　　　三间张　　　　　　五间张

三间张　　　　　　五间张　　　　　　三间张樟头间止　　　　　　五间张樟头间止

图 5-6　闽南传统古厝

在原型的基础上,古村落内往往因为地形、街巷及其住户自身条件的影响,发展出不同的布局形态,如五间张二落单护厝、三间张樟头间止、五间张樟头间止等。其中,三间张樟间头止与五间张樟头间止是一种三合院的布局形式,樟头间止是只有顶落、樟头而没有下落,樟头山墙处建一道墙街——即面向街巷的围墙,以区分内外,并围合成深井,同时没有外埕❶。如陈志国住宅、陈天邦住宅、陈海廷住宅都是较为典型的樟头间止的布局形态。(如图 5-7 所示)

福全乃至整个闽南地区的传统民居具备了中国传统民居建筑围绕以庭院、天井空间为构建核心的一般特点,体现了一种内向开敞、外向封闭,并具有严谨的空间秩序和明显的空间层次轴线,各房间组合重视居住空间的序列安排。同时,传统民居受自然环境、地形地貌的影响,其民居平面布局错落有致、虚实对比强烈、院落形状自然而独具魅力。

---

❶　引自:戴志坚.闽海民系民居建筑与文化研究[M].北京:中国建筑工业出版社,2003:154.

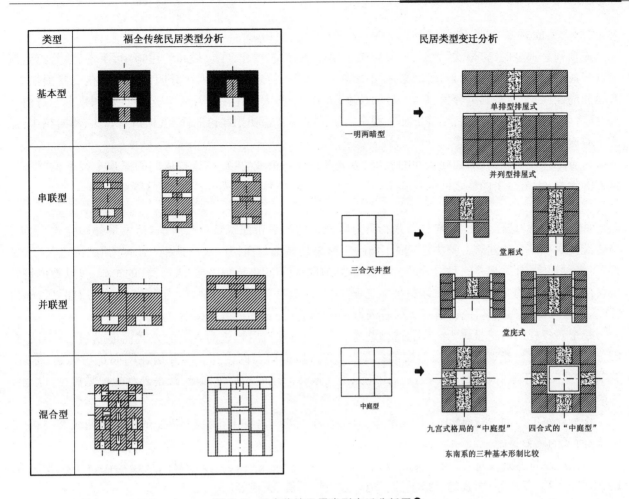

图 5-7　福全传统民居类型变迁分析图❶

3.3　福全古村落传统建筑类型分析

福全传统民居可以按照建筑的建造材料、空间组织、环境地段和形式表征等方式进行分类。如按建造材料可分为木构民居、夯土民居、砖砌民居与石厝民居；按空间组织有对称式与不对称式、庭院式与外廊式、平房与楼房；按建筑造型有官式大厝、洋楼、石屋等。

3.3.1　按建筑造型划分

对于福全村的民居，按照建筑造型可以划分为传统形式(即官式大厝或称古厝)、番仔楼、石屋及其现代式样。

（1）传统形式——官式大厝

传统形式的民居即官式大厝或者古厝，其建筑造型特色主要体现在墙体、屋顶及其细部处理上。古厝的外墙普遍以白石、红砖作为建筑材料。红砖一般采用闽南传统建筑中使用最广泛的"烟炙砖"，其色泽艳丽，规格平整。古厝的下落正面称为镜面壁，是一幢房屋的门面，一般由上而下分为数个块面，每面称为一堵，最下面的台基称为柜台脚，以白石砌成，柜台脚正面浮雕出踏板的形象，板下两端有外撇的"虎脚"。柜台脚以上，是白石竖砌而成的裙墙，称裙堵，其上一般不做雕刻。裙墙以上，是红砖砌成的身堵。身堵大多用红砖拼花，组成万字堵、古钱花堵等各种图案，变化很多。身堵正中，是白石或青石雕成的窗户，以条枳窗为多，也有竹节窗或蝴虎窗等形式。身堵以上、屋檐以下是狭长水车堵，水车堵内，多为泥塑彩绘或彩陶装饰。古厝的山墙称大栋壁，普遍用红砖斗砌，称"封砖壁"，也使用块石与红砖混砌的墙体，石竖立，砖横置，上下间隔，石块略退后，称"出砖入石"。出砖入石成功地体现了不同材料的质地对比、色泽对比、纹理

❶ 引自：余英.中国东南系建筑区系类型研究[M].北京：中国建筑工业出版社,2001：162,210.

对比,浑然天成。

屋顶则是典型的"宫殿式"大厝,多采用硬山屋顶,称为包规起,在包规起的屋顶中,下落、顶落的屋顶经常分成数段,中间高,两端低,每面形成四条或六条垂脊,使屋顶形象主次分明而又有变化。屋顶正脊,有柔和的曲线,至两端延伸分叉,形如燕尾,称燕尾脊。一些大厝还在正脊两端竖立"龙吻",以显示身份等级;或者竖立烘炉、狮子、瓦将军等辟邪。福全古厝的屋顶普遍使用红色的筒瓦,檐口有勾头,称叫花头;瓦陇下有滴水,称垂珠。

古厝的外观比较封闭,面向天井的大房、边房多悬挂布帘或竹帘,在这些房间的屋顶上经常设置一尺见方的天窗,天窗位于两椽之间的瓦陇上,其上放置玻璃,下侧有通风口,以防雾气凝结。

(2)番仔楼

番仔楼亦称"楼仔厝"、"小洋楼",是指具有欧洲住宅与热带建筑特色的所谓"殖民地外廊样式"建筑,与传统民居相结合的建筑。该类建筑的门窗、外廊是其装饰的重点。其外廊有"五脚架"、"出龟"、"三塌寿"等多种形式,外廊只是一种"门面"。外廊背后,却隐藏着闽南传统民居"大厝身"的布局,可以看成是传统民居"大厝身"的二楼化过程。即在平面上保持"一厅数房"的基本形制,中为厅堂,左右各有两房,称为"四房看厅",底层作为客厅,寿屏后为楼梯及联系左右后房的通道,祖厅移至二层。

福全番仔楼的山花是较为突出的造型艺术,源于西方建筑以短边为入口的方式而形成的三角形墙头部分。而中国古典建筑只有房屋尽端的山墙,没有入口檐口上的山花。女儿墙在明间正中高起,称"山花"、"山头",由于不必与双坡屋顶对应,山花只是与墙体同厚的一片装饰墙,既是外观的视觉焦点,也是装饰的重点。

作为建筑的门面,番仔楼山头样式繁多,有西方曲线的巴洛克山花,也有传统的书卷式曲线,更多的是中式、西式的巧妙搭配。

中式的装饰有姓氏堂号(写某某衍派)、屋名(某某楼、某某庐)、国旗、徽标、兴建年代、对联、书卷、麒麟、蝙蝠、寿桃、花瓶等;西式的有狮子、鹰、地球、时钟、盾牌、天使等。

(3)石屋

福全地处泉州地区,而泉州的石筑技术有悠久的历史。驰名中外的东西石塔以及石室、石斗牒、石坊。石屋顶与石城墙、石桥等石结构建筑和雕刻技艺,成了泉州石文化的丰碑。因此,完全以花岗岩石为建筑材料的民居构成了泉州沿海民居住宅的独特风貌。

福全石屋也不例外。福全石屋因地制宜,就地取材,大量用于墙基、墙身、柱础、柱子、楼板以及门窗、石栏杆、石级梯,甚至整幢建筑、整条街坊,并且进行精雕细琢,形成了独特的建筑艺术。

福全石结构的民居的格局大都沿用传统的布局形式,从底层至顶层,均以中厅为主轴,两边厢房,厝内大都以走廊作为交通通道和通风所在。厝的后落连接走廊作为后厅,在底层设有正(大)门、后门及左右两个小边门。除此之外,常有"田"字型建筑布局形式,即一入大门就是厅堂(也兼为客厅),厅堂两边前后各两房。有厢房并列后排作为次房或厨房、卫生间、杂货间等,楼上布局与楼下同,多作为起居及卧室之用。有些以底层作为仓库,二层以上作为厨房、厅堂和起居用房。

石结构房子缺点在于石料抗拉强度小,抗震性差,不耐火等。在传统方法砌承重墙时,上下两块石头间用小石块铺垫,再用泥沙"甩"进缝隙内,几十米高的楼墙都用这种做法。

(4)现代式样

现代式样是指建造于当代的、非传统、番仔楼、石屋类建筑,该建筑一般层数在2层及2层以上,多采用现代式样。福全村内现代式样的建筑可根据它与古村落传统风貌的关系,进一步划分为保留现代建筑与冲突现代建筑。冲突建筑是指该建筑风貌与传统建筑风貌冲突明显,其典型特征是:层数在2层以上,体量庞大,色彩艳丽,外墙多采用面砖装饰或采用玻璃幕墙。保留现代建筑是指与传统风貌较为和谐,其典型特征是:层数在2层及2层以下,体量相对较小,色彩为暖灰色或灰色,常采用石材砌筑墙体。

3.3.2 以院落划分

福全现存传统民居除个别为清代中期外,其他多为晚清和民国时期所建,结构方式有木构架、砖(石)

木混合构架、砖石承重等三种。闽南木构架属于南方穿斗式木构架体系,局部也带有抬梁式构架的特点。木构架在晋江称为"栋架"。福全古厝的木构架主要用于下落、顶落的明间、次间、榉头间等,其构成以通梁插入柱中,柱头施斗仔承圆(檩)、通梁上立瓜筒、叠斗等承托圆(檩),其间以束木、束随等联系;在纵向上,左右内柱间以枋、楣等构件联系,保持栋架稳定。下厅的塌寿、顶厅的部口及榉头间,木构架的通梁、瓜筒、斗仔、束木、托木、狮座等都是装饰的重点。

其次,在一些古厝中,厝身木构架仅用在厅堂或步口处,其余部位以砖石墙直接承重,称"搁檩造"。

另外,除木构架外,福全古厝的山墙(大栋壁),经常以砖石承重,甚至室内分隔墙也如此,以节省木料。也有用块石作为承重墙的做法,并形成穿斗式建筑体系。建筑采用地方木、石、砖建造,结构灵活,形式多样,风格纯熟,布局灵活,具有很高的历史文化价值。

传统民居以各种院落式布局为主,开间宽阔,院落方整,两侧有榉头间,有些在外侧还有护厝。

按照院落划分,现有传统民居可分为以下七种类型。

单进三合院:数量较多,如陈志国住宅,陈天邦住宅,陈海廷住宅。

二进四合院:数量最多,青阳陈氏祖厝为二进三间张古厝;陈阳坛住宅(编号C108)为二进三间张古厝。林氏家庙、林氏祖厅等。

三进四合院:数量较少,如鹤峰陈祖居为三进三间张古厝。

二进合院单护厝:数量很少,典型的如尤氏祖厝为二进三间张单护厝古厝、城隍庙北侧的陈祖荣住宅为二进五间张单护厝古厝。

三进合院单护厝:数量很少,典型的如吴氏祖厝为三进五间张榉头间止单护厝古厝、南门陈祖福住宅为三进五间张单护厝古厝、眉山章清溪住宅为三进五间张单护厝古厝。

三进合院双护厝:数量很少,典型如蒋德璟故居。原为三进三开间,双月井,双护厝的单檐硬山式屋顶的古大厝,现大部分已经倒塌,仅剩下合院及其西侧护厝。

特殊形式:如翁氏祖厝,即翁思诚故居,就是典型的三合院前加倒座,形成前合院、后三合院的两落院落的特殊形式,在建筑的西南护厝后段则为二层番仔楼,整栋建筑空间形态特殊;其次,从功能的角度,早期为居住性功能,现在其主体为宗祠祭祀性功能。另外,番仔楼也是一种特殊的院落变异形式,它将传统的院落融入布局之中。(如图5-8所示)

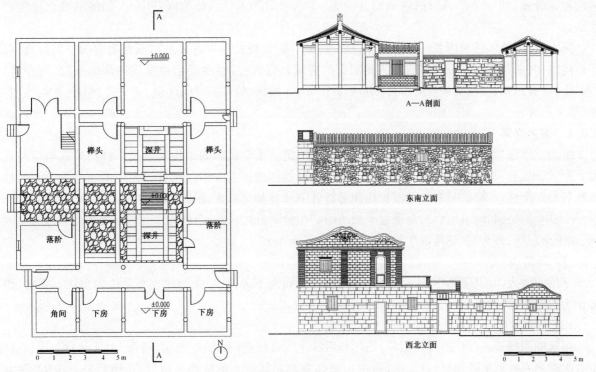

图5-8　翁思诚故居平、立、剖面

3.3.3　按照风貌划分

按照建筑物与福全整个古村落的传统风貌关系,可以划分为一类风貌建筑、二类风貌建筑、三类风貌建筑。

一类风貌建筑:是指与古村落传统风貌相协调的建构筑物,主要为闽南传统古厝、番仔楼等。其较为典型的如陈阳坛住宅(编号C108)、翁思道故居、吴氏祖厝、尤氏祖厝等。

二类风貌建筑:是指与古村落传统风貌无冲突的建构筑物,主要为1~2层的石屋;体量相对较小,层数在2层以下的,色彩不突出的现代式样的农宅。

三类风貌建筑:是指与古村落传统风貌相冲突的建构筑物,主要为2层以上的石屋;体量较大,层数在2层以上的,色彩突出的现代式样的农宅。

4　福全传统古厝空间分析

4.1　福全传统古厝空间构成要素分析

传统民居的特征,主要是指民居在历史实践中反映出本民族、本地区最具有本质的和代表性的东西,特别是要反映出当地居民的生活生产方式、文化习俗、审美观念密切相关的特征。而这一切具体到建筑形态领域则主要反映在:①总体布局和平面组合的特征;②民居的外形特征;③民居的细部特征。

对于传统民居建筑来说,其形态的表现依赖于民居建筑的构成元素。福全古村落内的传统民居建筑构成元素归纳起来包括:镜面墙、宅门、深井、厅堂、榉头间和檐廊等。由这些元素组合形成平面布局,外形特征及其细部等,因此,本章将通过对这些基本元素及其元素的组合来分析福全古村落的传统民居建筑的特色和内涵。

4.2　福全古厝空间构成类型

福全古村落在平面空间布局上形成较为固定的模式,包括用于会客、聚会、议事的堂屋,隐蔽而适合日常的起居卧室,用于生产、储存、晾晒的处所等,在以家庭为单位居住的深井中,人们能够独立地生产和生活。

其次,根据单体建筑内各部分空间围合程度的不同,传统民居可看成是由三种类型的空间复合而成,即室内空间(如各类居室及护厝房等四面围合的房间)、露天空间(主要包括建筑内部的庭院、天井等)和"灰"空间(有屋顶,但没有或只有部分围护墙的部分,如檐廊、敞厅、下厅、厅口、角头口、塌寿、护厝头、护厝尾、亭子头等)。

4.2.1　室内空间

室内空间以"间"为基本单位,它由结构框架所限定。福全民居的结构体系是一种抬梁式与穿斗式的混合形式,限定一个房间的柱子一般多于四根。大厝每间面阔为3~5米,进深为7米。由于"间"的初始概念只是一个结构单元,只有加上围护构件进行分隔和叠加之后才能成为室内空间。一个规整的间可以是一个独立的空间和功能单位,而通过不同的围护和分隔方式,同一个结构单元可以变异出诸多的空间单元,如下落门厅、榉头间、顶落顶厅等等。(如图5-9所示)

(1)下落

下落明间为门厅(下落厅、下厅、下照厅),两边次间为下房,五间张的住宅有两边的角间。下房、角间多作为次要用房使用。

(2)顶落顶厅

顶落的明间是正厅(顶厅)及后轩,正厅与后轩之间设板壁(称寿屏、界屏、晋屏、太师壁),正厅、后轩的左右次间各有前后房四间(俗称大房、后房),是住室和起居间。后房在下房后方,由后轩门进入,深度较

浅,采光较差,只作为次要用房使用。五间张的住宅尽间为"边房",亦称"五间",位于大房的外侧。❶

(a) 基本单元结构

(b) 四面围合形成完整的
　　房间;

(c) 缩进一柱距形成前面
　　带凹廊的厅堂;

(d) 前后设门成为过厅的
　　形式;

(e) 中柱处设隔断,前为敞
　　厅,后为隔断;

(f) 后金柱处设隔断,形成
　　大小不同的使用空间。

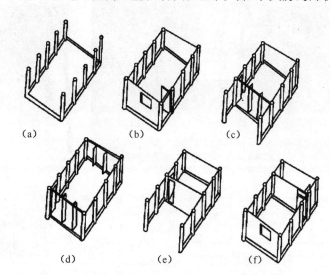

图 5-9　间的变迁❷

　　顶落顶厅,即公共空间——堂,是家庭的核心空间,是家族议事会客、婚嫁丧葬、祭祀祖先等仪式举行的场所,也是特定时空条件下权力关系、经济关系、宗教关系、亲族关系及其他社交关系展示的空间场所。

　　福全古村落传统民居内的"堂"深受中原传统礼教思想的影响。其空间特点主要表现在:①核心的位置与灵活的功能。顶厅在平面布局中占有相当重要的位置,位于主轴线上,是整个古厝中规模最为宏大、空间最为高敞、装饰最为华丽的空间。从下落塌寿大门进入,透过深井即可见到顶厅,这足以显示顶厅在功能上的公共性和重要性。室内除陈设少数桌椅家具以外,通常留有较大的活动空间。②开放的格局。一方面,福全地处闽南地区,该地区气候湿热的特征及其功能的公共性,决定了顶厅空间的开放性。另一方面,顶厅与深井相接不设墙,多是整排可开启或拆卸的门扇,这种方式较普遍,具有较大的灵活性,既可封闭又可开敞,顶厅成为室内外交融的半开敞空间;有的则是与深井直接相通的,不设墙面和门窗,有较好的通透性,室内敞亮,也有利于通风,而且进出方便。③家族文化的显现场所。顶厅是集中体现传统文化和主人文化素养、显示主人社会地位、经济财力与文化教养等的场所,并融合了整个地域的风俗、习惯、文化、信仰、荣誉、财富等信息,因此,是整个古厝装饰的重点。如太福街西的吴氏祖厝,为五间张榉头间止三落单护厝传统古厝,其顶厅采用抬梁式构架,厅堂前设檐柱,后设后轩,厅堂开间达 4.9 米,到正脊底边高度达 4.7 米,为整个传统开间最大、最高的房室。厅堂内家具陈设虽已破旧,但依旧可以看出其奢华、绚丽的装饰,厅堂内曾悬挂匾额两块,其中一块为"经元"❸。厅堂前为天井,天井尺度相对开阔,且厅堂与天井间设橖门,可以自由拆卸,使厅堂与天井连成一体,以此满足家族举行大型活动的需要。(如图 5-10 所示)

　　(3)卧室

　　围绕主厅堂分布卧室,卧室与厅堂之间存在等级关系,要严格按照家族的辈分、尊卑分配使用房屋。主厅东侧为上大房,由大儿子居住;主厅西侧为上二房,住二儿子;上大房东侧是左边房,住五儿子;上房西侧是右边房,住六儿子;东榉头间住祖父母,西榉头间住父母,在下落门厅左右边均为下房,左边依次住三儿子与七儿子,右边依次住四儿子与八儿子。女儿与佣人分别住后面及其两侧院落。❹(如图 5-11 所示)

❶　引自:曹春平.闽南传统建筑[M].厦门:厦门大学出版社,2006:4。

❷　图片来源:朱择.泉州传统民居基本类型的空间分析及其类设计研究[D].泉州:华侨大学学位论文,2000:22。

❸　另一块已不可考。在唐制中,举进士者均由地方解送入京,故后世称乡试第一名为解元,亦称"解首",第二名至第五名称经元。

❹　引自:戴志坚.福建民居[M].北京:中国建筑工业出版社,2009:61。

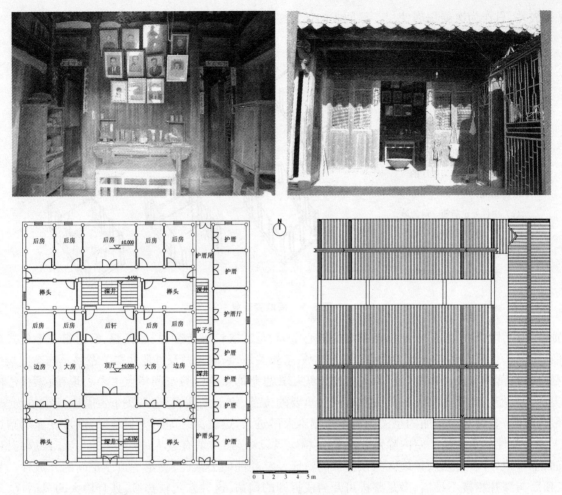

图 5-10　吴氏祖厝厅堂

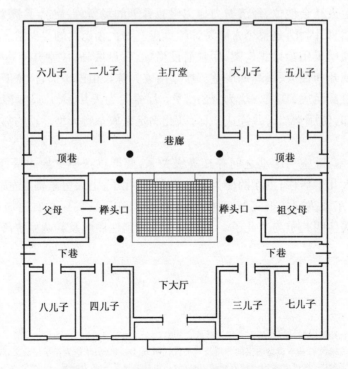

图 5-11　闽南民居住房分配等级关系示意图

结合吴氏祖厝,从其建筑形态中可以解读出该家族曾经的辉煌、人丁的兴旺与文化修养等等建筑文化内涵❶。其次,与具有公共性与礼仪性的半开敞空间正厅相比,卧室功能单一,私密性与防卫性强,空间呈现封闭形态,即功能单一,围绕正厅分布,在平面布局上处于从属的地位,多面朝天井开窗开门,采光通风要求从属于私密性与防卫性,因此,呈现内向的特征。

（4）护厝

五开间是传统民居开间等级的极限,如果大厝在横向需要继续扩展,其方法是在主厝的一侧或两侧增加带天井的"护厝",形成"单护厝式"或"双护厝式"大厝。"护厝"不仅是大厝,而且是闽南地区其他各种大厝的主要特色之一。在传统大厝的整体布局中,主厝居中,两侧护厝护之,充分反映主厝与护厝之间的主从关系。在大多数情况下,传统大厝主厝两侧的护厝是对称的,如蒋德璟故居,围绕中央大厝形成南北两护厝,且护厝规模宏大,双月井,但现存北护厝已经倒塌,仅存南护厝。因此,在福全古村落内现存多为单护厝式,典型如太福街吴氏祖厝、庙兜街尤氏祖厝、南门的陈祖福住宅等,其中吴氏祖厝的护厝平面为二开间,外侧一个开间共安排七个房间,称"护厝间"。内侧一开间为护厝天井,以解决护厝间的采光通风(图5-12所示),设景通廊以解决护厝间的交通组织。护厝天井被三道横向的通廊划分为前后两个小天井,这三个通廊称之为"过水间"。位于护厝主入口的过水间又称"护厝头",实际上是护厝的门厅;位于护厝后门处的过水间又称"护厝尾";居于两个护厝天井中间的过水间又称"亭子头",在亭子头的南侧设一堵墙将两个护厝天井分开,使之内外有别。同时,七个护厝间也因这堵墙而被划分为内侧四间、外侧三间的两个单元。

图5-12　吴氏祖厝护厝

4.2.2　露天空间

纵观福全古村落内的传统古厝,其露天空间主要有四种:①前埕或石埕,②深井,③护厝天井,④后轩与第三落间的小天井。而人们对露天空间形式的选择有着强烈的"内向性"和"崇尚自然"的心理感知。

（1）前埕

前埕位于下落前,为石坪,一些有矮墙❷围合。埕,是"庭"的同音借字,是指大门外之平地❸。如南门

---

❶ 据《吴氏家谱》记载:明嘉靖年间,吴氏七世祖敦吾公,生子五人,支分五房,人丁兴旺。

❷ 矮墙称"墙街"(墙鸡)、"埕围"。

❸ 引自:赖世贤,刘毅军.深井与厝埕——闽南官式大厝外部空间简析[J].华中建筑,2008(12):215.

陈祖义住宅、陈明安住宅、北门蒋德胜住宅、蒋仁协住宅等都带有较为完整的前埕,其中,南门陈明安住宅下落前为矮墙围合的前埕,前埕铺地完整,为条石铺设,两侧为进入石埕的入口,即"墙街门",空间领域相对封闭感强烈,边界清晰,具有一定的私密性,并且石埕与主体建筑联系强烈,石埕成为了进入主体建筑的过渡空间。另外一些为没有围墙围合的开敞式,空间开敞,如南门陈祖福住宅、陈水勇住宅、北门蒋福伟住宅等,其中蒋福伟住宅前为开敞式的石埕,其空间界定通过与周边道路不同的石埕条石铺设、照壁加以区分,公共性较陈氏石埕强,与主体建筑的联系相对较弱。(如图5-13所示)

南门陈明安住宅石埕空间　　　　　　　　　　　南门陈祖福住宅石埕空间

图5-13　围合型与开放性石埕空间

(2)深井

深井是由下落、顶落与榉头围合的天井。在整个村落内所有的传统古厝都有深井,其深井的面宽与进深之比为0.8~2.5之间,深井平面多为横向矩形(如表5-2所示),同时,借助在街巷分析中运用到的芦原义信空间与心理的关系❶,可以得出,福全古村落内的传统古厝其深井空间多较为狭小,多呈现矩形的形态,空间内聚,有压抑感。另外,结合福全所在地域的自然气候情况,则这种以横向展开为主导的深井空间,可以使室内减少日晒,保持阴凉。

表5-2　福全古村落深井空间分析　　　　　　　　　　　　　　单位:米

名称编号	名称	深井		与古厝的关系		深井空间分析
		面宽(W)×进深(D)	W/D	下落檐口高(H)	D/H	
B-27	林氏祖厅	4.56×3.85	1.18	2.78	1.35	平面为横向矩形,空间内聚、有压抑感
B-28	林氏家庙	10.2×4.16	2.45	3.68	1.13	平面为横向矩形,面宽是进深的近2倍,空间内聚,院落感弱化
B-53	鹤峰陈氏祖居	3.62×4.19	0.86	3.13	1.34	平面为纵向矩形,近似正方形,空间内聚、有压抑感
B-181	陈天杰住宅	6.98×5	1.4	3	1.67	平面为横向矩形,空间内聚、有压抑感
C-37	吴氏祖厝	6×3.8	1.58	2.6	1.46	平面为横向矩形,面宽是进深的近2倍,空间内聚,院落感弱化
C-42	青阳陈氏祖厝	3.55×3.7	0.96	2.6	1.42	平面为纵向矩形,近似正方形,空间内聚、有压抑感

❶　街道的宽度设为D,建筑外墙的高度高为H(high)。(1)D∶H小于1时,视线被高度收束,有内聚和压抑感;(2)D∶H约为1时,人有一种既内聚、安定又不至于压抑的感觉;(3)D∶H约为2时,仍能产生一种内聚、向心的空间,而不致产生排斥、离散的感觉;(4)D∶H约为3时,就会产生两实体排斥,空间离散的感觉。

名称编号	名称	深井		W／D	与古厝的关系	D／H	深井空间分析
		面宽(W)×进深(D)			下落檐口高(H)		
C-43	陈芬住宅	9.3×4.1		2.27	3.43	1.2	平面为横向矩形,面宽是进深的 2 倍多,空间内聚,院落感弱化
C-108	陈阳坛住宅	4.33×3.7		1.17	2.84	1.3	平面为横向矩形,空间内聚、有压抑感
C-188	陈明安住宅	4.52×3.8		1.19	3	1.27	平面为横向矩形,空间内聚、有压抑感

（3）护厝天井

护厝与正厅(或者正身)之间的天井,左边的叫"龙井"、"日井",右边的叫"虎井"、"月井",即所谓的"左龙右虎"❶。廊道及其所联系的过水间围绕着护厝天井便形成另一个充满生机的场所。护厝天井平面为纵长方形,两边是高耸的山墙和护厝的廊道,中部常被开敞的或半开敞的过水间分隔,空间既保持连通,又富有层次;同时,这种南北窄长、犹如弄堂的空间,在四周建筑的围合下,大部分时间都处于阴影之中,大大减少了夏日的辐射热并加速了空气的对流,使居室既通风又凉快。在福全古村落内此类较为典型的古厝有:庙兜街尤氏祖厝、蒋德璟故居、太福街西侧吴氏祖厝等。其中吴氏祖厝的护厝为虎井,由中间的过水厅划分为前后两个小天井,每个天井的面宽为 1.12 米,进深为 3.6 米,两侧建筑檐口与山墙高度分别为2.57米,5.7 米,空间狭窄,压抑感强烈。(如图 5-12 所示)

（4）后落深井

后落深井即指在后轩与后落间形成的小天井,在整个福全古村落内这类较为稀少,较为典型的是吴氏祖厝与太福街陈氏祖厝的后轩与第三落间的小天井,其中吴氏祖厝其面宽 5.12 米,进深 2.775 米,由后轩、榉头间、后房围合而成,深井与后轩檐口高之比为 0.94,接近 1,因此深井空间内聚,安定而不压抑。陈氏祖厝其面宽 5.32 米,进深 3.08 米,深井与后轩檐口高之比为 0.88,深井空间内聚,压抑。

4.2.3　"灰"空间

"灰"空间的主要形式是入口塌寿、廊道和敞厅。首先,在入口处往往多形成第一个"灰空间"。在前厅(下落)明间设正大门,大门多为门斗,即入口处凹一至三个步架的空间,形成入口处的第一个相对阔敞的厅室,对于这个内凹的空间,闽南称为"塌寿"、"凹寿"、"塔秀"等,塌寿起着门斗和雨篷的作用。

（1）塌寿

塌寿一般有两种形式,即内凹一次的叫"孤塌",另一种是在孤塌的基础上,大门处再向内凹一次,形成一个"凸"字形状的空间,称为"双塌",双塌正中为大门,两侧或设边门(又称左右扣门、角门、侧门)。在福全古村落内,这两种形式都存在,其中,孤塌较为典型的如:陈天杰住宅、青阳陈氏祖厝、尤氏祖厝等;双塌较为典型的如:鹤峰陈氏祖居、陈明安住宅、张氏祖厝等。塌寿的内凹形式,形成了建筑入口处由外入民居内的过渡空间,即灰空间,这一空间,在阳光照射的映衬下,在传统古厝的暖灰色的裙堵、红墙、白色的水车堵等组成的镜面墙下营造了富有情趣的、深色的过渡空间,丰富了建筑造型与色彩,形成了具有虚实的对比。(如图 5-14、表 5-3 所示)

表 5-3　福全古村落传统古厝塌寿"灰"空间分析

编号	名称	空间类型	空间形态	空间感受
B-27	林氏祖厅	双塌	"凸"字形空间	空间相对宽阔,尺度宜人,构建雕刻精致细腻,人文气息厚重
B-53	鹤峰陈氏祖居	双塌	"凸"字形空间	空间变化丰富,高大,而有一定的压迫感
B-181	陈天杰住宅	孤塌	"凹"字形空间	空间相对宽阔,尺度宜人,朴素,简洁
C-42	青阳陈氏祖厝	孤塌	"凹"字形空间	空间相对宽阔,尺度宜人,朴素,简洁
C-111	尤氏祖厝	孤塌	"凹"字形空间	空间相对宽阔,尺度宜人,雕刻精致细腻
C-188	陈明安住宅	双塌	"凸"字形空间	空间变化丰富,尺度宜人,构建雕刻精致细腻,人文气息厚重

❶ 引自:曹春平.闽南传统建筑[M].厦门:厦门大学出版社,2006:7。

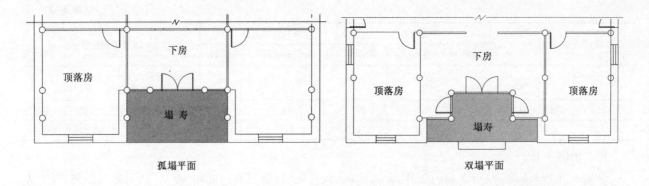

孤塌平面   双塌平面

青阳陈氏祖厝孤塌   鹤峰陈氏祖厝双塌

图 5-14   福全古村落内的塌寿空间

（2）檐廊

檐廊是把房间的外檐向建筑内退而形成的一种走廊,是连接民居建筑各部分的交通要道,在传统古厝民居中,各种形式的廊道在住宅内四通八达,是将整座宅院联系为一个整体的主要手段,它们既是联系各部分的通道,又控制和导引着住宅内的气流循环。

其次,檐廊空间本身为亦内亦外的中介空间,由多个空间层次组成。我国传统建筑的空间观念讲求室内、室外关系上的连续与渐变,并产生和谐的过渡而达到完整的统一。"檐廊使屋身立面由多个层面来组成,由此带来一种'流通的空间'的感觉,使室内室外之间产生了柔顺的过渡。"❶檐廊空间是多层次的复合空间,可分为两个层次。除台基面和顶面,主要由侧界面来划定层次:交接面,由步柱、寮圆、步通出榫等结构构架形成的框架,使两层廊空间之间流通顺畅。空间由室内,通过两个层次的檐廊空间,使其室外属性逐步加强,最终过渡为室外空间。这种"以无作有"、"以虚当实"的介入,使建筑内外达成深邃而连续的综合效果。

廊道一般分为内回廊、单面廊、凹廊和过水间等几种。内回廊设于天井四周,为周边房屋提供水平联系,结构上与房屋一体;单面廊主要用于联系护厝各房间;凹廊一般设于入口处,即主入口常采用的双塌寿和护厝入口的单塌寿,这是大厝中普遍采用的门廊形式;过水间较窄时是过道,较宽时又形似敞厅。实际上,在住宅中这些廊道与敞厅及庭院、天井是互相贯通的,形成一种内外空间互相渗透、互相补充的整体环境。

福全古村落内的传统古厝的廊道普遍较宽,多为1米左右,有些在2米以上,廊道的存在不仅起到交通作用,还可容许多种活动的发生,是介于室内和室外的一种半开闭式的空间形式,联系各个房间,它既属于厅堂的一部分,同时又是庭院空间的延伸。檐廊体现了庭院与室内空间的渐变特征,并强化了室内外空间的融合。因此,廊道既是室内外的一个过渡空间,也是整个传统古厝中为视觉流动创造条件的重要场所。

再次,福全古村落内的传统古厝檐廊中依附于圆通、步通出榫、龙扇等木雕艺术装饰题材丰富,精雕细刻,绚丽豪华,并与整体建筑装饰融为一体,相互辉映,极富艺术感染力。(如表 5-4 所示)

表 5-4　福全古村落传统古厝廊道宽与长分析　　　　　　　　　　　单位:米

编号	名称	下落巷道	顶落巷道	三落巷道	护厝巷道	榉头间巷道
B-27	林氏祖厅	1.07×10.34	1.97×10.34	—	—	—
B-28	林氏家庙	0.97×10.02	2.68×10.02	—	—	—
B-29	全祠遗址	—	2×8.9	—	—	—
B-53	鹤峰陈氏祖居	0.98×10.05	2.17×10.05	—	—	—
B-181	陈天杰住宅	0.998×15.7	2.0×15.7	—	—	—
C-37	吴氏祖厝		1.26×20.78	1.14×20.78	0.43×7.8	—
C-42	青阳陈氏祖厝	1×10.03	0.9×6.26/1.96×3.77	—	—	—
C-43	陈芬住宅	1.37×9.3	1×9.3	—	—	—
C-108	陈阳坛住宅	0.72×9.63	1×12.33	—	—	—
C-188	陈明安住宅	1.49×17.42	2.15×17.42	—	—	2.62×3.5

表中均为:宽×长

(3) 敞厅

敞厅数量众多、形式多样是传统古厝民居的一个重要特点。首先是下厅(下落厅、下照厅),下厅位于塌寿进入大门之后,面朝深井开敞,下厅平面随着塌寿呈现内凹或长方形,进深多在 2～3 米内,而下落捧前檐到下厅地面的高度多在 2.7～3.4 米内,由此,人们进大门就可以看到顶落建筑从深井地面到燕尾脊的全貌(如图 5-15 所示),下厅内一般装饰简单,仅在方筒、顶堵处做些雕刻,整个下厅空间相对开敞、通透,内容装饰简单,以此衬托顶落空间。

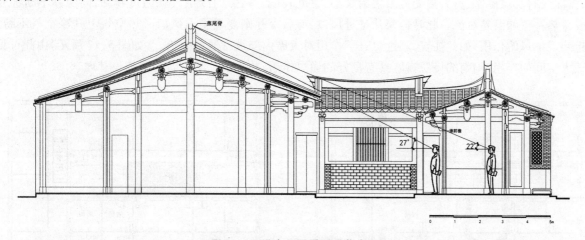

图 5-15　进大门可看到顶落全貌

顶厅前部一般不设檐墙,基于前文论述,顶厅与前廊、深井往往共同组成一个内外空间互相渗透、互相衬托的有机整体。而后落一般不是敞厅,但在吴氏祖厝,除了顶厅外,后落深井和护厝尾也可视为开敞的小厅,这些小厅与周边的廊相联系,由此形成不同类型与大小的厅空间。

由于本地区夏季日照强烈,且冬无严寒,人们需要长时间的户外活动。塌寿、檐廊、敞厅,既能遮阳避雨,又具有良好的通风条件,从而成为日常起居和活动的主要场所。它们贯穿全宅的前后左右,并联系所有的房间,其面积约占总面积的三分之一,有些甚至更大一些。

纵观福全古村落内现存的古厝,都包含了室内空间、露天空间与灰空间三种空间类型(如图 5-16 所示),并且以一定的秩序加以组织,在建筑内创造出丰富多样的空间层次,同时,也形成了良好的通风布局。在整个布局中,深井和巷廊在通风系统中起很大作用,有时是风压起作用,有时是热压起作用。以太福街吴氏祖厝为例:

① 当室外有风时,吴氏祖厝的通风体现为风压起作用。根据不同深井尺度和风向的差异,深井既是进风口,也是出风口,它起着组织和枢纽的作用。当风从前深井口及东南向的门洞口吹入,厅宽敞阴凉的巷廊将风进行一定的冷却,形成凉爽的"穿堂风"经过侧门或厅后通透的格栅,从侧深井或后深井吹出,形成对流,此时前深井是进风口,后深井和侧深井是出风口;当风从后深井口及西北向门洞吹进时,后深井是进风口,前深井是出风口;当风向为偏东、偏西或为正东、正西时,由于主厅堂空间高大,山墙也较高,护厝又较低矮,且护厝深井狭窄,风从侧深井吹来,遇到山墙与狭窄的护厝深井,拐弯回来进入巷廊,吹向厅堂,又形成另一种方式的对流。

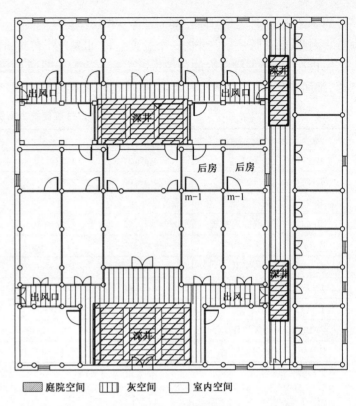

图 5-16 吴氏祖厝空间类型分析

② 当室外微风或无风时,吴氏祖厝的通风主要体现为热压起作用。闽南的夏天天气多异常炎热,当风力极为轻微,甚至静止时,深井与巷廊的引风、出风职能刚好相反。由于深井空间大,在夏季猛烈的阳光照射下,温度较高。深井内部的空气在太阳辐射情况下加热变轻,由深井上口逸出。而护厝的巷道空间窄小,侧面又有高墙屋檐遮挡,接受太阳辐射量小、温度较低。两侧的冷空气就通过巷廊,向深井不断补充,形成冷热空气的温差对流。此时侧深井是进风口,前后深井则变成了出风口。热空气上升冷空气不断进入起到了抽风的作用,如此往复,通过"热压"作用对大厝内部进行通风散热。(如图5-17所示)由此可见,在三大空间的作用,闽南的传统古厝具有良好的通风作用,并且展示了古厝的节能设计理念。

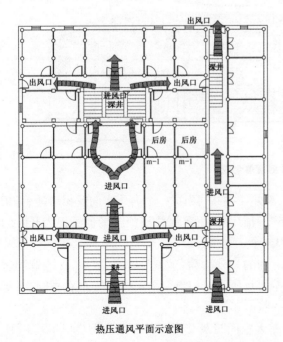

热压通风平面示意图

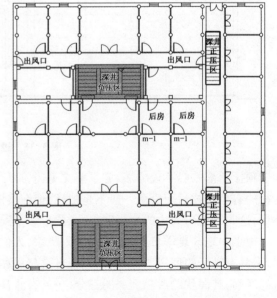

风压通风平面示意图

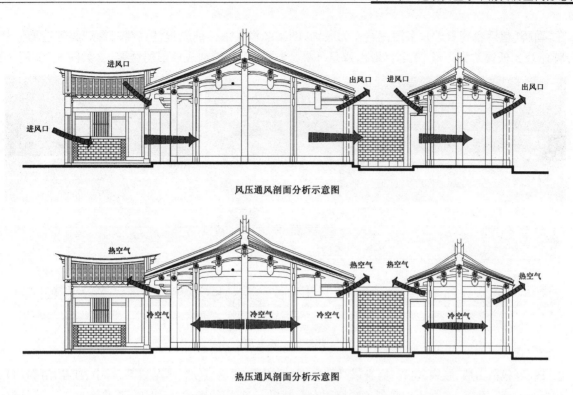

风压通风剖面分析示意图

热压通风剖面分析示意图

图 5-17　吴氏祖厝通风状况分析图

4.3　外观造型分析

4.3.1　外观造型

（1）红砖封壁外墙

众所周知，闽南民居中，泉州人喜欢用红砖❶，福全古村落内的传统古厝中也不例外，都以红砖石作外围护结构，民居墙身正面为"镜面墙"，以红砖砌筑；下落明间的塌寿正面为"牌楼墙"，以白石砌筑（如图5-18所示）。

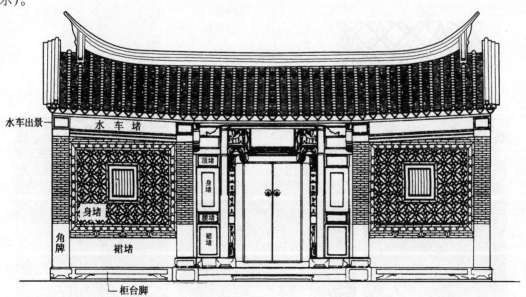

图 5-18　闽南传统古厝正立面——镜面墙

---

❶　引自：陆元鼎.中国民居建筑（中）[M].广州：华南理工大学出版社，2003：486。

① 勒脚(包括角碑石础),多用白石作为装饰,图案图像大部分是虎脚、柜台脚、香炉脚等造型。其中,柜台脚外观如低矮的柜台形,正面浮雕出双足外撇成八字形,并雕刻成兽形的矮案。(如图 5-19 所示)

图 5-19　柜台脚

② 墙身(包括山墙、腰线、窗)。墙身最具特色,包括裙堵、腰堵、身堵、水车堵等,其中,在裙堵(粉堵)用灰白色花岗岩石竖立砌筑,表面不作雕刻。腰堵用白石制成,一般用线雕的手法阴刻花草图案。身堵是整个镜面墙最大面积的部分,也是核心的墙面,所以也称"大方堵、心堵",身堵四周用红砖砌筑数道凹凸的线脚,形成堵框,称"香线框",镶边线框较墙面凸出或凹进,使墙面更为突出,墙面用花砖砌筑形成万字堵、古钱花堵、工字堵、人字堵、龟背堵等"拼花"呈现卍字(万字符)不断、双钱纹、盘长纹、柿蒂纹、龟背纹等。(如图 5-20 所示)

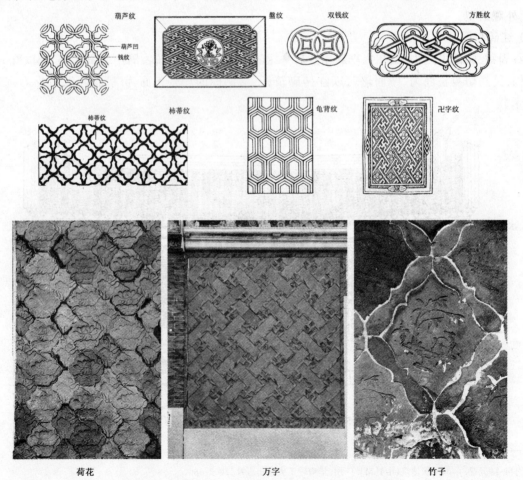

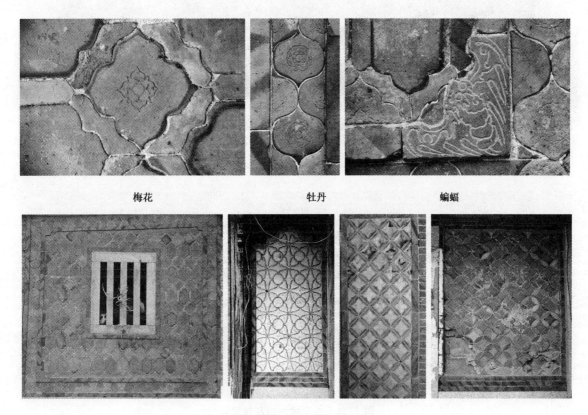

| 梅花 | 牡丹 | 蝙蝠 |

图 5-20　墙体拼花装饰

　　水车堵位于墙身最上方、屋檐之下的起出檐作用的一条狭长的装饰带,称为"水车堵"或"水车垛"。水车堵以砖叠涩出挑,正面做出线脚边框,边框内常用泥塑、剪粘构成装饰带,作为红瓦屋顶与红色砖墙之间的过渡。其次,福全古村落内古厝的水车堵多延续至角牌为止,用"景"作为结束,形成"水车出景"。水车堵内常常采用高浮雕的形式表现山水、人物、花鸟等各种题材的灰塑以增加装饰感。福全古村落内的水车堵内的灰塑又称灰批,是闽南传统建筑上特有的一种装饰手法,是以灰泥为主要材料,在制作过程中,趁湿制作,较砖雕、石雕,其可塑性更大,灰泥干硬后色泽洁白、质地细腻。(如图5-21所示)

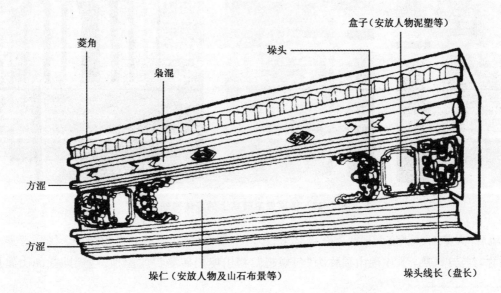

图 5-21　水车堵内的灰塑装饰

　　另外,镜面壁的每间分隔处,砌出竖向的墙垛,但不凸出墙体,在南门陈明安住宅的镜面壁竖向墙垛上还用红色花砖组砌成篆体对联:"择里为美、德必有邻",西门蒋德胜住宅的对联为"竹报平安、花开富贵"(如图5-22所示),所以该墙称为"錾砖堵"。转角处即为"角牌",角牌主要以保护、美化墙体作用。福全古村落内的古厝外墙,角牌处多用烟炙砖全顺而砌,封砖壁用一顺丁或二三顺丁的砌筑方法,而且密缝,形成墙面独特的装饰效果。

图 5-22　镜面壁錾砖堵上的篆体对联

　　③ 山墙称"大壁、大栋壁、大规壁",在结构上,多以木结构承重,大壁只作为围护。民居普遍采用红砖砌筑大壁,称"封砖壁"❶。其中硬山顶称为"包规起",将山墙用砖墙封住屋顶,包规即指硬山屋顶的垂脊

──────────
　　❶ 引自:曹春平.闽南传统建筑[M].厦门:厦门大学出版社,2006:96。

正好处在山墙之上,由山墙外皮砌出的几道砖皮将垂脊包住。在三间张、五间张的两落大厝,山墙形式常为:牵手规,铡规。牵手规是指顶落屋顶的规带(垂脊)、榉头规(单坡即"孤倒水"时,榉头的正脊)或外檐口(双坡即"双倒水"时)、下落规带,这三者连成一条弧线。如南门陈明安住宅、南门陈天杰住宅、陈任钳住宅等。铡规则因其形似铡刀而得名,即榉头外檐口平直的做法,顶落、下落的檐口均高于榉头的外檐口。如吴氏祖厝、黄超群住宅、蒋仁优住宅等。(如图5-23所示)

南门陈天杰住宅大壁牵手规

牵手规　　　　　　　　铡规

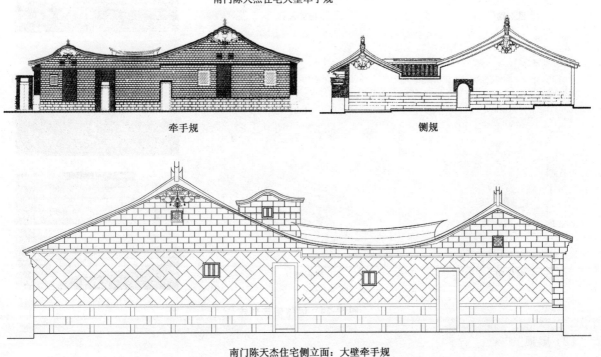

南门陈天杰住宅侧立面:大壁牵手规

图 5-23　古厝山墙规带形式

其次,山墙采用"出砖入石"的形式,典型的如翁氏祖厝、吴氏祖厝、张文荣住宅(编号 B-24)、蒋德璟故居等。出砖入石是福全民居墙体砌筑中最具有特色的一种,是利用碎砖与石头混砌的墙体。据史料记载,泉州在明万历年间(1604)发生过一次8.1级大地震,泉州地区民居倒塌无数,人们利用地震后的残砖碎石进行有规则的砖石混砌,石为竖砌,砖为横叠,砌到一定高度后,砖石相互对调,使受力平衡均匀。墙厚30

厘米,前后砖石对搭,用壳灰土浆黏合,使整个墙壁浑然一体,红白对比和谐,简陋而精致❶。"出砖入石"的大量运用,有着深厚的地域文化内涵,既赋予外墙吉祥喜气的民俗内涵,红砖寓意为"金",方石(呈灰白色)寓意为"银",由此展示出闽南人祈求富贵、炫耀门第的心理,也寄托了人们对美好生活的向往。

再次,除了出砖入石的形式及其砌筑方法外,山墙还采用其他石块砌筑,具体做法有:平砌、四棋缭、礤石人字砌、乱石砌筑等形式,如尤氏祖厝、黄超群住宅(编号 B-09)为乱石砌筑形式,即以不规则石块自由砌成,石缝杂乱无章法,但要求石块之间的接缝不能成十字形。而南门陈明安住宅、陈天杰住宅的山墙为人字与四棋缭的砌筑形式,人字砌为方形石块以 45 度角斜砌如人字状。四棋缭也称四指缭,即以不规则的长条石水平叠砌,用顺丁砌法,石缝大小不一,远望犹如手指平列。(如图 5-24 所示)

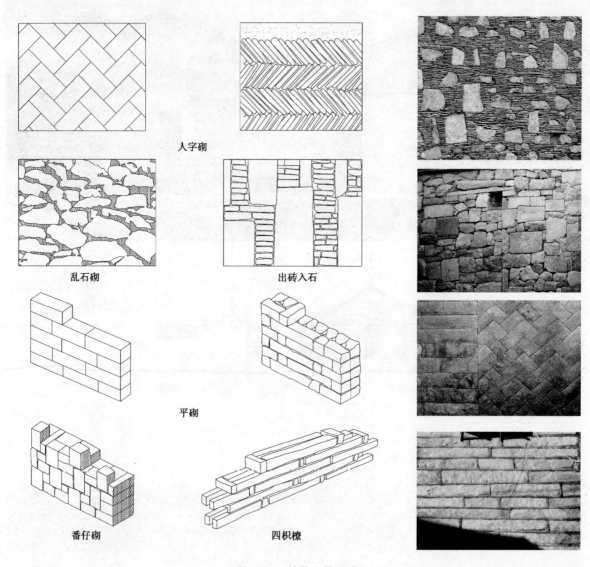

人字砌

乱石砌　　　出砖入石

平砌

番仔砌　　　四棋橑

图 5-24　墙体砌筑形式

(2)屋顶

闽南地区传统民居的屋顶以硬山为多,榉头间多做成平屋顶,主要是为了防风。坡屋顶的屋脊是整栋屋面的重点,它主要有防风、防漏、坚固与承担整个屋盖的作用。屋脊为正脊、垂脊和翼脊等,一般脊的装饰有灰塑嵌花式屋脊。以中厅的正脊为例,它在最上端最显眼的位置,常常有华丽的装饰,塑有生动的人物、动物、花卉、鱼鸟等贴彩瓷图案,另外,还采用漏空花屋脊的形式,即脊的中间砌筑雕孔花砖,这种脊既

❶　引自:陆元鼎.中国民居建筑(中)[M].广州:华南理工大学出版社,2003:487。

可以减少风的阻力,又能减轻屋盖的重量。有些则采用剪粘的技法加以装饰,剪粘的主要技法为"剪"与"粘"。当地称为"堆剪"、"剪花"、"剪瓷花"等。剪粘多安置于屋顶与墙壁。其中屋顶是指正脊、脊堵、脊头、规带、串角、排仔头、升颈脚等处。内容多为龙、花鸟、牡丹、八仙、鳌鱼等。(如图5-25所示)

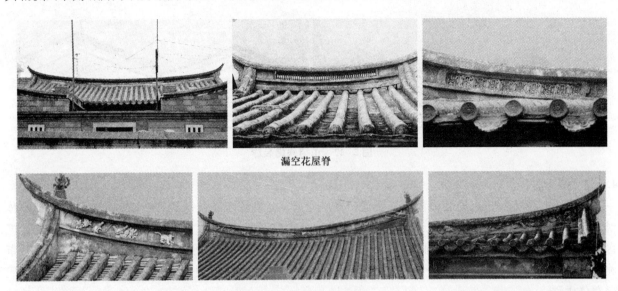

漏空花屋脊

图5-25　传统古厝屋顶

考察福全古村落内的传统古厝民居,其屋顶也多为硬山屋顶,同时以此为基础,结合地域文化形成了三川殿式样,即硬山屋顶的正脊,分成三段,中间一段抬高,并于两侧加垂脊的做法,其屋脊称为"三川脊"。其中,明间部分的脊称中港脊,左右次间稍低的称为小港脊,屋顶则称为"三川殿"❶。

下落、顶落三川殿的屋顶形式,加上榉头间单坡或者双坡或平顶等形成了层层叠叠、高低错落的屋顶轮廓,正脊由舒展、平缓的曲线向两端吻头起翘成燕尾,其间过渡自然流畅,屋面双向曲面,檐口曲线从房屋中点开始向外向上起翘,曲率平缓柔和而富有韵律。整个屋面中脊、规带穿插其中,形成极具地域特色的建筑屋顶造型。

其次,整个古村落内的传统古厝都是采用红瓦。红瓦包括筒瓦和板瓦,筒瓦等级较高,板瓦扁平,弧线平缓。福全古村落内多采用筒瓦与板瓦相结合的方式,如北门蒋福衍住宅、南门陈明安住宅、尤氏祖厝等均采用这种方式。并且,整个村落内的红瓦均不施釉,且只有筒瓦、板瓦、勾头与滴水四个构件。滴水即雨帘、垂珠,勾头即花头,花头正面做出圆形,但其下也如滴水一样伸出圆舌形。(如图5-26所示)

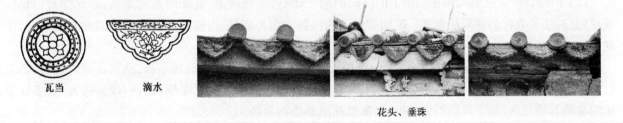

瓦当　　滴水　　　　　　　　　　　　　花头、垂珠

图5-26　滴水

再次,传统民居屋顶中较普遍地运用了燕尾脊。而燕尾脊的使用不是随意的,最先仅限于庙宇,民居中也只有做官或中科举的人家才可使用,燕尾代表了神圣不可侵犯的意义,起了彰显社会地位的作用。另外,当地居民把阴阳五行说运用于山墙的五种形式分别代表了金、木、水、火、土,燕尾归于火行。

山尖规尾常用灰塑加以装饰,灰塑也称灰批,是闽南传统民居上特有的一种装饰手法,灰塑以传统建

❶　引自:曹春平.闽南传统建筑[M].厦门:厦门大学出版社,2006:189。

筑中的灰泥为主要材料,是趁湿将灰泥捏塑成形,干后硬化而形成。灰塑色泽洁白,质地细腻,在制作中可以添加矿物有色粉,形成不同的色彩,也可以在半干时施彩绘❶。山墙规尾处则常用悬鱼、惹草、窗眉、花篮甚至书、琴、笔、剑等加以装饰。(如图 5-27 所示)

图 5-27　山墙规尾装饰

4.3.2　装饰

福全古村落传统古厝的装饰艺术主要通过雕刻艺术、山墙装饰以及灰塑、陶作与剪粘工艺等加以体现。其中,雕刻艺术主要集中在石雕与木雕。福全地处福建南部,花岗岩资源丰富,因此,古村落内的建筑普遍采用白色花岗岩,并且其石雕多用于门、外墙体、柱础、排水口、井圈等部位,这些雕刻艺术,融实用、审美于一体,提高民居的采光、通风效果,增添了建筑的形体变化,丰富立面的阴影效果,使建筑在造型上显得立体生动。

石雕从雕刻技法可以分为:①线雕,即线刻,将石料打平,磨光后,依照图案刻上线条,以线条的深浅来表现各种文字、图案并将图案以外的底子很浅得打凹一层的石雕工艺。线雕多用于窗框、腰线石等部位。②沉雕,即浅浮雕。雕刻图案的表面也可以磨平,底子上则凿出点子,以此形成外观层次分明的效果。多用于腰堵等处。③剔地雕,即半立体的高浮雕主要用于门额、窗棂、水车堵等。④透雕,即将石材镂空的技法,多用于祖厝的龙柱、螭虎窗等。

其代表性的石雕与木雕艺术有:

1. 大门是石雕装饰的重点。

(1) 在门楣即门框上沿。其正中设有一块与门洞同宽的石匾,早期石匾大都采用线雕,现常出现影雕石匾。石匾刻有与户主身份相应的文字,石匾两侧有走马板,走马板为石雕,内容多为人物故事,如南门陈明安住宅,为五间张两落大厝,始建于清末至民国年间,其大门正上方门框上,设一块石匾,内刻"飞钱衍派"。石匾两侧为走马板,左边走马板内刻松枝与仙鹤,寓意"松鹤延年",右边刻有两只凤凰,寓意"鸾凤和鸣",匾额上方的牌楼面的水车堵中加有人物、花草彩画及其房屋泥塑等装饰。

(2) 门簪,即"刀挂簪",即在门楣上的凸出的两个雕刻,平面圆形,有如印章或龙头,后尾穿过门楣以锁住门臼,还具有辟邪的象征意义。陈明安住宅的门簪平面为圆形,用透雕方式表现三国演义的人物,生动活泼,寓意鲜明。

(3) 门框两侧余塞板位置自上而下,分三段进行雕刻,并结合图框的长短不同,选用适合的题材,如上段最长,所以雕刻对联,陈明安住宅此处刻有"莆阳累世衍江州,颍水有源通溜海",中段接近方形,多以单个的动物为雕刻内容,下段矩形框较短,以雕刻花瓶和植物为多。

(4) 门枕石,立于大门门框两侧的巨大石块,实际上是门轴的支点。作用是平衡门扇重量,防止门框摇动,同时门枕石夹住门槛,又成为门槛的支撑体,而门槛在将门枕石分隔成内外两部分的时候,也为匠人们留下了充分展示其技艺的空间,往往成为装饰的重点,正面分别雕刻松、鹤和竹、鹿等,寓"福禄双全"、"平安长寿"之意。

(5) 牌楼面,位于门楣上方,是由大楣、引脚、弯拱、桁引等构件组成,常常雕刻花草、鸟鱼等,或用花格窗的形式加以装饰,花格窗常常为方腾纹、双钱纹、柿蒂纹等形式。陈明安住宅则以兰花、梅花、牡丹、花瓶

及鹿、喜鹊等加以装饰,以寓意吉祥、美满、幸福。(如图 5-28 所示)

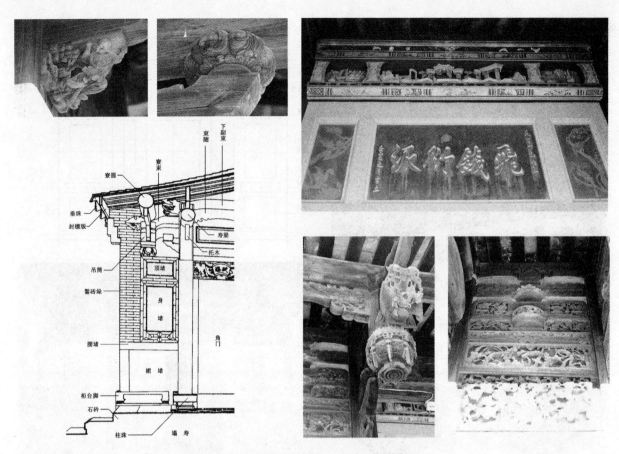

图5-28　陈明安住宅大门装饰分析图

2. 外墙体。

外墙体有门堵、地伏、石阶、石窗。

(1) 门堵。即墙上的石块,也称"石堵"。门堵通常分为正面门堵和侧面门堵。正面门堵的装饰构图类似于隔扇门的构图,自上而下分为五段,依次为:①顶堵,多作成高浮雕,如陈明安住宅的顶堵以三国演义为题材进行装饰美化;②身堵,内外分别用不同颜色的石材制作,以明确界定区分边框和图面,装饰内容多以字画为主,如陈明安住宅的身堵则以书法文字为主,内容为告诫子孙应勤劳节俭,处事要谨慎,对长者要孝顺,要崇尚读书等等,也有采用砖雕的形式加以装饰,如陈启山住宅大门两侧的身堵采用了砖雕,砖雕尺寸较大,是由数片砖雕组成,并都是窑前雕作,即先将图案样雕刻于生坯地砖,后经修饰阴干,以瓦窑烧制而成,装饰内容为花瓶、莲花、灵芝、公鸡、喜鹊、凤凰、麒麟等,寓意吉祥、祝颂意念(如图5-29所示);③腰堵,多为深色石作,内刻画有图案,如陈明安住宅的腰堵处刻有喜鹊、梅花、宝瓶、葫芦、博古架等,技法多用浅浮雕或线刻;④裙堵,整块石作,内雕图案,如麒麟戏球、三王嬉瑞以及螭虎对、螭虎团喜等等,陈明安住宅则以螭虎对为裙堵的主要装饰图案;⑤座脚,即石制地伏或勒脚,与墙面转角处的柱珠雕刻相呼应,陈明安住宅此处以花草为装饰图案。(如图5-28所示)

侧面门堵的装饰构图基本与正立面石门堵相同,不同之处有:一、内容不同,侧立面基本以诗句或对联为内容,而正立面的多以人物故事为题材;二、门楣表现不同,角门上方的门楣多采用书卷的方式加以装饰,书卷中央可以题词或彩画,如陈明安住宅的两侧角门上的门楣书卷中题了"清风"与"明月"、"莺邻"与"燕厦";(如图5-30所示)三、材料不尽相同,侧面的视线吸引度低于正面,所以,可以是石雕,也可以是砖雕,而正面为了保证门廊材质在视觉感觉上的统一,多用石雕。门堵上的石雕题材常用山水、花鸟、楼台、亭阁、博古与人物等形象,用以表达忠孝节义、祥瑞景物、男耕女织、耕读渔樵、鹤鹿同春、麒麟卧松、鸳鸯荷花、博古炉瓶、玉棠富贵等民间大众所喜闻乐见的民俗化题材,丰富生动。(如图5-31所示)

图 5-29　陈啟山住宅大门身堵砖雕装饰

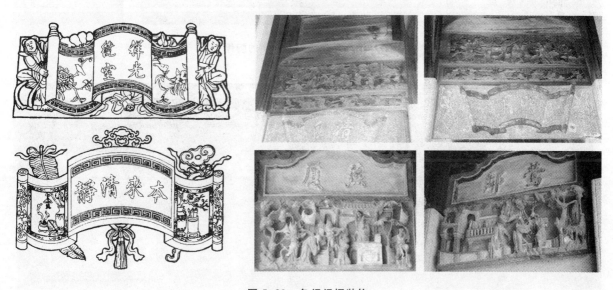

图 5-30　角门门楣装饰

图 5-31　侧面门堵的装饰

另外,外墙处理雕刻艺术外,还在身堵、水车堵等处采用灰塑、陶作等加以装饰。其中陶作是一种融合绘画、雕塑、烧陶于一体的民间工艺,是一种低温彩釉软陶❶。彩陶多设置于墙堵、大脊、博脊、规带等处。其中腰堵、身堵处以镶嵌技法及浅浮雕方式来呈现,水车堵以上则半圆雕的方式表现或者直接将陶塑作品置于凹入的水车堵内,以增强立体视觉效果与空间深度感。彩陶的内容大致为神话传说、民间故事、历史文学或者戏剧人物等。如庙兜街陈阳坛住宅大门两侧的身堵采用了陶作,其装饰内容为凤凰、麒麟、花瓶、牡丹、老虎等,寓意光明美好,幸福美满,吉祥和瑞。(如图5-32所示)但也有些住宅采用绿色、红色、蓝色等彩陶镶嵌成图案加以装饰,如留廷川住宅,用蓝色、黄色、红色等彩陶镶拼成花篮、花瓶、喜鹊等(如图5-33所示)。另外,还有些则直接用马赛克、瓷砖等加以拼贴(如图5-44所示)。

图 5-32　陈阳坛住宅大门两侧的陶作艺术

图 5-33　留廷川住宅大门彩陶装饰

　　(2)地伏,地伏包括地牛和虎脚。地牛,外墙体最下层的矮平线脚,形态单一,只做出简单的素平线脚,有一定的视觉找平作用,给人以平整稳定之感,有时与虎脚连作。虎脚,即勒脚又称为大座,一般用整块的白石加工而成,其上砌筑粉堵。地伏石雕,有的以青石雕刻,和墙身青石腰线、门口嵌砌青石雕件的材料及雕刻手法都相一致。有的以花岗岩刻成,色泽、质地与青石雕的腰或门口装饰都不相同,形成材料的质感及色彩上的对比。此外,在民居檐口柱与步口柱之间的地伏雕刻,别具一格,主要运用线雕手法,线条清晰而凹凸较小。题材有"连(莲花)生贵子(莲子)"、"喜鹊登梅"、云纹、龙纹,富含吉祥意义,民间装饰色彩浓郁。

　　(3)石阶,即台基边缘的石条。传统民居大门入口处的石阶与踏步,因传统观念避讳过多的接缝,石条特别要求整块完整,不能有接缝,所以选用比较大而完整的石板。尤其是踏步,一般是用一块完整的条

❶　引自:曹春平.闽南传统建筑[M].厦门:厦门大学出版社,2006:168。

石雕刻而成,同时,在底层还做出细细的线脚,使踏步产生情趣,具有一定的轻盈感。(如图5-19、图5-28所示)

3. 柱础。

唐宋元明清以来,闽南传统民居建筑一般都设有柱础。明代以前柱础一般不加雕饰,清代的柱础则普遍加以雕饰,图案有麒麟、马、狮、虎、龙和各种各样的花卉、人物等❶。柱础是闽南传统民居中雕饰较为集中的建筑部件之一,形式多样,内容丰富,造型有扁鼓形、连珠形、连珠复叶形、圆鼓形、方鼓形、方形、八角形等。(如图5-34所示)

图5-34　柱础

图5-35　排水口

4. 排水口。

传统民居建筑中,排水口经常被雕刻成精美的石雕作品,但应用比较少,且大多是用独立的块石凿出洞口,有的雕出鱼尾狮的造型,立体生动(如图5-35所示)。

5. 室内木雕艺术。

木雕主要集中在吊桶、通随、瓜筒及其门窗等处,另外室内的陈设家具等也时常饰有雕刻。雕刻题材多为花鸟人物以及八仙、力士、三国人物等,有些围绕琴、棋、书、画展开,如陈明安住宅室内的门窗,其雕刻精美,门、窗顶板、窗眉及其鸡舌、斗抱、瓜筒、斗串、瓜串、丁头栱等处都施木雕,其技法分为浅浮雕、透雕、圆雕等。其中,浅浮雕一般雕刻于次要构件如斗、栱、瓜筒、狮座等。透雕多刻于垂花、竖柴、斗抱、束随、通随、门簪等处(如图5-36所示)。

❶ 引自:颜才添,林怀.惠安石雕在闽南传统民居中的应用研究[J].华中建筑,2010(7):177-179。

圆光处雕刻　　　　　　　　　　　几案处雕刻

步口侧门雕刻　　　　　　　　　　步口正门雕刻

门顶板处雕刻

榫头间檐口处步通、束随等雕刻艺术　　　　　　　　托木雕刻艺术

琴

棋

书

画

顶扇顶板上的琴、棋、书、画雕刻艺术

图5-36　陈明安住宅雕刻艺术分析

4.3.3　结构体系

　　福全古村落内的传统民居,特别是古厝多为插梁式。插梁式的特点是承重梁的两端插入柱身(一端或两端插入),与抬梁式构架的承重梁压在柱头上不同,穿斗式构架的以柱直接承檩,柱间无承重梁、仅有拉接用的穿枋的形式也不同。具体而言,即组成屋面的每根檩条下皆有一柱(前后檐柱、金柱、瓜柱或中柱),每一瓜柱骑在下面的梁上,而梁端则插入临近两端瓜柱柱身,依次类推,最下端(外端)的两瓜柱骑在最下面的大梁上,大梁两端插入前后金柱柱身。这种结构一般都有前廊步或后廊步,并用多重丁头栱的方式加大出檐。在纵向上,也以插入柱身的联系梁(寿梁或楣、枋)相连。这种构架与抬梁式一样。插梁式构架兼有抬梁与穿斗的特点,它主要以承重梁传递应力,这是抬梁式的原则,而檩条直接压在柱头上,瓜柱骑在下面的梁上,又有穿斗的特点,但它一般没有通常的穿过柱身的穿枋,其施工方式也与抬梁式构架相似,是现场施工,由下而上、分件组装而成,穿斗式构架则是一榀排架在地面上组装好,然后整体立起,临时支戗到位,再用纵向穿枋将各榀屋架相连。插梁式构架的山面往往加设通高的中柱,以增加刚度❶。

　　从屋架的稳定性来看,插梁式构架优于抬梁式构架,因为它的梁头插入柱身,有多层次的梁柱间插榫,有的还在大梁下另加一道梁枋以增加稳定性。从承重来看,它的梁跨大于穿斗式,空间开敞,但它的步架又比抬梁式

---

❶　引自:曹春平.闽南传统建筑[M].厦门:厦门大学出版社,2006:38-39。

要小 80 厘米左右。从用料看,插梁式的梁柱粗壮,尤其是大梁,采用近似圆形的断面,是稳定可靠的。❶

另外,有些民居建筑中,梁架仅用在厝身明间的中路栋(中档壁)❷及寮口(面向天井的檐廊、轩棚构架),其余部分采用搁檩造(砖墙、石墙承重)。

4.4　传统民居特征归纳

基于上文,得出福全古村落的民居建筑原型为"一明两暗",由此演变出多种类型,但是不论其形态如何,都以厅堂为核心,由塌寿至厅堂形成中轴线,厅与堂在中轴线上依次排列,空间高大。房与间等次要建筑空间在轴线左右两侧对称排布,反映了儒家方正严明的哲理思想和秩序,整座建筑层次渐进、主次分明。

（1）礼制文化的内涵

众所周知,我国的传统建筑有隐含着浓郁的礼制文化,体现在民居建筑上的礼制主要为男女、长幼的尊卑关系。根据男女性别的不同,建筑也有阴阳之分,前为"阳"后为"阴","阳"主要供男人使用,"阴"主要为女人使用;其次,根据长幼尊卑的不同,左为尊右为卑。福全古村落传统民居建筑的布局则反映了这些礼制观念,同样的使用功能前(阳)为"厅"后(阴)为"堂",前(阳)为"房"后(阴)为"间",前(阳)为"庭"后(阴)为"院",如建筑中的"前庭"、"顶厅"、"后堂"、"大房"、"后间"等。长幼尊卑的礼制观念反映在建筑上则是"左为尊,右为卑",如"上大房"和"大房"。

（2）组合式的布局

福全的传统民居以"一明两暗"的原型来衍化空间,形成围绕深井的组合式的布局,具有多层次进深、前后左右有机衔接等特点。通常民居建筑宽度不会超过五开间,如果房间的需要量变大,则加建第二进院落,当房间需要量更大,则横向上护厝,并形成护厝天井,这种组合式的布局保持了厅堂的核心性与空间的向心性,并营造出了适合于地域自然与人文生态环境的空间尺度,因此,民居建筑在平面上呈现出组合式发展的布局。

（3）封闭的外观与开敞的内部空间

福全的民居有封闭的外观和开敞的内部空间。无论是三合院,还是四合院,出户门都有严格的限制,一般设三个出户门,即位于中间的大门和位于两边山房或角间的侧门。较大的布局较为复杂的民居也多做封闭院落,建筑外部除必须开设的为数不多的门窗之外,其余部分均用院墙围合,形成封闭的外观;而建筑内部则完全开敞,房间之间穿插了众多的天井、廊道,可以四通八达。这种外观封闭、内部开敞的布局,既形成向心的内聚空间,又起到防卫作用。

5　多元文化下闽南古村落番仔楼空间变迁解析

在村里内的民居中番仔楼也是极具有地域特色的建筑,番仔楼亦称"楼仔厝"、"小洋楼",是指具有欧洲住宅与热带建筑特色的所谓"殖民地外廊样式"建筑与传统民居相结合的建筑。在福全古村落现存番仔楼建筑面积近万平方米,占民居建筑的五分之一左右。（如图 5-37 所示）

图 5-37　福全古村落内现存的番仔楼

---

❶ 引自:曹春平.闽南传统建筑[M].厦门:厦门大学出版社,2006:39-40。

❷ 在闽南古厝中,木构架为"栋架、栋路、大栋路、大屋架",明间的横向构架称为"中路栋、正路栋"。

5.1　多元文化下番仔楼空间变迁解析

5.1.1　地域自然环境的影响——开启了文化交流之门

众所周知,福全古村落地处我国东南沿海,是"三湾十二港"的支港之一,是泉州港通往海外的必经之路,海上交通运输发达。因此,特殊的地理位置与相对发达的对外交通条件使其较为容易受到南洋甚至西方文化的影响。

其次,闽南的亚热带气候特点又使得其极容易接受外廊式建筑形式。闽南属亚热带季风气候,温暖湿润的气候,使闽南人特别喜欢与外界接触,与此同时,多雨与强光,又不合适于闽南人的天性与喜好,而外廊所创造的"灰空间"弥补了这种缺陷,提供了大量可以遮阳避雨,又能感受室外自然环境的场所❶。

据此两方面的影响,一方面,使得海外文化能够随着海上交通流入民间,开启了本土文化与外来文化的碰撞与交流之门,并从深层次的文化领域为本土民间建筑变异开启了可能之门;另一方面,本土的需求,使得外廊式成为了本土建筑变异的参照对象,为番仔楼的形成与发展提供了外部条件。

5.1.2　海外移民与侨汇经济的支持——促进了番仔楼的发展

(1) 海外移民的发展

据史籍记载,闽南人因经商出国可以追溯到唐代,当时华人在外寓居不归,多是为时势所迫,或躲避战乱,并未大规模居留。元末明初,曾有一些中国人为避乱而逃居巨港(三佛齐),但华侨人数远没有后来多。对于这些滞留海外的子民,明廷的态度是诏令华侨回国。隆庆开海禁后,中国私商大盛,华侨来往比较自由,居留南洋的华侨也因此大大增加。

明清时期虽有"海禁"的闭关政策,仍有大量的闽南人出洋谋生或侨居海外。1654—1655 年的南洋禁令被引入《大清律》,对违反海禁、私自通海的主犯要求处以斩首的极刑❷。雍正五年(1727)南洋开禁后,清廷仍然认为华侨回国会危及统治,华侨往来故乡依旧是非法。

虽然遭遇种种限制,但海上活动仍无法被隔绝,华侨私下往来依旧,南洋华侨的数目还是愈来愈多。东南亚华侨数量增加后就在当地形成了华人社会,殖民当局遂以华人头目来管理之,这些华人长官就是"甲必丹"❸。清代,下南洋的华人范围扩大,开矿者、垦殖者的数量增加,东南亚的华人会馆、公所、公司等各种华人社会组织亦大大增加。

清中叶以前海外移民是闽人居多,闽籍华侨中又大半都是泉州人❹。至 19 世纪的契约华工潮,海外移民出现新一波高峰。1860 年《中英北京条约》签署,其中第五款规定不可禁止华民自愿到英法等属地做工,事实上允许了契约华工出境,对华侨的禁令无形中已经废除。1893 年,清廷在法令上也废除了对华侨的禁令,允许其自由出入,华侨合法化后,侨乡社会才有条件形成❺。

从沿海到山村居民全面向故土之外扩展,从垦殖到商贸,在殖民地从事手工业等无所不包,出洋人数再度增加,这样立体化、全面化的向外洋发展是福全古村落所在地域泉州乃至整个闽南人在南中国海的海上生涯的新特点。

到台湾垦殖、从事两岸贸易是清代泉州沿海人民海上生涯的新组成部分,也是极其重要的部分。在郑

❶ 引自:杨思声.近代外廊式建筑在闽南侨乡大量形成的原因分析[C]//张复合,主编.近代建筑研究与保护(六),2008:609。
❷ 《古今图书集成》祥刑典,律令部汇考 37:"下海船只,除有号票文引许令出洋外,若奸豪势要及军民人等擅造二桅以上违式大船,将违禁货物下番间往番国贸易,潜通海贼,同谋诘聚及为向导掠良民者,正犯处斩枭示,全家发边卫充军。"转引自《东南亚华侨通史》,第 87 页。
❸ 最早利用华人甲必丹对华侨社会进行间接统治的殖民政权是葡属马六甲,第一个甲必丹是生活于 1572 到 1617 年间的郑芳扬。1641 年荷兰人在马六甲取代葡萄牙人,沿用葡萄牙人的做法,任命卢钦为马六甲华人甲必丹,此时这个制度已经在南洋各殖民地传播开来。见《东南亚华侨通史》第 63—65 页。
❹ 根据 1988 年的统计数字,泉籍华侨 463 万(不包括原泉州府同安县),漳籍华侨仅有 70 万。原因是泉州的人口密度较漳州为高,土地却较漳州贫瘠,漳州只有人口压力较大的海澄、诏安等县出国人口较多。见《福建省历史地图集》"人口民族图组",福建省地图出版社,2004 年。
❺ 引自:蒋楠.流动的边界——宋元以来泉州湾的地域社会与海外拓展[D].厦门:厦门大学博士学位论文,2008:151—155。

氏据台之时,也曾招募福建、广东沿海人民前往垦殖,迁界时就有不少泉州沿海居民与清廷的内迁令作反方向移动,前往台湾或南洋。福全所城的卓氏家族,乾隆年间昌月公徙居台湾,人丁繁衍、广置田宅,回乡省亲时遂将父亲骸骨移葬台湾,并带走本厅谱系往台湾抄录❶,可见卓氏在台湾的发展。

据闽南《泉州华侨志》载:"有600多万祖籍泉州的华侨、华人分布在世界五大洲的110多个国家与地区,其中90%居住在东南亚各地,有归侨、侨眷300多万人,占全市总人口的53.9%。"而晋江福全古村落的侨民分布绝大多数集中在东南亚,如印度尼西亚、马来西亚、新加坡、菲律宾等国家与中国台湾、香港、澳门地区,村落内有海外关系的建筑面积达34 264平方米,占整个村落总建筑面积的22.33%。(如图5-38所示)

前往台湾或南洋拓殖,一般都是乡族成员互相介绍、带挈,以至于在进行垦殖的地方也形成了按地缘划分的聚居地。这一组织形式为海内外文化、经济等交流与联系奠定了基础,而正是这一系列交流与联系为古村落建筑形式的外化与变异创造了条件。

(2)侨汇经济的支持

海外移民形成了大量华侨及其侨眷,这极大地促使了侨汇❷经济的发展。侨汇主要分为两大类:一类作为赡养家属及其非投资性(公益事业)的费用,另一类是作为投资的款项(企业投资)。1902至1913年间,海外华侨寄回中国的汇款估计达国币一亿五千万元,其中福建华侨的汇款约占汇款总数的三分之一❸。大量汇款经由厦门口岸进入泉州,巨额侨汇是维持近代闽粤侨乡经济的重要力量❹。另据相关史料的解读,得知近代侨汇绝大部分流入农村,作为侨眷的生活费用❺;其次是用于在家乡住宅建设,住宅建设费用约占侨汇总数的15.94%,华侨汇款的大部分用于购置田产与建造房屋❻。侨汇经济的发展有力地支持了番仔楼的发展。华侨在海外致富后,多以返回故里为荣。华侨归国回乡后,多修建大厝、购买田地,用于改善侨眷生活,修祠堂、兴族学、造坟墓等以光宗耀祖。如福全古村落的曾氏后人,现旅居香港、菲律宾等地,他们每年都捐资修建村落的道路、桥梁、寺庙等。

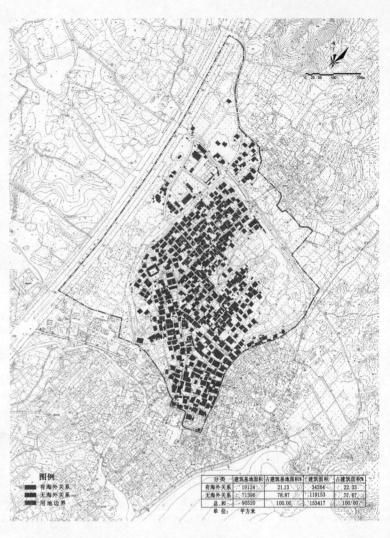

图例
■ 有海外关系
■ 无海外关系
— 用地边界

分类	建筑基地面积	占建筑基地面积%	建筑面积	占建筑面积%
有外关系	19124	21.13	34264	22.33
无海外关系	71396	78.87	119153	77.67
总 和	90520	100.00	153417	100.00
单位:	平方米			

根据调研,福全村落内有海外关系的建筑面积达34 264平方米,占整个村落总建筑面积的22.33%。

图5-38 村落海外关系调研图

❶ 引自:福全卓氏族谱,福全村卓氏宗亲藏。
❷ 华侨汇款,简称"侨汇",是华侨在海外将从事各种职业所得汇寄回家乡,主要用于赡养家乡亲属的汇款。
❸ 引自:范启龙.福建华侨与辛亥革命[J].福建师范大学学报(哲社版),1991年第4期。
❹ 引自:蒋楠.流动的边界——宋元以来泉州湾的地域社会与海外拓展[D].厦门:厦门大学博士学位论文,2008:167。
❺ 引自:林金枝,庄为玑.近代华侨投资国内企业史资料选辑(福建卷)[M].福州:福建人民出版社,1985:28-29。
❻ 引自:陈达.南洋华侨与闽粤社会[M].长沙:商务印书馆,1938:120。

（3）华侨与侨汇对古村落及其番仔楼的影响

华侨及其侨汇的支持极大地促进了古村落的发展,一方面给村落发展及其诸如番仔楼的民居建设注入了相对雄厚的经济支持,极大促进了古村落传统空间的变异,使得村落民居在保持本土特色的基础上趋于多元化,出现了大量的番仔楼、现代建筑等新的造型。另外,主要来自东南亚的华侨汇款持续不断地输入闽南侨乡,使古村落经济日益繁荣,逐渐形成了一种高度依赖海外侨汇的消费型社会,并使侨汇经济在村落中的影响日益凸现。经济上的依赖,必然影响着古村落内传统的审美取向的变异,而这一变异为风格迥异的番仔楼的兴起与发展创造了条件。

另一方面海外移民所引发的主动吸纳引进国外的先进经验,促使地域文化的主动转变,这一民间主动探索的方式与以"租界口岸的开埠"而引发的殖民扩张"楔入式"来促进地域建筑及其文化的变异有着本质的区别。因此,从该角度分析,番仔楼的出现并非"西式建筑"直接的异地移植与舶来,而是主动地吸纳并融入本土文化之中的过程。

5.1.3 番仔楼空间的地域历史追寻

从前几章可以得出,闽南区域文化的发展,从整体上看,其核心是中原文化,是中华传统文化的组成部分;从区域来看,受其特定的地理环境的熏陶与外来文化的影响,经过交流、碰撞、融合,形成自己的个性和特质。因此,在具有丰富西式装饰的番仔楼空间中,依旧保留着具有浓郁中原文化特色的场所空间,即一层或二层厅堂作为祭祀空间,正厅墙上都悬挂祖先的照片、设置神龛、摆放牌位及其祭祀用品等,究其根源就在于中原文化的影响。(如图5-39所示)所以,基于闽海文化与闽南精神,必然形成具有传统大厝的平面与西式的建筑造型及其相关装饰细部的番仔楼,闽海文化与闽南精神是造就番仔楼空间场所精神的历史文化渊源所在。

图5-39 番仔楼正厅祭祀空间

5.2 文化交流下的番仔楼空间变迁解析

5.2.1 早期侨建传统大厝

闽南传统官式大厝的空间布局主要是以单层建筑围合成院落,并向纵横方向平铺扩展。其空间形制一般为"三间张"、"五间张",及其变形体,如三间张榉头间止,五间张单护厝等。

对于传统大厝的合院式布局形式,近代华侨也采用这种方式,如福全古村落陈明安住宅,建于清末民国初年,是由华侨陈氏建造。这些早期归国华侨有着浓厚的传统观念,认为荣归故里的方式除了财富外,更希望能够加官晋爵以光宗耀祖。由此,建造一座"宫殿式"的官式大厝比具有殖民地样式、西化的洋楼更符合他们的文化价值取向。

5.2.2 传统大厝的局部洋楼

近代华侨在建造大量传统大厝的同时,也将外来的建筑形式引入到传统合院中,这种局部洋楼化的建造方式也被称为"叠楼"❶,可以认为是传统大厝在近代的局部楼化与洋化。福全古村落内现存最早的这

---

❶ 引自:陈志宏.闽南侨乡近代地域性建筑研究[D].天津:天津大学建筑学院博士学位论文,2005:83。

种局部洋化的案例就是翁氏祖厝,另外还有刘子瑜住宅(编号 C-013)、张友钦住宅(编号 B-77)、蒋友仁住宅(编号 A-142)、蒋清水住宅(编号 A-177)等。(如图 5-40 所示)

蒋友仁住宅   翁氏祖厝   蒋清水住宅

图 5-40 叠楼形式

翁氏祖厝始建于明代,后毁于清初迁界,现存主体建筑建于清末,建筑面积 173 平方米,为三间张榉头间止。西榉头间为两层洋楼,即"叠楼",面积为 42 平方米,为红墙红瓦,大退台栏杆采用绿釉花瓶,窗楣、门楣等装饰精美。(如图 5-2 所示)

叠楼与传统大厝相比较,屋顶形式高低错落,空间层次显得更丰富。但"叠楼"在形式上还是采用闽南传统式的楼房,其建筑风格与其他部分完全融合,表现出向上发展、楼化的趋向,在建筑内部局部地面采用色彩艳丽的南洋水泥印花地砖,外廊空间以及西式的装饰构件体现并不明确。

因此,这种以传统大厝为基础的洋化过程并没有真正体现出外来文化的影响,只是一个局部的西化过程,在这一过程中,是将外来建筑融入固有的空间秩序中,是将传统民居的局部"置换"成西式洋楼,但是这种置换却受到传统民居型制的严格制约,因此,含蓄是其该阶段最佳的表达途径,否则则将违反这些传统空间形制与风水禁忌,时常会被认为是"破格",即"不合规制"而被抛弃。所以,从该层面上分析,这种含蓄的置换模式,成为从传统大厝局部洋楼到单栋式洋楼的必然过程,表现了外来建筑从吸纳到融入的发展过程。

5.2.3 独立式番仔楼

随着传统大厝叠楼的出现与逐步发展、完善,使得传统大厝楼化,从原先的单层向多层空间转变,楼梯设置、深井空间、平面功能等均出现较传统大厝不同的新特点❶。对于这类番仔楼,有学者称之为"大九架番仔厝",也就是对二落大厝的修正,主要是由前落(主要建筑物,祖厅设于此)加上"一落二榉头"的后落所组成,两进之间有天井,皆为一楼高,前落进深相当深,其栋架的横梁数通常安置 9 个,因此,得大九架之名。另外其正面的山墙面,筑有西洋装饰的山墙,得番仔厝之名。

独立式番仔楼的典型特色主要有:①内部的传统生活伦理空间与外部的南洋殖民地外廊布局的拼贴与并置。②传统民居合院的"深井"在楼化后缩小或消失,由此使得采光通风条件、空间尺度远逊于传统大厝,其"内向围合"的生活空间逐渐被"外向开敞"的外廊所取代。③祖厅从一层移至二层,增加了底层的日常起居空间,大面积的开窗使主要居室的通风采光得到明显的改善,同时,外廊成为日常生活的主要休闲场所等。④由单层转变成二层或者多层,由此,楼梯的设置成为番仔楼平面的重点,从梯段形式看,主要以直跑楼梯、双跑楼梯为主。楼梯一般是选择在不影响厅堂等主要用房使用功能的位置,大多隐藏在不显眼的位置上,并且其位置大多与主体空间的对称布局相一致,顶落部分的后轩、巷廊两侧以及榉头间都是楼梯的主要位置,另外,两侧及后部的外廊上也经常设置楼梯,这些都显示出殖民地外廊建筑的特点。

福全古村落内较为典型的独立式番仔楼有:陈祖平住宅(编号 C-124)、陈连约住宅、陈贻钦住宅、蒋文塚住宅(编号 A-125)、蒋山邦住宅(编号 A-98)、许书峣住宅(编号 C-062)、刘志强住宅(编号 B-060)、苏氏住宅(编号 C-051)、陈佘义与王日财住宅(编号 C-057)等。(如图 5-37,图 5-41 所示)其中,陈祖平住宅建于民国年间,平面类型属于典型的"大九架番仔厝",即二落五间张大厝的修正,下落部分为一层,大门

---

❶ 引自:陈志宏.闽南侨乡近代地域性建筑研究[D].天津:天津大学建筑学院博士学位论文,2005:78。

入口处用西式山花、琉璃瓶屋顶栏杆,其身堵采用彩色瓷砖装饰等以彰显洋楼的式样,但传统古厝的塌寿及其五间张的立面构图等依旧体现充分;顶落为二层叠楼式,顶厅祭祀功能转移到二楼,楼梯位于顶厅两侧的顶巷内,庭院四周设置外檐廊,顶厅采用圆门的形式与庭院联系,二层栏杆采用琉璃瓶与网格窗,并结合下落屋顶形成较大民居的平台,整个建筑内部空间通畅,变化丰富。

陈祖平住宅

刘志强住宅　　　　　　　苏氏住宅　　　　　　　留连伽住宅

图 5-41 番仔楼

　　另外,陈连约住宅位于庙兜街北部,建于民国时期,二层,朝东布局,占地241平方米,建筑面积482平方米。平面布局简洁规整,以中央厅堂为核心呈对称布置,厅堂居室宽敞,结构形式采用传统的砖木梁柱形式,一层地面铺设南洋水泥印花地砖,二层地面为木地板,正厅设置为祭祀空间,深井狭小,且加盖天窗,室内光线昏暗。楼梯布置在两侧,室内雕刻均为典型传统形式。建筑入口山花精美,为典型的西方巴洛克装饰风格,檐口为简化的西式柱子,门楣、窗眉处以传统雕刻为装饰,二层布置有带外廊式的拱门窗,绿釉花瓶栏杆,传统直棂门窗,两护厝山墙装饰为典型的传统式样,整栋建筑体现出较为典型的中西融合的特色。(图5-42所示)

图 5-42 陈连约住宅分析

　　陈贻钦住宅位于庙兜街中南部,与下关帝庙斜对,建于民国时期,二层,朝南布局,占地103平方米,建筑面积206平方米。建筑平面布局简洁,为三开间单护厝二层番仔楼,厅堂居室宽敞,结构形式采用传统的砖木梁柱形式,一层地面铺设南洋水泥印花地砖,二层地面为木地板,室内雕刻较为精美,均为典型传统形式,整个室内采光通风不佳。楼梯为顶落后轩,二层整厅布置祭祀空间,建筑立面入口柱子为典型的简化西式柱子,造型独特,门楣、窗眉处以传统雕刻为装饰,入口正对二层布置有带外廊式的拱门与传统直棂门窗,绿釉花瓶栏杆,屋顶檐口采用绿釉花瓶扶栏作为压檐栏杆,形成山面,遮蔽红瓦两坡顶,使得整栋建筑体现出较为典型的中西融合的特色。(图5-43所示)

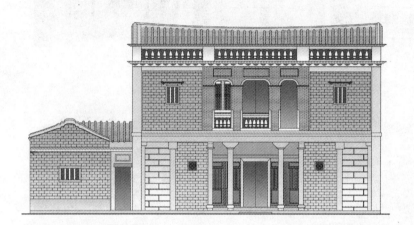

图5-43　陈贻钦住宅分析图

5.3　新材料、新技术的运用

　　对于习惯用砖、石和木结构建造民居的闽南而言,钢筋、水泥、瓷砖代表了先进的材料与技术。在福全番仔楼的建造过程中,水泥❶、瓷砖是普遍运用的先进材料与技术,是村民及福全籍华侨通过各种渠道取得并合理运用,或者以地方性材料的替代与新材料结合,如用碎花岗岩、海沙、碎红砖、贝壳等代替碎石与水泥合成混凝土,或者用牡蛎壳灰替代洋灰,用杉木一类代替钢梁的做法。

　　其中,闽南彩瓷面砖,也称"马约利卡瓷砖",20厘米见方,白底釉彩图案,大部分产自日本❷。彩瓷面砖的运用,替代了闽南墙面的红砖装饰,甚至也取代地面红砖。(如图5-43、图5-44所示)

　　在番仔楼的门窗、梁架中,引入了钢铁构件。水泥或牡蛎壳灰一般用于番仔楼的装饰部位,如弯拱、山花、柱头或栏杆;或者是楼身用红砖、白石构筑,而外廊用水泥。

---

❶　水泥,闽南人称为"洋灰",指的就是西方洋人用的抹灰材料。

❷　引自:曹春平.闽南传统建筑[M].厦门:厦门大学出版社,2006:105-107。

图 5-44　彩瓷面砖装饰

5.4　中西合并的立面装饰

一般番仔楼的屋顶结合屋顶平台或压檐栏杆,以两坡为主,也称为"双导水",也有用歇山顶或结合老虎窗的阁楼顶,增加建筑的体量感。番仔楼的屋顶山墙面和前檐口上方的山头,都是视觉焦点。一般而言,山头的装饰样式繁多,有希腊式、巴洛克式、古典式甚至中西合并混合式。

其次,栏杆和西洋柱式的运用也是番仔楼外廊的特色。这也是民间加高楼层的发展结果。柱结构从墙内被解放出来,成为立面构图要素,而外廊的灰空间打破了闽南大厝立面的封闭性,柱廊、栏杆、弯拱等为建筑立面增加了新的表现层次。栏杆主要有绿釉花瓶、灰塑花瓶及铁铸栏杆等几种。一般本地生产的蓝绿色琉璃瓶密排最多。番仔楼建筑的窗,有欧式、美式、东洋式,甚至一栋楼的窗有尖拱形、圆拱形等形状。通过窗户的塑性中西混合式等,洋楼建筑更增添了一份艺术魅力。

5.5　从传统大厝到番仔楼的空间变迁轨迹

福全番仔楼的出现,经历了从传统大厝到大厝内局部叠楼洋化,再到独立式番仔楼的发展过程,在这一过程中,传统大厝是番仔楼兴起与发展的基础,其平面布局多保留着传统大厝的核心部分——厅堂的"顶落"空间,并以"四房一厅"格局最为普遍,即中为厅堂、后轩,两侧为四间房,房间门朝向厅堂。因此,传统大厝是番仔楼空间演变的原型。

其次,对于华侨从海外带来的西式造型与装饰,在福全这个古老的村落内,只是调整其"原型"变异的外在因素,是促使番仔楼形成独特形式的催化因素,始终没能像其他城镇那样成为主宰空间的核心要素。但是,从福全古村落的番仔楼依旧可以窥视出:闽南近代独立式洋楼是在传统民居的平面空间布局的基础上进行垂直扩增,即楼化,并以殖民地样式的外廊及装饰语汇作为建筑门面以塑造迥异的造型。因此,在这一过程中,竖向楼化与外部洋化这两个因素是番仔楼发展的主要特征。

再次,在传统古厝到番仔楼的发展历程中,受外来文化特别是西方文化、殖民文化的影响,促使了番仔楼空间形态的变异,进一步演化出五脚基洋楼、出龟洋楼等洋楼建筑类型,因此,番仔楼的发展为完全意义上的洋楼的出现奠定了基础,是传统古厝演化为洋楼的中间产物。

在福全古村落内,完全意义上的洋楼并不多,但是考察福全周边的传统聚落,可以看出上述的发展历程。在洋楼建筑类型中,"五脚基"❶是所有洋楼类型中最多的一种。其特色是在正面外廊筑有列柱,或为平梁、圆拱或弧拱,二楼及屋顶女儿墙部分建有栏杆,并有山墙装饰。福全古村落现存的洋楼基本都属于这一类型。出龟洋楼是指正面外廊中央突出,外貌有如龟头,使平面呈"凸"字型,居民称为"出龟"洋楼,其列柱或为平梁、圆拱或弧拱、二楼及屋顶女儿墙部分建有栏杆,通常有精致的山墙装饰,皆为 3～5 个开间。而三塌寿洋

---

❶ 五脚基名称的由来是源于英国在南洋殖民城市(槟城、马六甲、新加坡)所推动的店铺住宅改造。因为当地属热带气候,再加上公共空间的需要,英国规定城市店铺住宅需留出五尺(约1.5公尺)的廊道(骑楼、亭仔脚),称为"the Five-foot Way",当地华人称之为"五脚基",后传到了厦门、泉州地区。

楼类似"出龟"洋楼的格局,但在正面外廊两侧又对称突出,使平面呈"凹"字型,居民称为"三塌寿"洋楼,指其中间凹入的形式。一楼外廊多半敞,二楼两侧突出部分通常作为居室,开设角窗并与二楼外廊相连。

5.6　大厝洋化的精神空间解读

从传统大厝,到大厝叠楼,再到番仔楼的形成,这一过程体现出了基于传统民居平面格局的调整,而非"西式建筑"直接的异地移植。这一特殊的历程与闽南近代侨乡社会维持家族发展和延续有紧密关系。厅堂是其最佳的明证对象。对于福建家族制度与民居形制的关系,陈支平先生认为:"福建民居宅院之所以刻意突出厅堂的地位,显然是为了适应家族制度的需要"❶,厅堂不仅是家族及家庭敬神祭祖、接待宾客、举行婚丧仪礼的场所,也是家族及家庭进行内部管理的中心,体现出极强的权威和尊严,特别是一些将祠堂与祖厝合一,更使得以祭祀为主要功能的厅堂的中心地位更显突出。因此,福全番仔楼乃至闽南洋楼的空间变异,都难以逃离"以宽敞明亮厅堂作为平面布局的核心"的精神需求,这种精神需求是奉祀祖先、神明的场所,是维系海外华侨与国内家族关系的"根"❷。因此,这个"根"并不会因为西式生活方式的引入而改变。

其次,正因为上述这种精神需求的存在,使得它成为了联系海内外的纽带,从而更进一步促进了传统大厝洋化——番仔楼的发展。从近代一直到当前,社会进步与经济发展并没有导致地方传统文化的消失,反而为地方民间文化的复兴提供了条件。闽南侨乡地方传统在近代并没有瓦解,反而作为海外华侨联系家乡的社会、经济、文化的纽带得到了巩固,每年的祭祖、宗教等活动在海外定期举行,采用的仪式也与家乡一样,强调先灵在故乡的根的意义❸。

再次,从前文地域历史文化的论述中,可以进一步剖析番仔楼这一"中骨西皮"建筑的兴起与发展的精神空间内涵,即华侨出洋富裕后炫耀心理、家庭关系强化作用以及传统风水观念等多种因素整合在番仔楼的空间营造上,因此,番仔楼的精神空间就在于它这是一种社会普遍的价值观念,是近代侨乡社会文化环境下的群体精神需求所在。

6　古村落的底色——石屋

福全古村落内留存 5.8 万平方米以上的石屋,占整个村落建筑民居的 53.7％,规模庞大。其次,石屋其暖灰的色彩成为了古村落的底色,其朴素的造型衬托出了传统古厝、番仔楼、洋楼与现代建筑,由此彰显了闽南独特的地域民居特色。因此,研究石屋民居对于挖掘传统文化有深刻意义。

对于石结构民居,《泉州民居》称之为"石筑民居";《老房子·福建建筑》中称为"花岗岩石结构民居";在地方政府上对泉州居住民居的宣传中,称为"石构民居",本章把以石头为外墙建筑材料的民居称为"石屋"。石屋民居依托于传统民居类型而衍化发展,传统民居的外墙以红砖白石混砌,石屋民居的外墙则通体以条石砌筑,形成鲜明的地域特色。

6.1　地域石屋的发展历程概述

福全所在地域泉州,泉州的石构技术有着悠久的历史,但最早兴起于何时,无从考证,然而,现有的文献记载与考古资料表明,泉州地区现存最早的石桥梁建于唐代。如德化发现的古代桥梁中,可考其年代的桥梁中有 10 座建于唐代,如上涌西溪村暗桥,建于僖宗时(874—888),条石干砌筑❹。另外还有驰名中外的东西石塔、石室、石坊、石斗樘、石桥等石结构建筑,成为泉州石文化的丰碑❺。

对于石屋民居的发展,其源于何时同样难以考证,石屋的文献记载甚少。泉州地区建筑材料中木材、

---

❶　引自:陈支平. 近 500 年来福建的家族社会与文化[M]. 上海:生活·读书·新知三联书店上海分店,1991:241。
❷　引自:陈志宏. 闽南侨乡近代地域性建筑研究[D]. 天津:天津大学建筑学院博士学位论文,2005:91。
❸　引自:王铭铭. 村落视野中的文化与权力:闽台三村五论[M]. 北京:生活·读书·新知三联书店,1997:135。
❹　引自:闫爱宾. 宋元泉州石建筑技术发展脉络[J]. 海交史研究,2009(1):73-90。
❺　引自:福建省建设委员会,编. 泉州民居[M]. 福州:海风出版社,1996:30。

石材、砂、土、石灰石等天然建材资源丰富;石材、高岭土的开采加工,砖瓦、建筑琉璃制品的烧制自唐代开始就已初具规模;并且,其相关工艺一直流传至今,因此,石料作为建筑的主要材料在普通百姓村居建设中依旧被广泛采用,这与当地的社会背景是分不开的❶。

现存泉州沿海民居主要类型为官式大厝、手巾寮、骑楼、洋楼、土楼等,此建筑外墙均有采用石墙的。而且其石结构技术也非常成熟。自1950年以来,泉州沿海民居大量采用石结构完全是在特定的社会背景条件下,为改善大量劳动人们居住环境而采用的简便建造的缘故。自1950年代至1990年代,石材在民居中的运用就极为广泛,几乎所有的民居构件都可以采用石材。1950年代以来的石屋民居建设是在此前传统民居的基础之上发展起来的。同时,自1950年代以来,泉州并未发生较大地震,石屋民居基本都能保留到现在。另外,从材料开采与加工方面,自清代以来南安县石碧矿区采用人工凿岩爆破、吹柴火切割法等,所开采的石材规格小,一般只有0.5~2立方米,石材利用率低。自1970年代末,泉州地区石材开采行业改革传统、落后的工艺技术和装备,推广和利用先进技术设备,采用半机械化的开采法,石材开采可以切割出较大的荒料,可达3~5立方米。石材开采成本降低,对石屋民居建设有直接的影响。由此,石屋民居大多采用洋楼式,有柱廊,墙面材料采用条石较多❷。

6.2　石屋民居的类型特征

1950年代以来,石屋民居得到长足的发展,石屋民居的空间布局直接传承于传统古厝民居、番仔楼民居、骑楼民居,但是与传统的民居又有很大的区别,因此根据石屋民居的材料特征,形成了独特的一种民居类型,即石屋民居。

对于石屋民居的类型,根据所受传统民居的影响情况,可以分为古厝式石屋民居、番仔楼式石屋民居及现代式石屋民居。

6.2.1　古厝式石屋民居

古厝式石屋民居即以传统古厝为原型的石屋民居。该类石屋民居沿用了传统大厝民居中轴对称、天井、入口塌寿等特点,中厅两边为厢房,厝内多以走廊作为交通通道和通风所在,厝的后落连接走廊为后厅,中轴线起点为大门,左右为边门。另外,还有"田"字型的布局形式,一入大门为厅堂,厅堂两边前后各为房。房间多为并列排列,功能为厨房、厕所、杂物间等,具有明显的传统民居布局特点。较为典型的有:蒋忠贤住宅(编号C-10),蒋维培住宅(编号A-88)、蒋福安住宅(编号A-53-54),陈德福住宅(编号B-175)等。(如图5-45所示)

蒋维培住宅　　　　　　　陈贻华住宅　　　　　　　吴世彬住宅

图5-45　古厝石屋

6.2.2　番仔楼式石屋民居

番仔楼式石屋其平面布局仍为传统的四合院,但建筑构造及建筑装饰却吸收了不少西洋建筑的处理方式。福全番仔楼式石屋平面布局的典型模式为传统民居平面布局附建外廊或阳台。而外廊式是洋楼平

❶ 引自:王家和.泉州沿海石厝民居初探[D].泉州:华侨大学学位论文,2006:43-44.
❷ 引自:王家和.泉州沿海石厝民居初探[D].泉州:华侨大学学位论文,2006:43-44.

面布局的基本特征,洋楼的建造者大多为海外华人华侨,用材高级。番仔楼式石屋民居是福全当地群众模仿华侨民居——洋楼,运用当地盛产的花岗岩石材,在当地朴素的建筑技术条件下建造而成的一种石屋民居,其主要特点为不对称、外廊式。较为典型的有:蒋文琛住宅(编号 A-125)、蒋永生住宅(编号 A-90)、刘厚生住宅(编号 C-14)、蒋连英住宅(编号 A-89)、许志昔住宅(编号 C-122)、A-98、陈祖义住宅(C-129)等。(如图 5-46 所示)

图 5-46 番仔楼式石屋

6.2.3 现代式石屋民居

现代式石屋民居往往不受传统建筑形式的束缚,平面布局根据功能需要,建筑外观把材料直接暴露无遗,呈现出功能与材料、艺术的统一。现代式石屋民居虽没有经过专业建筑师的设计,但是其材料全都为石材,功能根据需要布局,没有刻意地引用传统民居语言,因此其所表现出来的特征具有现代主义建筑朴实、大方的特点。这类民居在整个古村落里大量存在,并成为整个古村落的背景。较为典型的如城南蔡宅,又称"望海山庄",该建筑是一座华侨新建的西式别墅式住宅,除了底层的厅堂外,其他采用不对称布局,以石料、砖、钢筋混凝土精工制作,外部有西式庭院绿化,室内则保留中国传统的木装修及陈设。(如图 5-47 所示)

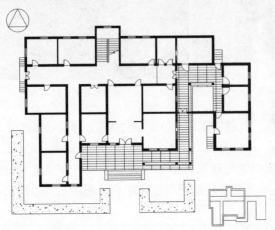 

图 5-47 望海山庄

6.3　石屋民居的技术特征

石屋民居的结构体系属于混合结构的一种类型,是基于地方经济相对落后,又因当地大量生产石材,就地取材的结果。石屋民居其抗震性能相对较弱,但其结构仍具有极大的合理性,成本相对较低。

6.3.1　石屋民居的结构体系

泉州沿海石屋民居的结构体系有其独特的特点。其石材按照形状划分:条石、石角(闽南方言)、石坯(闽南方言,意碎石片)和石子等。石屋民居是一种石墙、石柱共同承重的结构体现,有混合结构和框架结构的特点。

（1）石墙与石柱

众所周知,石墙是作为外墙的围护结构,起到了屏障作用。石屋民居的墙体大部分是石墙承重体系,1960 年代以前有用石角的,甚至还有用卵石的;1960 年代至 1970 年代末时,石角及碎石大量采用;而进入 1980 年代以来番仔楼式石屋民居大量兴起,此时的石墙大部分为条石墙。

（2）石梁与石板

梁柱结构体系是福全石屋民居的主要特征,以石墙、石柱、石梁、石楼板等形成全石结构体系,以此体现出泉州沿海石屋民居地域特色。这种全石结构的房屋,层数可以发展到三四层,楼板用石板,故当地称为"板棚屋"。梁柱体系一般用在空间开阔处,如番仔楼式石屋民居梁柱用于"五架基"位置而大厝式石屋民居则布置在深井周围。另外,石挑结构也是福全石屋民居的特色之一,其石梁悬挑结构出挑宽可达 1 米多,而且石梁的形式也有根据力学需要加工成楔形的,这些都是当地长期采用石结构的经验总结。

6.3.2　石屋民居的工艺特征

石屋民居的古村落内的广泛使用,除了石材资源丰富这一原因外,还与石材本身良好的耐腐蚀防风性能、不易老化等特性有关。

（1）石屋民居的耐腐蚀防风性能

虽然泉州沿海所产的花岗岩石材具有优良的耐腐蚀防风性能,但是,石头之间的搭接处灰缝上往往因砌筑不严密而出现透风,对此,传统官式大厝勒脚处采用的石材,一般均做得密闭,就是尽量让石材与石材之间搭接,而减少石灰的采用,以此消除透风的隐患。

石屋民居优秀的耐腐蚀性能主要归功于泉州产花岗岩石材的物理性能。花岗岩的造岩矿物有长石、石英和少量的云母以及深色矿物,其长石占 40%～60%,石英占 20%～40%。石英是结晶的二氧化硅,纯的无色透明,比重 2.8,硬度甚高,抗压强度和抗风化能力也很高,唯在 573℃ 高温时,体积发生剧烈膨胀[1]。

泉州产花岗岩晶粒细,构造密实,石英含量多,云母含量少,不含有害的黄铁矿等杂质,长石光泽明亮,没有风化迹象。花岗岩质地坚硬,耐磨,耐酸,耐碱,耐久。

石屋民居的耐腐蚀、抗风化性能的薄弱处主要集中在门窗等非石构筑材料,因此大部分石屋民居在可能的位置都会采用石材。福全属于亚热带海洋性季风气候,空气中含盐成分高腐蚀性强,钢窗木窗一般用 15 年左右就老化了,而石墙石窗却依然完好。

对于防风性能而言,泉州产花岗岩石材的容重大(26～21 kN/m²),抗压强度高(100～250 MPa),抗冻性高,耐磨性好,因此其抗风性能好[2]。

（2）石屋民居的防水性能

石屋民居的防水性能缺陷也表现在石材的搭接灰缝上。比较突出的是石楼板,因为石楼板的采用即为平屋顶,而楼板之间的搭接所用的材料混凝土虽然具有较强的黏结能力,但是随时间的推移,还是很容易产生裂缝,所以很多年代较早的石屋民居都有漏水的问题。

❶　引自:王家和.泉州沿海石厝民居初探[D].泉州:华侨大学学位论文,2006:66-68.

❷　引自:王家和.泉州沿海石厝民居初探[D].泉州:华侨大学学位论文,2006:66-68.

因此,石屋民居的墙身防水主要是在于对灰缝处的防水措施,石材本身的渗水性较差,室外水不易从石材本身渗入室内,而常常是从灰缝处渗入。做好石材砌体之间的连接就是石屋民居墙身防水的关键。早期的石材砌体之间的连接材料是三合土(为红壤土、粗砂和般灰搅拌而成)。而泉州沿海盛产牡蛎,殼灰由牡蛎壳烧制而成。由于防水性能不佳,因此需加工石材使其平整,以便石材砌体之间的连接更加紧密,从而达到防渗的目的。1970年代末以来,混凝土在民居建设中得到了应用。水泥砂浆被广泛用于墙身防水中,所以石材砌体之间的搭接缝隙已经不需要过于平整,省去了大量的加工费用。

对于屋顶防水,梁板式石屋民居的平屋顶防水是石屋民居的一个致命缺点,石屋民居的屋顶施工首先是"灌缝"(闽南方言),即先用"石坯"(闽南方言,意碎石片)填上石板之间较大的缝隙,然后再填上三合土,再用水泥砂浆修补缝隙表面,使之平整。这种方法时间长了,屋顶经热胀冷缩灰缝易裂,仍会导致漏水,因此就有屋顶铺"大砖"的,多了一层防水保护。

(3) 石屋民居的隔热性能

福全属于亚热带海洋性季风气候,终年温和,雨量充沛,全年平均气温12.5~20℃,降雨量1 010.9~1 681.6毫米;年日照为1 892.7~2 131小时。因此石屋民居的保温能力不是作为一个主要目标,而隔热性能就表现得相对突出了。

花岗岩石材的导热系数大,传热能力强且石材的抗压性能好,石屋民居的墙体厚度一般均在220毫米以内,因此石屋民居的墙体隔热性能不佳。在调研过程中,据住户介绍,若没有通过空间组织通风或者构造细部的处理,夏天时石屋民居室内非常闷热。为此,前文论述的空间布局组织通风问题是解决闷热的有效途径之一。

其次,可通过构造细部组织通风方法来解决闷热问题。石屋民居通过空间布局配合构造细部组织通风,但是其作用还是很难避免泉州沿海夏季的酷热。构造细部处理手段一般是在内墙上辟通风口,内墙上开窗等。

6.4　石屋民居的装饰效果

福全石屋民居采用地方的建筑材料,多以花岗岩石材为主,且多未经雕琢,建筑外墙呈现出石材斑驳粗犷的材料特性,体现了一种朴素的现代主义建筑美感。经雕琢过的石屋,其石材构件的艺术化雕刻更是体现出惠安石雕纤巧、精细、神奇,含有细节语言,有令人赏心悦目的艺术效果。

6.4.1　朴素的材质美

石屋民居由村民自行设计自行建筑,没有刻意的雕饰,建筑的功能与材料、空间与材料相得益彰,表现出一种朴素的美感。首先,福全石屋民居是当地人们在特定的历史背景下,采用当地的建筑材料,为满足广大群众住房需要时而出现的一种民居类型。运输费用低、加工费用低,只需在当地人们的劳动中便可完成建造过程,带有一种朴素的价值观。其次,福全石屋民居所采用的石材未经雕琢、加工凿平,虽缺乏精雕细凿艺术处理,却表现出另一种肌理美感。再次,石屋民居的结构体系完全暴露在外面,表现出形式与功能、材料的统一。

6.4.2　建筑的雕刻化

石屋民居多不太讲究豪华与气派,因此石雕在建筑上的使用相对较少。但是在建筑的重点处理位置,还是可以看到很多石构件经过石雕艺术处理。如石柱,一般位于石屋民居入口处,是建筑主要立面的主要构件,多为圆形或方形平面,或者柱子下段为方形,三分之一以上为圆形,过渡段将方形体块切掉四角,成八边形体块,与圆柱相接,形成良好的过渡;另外有些方柱通过切掉四角美化柱身。柱头常采用叠涩,形成较为朴实的雕刻艺术。

综上,福全石屋占据古村落内建筑群的主体,是整个古村落的底色,而其暖灰色的底色朴素而实在,以此映衬出红砖、燕尾脊的传统古厝及番仔楼的奢华,同时,与它们一起构筑出闽南沿海古村落的地域民居特色。

第六章　宗族礼仪下的祠堂建筑空间解析

对于福全古村落来说,除了大量的民居之外,还留存有大量的公共建筑,如祠堂、寺庙、公所、学校等等,其中,祠堂是一个家族组织的中心,也是家族组织的一个重要标志,是中国传统社会中独特的,并具有广泛影响的社会文化形态。传统祠堂不仅仅只是家族祭祀的场所,它的历史演变与乡村社会的发展有着密切的关系,"对于生活在中国农村的汉人来说,宗族不仅是一种将同姓同宗的人们按一种特定法则划分出来的人类亲属集团,而且还成为一种文化和一种生活方式"[1],反映了区域经济、社会、文化、伦理道德、社会组织等地域特色,是了解古村落所在区域文化传统的重要窗口。

1　宗法制度下村落宗族变迁

1.1　宗族与宗法制度

宗族是一种以血缘关系为纽带,以父系家族为脉系,体现家庭、房派、家族等宗亲间社会结构体系,并具有一定权力的民间社会组织结构形式[2],是一种社会群体,它具备着血缘、地缘两大因素,并需要有组织原则与相应的机构[3]。

许慎在《说文解字》中亦云:"宗,尊祖庙也。从宀、示。"宀即房子,示即神,也就是说"宗"是供奉在祖庙的"先祖"神像或牌位,族人对祖先顶礼膜拜,是"除了'慎终追远',表达充盈于胸中的宗教性情感,最主要的是为了表示自己具备作为一个父系单系世系团体成员的资格"[4]。这是"宗"的第一层含义。第二层含义"宗人之所尊"是说对祖先牌位表示尊敬就叫"宗"。所以在古文中"宗"和"尊"是互通的。

宗法本意是宗祧继承法,也可以引申为宗族组织法[5]。"宗"为近祖之庙,"祧"为远祖之庙,两者联称泛指各种祭祖设施。宗法是以宗族血缘关系为纽带调整家族内部关系,维护家长、族长统治地位和世袭特权的行为规范,是一种宗族之法。宗法制是按照血缘远近以区别亲疏的制度。宗法制度最核心的内容是严嫡庶之辩,实行嫡长子继承制,传嫡不传庶,传长不传贤,依靠自然形成的血缘亲疏关系划定族人的等级地位,从而防止族人间对于权位和财产的争夺[6]。它与国家制度相结合,维护贵族的世袭统治。

宗法制度源于父系氏族公社时期的家长制家庭,殷商末期,嫡长子继承制逐步确立,周代形成了一套完整的宗法制度,即推行嫡长子继承制,并把原有的宗法制系统化,同时又形成"分封制",在层级分封下,天子和诸侯、卿大夫既是各级政权首领,也是各个大小家族族长,形成一种"大宗小宗之法"的特殊世系关系原则,其主要目的在于"尊祖、敬宗、收祖"。由此形成了以周天子为核心,由血缘亲疏不同的众诸侯国竞相拱卫的等级森严的体制,使政权不但得到族权而且得到神权的配合。"亲亲"、"尊尊"在这一体系中得到完备的、严格的体现,成为了宗法制的精神支柱[7]。

---

[1] 引自:钱杭.中国宗族史研究入门[M].上海:复旦大学出版社,2009:2。
[2] 引自:王桦.权力空间的象征——徽州的宗族.宗祠与牌坊[J].城市建筑,学者论坛(1994-2007):84-89。
[3] 引自:冯尔康.中国古代的宗族与祠堂[M].北京:商务书馆国际有限公司,1996:7。
[4] 引自:钱杭.中国宗族史研究入门[M].上海:复旦大学出版社,2009:33。
[5] 引自:郑振满.明清福建家族组织与社会变迁[M].北京:中国人民大学出版社,2009:172。
[6] 引自:邵建东.浙中地区传统宗祠研究[M].杭州:浙江大学出版社,2011:1。
[7] 引自:邵建东.浙中地区传统宗祠研究[M].杭州:浙江大学出版社,2011:3。

对于宗法制度的发展,多数学者认为其经历了五个发展阶段:先秦典型宗族制;秦唐间世族、士族宗族制;宋元间官僚宗族制;明清绅衿宗族制;近现代宗族变异时代❶。

其中,在唐到宋代这段历史时期,宗法制度得到很大发展,宗族形态发生重大改变,形成新的结构方式。宋代理学家朱熹、张载等人将宗族制度改造为社会各阶层均适用的行为规范,朱熹还在《家礼》等书中制定了一整套宗法伦理的繁缛礼节。国家废除乡村社会建祠和祭祀祖先的诸多限制,鼓励乡村累世聚居,宗族组织逐渐走向制度化、大众化、普遍化。

宋以后的村落成为我国传统宗族文化的重要载体。"对福建的社会形态形成和发展来说,最为重要的是宋以后的封建家族制度"❷。宋以后福建的祭祖方式,大致可以分为三类:家祭、墓祭与祠祭。其中,祠祭亦即祖祠内致祭,南宋后期,福建开始建设专为祭祖用的祠堂,且多限于名宦及乡贤的后裔,祠堂的规制尚小,祭祀的代数也很有限,多受制于"士大夫祭于庙"的藩篱❸。

明中叶以后,在《家礼》逐步普及和士大夫推动的背景下,宗祠建设和祠祭祖先开始成为宗族建设的重要内容。另外,明朝在治理乡村社会的过程中,借助乡约推行教化,宗族则在内部直接推行乡约或依据乡约的理念制定宗族规范(祠规或祠约)、设立宗族管理人员约束族人,发生宗族乡约化的转变,在一定程度上标志着宗族的组织化和宗族的普及❹。

清朝政府继续实行传统的"以孝治天下"的方针,从律例、基础社会建设等诸多方面支持亲权和保护宗族公共财产,有条件地支持宗族对族人的治理,以期由宗族的团结和睦达到国家的安定、天下的大治。因此,聚族而居的人们建立宗祠、祭祀祖先成为社会的普遍形象,宗族组织也已经成为绅衿平民的组织。在这一背景下,福全所在的地域宗族活动非常频繁,宗族势力在民居社会异常活跃也成为必然。

1.2   宗族组织的基本类型

1.2.1   家庭及其类型

家庭是指同居共财的亲属团体或拟制的亲属团体❺。家庭是家族构成的基本单位。"家有家长,积若干家而成户,户有户长,积若干户而成支,支有支长,积若干支而成房,房有房长,积若干房而成族,族有族长。上下而推,有条不紊。"❻

对于家庭的结构的分类,依据家族成员之间的纽带,即规范和制约家族成员的基本社会关系,基本社会关系除了"同居共财"的经济关系外,还存在着婚姻、血缘、收养、过继等社会关系,其中婚姻关系是最为主要的。郑振满先生把传统家庭分为三种类型:一是"大家庭",即包含两对及两对以上配偶的家庭;二是"小家庭",即只有一对配偶的家庭;三是"不完整家庭",即完全没有配偶关系的家庭❼。

1.2.2   家族组织的基本类型

家族是指分居异财而又认同于某一祖先的亲属团体或拟制的亲属团体❽。中国的宗族是世界上少见的亲属组织,其重要特性之一是同时兼有血缘、地缘及其"共利"这三种社会组织原则❾。这一特性揭示了宗族组织的多元特征,对于宗族组织的基本类型,郑振满先生认为其类型包括:①以血缘关系为基础的继承式宗族;②以地缘关系为基础的依附式宗族;③以利益关系为基础的合同式宗族❿。

其中,合同式宗族的基本特征,在于族人的权利及义务取决于既定的合同关系。由于族人之间的合同

❶   引自:冯尔康.中国古代的宗族与祠堂[M].北京:商务书馆国际有限公司,1996:8-56。
❷   引自:戴志坚.福建民居[M].北京:中国建筑工业出版社,2009:50。
❸   引自:郑振满.乡族与国家——多元视野中的闽台传统设计[M].北京:生活·读书·新知三联书店,2009:106。
❹   引自:常建华.明代宗族研究[M].上海:上海人民工业出版社,2005:186、258。
❺   引自:郑振满.明清福建家族组织与社会变迁[M].北京:中国人民大学出版社,2009:14。
❻   引自:林耀华.义序的宗族研究[M].北京:生活·读书·新知三联书店,2000:73。
❼   引自:郑振满.明清福建家族组织与社会变迁[M].北京:中国人民大学出版社,2009:16。
❽   引自:郑振满.明清福建家族组织与社会变迁[M].北京:中国人民大学出版社,2009:14。
❾   引自:郑振满.明清福建家族组织与社会变迁[M].北京:中国人民大学出版社,2009:47。
❿   引自:郑振满.明清福建家族组织与社会变迁[M].北京:中国人民大学出版社,2009:47。

关系一般是建立于平等互利的基础之上的,因而,合同式宗族是以利益关系为基础的宗族组织。合同式宗族的形成,主要与族人对某些公共事业的共同投资有关。由于合同式宗族的集资方式一般都是以等量的股份为单位的,其经营管理与权益分配往往具有合股组织的性质。在合同式宗族中,族人对有关族产的权益可以世代相承,也可以分别转让或买卖❶。如福全古村落中的全氏就是典型的合同式宗族。该宗族以"全"为族姓,由本村落的小宗、零星军户以及没有户籍的人员以合同的形式建立宗族,并在《约字》中签名画押的有"詹奕灿、洪奕龙、曾奕从、张奕铨、刘奕伯、卓奕弼、吴奕盛、何世德、曾世都、张世正、叶世春、翁世瑞、尤世祥、赵世坦"。而族产"全氏宗祠"建于清康熙五十三年。该地为陈胤晃、陈应京所献,立有字契:

　　"立契人房亲胤晃、应京有承祖厝地一所,土名下营。东至石衙,西至王宅,南至路,北至巷,四至明白。今晃、京叔侄年老无嗣,上思宗烟祀至沦绝,下念两身殁后并无亲戚归倚。叔侄相议,愿将此地基并天井,石木充入本房起盖小宗。约将晃等父母并本身共神主六身进入小宗,配享春秋上祭……"❷

　　合同式宗族由于只注重族人之间的互利关系,而不注重族人之间的血缘与地缘关系,因此,其宗族内部最为灵活,所以,从这方面看,福全古村落内全祠的建立,并没有削弱翁氏、张氏、何氏等小宗与军户对原来宗族先人的祭祀活动,他们各自的祖厝、家祠依旧存在,全祠只是在受到强势大宗的欺凌时,才发挥其作用。因此,全祠的一系列祭祀活动在民国年间停滞了,而各自家族的祭祀活动却一直延续至今。

1.2.3　家庭与宗族的相互依存❸

　　家庭是宗族的组成单元,没有家庭的存在就没有宗族的存在。家庭与宗族之间的关系,郑振满先生研究认为,两者之间的基本结构如图6-1所示:

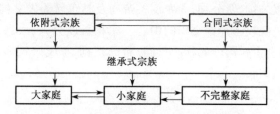

图6-1　家庭与宗族组织的关联性分析图

　　图中单线表示统属关系,双线表示并列关系。由于各种家族组织的相互统属和相互联结,构成了相当庞杂而又层次分明的家族系统。这些不同层次的家族组织,在结构上是耦合的,在功能上是互补的,从而体现了婚姻关系、血缘关系、地缘关系及利益关系的有机统一。对于每个家族成员来说,他不仅从属于其中的某些家族组织,而且从属于整个家族系统。因而,只有揭示各种家族组织之间的相互联系,才有可能把握家族系统的总体特征。

　　从动态的观点看,各种家族组织可以相互转化,从而呈现出家族发展的阶段性特征。在正常情况下,每个家族都有一个共同的始祖,这个始祖经过结婚和生育,先后建立了小家庭和大家庭;而后经过分家析产,开始形成继承式宗族;又经过若干代的自然繁衍,族人之间的血缘关系不断淡化,逐渐为地缘关系和利益关系所取代,继承式宗族也就相应地演变为依附式宗族和合同式宗族。(如图6-2所示)

始祖　结婚　生育　分家　分化　融合
(不完整家庭)──→小家庭──→大家庭──→继承式宗族──→依附式宗族──→合同式宗族

图6-2　家族的变迁历程分析图

　　上图表明,各种不同类型的家族组织,标志着家族发展的各个不同阶段;结婚、生育、分家及族人之间的分化和融合,是联结各个发展阶段的不同环节。由此可见,家族组织的形成与发展,是一个循序渐进的连续系统。就其长期发展趋势而言,处于较低级阶段的家族组织,必将依次向更高级阶段演变,而这正是

❶　引自:郑振满.明清福建家族组织与社会变迁[M].北京:中国人民大学出版社,2009:78-79。

❷　引自:许瑞安.福全古城[M].北京:中央文献出版社,2006:58。

❸　引自:郑振满.明清福建家族组织与社会变迁[M].北京:中国人民大学出版社,2009:16-17。

家族组织长盛不衰的秘密所在。不仅如此,在家族发展的较高级阶段,又会派生出较低级的家族组织,从而呈现出周期性的回归趋势,导致了多种家族组织的并存(如图6-3所示)。

上图中,纵向表示从低级形态向高级形态的演变,横向表示从高级形态向低级形态的回归。前者反映了家族组织的变异性,后者反映了家族组织的包容性。由此可见,家族组织的发展进程,是一个陈陈相因的累积过程。因此,只有把各种家族组织置于历史的脉络之中,才有可能揭示家族组织的演变趋势,阐明家族发展的全过程。

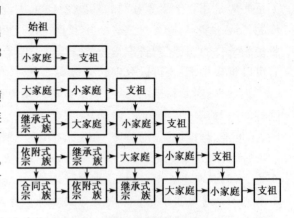

图6-3　家族发展演化历程分析

1.3　祠堂

在《辞海》里,"宗"为祖庙、祖先、同祖、同族等;"祠"意思为春祭、秋祭、祭祀、祖庙、祠堂;"宗庙"是古代帝王、诸侯或大夫、士祭祀祖宗的处所;"祠堂"的意思为祭祀祖宗或先贤的庙堂,后世宗族宗祠亦通称祠堂;"祠庙"即祠堂;"宗祠"是祠堂、家庙,旧时同族子孙供奉并祭祀祖先的处所。❶

祠堂是祭祀神仙、祖宗或先贤的庙堂,因此可以分为:神祠、先贤祠与宗祠三类。神祠是以某个神仙形象为祭祀对象的祠庙,如南门眉山城隍庙,就是祭祀城隍的庙宇。先贤祠是以某个先贤人物为祭祀对象的祠庙,如南门眉山的妈祖庙,报公祠、遗公祠、元龙山关帝庙及其东麓的朱文祠等。宗祠是最普遍的一种祠堂形式,被视为宗族的象征,是族权与神权交织的中心。宗祠可以分为:大宗祠、宗祠、房祠、支祠等(有时直接称为家庙或祠堂)。如福全古村落内的林氏家庙、蒋氏宗祠、陈氏宗祠等,其中蒋氏宗祠即为大宗祠,陈氏宗祠多为房祠。

1.4　闽南宗族的历史钩沉

1.4.1　闽南宗族的发展概况

闽南地区围绕晋江、九龙江两大流域形成福建省著名的三角洲平原——泉州与漳州平原,人口稠密,宗族聚居的规模较福建其他地区大,形成了强宗大族;另一方面,这一地区于明代中叶及清代初期先后经历了倭寇之乱和迁界之变,宗族组织的正常发展进程受到了全面的冲击,出现了较其他地区更多的变异形态。❷

根据郑振满、陈志平等学者的研究,在明代以前,闽南地区已经有不少强宗大族,在社会经济结构中占据了统治地位。宋代闽南的宗族组织,一般是以当地的某些寺庙为依托,而且多数与名儒显宦的政治特权有关,其社会性质较为复杂,南宋后,闽南各地宗族组织逐渐脱离寺庙系统,得到了相对独立的发展,元明之际,闽南地区的聚居宗族纷纷建祠堂、置族产、修族谱,陆续形成以士绅阶层为首的依附式宗族。❸

明中叶以前,由于社会环境相对安定,闽南地区宗族发展迅速,随着族人的日益增加,祭祖的规模不断壮大,建祠活动也越来越频繁,建祠之风盛行。福建历史上的家族祠堂,最初大多是先人故居,俗称"祖厝",后经改建,逐步演化为祭祖的"专祠"。福全古村落里较为典型的如翁氏祖厝、许氏祖厝等,都是在先人故居的基础上,逐步演化为家族专祠。

明代嘉靖后期,闽南地区经历了长达十年的倭寇之乱,社会经济受到了严重的破坏,宗族组织的发展开始出现某些变异形态。在这场浩劫中,沿海各地的聚居宗族受到了剧烈的冲击,有不少宗族组织一度趋于解体,长期未能恢复正常活动。万历十三年(1585),晋江县施黎受《修谱遭寇志》中记云:❹

❶ 引自:辞海编辑委员会.辞海[M].上海:上海辞书出版社,1989:2638-2640、4164。

❷ 引自:郑振满.明清福建家族组织与社会变迁[M].北京:中国人民大学出版社,2009:115。

❸ 引自:郑振满.明清福建家族组织与社会变迁[M].北京:中国人民大学出版社,2009:120。

❹ 引自:郑振满.明清福建家族组织与社会变迁[M].北京:中国人民大学出版社,2009:128。

嘉靖庚戌，予主祀事，宗戚来与祭者蕃衍难稽，子孙老幼计有八百余人。不意嘉靖戊午倭寇入闽，初犯
蚶江，人不安生，瞭望烟火警惧。已未、庚申岁，则屡侵吾地，然犹逃遁边城，性命多获保全。至辛酉岁，倭
寇住寨海滨，蟠结不散，九月念九破深沪司，而掳杀过半。壬戌二月初八日，攻陷永宁卫，而举族少遗。呼
号挺刃之下，宛转刀剑之间。生者赎命，死者赎尸。尸骸遍野，房屋煨烬。惟祠堂幸留遗址，先世四像俱被
毁碎。加以瘟疫并作，苟能幸脱于剧贼之手者，朝夕相继沦没。……予陷在鳌城，家属十人仅遗其二，亲弟四
人仅遗其一，童仆数十曾无遗类。长房只有六十余人，二房只有五十余人。……今岁乙酉，年已六十二矣，窃
见宗族生齿日繁，欲修谱牒而难稽，幸二房曾祖叔时雨、光表者有谱移在泉城，寻归示予，此亦天道不泯我祖
宗相传之意也。故题此以示后世，使知我宗族一时沦没之由，亦示后世子孙知宗族一时艰苦之状云。

——晋江县《临濮堂施氏族谱》（厦门大学历史系抄本）

　　施氏此次修谱之举，距倭寇之乱已有二十余年，而该族重修祠堂及恢复合族祭祖活动，却又迟至明末
崇祯年间❶。在沿海各地的族谱中，还有不少类似的记载。例如，泉州《荀溪黄氏族谱》记载："倭寇之寇泉
城也，洵江尤甚。攻围数次，焚毁再三。巨室凋零，委诸荒烟蔓草间，所在皆是。"❷在这一背景下，闽南地
区的依附式宗族受到了不同程度的削弱，而合同式宗族则相应有所发展。其次，倭寇之乱，促使了族人筑
堡自卫，从而强化了聚居宗族的军事防卫功能。在这段时间内，福全古所经历了多次倭寇的侵扰，嘉靖四
十三年(1564)倭寇围福全，福全蒋氏族人蒋君用组织所城族人、村民进行抗争，留下了为纪念蒋君用的"遗
公祠"。

　　这些由族人自发组织的自卫兵在抗倭中起到了巨大的作用，但是随着乡族武装的发展，又引起了乡族
械斗，激化当地的社会矛盾，如下文中论及的"都蔡冤"械斗事件，在一定程度上毁害了祠堂、家庙及其耕田
等，而福全则留下的"报功祠"正是为祭奠械斗中的死难者。

　　明嘉靖以后的近百年中，闽南地区的社会环境相对稳定，宗族组织得到了恢复和发展，但清初的战乱
及其迁界之变，又使得该地区的聚居宗族再次受到了全面的冲击。福全古村落则在清顺治十八年(1661)
"禁海迁界"中，百姓流离失所，城内外寺庙悉数遭毁，蒋氏故居、宗庙亦被烈火焚烧❸，聚居宗族也必然全
面解体。

　　复界后闽南聚居宗族的重建，据郑振满先生的研究，认为可能经由两种不同途径：①是以少数官僚或
豪强之士为核心，重新组成依附式宗族；②是由陆续回归故里的族人自由组合，形成某些合同宗族。前者
较为典型的就是福全蒋氏宗族，明代是家族鼎盛时期，清代复界后，蒋氏族人重新组成依附式宗族，开始复
建宗祠家庙，于清康熙五十五年(1716)丙申十二月二七日举行迎主入祠，光绪十六年(1890)，修谱，在复界
后，整个蒋氏宗族较其他宗族依旧比较强势。而后者较为典型的是林氏家庙西侧的全祠，即复界后，据《全
中谱》载："今因灿等零星军户，从无户眼，而且摄乎强族之间，每被欺侮，兹同议欲顶一班，思姓氏多门，议
将以地为姓，即'全'是也……"❹各姓同议改为全氏，以壮大声势。谱中所说的"强族"即指蒋氏家族。福
全古村落内的一些小宗族为了免受蒋氏家族的欺压，通过合同的方式组建成跨血缘的宗族组织，并更换族
姓为"全"，建宗祠，修《全中谱》，在谱牒中以尊溯全公为麟始祖，编制字行。进主祭祖时，其神主牌正面写
全公，主内写原来各自的姓氏。据现存重修的《全中谱》载：清光绪三年和光绪八年各进行一次进主。自光
绪八年而后，轮值进行春冬祭祀，一直至民国间方告停止。福全的全氏终于解体，成为了历史。❺

　　康熙中叶以来，闽南地区的社会环境逐渐趋于安定，宗族聚居的规模不断扩大，各种形式的宗族组织
都得到了稳定的发展。

1.4.2　闽南祠堂的发展及其表现形式

　　闽南地区祠堂的建造可以追溯到唐代，这是由于闽南地区的开发是与北方士民的入迁联系在一起的。

---

❶ 引自：郑振满.明清福建家族组织与社会变迁[M].北京：中国人民大学出版社，2009：128。
❷ 引自：郑振满.明清福建家族组织与社会变迁[M].北京：中国人民大学出版社，2009：128。(《荀溪黄氏族潜》卷二，《祠堂记》)
❸ 引自：许瑞安.福全古城[M].北京：中央文献出版社，2006：15。
❹ 引自：许瑞安.福全古城[M].北京：中央文献出版社，2006：85。
❺ 引自：许瑞安.福全古城[M].北京：中央文献出版社，2006：85。

北方士民在闽南各地繁衍生息,并为了强调家族的存在和作用,开始陆续建造祠堂,作为放置祖先神主牌位之地。明代以前,闽南家族建造祠堂不是很普遍,主要局限于巨家大姓。明代之后,随着闽南家族制度的进一步发展,加上山海商品经济的发展,为祠堂建造提供了较好的经济基础,建造祠堂成为各个家族的主要追求,家族祠堂的修建进入了竞相效仿的时期。"族必有祠"成为了明清至新中国成立前夕闽南极其普遍的现象。因此,闽南地区大小家族都有祠堂,有些甚至有多座祠堂。百十户甚至十数户的小家族,就在村落中营建一座祠堂,族大人多的则建立数所,故祠堂又有总祠和支祠之分,全族合祀者为总祠或称为大宗祠,族内的分支分房各祀其直系祖先者为支祠或称小宗祠。❶

在这漫长的发展过程中,闽南地区的宗族组织其外在的表现形式为祠堂建筑,也经历了"祖厝"到"专祠"再到形制相对完备而稳定的祠堂这一发展过程。其中,"祖厝"是历代分家时留下的公房,主要用于奉祀族内各支派的支祖。在闽南地区,包括福全古村落在内保存祖厝是一种相当普遍的社会习俗,从而直接地反映了家祭活动的盛行,如福全古村落内的翁氏祖厝、许氏祖庙、吴氏祖厝等都是这方面典型的例子。

1.5 福全宗族变迁

据文献记载,至明代福全所城兴建,福全古村落就成为了"百家姓、万人烟"的聚落,其主要姓氏有蒋、陈、林、卓、曾、黄、张、翁等军户家族。明代福全千户所驻军千余名。由此可以推断,官兵定居福全者甚多。其中,有族谱可据者,如蒋氏始祖蒋旺,翁氏始祖翁思道,刘氏始祖刘全生,射江衍派陈氏始祖陈轸,都是调往福全所的军官。加上明初城外十三小乡迁入福全城内居住,使得所城内人口大增,宗族多元而复杂。

从《晋江县志·职官志·武秩》考,按明代制度,屯驻的官兵都可以带家眷。而查证当时在福全所居住还有以下姓氏:

阎姓,阎斌、阎国栋和阎凤扬先后任福全千户所百户。

路姓,路忠、路一程和路一汉先后任福全千户所百户。

翟姓,翟旺任福全千户所百户。

吕姓,吕荣任福全千户所百户。

吉姓,吉洋任福全千户所百户。

到清初迁界,随福全人口大量外迁,古村落内宗族数量锐减,但仍然保留了一定的宗族姓氏,目前仍有:王、尤、李、庄、刘、许、吴、巫、何、张、苏、陈、林、卓、赵、郑、洪、翁、留、黄、蒋、曾、温、蔡等24姓氏。❷

其中,有史实可查已外迁的姓氏如下❸:

柳姓,原居庙兜街柳厝巷。明代,柳铭、柳毓芬和柳宗装曾任福全千户所百户。后福全柳姓迁磁灶坝头和台湾。前年,在泉州工作的柳新群来福全寻访祖居地。

余姓,原居住在风窗竖一带。明代余武、余镇、余贵和余振先后任福全千户所百户。

巫姓,如大家认识的巫柳女士,即福全巫姓支派也。后巫姓移居菲律宾。

叶姓,原居住在定海境关帝庙南。《全中谱》签名者有叶世春,后迁往漳州。

杨姓,现陈祖荣厝后称杨厝宅者,即其居住地。

白姓,早先居住在北门围内,今尚存一竹简记载。

詹姓,《全中谱》有詹奕灿为14姓签名之一的军户。

金姓,北门街往下街池处,有一口金厝井。其附近为金姓居住地。

银姓,在陈氏宗祠北畔,有一口银厝井。即为银姓居住地。

郜姓,传说"生在厅中,死在洛阳"的郜会元其出生在庙兜街,后郜姓迁往漳州。

现城内一些旷地,如"许厝潭"原为许姓的居住地。北门肯井一带,原居住陈、曾、张三姓。至今其厝基

---

❶ 引自:苏黎明.家族缘:闽南与台湾[M].厦门:厦门大学出版社,2011:153-154。

❷ 引自:许瑞安.福全古城[M].北京:中央文献出版社,2006:117。

❸ 引自:许瑞安.福全古城[M].北京:中央文献出版社,2006:117。

尚存。称上至上山埭,下至三台山、内厝山的"竹篙林",即指这一带原是林姓居住地。

1.5.1　留氏家族变迁

泉州地区留氏族谱以留因为第一代。唐代,十八世留钟,授官泉州刺史,"慕泉州清源紫帽山水之胜,卜居晋江县开元寺西南隅"。是为留氏入闽之祖。二十七世留从效,泉州节度使,累加封太师中书令、鄂国公、晋江恭王。

福全留姓于宋元时由泉州入居福全,为较早定居福全的姓氏。据《留氏族谱》载:"三十四世留汝猷,登宋嘉定元年(1208)戊辰科进士,仕台州海宁知县。归第,性就山川,游至海滨十五都鳌头山,阅之掀髯抵掌,谓千里来龙,到此结穴,异日王侯袭爵,承芳接武。遂慨然去泉城七十里而徙迁焉,建东楼、西楼。又设寮立澳防于渔民出没之处。频来往福全。"

"三十六世留尚贤(留汝猷之孙),性乐山水,琴棋雅趣,自设海澳,名曰留澳,商船聚货市利。四十世留顺义,原名敬生,厘公次子。居晋江福全所。生四子,曰:甫生、待铭、征铭、得铭。卒葬洋下于后壁灰墓。四十一世留甫生,改名复名,字从新,号拙翁(顺义的长子)和三弟留征铭,字从信。俱分居福全。留甫生,生三子,曰:惠、观、广。留征铭,生二子,曰:六观、七观。"其后子孙繁衍,瓜瓞延绵,人丁兴旺,英才辈出,为福全的一望族。

明清间,福全留姓分支龙湖仑上,永和旦厝,陈埭海尾,同安湖内和台湾。留姓的郡望为"彭城衍派"。

《留氏族谱》记载《留氏百世源流歌》一篇以为字行:"我留启运,放勋肇基,逮迄于今,千派万枝,英豪俊杰,每协昌期,忠贞节孝,世代称奇,立从之道,曰仁曰义,礼智廉能,咸所当知,恩惠信德,亦尔宜施,文章典籍,易乐书诗,殷勤勉励,正直是师,荣宗显祖,富贵由兹,慈祥恺悌,钦重威仪,淡素敦朴,法度规矩,谋猷嘉善,谨慎维持,寿考炽臧,福禄绵照,克遵此诵,享获有余。"今已传至60世"籍"字辈。

1.5.2　林氏家族变迁

福全林姓源自河南省光州固始县。

福全林姓始祖林廷甲,河南光州固始县永丰庄人。唐乾符五年(878)戊戌登武第,中和三年癸卯年从司徒南唐李克用进讨黄巢有功,授指挥使佐御固始。中和四年(884)甲辰随本州刺史王绪南下入闽,取汀州、漳州。光启元年乙巳拥王潮为主帅攻泉州。光启三年(887)丁未与弟廷第率家聚集于圳山。景福二年(893)癸丑闽立国后,授骠骑兵司马,搬取尚居固始的夫人王氏,卜宅福全凤山,负干揖巽,招来田丁,开垦田园,为久御之计。乾宁三年(896)丙辰生子名亮。天佑六年(909)己巳其子恩赐袭职。自祖而孙,文绩武功,世德流芳。其子孙定居福全、后埯、石圳。

"历宋元至明初,长房宁公守祖居地,二房宙公居本邑十二都,三房宿公移居本郡桃源,四房讳公居石圳,五房妈县居本郡后坑,六房芳公居本所山上,七房冶公居本都坑园,八房宽公移居平南关内"。此八房为本支一脉也。

清光绪十六年(1890)旅台林宏炉,在台湾艋舺街经商,事业有成,追本溯源,尊祖敬宗,捐巨资营造十三架两落的林氏家庙,并会同族中父老修族谱。因年代久远,原族谱及列祖列宗的木主因清初迁界时焚毁,四十六世祖以上无从稽录,而以四十六世思元公起修录族谱中。从五十二世起的字辈为"魁(元)宏远业务宜逊之思敏",今已传至六十一世敏字辈。

清初顺治十八年迁界,至康熙二十二年复界。"福全自海疆底定,吾宗相招回籍,斯时堂构丘墟,垣墉荒废。值此靡室靡家,不过就祖地各构数椽以栖身……生存者衣食且不足,于兴复必无暇矣。"福全林姓有些人仍居住在迁移地。有些人回乡后见其房屋倒塌,田园荒废,而再往迁移地居住。2004年泉州林以东先生等来福全寻宗认祖,言其祖辈原为福全人,迁界时移居泉州,开药店行医谋生。一度曾返福全祖家,因生计无着,而再移居泉州。

福全林姓原系人丁兴旺的望族,当时分衍上山、西门、山上、所后、南门和内厝诸厅。而后上山,南门和内厝厅不知迁衍何处,待后稽查。

林氏后人中,有些人往台湾谋生,如往台又返乡建大宗祠和祖厝的林宏炉等,现旅台的族亲有一千多人。20世纪八十年代,旅台的福全林氏宗亲,曾派人来内地(大陆)寻根认祖。九十年代福全旅港的林永嘉往台拜访林姓宗亲,并带回《西河福全林氏家谱》影印本一册。

1.5.3 刘氏家族变迁

刘姓先后于唐天宝年间、唐末、五代和宋代四次大规模南迁入闽。福建的刘氏,大都是汉代居住在彭城(今为江苏铜山县)被封为中山靖王刘胜的后裔。故其郡望为"彭城衍派"。

福全刘姓始祖刘全生,原籍本省福州府连江县钦平下里,于洪武廿七年甲戌为调拨官军远调来福全所,始居福全所东山境,繁衍发展。

福全刘姓的字行,自第四代起为"伯砺,则鲁若齐,奕世克昌,文章华国,诗礼传家"。后再续新字行为"宗功派衍长,书香继振;祖泽源流远,孝悌遗徽"。至今已传至廿一世"家"字辈。郡望为"彭城衍派"。

清顺治十八年海禁至康熙二十二年复界,在这个时间段,福全城遭受了毁灭性的破坏。刘姓男青年纷纷结伴背井离乡往台湾谋生。谱载有十一世□□(奕伯之子)。十二世克博、克协、克提往台湾居住。十三世昌标、昌致往台,居住在妈祖埔。昌运、昌日、昌抛、昌教、昌于往台湾居住。十四世文顺(昌岂之子)往台湾居住。经数代繁衍,在台湾的福全刘姓裔孙的人数众多。

清光绪七年辛巳十五世刘章寿请例授文林郎丁卯科举人庚辰科大挑二等即补儒学教谕的本县塔头村人刘云路修《福全刘氏家谱》,并得本里陈宏可鼎力帮助。

公元2000年十二世刘厚生恭请本里已故乡贤蒋申智重修《福全刘氏家谱》。刘氏祖厅位于东山境,始建于清初,为石木结构的传统古厝,后几经修复,现在的祖厅为刘氏族人合资于2003年重建的砖石结构、二落三间张的仿传统古厝式样建筑。(如图6-4所示)

图 6-4 刘氏祖厅

1.5.4 许氏家族变迁

福全许姓的郡望为"瑶林衍派",其字行也与石龟许的字行相似,而知福全许姓为瑶林派下的裔孙也。瑶林派的入闽始祖许陶将军于唐总章二年(669)为先锋入闽,陈政将军为元帅殿后。事平后,始祖许陶将军择晋江而居。裔孙许爱居晋江十七八都瑶林村(今杨林),爱公生子三,长子达公分居大房蓬山,次子川公分居西花,三子泮公开基瑶林。泮公生子二,长子导公居石龟,次子郎公分支围江,后又分衍西头等。福全许氏开基祖由瑶林三世祖郎公,择居晋江市金井镇湖厝村,传至十五祖,书昭公为狮头份支祖,长子十六世祖,继干公,传至二十二世秉辉公,湖厝村狮头份徙居福全。据许氏后人介绍,许氏先祖原为雕刻艺师,可能亦为生计而迁居福全。

福全许姓,自廿九世起的字行为:"逊志经书,自有文章光世德。存心孝友,居然仁让振家声。"人丁兴旺,家族发展迅速,现已传至三十四世"有"字辈。其族谱记载许姓在清朝已有人移居台湾。

但在1900年前后,因晋南瘟疫及其持续13年的大规模封建械斗,福全城人口锐减,许氏家族也在这场浩劫中几陷灭顶,整家族劫后余生且有男后裔的只余三人,也正是这三人顽强地繁衍生息,带领家族的复兴,他们是许志昔、许志祥、许志锦。20世纪初,志昔公家族移居菲律宾,子裔事业有成,人丁兴旺,至今已繁衍至一两百人。目前,福全许姓主要分布于菲律宾、美国、澳洲、香港、北京、厦门等国家和地区。现福全古村落内居住有许氏后人40多人,海外120多人,总人口近200人。

其中,许志昔,年少时家贫,兄弟三人居幼,早失父,弥后又失母及长兄,与二兄共度,二兄一生无婚。

1906年娶苏乌栗,两姓共继,育四子一女。四子均在三四十年代全眷出洋,定居吕宋。长子苏佳起过继苏姓。许经习、许经陵、许经沐此系在菲已传至第五代,人丁200多人,近1/3移居美国、加拿大等地。

又许昔聘从大房吕厝徙居福全,蓬山衍派支流,现已传至四代。另有一支许姓,原居住在福全所城内许厝潭一带,为较早定居福全的许姓。

1.5.5　张氏家族变迁

福全张姓于不同年代、源自不同地点,先后来到福全定居,其中据《晋江县志》记载:明万历年间袭福全守御千户所百户的张自新、张普为定居福全的张姓之一。现居住文宣街的张姓,据口碑文献始祖源自山东省,分衍泉州(如晋江深沪)、广东、台湾和新加坡等处。

另外,有一支来自衙口小埭,于清代康熙年间迁入福全,为"清河衍派",字行为"世国荣显,克昌胤锡维,友道孚于,一自成其祥",已经传至"于"字辈。七世张厚廷分衍台湾鹿港,后又有锡字辈分衍越南仰光、安南。近代又分衍厦门等地。

1.5.6　福全青阳陈姓源流

福全青阳派陈姓,肇基泉城晋邑南关外涵江,派支分于山头乡,复分派于社店,四世分支考塘乡,九世斋公及十世晋塘公分支于青阳。

十二世元祚公于明季由青阳迁居福全所英济境,建业安居,子孙昌炽。

元祚公为福全青阳派陈氏始祖,称一世祖。三世信德之长子贤历,分居安海七都水头乡,次子桂程和三子贤程仍居福全。至清初顺治十八年辛丑迁界,裔孙流寓四方,散居各地。康熙二十二年癸亥复界,一部分回归故里福全,一部分仍在外居住。

清光绪十四年戊子纂修族谱,水头裔孙捐银资助。

民国五年丙辰九世青谦,字君让,号重功,修族谱,得其友施网珊为之作序。郡望为"青阳衍派"。

自六世起讳行"世泽溯青阳,仁厚开基,燕翼贻谋昌后嗣"。其字行为"家声绵颍水、源流有本、凤毛齐美绍前光"。今已传至十二世"厚"字辈。(如图6-5所示)

1.5.7　射江陈氏家族变迁

福全射江陈姓,始祖轸公,源自光州固始,而迁于福宁州,于明洪武廿七年调驻军功入福全所,始隶籍矣。考户侯柳宗装系轸公的表兄,故军籍在柳宗装的第十所内。据道光版《晋江县志》载,柳宗装任福全千户所百户。

轸公以军籍在福全居住繁衍,卒后葬福全碎石山,坐干向巽。左畔东苏家墓,右畔水沟。

福全射江陈姓,以"射江衍派"为郡望。其字行自三世起为"阳泰明克洪尧国,朝廷宗庙登士元,应选任天宏世本,拔伦在上起英豪"。后又再订字行为"忠孝传(开)基追祖德,簪缨衍庆振邦光(书香),和平正大可昌懋,忍让温恭自吉祥,燕翼贻谋垂后裔,凤毛济美迪前光,文章华国(藻)孙支裕,诗礼传家(敦明)教泽长"❶。至今已传至廿二世"世"字辈,分成三个祖厅。

自明代以来,射江陈姓支派各地甚多。据谱载:七世洪乌梁、洪乌仔、洪乌三(克居之子)分派许家巷、深沪、青阳。

七世洪采、洪桢、洪德、洪应岳、洪应贤等十九人分派居紫帽山麓。

清初迁界时,陈朝礼带领族人迁入泉(州)城。清初复界后,福全城衰落颓废,城内厝宅倒塌,田园荒废。射江陈姓的未婚男性青年纷纷迁往台湾谋生,并在台湾娶妻成家居住,有的已婚青年也迫于生计无着,而背乡离妻往台湾谋生。谱载有十四世登锭、登创、登泽、登胜、登峻、登赛、登良、登品、登康、登翁、登看、登审。十五世士石、士桢、士守、士情、士套、士守、士潭、士兼、士桂、士炎。十六世元侃、元等、元遭、元怡等往台。现台湾淡水有一条街道名"射江路",乃福全射江陈姓裔孙居住而发展的街道。

射江陈氏家谱载:"始祖自福宁州来福全所,带有合同阄书。福宁坟地、厝地、山场、田业俱载在上。历年往宁收取租税,以及帮贴银两计有百余金……至永侯公时阄书合同尽付之火。仅存族谱,即无凭藉,是以不敢再往……"录之以作史料,也可证实福全射江陈姓始祖来自福宁州。(如图6-5所示)

---

❶　文中括号为射江衍派谱中原于字行旁注。

福全青阳陈氏祖厝

福全鹤峰陈氏祖厝

福全颍川陈氏宗祠

福全射江陈氏宗祠

吴氏祖厅

何氏祖厝

卓氏宗祠

尤氏祖厝

图6-5　福全村内宗祠、祖厝、家庙

1.5.8　鹤峰陈姓家族变迁

福全鹤峰衍派陈姓"由长乐入连江,分派福全所居住"。该派系的郡望为"鹤峰衍派"。字辈为"正心诚形,修齐治平,佑定永清,以振丕名"。今已传至"平"字辈。(图6-5所示)

1.5.9　飞钱陈姓家族变迁

福全飞钱衍派陈姓,于明清间,由溜江上宗三房深井头分支来福全庙兜街英济境称大厝内居住繁衍。清乾隆九年(1744)甲子建祖厅。该派系一部分仍居庙兜街,另一部分移福全所城南门周边,且其人丁较多。(如图6-6)

1.5.10　颖川陈姓家族变迁

福全另有一支陈氏,以"颖川衍派"为郡望,现居住于庙兜街和西门一带。字辈为"正心诚形,修齐治平,佑定永清,以振丕名"。(图6-5所示)

1.5.11　吴姓家族变迁

据《福全吴氏仲房家谱》自二世起字辈为"志兴国汉,齐永昌廷,绍子卿伯,隽煌浚文,光祥泽世,庆宣锡克"。后又续"肇孙硕克,希仲成章,明召有知,式序在后"。今已传至廿四世锡字辈。

福全吴姓原居住在福全城隍庙前一带,至今尚有地名"吴厝砌(崎)"传说有一百户吴姓,因有"宫前"风水不佳之嫌,而搬福全所他处居住和分支深沪。《象畔吴氏族谱》载"十世仕光(远公之子)。旧谱载,传至十五世福增分支福全,十五世福荣、福昌兄弟分支深沪"。又入闽吴氏象畔始祖宗祠、祖陵复建委员会名单中,有福全人。深沪东安吴氏家庙1992年重修时,福全吴姓有晋禄位在该祠堂中。

1.5.12　何氏家族变迁

据《福全何氏家谱》及阄书。清乾隆—道光时期的何氏第七世有3人:玉、拔(谱又作昌炽公)、寅。其中拔、寅2人过台,一亡于台地,一垂老归家。

生活于清嘉庆—咸丰时期的何氏第八世有6人:

廷兜,玉之子,"外出住台,娶妻乃台湾女,夫妇生卒、姓氏、坟所未详"。

廷范,玉之子,"时在台,聘娶未详"。

廷弼、廷奏、廷爽三兄弟"以家贫相继往台",廷爽"亡年二十七,葬台地",廷奏"住台鹿港,娶室蔡氏,台湾女"。

廷福,寅之子,"往鹿港居住,再娶妻室未知"。

其中只有廷弼1人自台返家居住,余者全都住于台湾。廷弼、延奏两兄弟经过多年努力,在泉人聚居的鹿港"公建生理",待到家计渐丰,两人已经"相顾年老"了。虽然时在福全已经"内无期功之亲,外无宗族之人",两兄弟仍是相议在故乡起造新厝,置产建业,把家乡作为根基。何氏家谱还记载,其七世、八世往台者,除卒葬不明的外,如拔、廷爽、廷奏,虽卒葬台地,后来皆拾骸葬于福全本山。自咸丰四年析产后,廷弼留于内地,廷奏、廷福仍住台湾鹿港。廷弼生二子,现已传至十三世,族裔七八十人。《何氏家谱》记载廷奏有子六,廷福子一。(图6-5所示)

1.5.13　卓氏家族变迁

福全卓姓始祖于明代正统年间来闽,定居福全所,历经五百余载,繁衍至今已十七世矣。族裔分布于闽台各地。福全卓姓字行,自五世起为"我仰奕瑞克昌仁文志孙正"。自十五世起续编为"正则泽源流,弘扬祖德,宗风昭世代,继振家声"。

十世卓昌月于清乾隆五十三年移居台湾北路上淡水桃涧堡大坪顶大湖尾下湖庄。迨至道光七年,大球公再分派移居枫树坑庄。

徙居台湾的卓昌月曾回乡谒祖省亲,拾其父克喜的骨骸移葬于台湾,并将福全卓姓族谱带往台湾抄录。后于咸丰四年再立族谱。因原谱散失,只记其上辈字行为"克昌大锡"再续新字行为"宗伯邦甫卿尔子,原来仲叔振云孙;孝悌友恭恢祖武,诗书奕世绍经纶"。

1998年初,台湾卓姓宗亲按其族谱记载:"大清国福建省原籍泉州府晋江县十五都福全所啸(嵋)山境……"而组团来福全寻宗认祖。经核对谱系,确系本支一脉。福全卓姓又有支派在南安。(图6-5)

1.5.14   赵姓家族变迁

福全赵姓的郡望为"天水衍派"。宋末元初,赵家帝室流亡来晋江沿海一带,多数皇室成员隐居于晋江。晋江赵姓都为"太祖支派",太祖派玉牒"德惟从世令子伯,师希与孟由宜顺"。《福全赵氏族谱》的字辈,自十世起为"百(伯),书(师)希与孟由宜顺"。可证福全赵姓属太祖支派。

"福全赵氏由泉州分衍福全"。"始祖百泉公(十四世)生于明隆庆三年(1569年)己巳三月初四,卒于万历十五年(1617年)丁巳四月二十四日"。族谱证实,福全赵氏于明代由泉州分衍福全。

《福全赵氏族谱》自十八世起的字行为"德怡守世令子百",今已传至二十一世的"令"字辈。

1.5.15   郑姓家族变迁

福全郑姓始祖,明代自福宁州坑园乡下士村入居福全。繁衍庙兜街厅、太福街厅、文宣街厅、迎恩境厅和嵋山境厅。其后分衍菲律宾、香港、澳门、厦门、龙岩和本镇南江村等处。

福全郑姓的字行为"……前详光裕,学道爱仁……",今已传至"仁"字辈。

1.5.16   尤氏家族变迁

尤姓出自于沈姓。沈姓是黄帝的后代。《姓纂》上说:"周文王第十子聃季食采于沈,因氏焉。今汝南、平舆、沈亭,即沈子国也。"唐代,沈氏随中原移民南下,迁入福建。五代时,闽王审知僭号于闽,因"沈"与"审"同音,为避讳之故,沈去水,而改为尤也。

福全尤姓始祖宝月公。于明中叶从安海加坂庵前入住福全(另一说法是出自泉州鲤城)。传至四世腾公,生三子。长子侯兆公居英济境为长房。次子侯护公分派本所东山境临水夫人庙边居住,其派下传三世,以下不详。三子侯郎公也居东山境为三房。

福全尤姓郡望为"吴兴衍派"。

自四世起,字辈为"公侯伯子开基茂,奕世传芳祖德长"。今已传至十七世"长"字辈。(图6-5)

1.5.17   翁氏家族变迁

翁姓源出姬姓。唐代轩公,赐甲第进士,官闽州刺史,居莆田竹啸庄,遂以为家,为入闽之祖。据《福全翁氏族谱》载"始祖由光州固始统兵而入闽,初居兴化,而迁居福全,以昭信侯之官阶而镇守福全城……""六世思道、七世伯仲,八世光慧,九世九耀均为昭信侯"。

《晋江县志》载,明代"福全守御千户所百户:翁思道,嘉靖间袭。翁曾(翁思道子),万历间袭"。又"翁思海,福全所军余,嘉靖三十年壬子科武举人"。现存《福全翁氏族谱》为民国十六修纂,记载着明初以百户官阶入驻福全所,其后子孙分派各地,也有迁往台湾谋生,如十八世元灿往台湾淡水谋生,并娶台湾淡水女为妻。其子孝居,也配妻台湾淡水女。

福全翁姓,自十六世起的字辈为"维光元,孝悌忠信,温良恭让,德利乃至,修身齐家,治国临民,光于朝廷"。今已传至"信"字辈。

1.5.18   黄姓家族变迁

黄姓的郡望为"江夏传芳"。福全黄姓的"始祖道隆公本河南光州固始人,为东部会稽市令。东汉以来,因建康之乱,即弃官避地而入闽,初居仙游之大尖山、小尖山之阳,后迁桐城,传至守恭公,推惠好施,有长者风……"。后裔孙遍布泉州各地。"开基福全的黄姓始祖曰旭公于明代从泉州笋江之浦口乡徙居福全"。

福全黄姓的字行自十一世起为:"先人贻礼则,奕世种书田。文章昭国瑞,忠孝本家传。行达明新学,修崇德性天。安份跻仁寿,谦光乐太平。多福其自取,丕承乃后贤。以斯善继述,振绳亿万年。"今已传至二十一世"文"字辈。福全黄姓以"紫云"为堂号。以"紫云衍派"为灯号。

1.5.19   曾姓家族变迁

福全曾姓于不同年代入住福全。原居住在福全所城内厝井一带的曾姓于清末迁往金井前埯村,但其祖厅仍然在福全村内。现居住在福全的曾姓,其始祖于明代由南安官桥白石来福全经商,繁衍后又分支深沪经商。清初,一部分族人往台湾谋生,其在台湾的裔孙人丁兴旺,曾将《福全曾氏族谱》带往台湾,并保存至今。另外一支曾姓于清代由金井新市村来福全,其子孙现侨居菲律宾、香港。

福全曾姓郡望为"龙山衍派"。清乾隆五十年,龙山派的族中缙绅订的字行为"奎璧呈云端,人文焕国华,台衡思继武,鼎甲励承家,一贯书伸永,千秋锡福遐,贻谋资燕翼,世业仰清嘉"。今传至"台"字辈。

1.5.20 蒋氏家族变迁

福全蒋姓始祖蒋旺公,安徽凤阳府寿州县延寿乡人。元至正十四年(1354)甲午加入朱元璋领导的起义军,转战南北三十余年。洪武九年(1376)丙辰授福建兴化卫前所百户,洪武十年(1377)丁巳封世袭信校尉。洪武十七年(1384)甲子调任福全永宁卫前所百户。洪武二十八年(1395)乙亥晋赠封世袭武节将军骁骑尉福全守御所正千户。

二世蒋正任福全守御所正千户,蒋忠和蒋信回安徽祖籍凤阳。

三世蒋勇袭封福全所正千户。蒋义分派惠安县崇武,为惠安县崇武等十三乡蒋姓始祖。其人丁四千多人。蒋雄分派同安县澳头,为同安蒋姓始祖,现居国内人丁三千多人。蒋铭分派深沪,后又分衍台湾。

四世蒋玉,世袭福全所正千户,为长房开绪祖,蒋昺为二房开绪祖,蒋晟为三房开绪祖,蒋昶为四房开绪祖。蒋旭为五房开绪祖。后长房分衍前厅和后厅。四房至六世分衍出素斋(元宏)公厅(街头厅),至八世又分东阁大学上,人称蒋相国。崇祯十六年癸未加升太子少保,改户部尚书,进文渊阁大学士。隆武元年唐王朱聿键立于福州称隆武帝。蒋德璟应召辅助,隆武二年丙戌(1646)加升太子少傅,武英殿大学士,史称"明朝完人,一代忠臣"。又晋赠七世祖蒋继勋、八世祖蒋际春、九世祖蒋光彦为光禄大夫、太子少保、户部尚书、武英殿大学士。而有"四代一品"的美誉。蒋氏祠堂中有匾额"文武为宪"和"将勋相业"。

《蒋氏族谱》载泉州西街蒋姓乃四世昶(政德)血脉也。

广西全州蒋姓,时为州守遂籍于州。(明末)有人丁两千多人,系四世昺公派下所传。

四世蒋骥分派兴化府莆田县新安里(系二世信公之次子荣之子)。

五世永庆移居坑边。

五世永泰移居安干下帮乡再徙居浯塘乡。

五世永安的裔孙居安溪县湖头(清乾隆三十年乙酉安溪县湖头蒋麟来认祖)。

七世继熙的子孙分居泉州。

七世继文(寄滨)移居南安县铁灶乡。

七世继盛移居广西。

八世际昌(字君表,号寄泉),际荣(字君笃,号自轩)移居安平镇(系元清——俟河之次子继雄——寄江之子)。

九世光勋(字有纪)移居福宁州(系际昌之次子)。

九世光照(字有容)移居福宁州宁德县(系际昌之四子)。

九世细英移居杭州(系继荣——寄涯之子君爱——熬泉之三子)。

九世学贤移居广西(系继荣之次子君齐——良材之长子)。

九世学文移居台湾(系君齐——良材之次子)。

九世光澄(洞渊)徙居南安汰内岭兜乡。

十世德玑(字于璇,号垂圭)移居芥州(系君爱之次子学义之二子)。

十四世天绩、天愈移居台湾彰化县马芝遴保管事厝庄(系五房阶凑之子)。

十五世彩应移居台湾彰化县马芝遴保管事厝庄(系五房天应之子)。

至清代后期又有:长房前厅人斜移居石狮永宁镇沙堤乡,为永宁沙堤蒋姓开绪祖。

长房后厅人獭移居金井镇钞岱村,为钞岱蒋姓开绪祖。

四房敬斋厅丽香公移居金井镇,为金井蒋姓开绪祖。

四房素斋厅蒋城移居台湾。

五房才万移居合井镇后垃村,为后垃村蒋姓开绪祖。❶

---

❶ 引自:许瑞安. 福全古城[M]. 北京:中央文献出版社,2006:141。

2　福全祠堂空间类型分析

2.1　村落祠堂建筑

2.1.1　林氏家庙

　　林氏家庙位于北门街南端,南与全祠紧靠,北与林家祖厝紧邻,家庙始建时间难考,毁于清初迁界,后在清道光十六年(1836)重建,据《林氏家谱》记载:"叔、侄闻其声宏实大,即往台湾,请宏炉同回福全所,共建大宗祠。"

　　家庙占地 305 平方米,建筑面积 198 平方米,前埕约 70 平方米,为十三架三开间两落古厝,砖石木结构,建筑用木料相对粗大,门窗、梁坊、柱础等构件雕刻精美细腻,正厅宽阔宏伟,沿街下落厅、下房构件、身堵、裙堵等雕刻精美,前埕宽阔。

　　福全林氏一世祖林延甲于唐中和四年甲辰(884)随王绪南下入闽,取汀州、漳州。光启三年(887)丁未与弟林延第率众聚集圳山戍守,景福二年癸丑(893)定居福全,随后在福全繁衍生息,因此,家庙神龛的柱楹联刻有"骠骑开先,布政锺美……元龙拱秀,福凤肇基……"另外在家庙下厅石柱楹联、侧柱等都刻有楹联,正厅两侧四堵粉壁各书二米见方的"忠、孝、廉、节"、"龙飞凤舞"等大字。正厅神龛雕刻精美,上悬"思本堂"匾额。其左侧塑林宏炉塑像供奉(已毁)。(如图 6-6 所示)

图 6-6　林氏家庙

2.1.2　蒋氏家庙

　　福全凤阳蒋氏家庙位于福全所城北门街。"坐干向巽,面际洪涛,左环百雉,右仰元龙。印石浮前,风髻崎后。规制特为伉敞"。

　　蒋氏始祖蒋旺,世袭武德将军、骁骑尉、福全守御千户所正千户,于明洪武廿八年(1395)乙亥肇基福全。"五世正千户蒋辅于天顺七年(1463)癸未始即正寝东建家庙。"

　　福全蒋氏家庙为五进五开间,建筑平面按五阶(即五落)逐层升高的宏大祠堂。一进为庙门,附石铺大天井;二进两旁为钟楼和鼓楼;三进也有石铺大天井;四进为大拜亭,附石天井,天井两旁为厢房;五进为五门十五架单檐硬山顶式的正厅。正厅中门的门楣高悬"四代一品"匾额,两扇厅门的门叶书写"将勋"和"相业"。厅中神龛的柱上挂两幅楹联:"天彩寿山麓,人才福海生;子孙昭孝弟,法祖尚忠前。""承先绥俊烈,昌嗣启鸿图;世泽惟宏业,家声振远猷。"此即福全蒋氏的字辈也。

　　神龛前,两侧木柱上悬挂明代相国蒋德璟亲笔书写的楹联为"肇基于寿,锡封于福,惟福寿开两地,本基可忘忠孝;建功以武,济美以文,惟文武演千秋,弓冶用勖子孙"。厅中横梁上悬挂"世袭罔替"、"文武为宪"等多方金匾。

　　清末,蒋氏祠堂北门墙被龙卷风摧倒,蒋寿烨捐资修筑之。

　　现福全蒋氏家庙的前四落已倒塌,仅存正厅,但屋盖已部分圮塌,2008 年 5 月墙壁倒塌,仅存两山墙,8 月两山墙倒塌,现已为废墟。

2.1.3　遗功祠

　　遗功祠位于北门街中部,与蒋德璟故居正对,该祠又称蒋君遗功祠,明万历间建,为五间张两落古厝,以纪念抗倭英雄蒋君用而建造。后毁于清初,现为蒋福衍旧宅。旧宅仅下厅保存传统风貌,其他均改建为石屋。原匾额竖书"遗功祠"悬挂在该大门横楣,而沂泉公塑像(蒋君用像)奉于厅中神龛中,今尚存。(如图6-7所示)

图6-7　遗功祠

2.1.4　全祠

　　全祠系清康熙五十三年(1714)建。清初,顺治十八年,清廷下令"禁海迁界",令沿海三十里内的居民内迁。城内外寺院宫室民舍煨烬无余。直至康熙二十三年,清廷才"诏沿海迁民归复故里"。当时百姓"相招回籍,斯时堂构丘墟,垣墉荒废。值此靡室靡家,不过就祖地各构数椽以栖身"。然"生民百不存一二",其死亡绝户者甚多。因而,村民为荒地的垦种、宅基地的分配难免发生争执,引发宗族间的矛盾。

　　据《全中谱》载:"今因灿等零星军户,从无户眼,而且摄乎强族之间,每被欺侮,兹同议欲顶一班,思姓氏多门,议将以地为姓,即'全'是也……"各姓同议改为全氏,以壮大声势。"全氏宗祠"建于清康熙五十三年。该地为陈胤晃,陈应京所献。

　　现在全祠占地100平方米,建筑面积123平方米,为三开间砖木石结构的古厝。建筑破损严重,门窗已大部分毁弃,部分墙体倒塌,隔墙损害突出,而且南侧大房现成为养牛的房屋,污秽不堪,周边环境极差,亟待修缮与环境整治。(如图6-8所示)

2.1.5　朱文公遗址

　　朱文公遗址位于元龙山东麓许厝潭畔。明代,福全所城人文荟萃,文风甚盛。"人文炳炳麟麟,英贤蔚起",有"无姓不开科"之誉称。"执卷甲出而显仕者,尤难枚举",堪称海滨邹鲁。当时读书人崇敬宋理学大师朱熹,而建朱文公祠,奉祀宋徽国朱文公主牌。该祠也作士人读书讲学,宣扬朱熹理学,研讨学问,培育科举人才的场所。清初迁界时被毁。

　　清光绪十一年(1885)乙酉十二月,乡人择于元龙山东畔重新建筑朱文公祠,并塑朱文公圣像奉祀。民国间倾圮,而移朱文公圣像于元龙山关圣夫子庙中崇奉。现朱文公祠的地基、残墙、青石门墩、柱础尚存。

　　刘紫瑜先生缮写的《重兴福全朱文公祠碑记》、《捐资芳名录》及清光绪间的《重新建筑朱公庙于元龙山落成塑圣像祭文》和《开光安位祝文》至今完好保存。

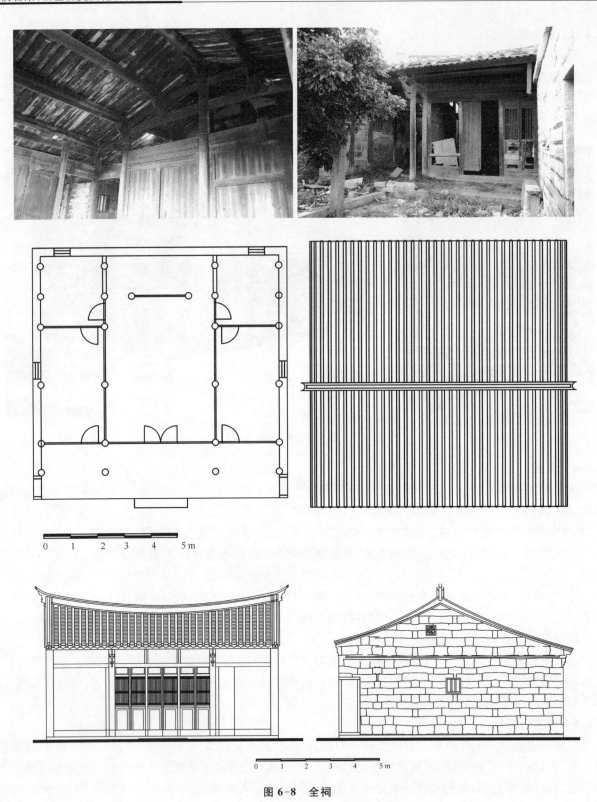

图6-8 全祠

2.1.6 陈氏宗祠

陈氏宗祠始建于嘉庆,完工于道光年间,位于太福境土地庙西南。据文献及地方传说,陈氏宗祠为泉南五十三乡共有,另一说法是东陈——金井、深沪十三乡陈氏集资、选择在风水宝地的福全所城内兴建陈氏宗祠,共祀陈氏始祖舜帝。金井、深沪各乡陈氏至今仍保持每年轮值隆重恭迎舜帝的习俗。

福全陈氏支派较多,早先有陈石干的肯井陈支派,今有射江衍派陈、鹤峰衍派陈、青阳衍派陈、颍川衍派陈、飞钱衍派陈等,各支派字行不同。

　　陈氏宗祠自建成后,因战争等原因,虽经几次修缮,但于上世纪六十年代屋盖倾塌。2005 年福全陈姓宗亲,追本溯源,相承一脉,本系同祖同宗,齐心协力,在原址重建了陈氏宗祠。现福全陈氏宗祠为五间张两落单护厝传统式样的建筑,建筑占地 365 平方米,大门处雕刻精美,镜面墙身堵刻面了龙凤图案,大门上高悬"陈氏宗祠"匾额,大门楹联"重华遗圣家声远,颍川绵延世泽长",两侧石柱楹联"祖庙傍古城根深砥固,宗祠面碧水源远流长"。(如图 6-9 所示)

图 6-9　陈氏宗祠

2.1.7　报功祠

　　报功祠位于福全城隍庙东面,该祠建于清光绪年间,内祀"五乡四股"❶在晋南大规模械斗"都蔡冤"死难者的神位。祠于"文革"间被毁,20 世纪 90 年代重建,现为三开间二进深,砖石结构,面积约 90 平方米,门额镌"报功祠",门联镌"报效邦家先烈雄风永在,功昭日月英灵浩气长存"。厅中为神龛,神龛内原供神主五十余座,早年已毁。现重制一神主"各乡股诸先烈总神位"。神龛联为:"乡股于今留往事,功祠自昔仰前贤。"厅前为天井及两庑,西庑壁间有刻石《重修报功祠各乡股及个人捐款芳名录》。所录乡、股为:"科任三股,埔宅、清沟一股,曾坑、坑园、山尾一股,新市一股,钞岱二股,后安一股,围头三股,南江一股,洋下一股,福全二股。"

　　报功祠每于五月十三日由"五乡四股"祭祀,平时年节亦有村人来"养兵",称其"好兄弟",视同"祭厉"。(如图 6-10 所示)

图 6-10　报功祠

---

　　❶ "五乡四股"的起始,一般认为组织于"都蔡冤",但据有些学者研究,"五乡四股"在"都蔡冤"时组合,而其中"五乡"则是早就形成的乡社势力,或可追溯至明代的抗倭斗争。明显的证据是:"都蔡冤"是都(杂姓)与洪、蔡的械斗,"五乡"中却出现有蔡姓(山尾)、洪姓(钞岱之一股)的参加。所以说先有"五乡"存在,"都蔡冤"时再吸收四个"股"加入,总称"五乡四股"。之后又有新的"股"加入,但"四股"的名称已经叫开。"都蔡冤"械斗时,"五乡四股"是"都"方的一部分。都蔡冤亦称"刘蔡冤",是闽南一次规模最大的械斗,始于清光绪二十九年秋,至光绪三十四年方告平息。五乡四股的首领为激励士气,决定为战死者建祠,而且规划将祠宫建于城隍庙侧,一来可借助城隍威灵,二来建在城内可防对方破坏。因此,报功祠成为城隍宫附属的祀宫,每年农历五月十三日,五乡四股在祭祀城隍时一并受祭。

2.1.8　许氏祖庙

　　许氏祖庙位于庙兜街北端,紧靠元龙山,家祠规模较小,为清代建筑,是福全许姓始祖秉辉公后裔的房屋。许氏祖庙现存单幢建筑,建筑面积为11平方米,为石木山墙承重结构的祭祖用房,面朝庙兜街开门,外观简洁朴素,少装饰,墙体较厚,建筑造型厚实。2009年,许氏祖庙得以原址重建。

重修福全许氏祖庙记

　　物本乃天,人本乃祖,追维吾祖庙一脉,系瑶林许氏廿二世秉辉公于明万历年间自湖厝西头卜吉福全所城而传衍。尔后四百春秋,筚路蓝缕,坎坷悲凉,苗乔备尝倭氛之侵扰,迁界之流离,烽烟之煎熬,瘟疫之摧残。迨至民初一缕仅存,即志昔、经博、志祥三祧户。然多难兴家,先贤奋起挽境。志昔率诸哲嗣南渡菲岛,建功立业;经博泊志祥则立足故里,鱼跃鸢飞。由是棣萼腾芳,兰桂藩盛。际今政要、侨领、博士、专家、巨贾等蝉联鹄起,歙动中外。族人拓展于泉州、厦门、重庆、上海、北京、香港、台湾乃至菲律宾、新加坡、英国、新西兰、美国、加拿大、澳大利亚等地。其每籍福全发祥地之祖庙凝集向心力。

　　斯楼始建于明末有清代及民国中叶曾屡有修茸,迄今复悠多载沧桑,垣残橼朽,前庭颓损。凤以祖考亨祀失所子孙儒慕不便而引憾。际值盛世,政通人和,安于策划福全所城中国历史文化名村成功之余,乃承堂亲之托,遵严慈之命,重修祖庙。谨秉修旧如旧宗旨,罔附时新丽饰,力求古意简朴,俾之明清遗韵盎然。

　　工程择吉戊子孟春启土,阅年藏事。刿于同年季冬十七日举行谢土暨祔祧合谱典礼。仪式隆重,影响深远。

　　仰祖庙之重光,感先灵之凭依,欣血脉之传承,庆家声之丕振,爰镌片石碣,用以昭垂,是为记。

　　瑶林许氏卅三世孙　瑞安　拜识　福全许氏秉辉公派下裔孙　立

秉辉公　廿二世

2.2　祠堂建筑空间类型与特色分析

2.2.1　祠堂建筑形制

　　祠堂建筑是一种严肃的礼制建筑,它的形制从住宅演化而来,住宅在生活中由于种种条件而千变万化,祠堂虽然也有变化,但变化不大,保持着一种由于功能而程式化的主要空间和庄重、整齐的格调❶。

　　根据宋代朱熹《家礼》中的规定:"君子将营宫室,先立祠堂于正寝之东,为四龛以奉先世神主。"其形制为:前为门屋,后为寝堂,兼作祭祀之所,又设遗书衣物,祭器库及神橱于其东,周围环以周垣。其堂为三间,中设门,堂前为二阶,东曰阼阶,西曰西阶。以堂北一架为四龛(如图6-11所示)。"若家贫地狭,则止为一间。不立厨库而东西壁下置立两柜,西藏遗书衣物,东藏祭器"。

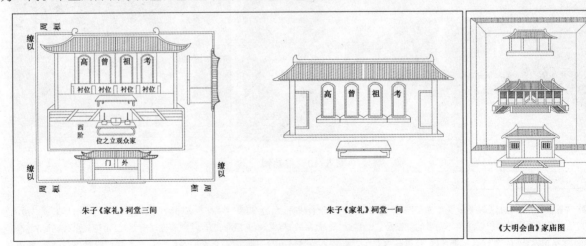

朱子《家礼》祠堂三间　　　　朱子《家礼》祠堂一间　　　　《大明会典》家庙图

图6-11　朱熹《家礼》祠堂

❶　引自:李秋香,陈志华,著.宗祠[M].北京:生活·读书·新知三联书店,2006:38。

朱熹所立的祠堂之制对明代的祠堂影响很大,据《大明会典》所载,明初群臣家庙权仿朱子家礼祠堂之制。其后随宗庙形制,恢复了西汉以前的前庙后寝之制,即前有享堂,后有寝堂,祠门前又增设一门。同时,朱熹在《家礼》中提出的祭祀仪节也仍为明清祠堂沿用。

随着家族的繁衍发展,明中叶以后出现独立于居室之外的大规模祠堂。这种独立于居室之外的祠堂,其形制基本部分仍然采用合院式,轴线上有门屋、享堂、寝楼,规模大的祠堂有头门(或加栅门)、仪门、前后享堂、寝楼,周围绕以垣墙,两侧设有廊庑,有的由二、三甚至四进院落组成。与朱子的祠堂相比,中轴线上的进深增加了,空间层次丰富了,同时为适应祭祀需要,前庭的空间增大了,祠堂前部的空间变化也很大。

综上,祠堂建筑形制的变迁历程,可以得出:祠堂一般分为三部分,从前到后,分别是:一大门门房;二拜殿(或称享堂、祀厅),是举行祭拜仪式的地方;三寝室❶,专门为供奉祖先神位。

2.2.2　福全祠堂空间类型分析

众所周知,宗祠亦称"家庙"、"祠堂",闽南也称"祖厝"、"祖厅",是一组建筑,是族人祭祀祖先的地方。根据宗族发展情况,可以划分为大宗祠、小宗祠、支祠、分祠等。除此之外,从地域及其建筑本身空间形态的角度,可以进一步划分为:

(1)从地域空间分布的角度

根据祠堂建筑与村落地域空间分布上的相互关系的视角,可以归纳出:边缘型、村中型、村外型。

边缘型:祠堂位于村落的边缘,一般多为神祠、先贤祠。如朱文公祠、报功祠、城隍庙、妈祖宫等。祠堂规模较宗族祠堂小,但祠前有较大的广场,能同时供几百人聚会之用。

村中型:祠堂位于村落内部。福全古村落中分布着大量的家祠、支祠与分祠。规模大小不一,建筑装饰也不一,有些较为精致而繁杂,有些则简洁朴素。如蒋氏家庙,规模为五进五开间的大宗祠,建筑装饰奢华,而许氏祖厝则面积仅仅十余平方米,装饰朴素简单。

村外型:祠堂位于村落所城城墙遗址外。如东祠、西祠、南祠等❷。该类祠堂建筑规模多较小,面积多在十平方米以内,都是石构建筑,基本没有装饰,建筑造型简单。(如图6-12所示)

西祠　　　　　　　东祠　　　　　　　南祠

图6-12　村外型祠堂建筑

(2)从建筑空间布局的角度

基于上述祠堂建筑的空间形制,对照福全的祠堂,其在空间布局上,也多分为三部分,即门房、拜殿与寝室。其形制也源于传统古厝,即合院的平面、红砖的墙面、花岗岩的运用、曲面的屋顶、艳丽的装饰等。但较民居不同之处在于:

① 建筑平面规则,中轴对称。如林氏家庙、林氏祖厅、射江陈氏宗祠、尤氏宗祠等,其中林氏家庙东西向布局,建筑平面规则,中轴对称布局。沿中轴线建筑前埕为矩形广场,沿广场长边为家庙内凹型门房,门房两侧为榉头间,正对门房为内深井,深井平面规则,两侧为廊庑,深井沿中轴线方面为祠堂拜殿大厅,大厅宽阔,为祭拜礼仪区,也是林氏家族的谱房、账房或长老们的议事厅,两侧山墙上书写着二米见方的"忠、

❶ 是从《礼记·王制》中"庶人祭于寝"中引出的名称。
❷ 也称为东祀坛宫、西祀坛宫、南祀坛宫。

孝、廉、节",空间氛围严肃。拜殿后为后轩,即寝室。(如图 6-13 所示)

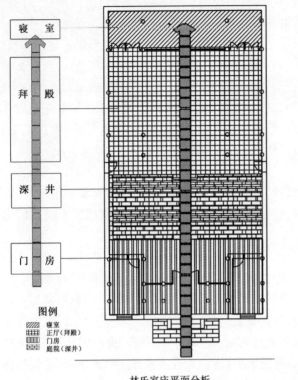

林氏家庙平面分析   射江陈氏宗祠形制分析图

图 6-13　规则型祠堂平面分析

② 空间形制丰富。在整个福全古村落中,许多祠堂遵循了上述程序化的形制,即由门房、拜殿与寝室三部分组成,但是为了适应地形地块的需求,一些祠堂空间形制出现了变异。

a. 门房、拜殿,寝室简化或者不建寝室的简化形制。这类变异体较为典型的如报功祠、吴氏宗祠等。其中,报功祠为三开间二进深,砖石结构,面积约 90 平方米,布局呈现中轴对称,即沿中轴线第一落为门房,门房后为深井;第二落为拜殿,轴线以拜殿结束,寝室简化为一小间,仅仅是起象征作用,二落两侧以廊庑联系。另外,吴氏宗祠为三间张榉头间止的古厝,门房简化为院门,廊庑变异为榉头间,中间正厅为拜殿,拜殿后为寝室。总体规模较小,但形制完整清晰。(如图 6-14 所示)

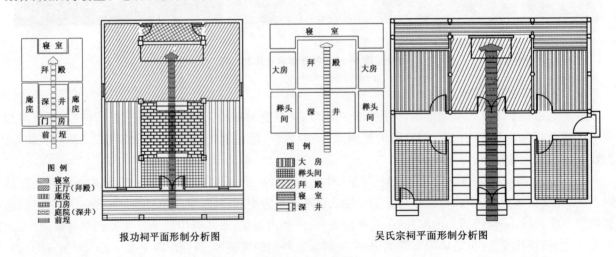

报功祠平面形制分析图   吴氏宗祠平面形制分析图

图 6-14　简化形制一

b. 以拜殿为主,其他功能简化,甚至消失。这类又可以分为带前埕及院门的形制与不带前埕及院门的形制。第一类较为典型的如郑氏宗祠、刘氏宗祠、苏氏宗祠。其中苏氏宗祠前埕建有围墙与院门,主体建筑为三间张榉头间止形制,榉头间为堆放祭祀的杂物间,中间正厅为拜殿,房门简化为院门,没有寝室。刘氏宗祠与苏氏宗祠类似,为三间张二落仿传统古厝形式,前埕建有围墙与院门,院门偏于主体建筑轴线一侧,主体建筑一进为门房,两侧为两廊,中间正厅为拜殿,没有寝室,空间简洁。另一类较为典型是许氏宗祠、卓氏宗祠、西祠、东祠、南祠等,其中许氏祖庙建筑规模较小,形制简单,仅仅建有拜殿,没有门房、寝室等。卓氏宗祠为三间张榉头间止,建筑形制简单,榉头间为堆放祭祀的杂物间,中间正厅为拜殿,没有门房、寝室等。许氏祖庙仅为单间,没有门房、寝室等,只有拜殿,空间朴实简单。(如图 6-15 所示)

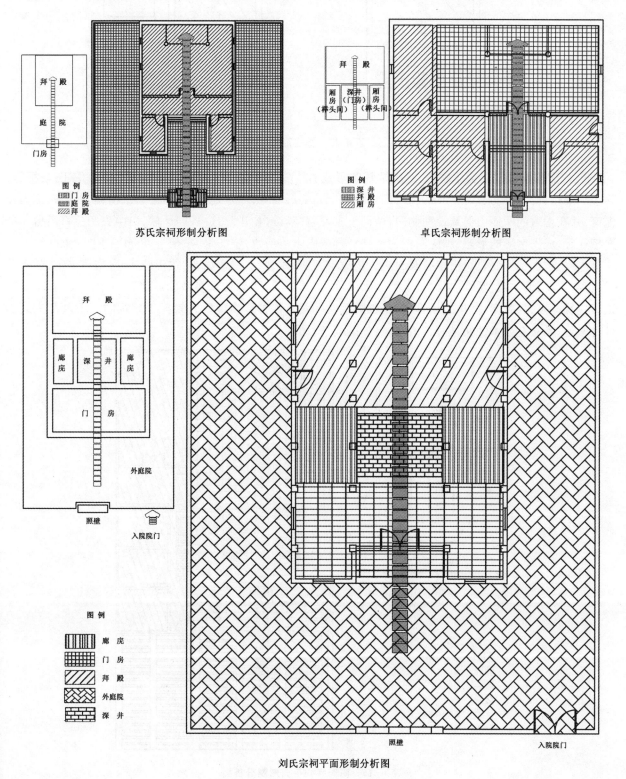

苏氏宗祠形制分析图   卓氏宗祠形制分析图

刘氏宗祠平面形制分析图

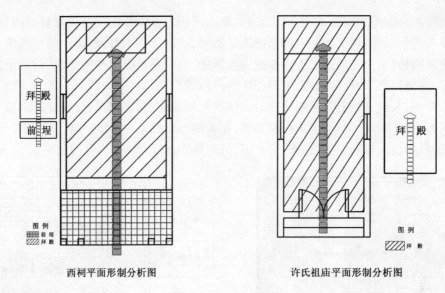

西祠平面形制分析图   许氏祖庙平面形制分析图

图 6-15   简化形制二

　　c. 门房与拜殿间用廊厅联系，形成"回"字形或者"冂"字形的形态。这类较为典型的如陈氏宗祠等，其中陈氏宗祠为五间张二落传统大厝，门房设有"凸"字形塌寿，塌寿处身堵、裙堵雕塑精美，大门两侧为螭虎窗，并在塌寿的两侧山面开设两侧门，两门上书写着"恭谦、礼让"。进入门厅后，由中央廊庑将门房与拜殿相连，形成工字形的形态，廊庑两侧为深井。拜殿内木雕精致，檐枋上、举架上以浮雕的形式细腻雕刻着花草水果、瑞兽、花鸟鱼虫、山水以及历史人物故事，以金漆之，金碧辉煌，精致巧妙，图案裱花丰富，既有动感，也有美感；而梁底、驼峰、封檐板上则由大到小，次第分明，雕刻着众多戏曲或者现实中的人物，还有的则表现状元及第、断案、渔樵之乐等，以精细的手法和做工传神地表现后人寄托于宗祠的愿望以及先人的种种事迹，既具有艺术性又具有宣传性。（如图 6-16 所示）

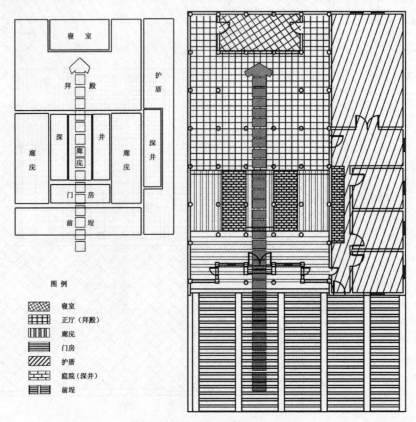

图 6-16   陈氏宗祠平面形制分析图

d. 超形制。该类又可以根据其布局的特征划分为：寺庙类与非寺庙类，寺庙类是指宗祠的形制带有寺庙的形制特色，其中典型是蒋氏家庙。非寺庙类宗祠即指在原祖厝的基础上进行改造，形成较一般宗祠更为复杂的空间形态，其中较为典型的就是翁氏宗祠、何氏宗祠。

其中，蒋氏家庙占地约 1 500 平方米。据对现存建筑地坪的测绘，其建筑占地面积约为 850 平方米，另外，据《蒋氏家谱》记载，蒋氏宗祠为五进五开间，建筑平面按五阶(即五落)逐层升高的宏大祠堂。一进为庙门，附石铺大天井；二进两旁为钟楼和鼓楼；三进也有石铺大天井；四进为大拜亭，附石天井，天井两旁为厢房；五进为五门十五架单檐硬山顶式的正厅，并悬挂了多块匾额，门联、柱联等文化意蕴厚重。由此可以得出：①家庙占地面积、建筑占地面积在整个古村落内最大；②整体布局为五落院落，在整个古村落祠堂建筑中院落最多，建筑群功能复杂，包括钟鼓楼、庙门、大拜亭等内容；③建筑群空间祭祀氛围浓厚，雕刻装饰艺术突出而精致，体现了大宗族气息。(如图 6-17 所示)

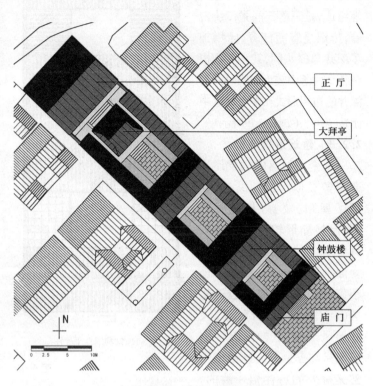

图 6-17　蒋氏家庙平面复原示意图❶

翁氏宗祠位于全祠南侧，占地 210 平方米，其平面由门房、倒座、外深井(外庭院)、内深井(内庭院)、院门、拜殿及其寝室组成，其布局复杂，由门房进入外深井，再由内院门进入内深井，形成曲折的序列层次，最终以拜殿为核心形成超形制的空间形态，这主要源于宗祠本身是在原祖厝的基础上改造而成，因此，在宗祠的南侧保留了翁氏后人住宅的空间即番仔楼。其次，在建筑风格上也呈现传统古厝与番仔楼并存的形态，即拜殿部分为传统古厝形制，墙体采用出砖入石，古朴典雅，住宅部分则采用番仔楼风貌，两种风格通过红砖加以融合，共同组成一幢极富特色的祠堂建筑。(如图 6-18 所示)

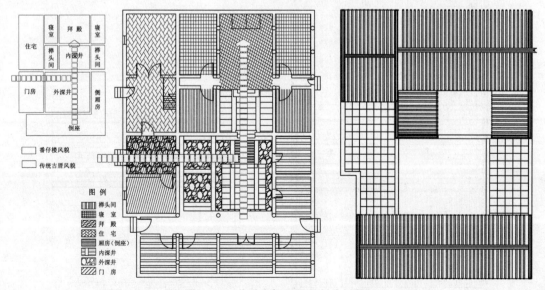

图 6-18　翁氏宗祠平面形制分析图

❶ 蒋氏家庙平面复原依据：一、对现存地坪、柱础的测绘；二、与蒋氏后人的访谈，蒋氏后人现场的讲解；三、蒋氏家谱记载。

何氏宗祠位于文宣街西侧,占地 280 平方米,祠堂由门房、廊庑、拜殿、深井、寝室等组成,是三落三间张传统古厝,特别是寝室部分,已增加了深井与榉头间,其寝室规模在整个村落中较大。同时两套深井的布局形式在整个村落中比较罕见。(如图6-19所示)

2.2.3 建筑造型分析

福全古村落的祠堂建筑造型多类似于传统民居,包括了屋顶、墙身、基座三部分,但其外形较传统民居更具有对外较强的私密性,如立面上很少开窗或仅仅开设小窗,因此祠堂建筑通过坚实的墙体围合,内部通过天井通风采光,这样内向性的空间是与家族制度既团结内部又排外的特性相一致的。(如图 6-20 所示)

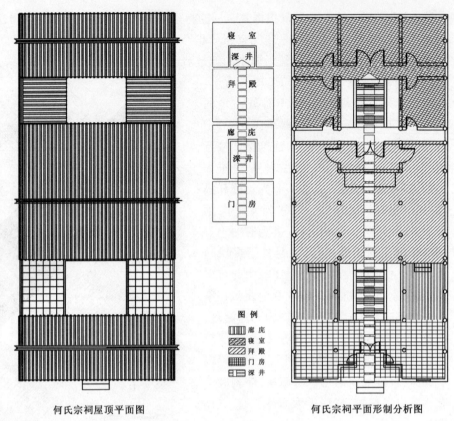

图 例
廊庑
寝室
拜殿
门房
深井

何氏宗祠屋顶平面图 　　 何氏宗祠平面形制分析图

图 6-19　何氏宗祠平面分析图

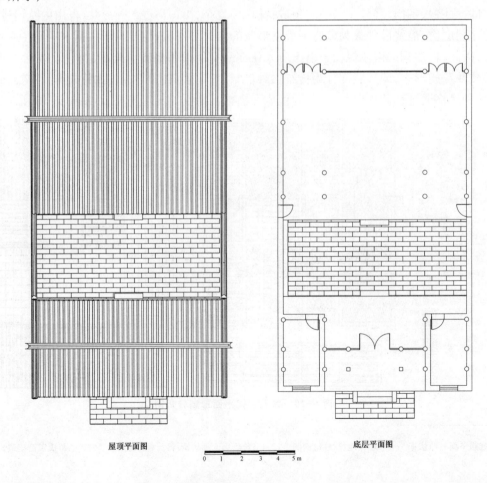

屋顶平面图　　　　　　0 1 2 3 4 5m　　　　　　底层平面图

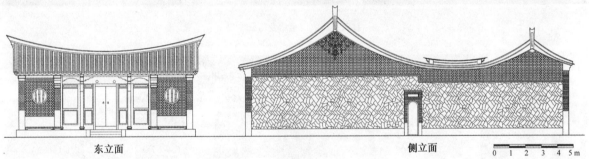

东立面　　　　　　　　　　　　　　侧立面　　　　　　　0 1 2 3 4 5m

图 6-20　林氏家庙造型分析

　　其次,与传统民居的入口相比,祠堂建筑更强调入口处的处理,且更为宽阔,有五开间、三开间等不同的形式。入口多为单塌寿或双塌寿制,即平面呈现"凹"字形,或连续两次内凹的双塌寿,凹口处开左右边门及正门,这样的空间处理一方面可以起到抵挡风雨烈日对墙身的冲刷侵蚀,另一方面可供村民歇脚乘凉。祠堂入口多雕刻精美,垂花、牌楼面、托木等处常采用鎏金处理,两侧柱子也多用蟠龙柱,顶堵、身堵、腰堵、裙堵等处多采用白石墙堵和红砖精砌,上面雕刻满了龙、麒麟、狮子等图案,这些图案多采用高浮雕或者浅浮雕,内容多为吉祥、如意、和瑞等,如"三王献瑞"、"本固枝荣"、"椿荣萱茂"等。门楣上设有门簪,上刻有龙、鲤鱼、花草等浅浮雕的图案。大门正上方悬挂匾额,内书写鎏金大字,如"陈氏宗祠"、"林氏祖厅"、"何氏祖厝"等等,除了门头匾额直接标明姓氏家族外,许多祠堂将郡望、堂号或灯号精心放置在显眼位置,突出家族的非凡。如陈氏颍川衍派、鹤峰衍派、射江衍派、飞钱衍派等都记录着其派系的郡望。匾额所在的整个牌楼面色彩较民居更丰富、艳丽,多设鎏金,以显示其家族的兴旺发达及其家族在整个村落中显赫的地位。(如图 6-21 所示)

　　大门两侧左右墙面多开一对子午窗,镂雕螭虎窗。这种开窗方式有神如虎视,祖厝、祠堂、家庙用于驱邪。子午墙两侧开始,并书写有字,以警示后人。大门两边多置一对抱鼓石,鼓镜有螺纹、鸟兽花草或螭龙浮雕,有振聋发聩、警示子孙后代和震慑邪煞的用意,如陈氏宗祠大门为五开间,中央为大门,门板上以彩绘的形式绘有秦叔宝与尉迟恭两门神,以辟邪祈福。两侧为镂雕螭虎窗,窗下刻有麒麟望日,两边侧门上书写"恭谦"、"礼让",侧门两侧的身堵上书写有"龙飞"、"凤舞",正对大门两侧为一对抱鼓石,柜台脚处刻有螭虎对及寓意吉祥如意的雕刻图案。整个宗祠大门处,气势宏伟,彰显了陈氏家族的兴旺发达。(如图 6-21 所示)

南门吾顶宗陈氏宗祠门楣匾额及两侧雕刻

林氏家庙大门裙堵及门簪雕刻

陈氏大宗祠大门

陈氏大宗祠柜台脚与抱鼓石

图 6-21　祠堂大门处分析

　　复次,宗祠内部多有纷繁富丽的雕刻和彩画、匾额、祖龛等,强调用色,强调摆设。如翁氏宗祠的"六桂堂"则记录着翁氏先祖同胞六兄弟皆登进士的博学与出类拔萃;而蒋氏家庙的正厅中悬挂的"世袭罔替"、"四代一品"、"文武为宪"等金匾则反映出蒋氏家族的不菲业绩。陈氏大宗祠正厅神龛上方悬挂"千枝一本"两侧悬挂"稷后追功"、"敦宗睦族"、"敦宗睦邻",两侧墙上书有"忠、孝、廉、节"以警示后人。宗祠拜殿正中央为整个祠堂最核心的空间即祖龛,供奉着祖先的牌位。林氏家庙内的祖龛为黑底漆金木构,雕刻精美,上悬挂"思本堂"匾额。陈氏大宗祠神龛宏大,蟠龙鎏金,其内排列着历代祖先的牌位,数量众多,气势恢宏,以彰显家族的兴旺,人丁的稠密。(如图6-22所示)

林氏家庙匾额与神龛(祖龛)

林氏家庙

陈氏大宗祠正厅神龛、牌位

图6-22　祠堂内部装饰

对于祠堂建筑色彩而言，闽南有句俗谚：红宫乌祖后，指的就是闽南庙宇和宗祠的建筑用色，即庙宇木构彩绘底色、墙身主要采用红色，而宗祠的木构彩绘底色、墙身采用黑色。特别是宗祠屋顶椽角忌漆红色。因为红色又称"朱"色，与"诛"同音，屋顶为"天"，红色屋顶有"天朱（诛）"的讳忌。

再次，祠堂中还运用了极丰富的文化语义，象征着这个家族的历史与内涵，并引起家族成员的认同，如蒋氏家庙的正厅中悬挂的"世袭罔替"、"四代一品"、"文武为宪"等金匾来象征家族的辉煌。另外，在身堵上彩绘花瓶（祈家族平安）、塌寿处吊桶及其梁枋上的狮身精雕（避邪、美化）、砖砌弧形拱门（传统家族圆融）等策略元素以表达家族的向心力和融合性，更有对外炫耀家族的社会权势意味。如林氏家庙的门扇上雕刻的花瓶、梅花，林氏祖厅大门两侧余塞板上雕刻的喜鹊，角门边的身堵、裙堵上的凤凰、螭虎及林氏家庙两侧砖砌弧形拱门等等，都表达了上述象征意义。而陈氏大宗祠内的梁架、托木、通随、圆光等处的雕刻也充分体现出了家族和睦、族人人丁兴旺、吉祥如意的象征寓意。因此，这些策略上的文化语义都充分展示出宗祠的立意是给家族在精神上及信仰上的一个中心的标志。（如图6-23所示）

林氏家庙窗格——花瓶　　林氏祖厅身堵　　林氏祖厅侧面身堵、裙堵雕刻　　林氏家庙侧门——拱门

陈氏大宗祠托木雕刻——兔、龙、蛇

陈氏大宗祠圆通处雕刻　　　　陈氏大宗祠托木雕刻——鱼、龙

图6-23　象征寓意的表达

祠堂建筑格局主次有分,讲究正偏、内外的空间层次,即伦理道德的"尊卑位序"原则。祠堂里的厅堂位序关系有具体的规定:以左为大,右为小;以上为尊,以下为次,座次均以此为"合理"次序。如位于厅堂之上的匾额与中堂楹联,在中国古制里,上下联读序先后也与座次左右同序。

祭祀宗祖是祠堂的最重要的功能之一,祠堂的空间秩序在祭祀礼仪中体现了建筑的功能性。祠堂建筑内进行的活动都极其讲究位序,这深刻影响到祠堂的平面格局。祭祖时对已逝的人的牌位的摆放位置和活着的人的站立位置都有严格的规定。

祭祀礼仪进行时,香烟缭绕,钟鼓齐鸣,庄严肃穆。乐队大都设在祠堂第一进——仪门两侧。享堂作为祭祀祖先的主要场所,一般建得高大雄伟,并负有多重功能作用,室内空间宽敞,加添许多装饰,使用材料也最好。在享堂的中间正壁,一般悬挂祖宗容像或祖先牌位图。

3　福全祠堂建筑的功能分析

宗祠是一个家族组织的中心,它既是供设祖先神主牌位、举行祭祖活动的场所,又是家族宣传、执行族规家法,议事宴饮的地点❶。宗祠的功能具有多种性,一切有关宗族的重要事务都可能在宗祠里处理。

首先,宗祠最基本的功能是祭祖,是族人供奉祖先神主、进行祭祀的最常见的场所。因此,祖先崇拜的思想渗透到宗祠建筑的下落门厅、楹联、匾额、绘画、雕刻等,如蒋氏宗祠正厅中门的门楣高悬的匾额,两扇厅门的门叶书写"将勋"和"相业",厅中神龛的柱上挂两幅楹联:"天彩寿山丽,人才福海生;子孙昭孝弟,法祖尚丕前";"承先绥俊烈,昌嗣启鸿图;世泽惟宏业,家声振远猷"。再如,林氏家庙的楹联、正厅两侧墙体上的大字及神龛两侧的柱楹联为"骠骑开先,布政钟美;元龙拱秀,福凤肇基"。上述这些均体现出对祖先的崇拜,并彰显了祖先的功德。(如图6-21、图6-22、图6-23所示)建宗祠以溯本原,通过每年春秋二季同宗举行规模巨大的追念先祖的祭祀活动,强化宗族观念和宗族凝聚力,达到聚宗合族的目的。

第二,是议决族内重大事务。当与外村人因土地、山林、水利等纠纷而产生重大冲突事件时,或面对来自政权、军队及外来冲击力量时,族长通常会召集族人在宗祠里讨论应对办法。对于福全古村落而言,其较具代表的事件如"都蔡冤"❷。晋江围头湾的塔头村刘姓家族因祠堂风水问题与临近蔡姓家族发生争执,导致械斗的爆发。因械斗一方曾氏是十五都以福全所城隍庙为中心的地域联盟"五乡四股"的成员,加上福全城隍庙是十五都传统的共同祭祀场所,因此面对这一重大事件,各成员就以共同崇拜的神庙(城隍庙)作为整个组织处理公共事务的中心,讨论这场械斗❸。福全古村落也因所城拥有城墙而为"五乡四股"集团的械斗堡垒,为祭祀在械斗中死去的乡人,"都蔡冤"过后福全城隍庙边新修了"福全报功祠",这是明代里社制度中"厉坛"祭祀的遗风,报功祠壁画中记载了五乡四股的股份划分为科任三股,埔宅、清沟一股,曾坑、坑园、山尾一股,新市一股,钞岱一股,厚安一股,围头三股,南江一股,洋下一股,福全二股❹。

另外,林氏家庙南侧为全祠。福全《光绪全中谱》❺中记载着家族间的矛盾引发了古村落内小姓家族的联盟,由此形成了"全"氏,以此抵抗大族的欺凌。从中可以看出,福全所城内这些异姓军户家族因"从无户眼"、没有户籍,又处于诸强宗的夹缝中,因而以订立契约的方式合力缔造一个宗族,使用同一个户籍,而

❶　引自:陈支平.近五百年来福建的家族社会与文化[M].北京:中国人民大学出版社,2011:26。
❷　"都蔡冤"械斗又称"刘蔡冤","冤"是闽南语吵架、打架的意思,"都"指的是十一都。清光绪二十九年(1903),位于晋江围头湾的塔头村刘姓家族因祠堂风水问题与临近蔡姓家族发生争执,导致械斗的爆发。械斗之初,刘姓处于劣势,因此邀集晋江十一都全都及埭边、柯村、伍堡、湖尾、岑张、三欧、后头、谢厝街、高后、埕边等村助阵。蔡姓亦立即商请型厝、前埔、张塘、柯坑、东石、东埕、后湖、社坛、瑶厝、塘下、洋宅、下丙等村参战。最后,属于今日东石、金井、深沪三镇的各村,出于各自利害关系、经过串联集合,形成参加械斗的两大集团,只有溜澳、围头和科任保持中立。械斗武器多土制,但支持蔡姓的石圳村通过浪人李昭顺搞到了步枪,死亡人数的增加导致了械斗持续时间增加。都蔡冤历时六年,牵涉二百多个村镇,三百多人在械斗中死亡,晋江县县令因无法处理五易其官,最后由泉州知府带数百官兵弹压,并经斡旋,乃告平息。光绪三十四年(1908),泉州知府勒石示禁以记其事。
❸　引自:蒋楠.流动的边界——宋元以来泉州湾的地域社会与海外拓展[D].厦门:厦门大学博士学位论文,2008:123-127。
❹　股数的多少与村子的人力、财力有关,多一股要多出一份钱,在每年一度的决定福全城隍驻跸哪个村子的仪式中,多一份股意味着多一次"博杯"的机会。福全村以明代正千户后裔蒋氏家族为最大姓,因此独占一股,其他小姓另合一股,总数两股。
❺　资料来源:晋江市博物馆粘良图先生藏。

订立契约合宗的主要原因是没有户籍,又是异姓,不能满足"粮户归宗"的需要。这些不同姓氏的小家族严格地按照真正同姓宗族的模式组建了他们的家族组织,建设了全氏大宗祠,虚构一个"溯全公"为始祖,并编制字行。

第三,编撰宗谱(或称家谱、族谱、家乘等)。修家谱是为了追根溯源、继承祖宗遗愿、尊宗敬族,明世次、序昭穆、严冒紊、悉来自、联疏亲、厚伦谊、晓辈分、别亲疏、备遗忘等。如《福全刘氏家谱》中在记述其第八世若海公刘活泉时,提到他五个儿子的名字系由全祠族谱抄来。《刘氏族谱》重修于光绪年间,其十五世孙章寿公商贾于吕宋,数次往返吕宋与家乡之间,发达后重新祖宇,修理房屋,又提出修正家谱。

第四,制定和执行祠规或族规。宗祠规范是一种调节手段和机制,用于调整和规范族人的生活和行为。在缺乏法制治理的传统乡村社会,祠规往往起到法律的作用。宗祠的功能之一就是制订和执行族规。祠规的制订程序一般是由宗祠的管理人员提出草案,然后在宗祠内讨论、修改并表决通过,最后再由宗祠管理人员形成文字,公布于宗祠内并在修谱时编入宗谱。祠规一般涉及伦理准则和道德行为规范、异族的防范措施和族人对祠堂应承担的义务及其权限范围等。宗祠是族长行使族权的地方,凡族人违反祠规,则在宗祠里接受教育或受到处理,直至驱逐出宗祠。(如图6-24所示)

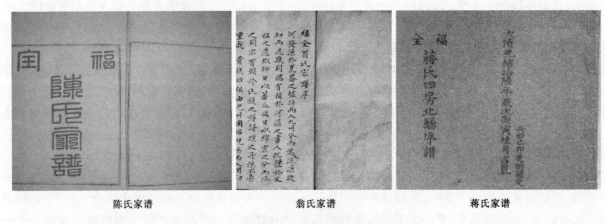

陈氏家谱　　　　　　翁氏家谱　　　　　　蒋氏家谱

图6-24　留存的家谱

第五,作为宗族"生聚教训"的场所。宗祠的建筑规模、格局、建筑形式以及匾额、堂联、始祖碑文和旗杆等都彰显先祖的功名、业绩和地位,向后代灌输一种"登科举,有选拔"的文化意识。在福全村落最为典型的就是蒋氏家庙。蒋氏始祖蒋旺,世袭武德将军、骁骑尉、福全守御千户所正千户,于明洪武廿八年乙亥(1395)肇基福全。"五世正千户蒋辅于天顺七年癸未(1463)始即正寝东建家庙"。福全蒋氏家庙为五进五开间,建筑平面按五阶(即五落)逐层升高的宏大祠堂。整栋建筑除了前文论及的匾额、堂联外,在神龛前,两侧木柱上悬挂明代相国蒋德璟亲笔书写的楹联为"肇基于寿,锡封于福,惟福寿开两地,本基可忘忠孝;建功以武,济美以文,惟文武演千秋,弓冶用勖子孙"。厅中横梁上悬挂"世袭罔替"、"文武为宪"等多方金匾。这些都充分显示出蒋氏家庙的"生聚教训"功能。另外,祠堂往往还是族人读书的场所,如朱文公祠一方面是为了奉祀宋徽国朱文公朱熹理学大师,另一方面也作为福全所城及其周边十五都士人读书讲学,宣扬朱熹理学、研讨学问,培养科举人才的场所❶。

第六,宗祠是宗族的活动中心和日常社交娱乐活动的场所。宗族子孙平时有办理婚、丧、寿、喜等事时,就利用宽大的祠堂作为举行各种礼仪的场所。其次,祠堂也是本族村民日常生活娱乐社交的场所。祠堂门前一般比较开阔,再加上内部深井、廊庑等相对狭长的空间布局,内部空气流动性要比民居好得多,因此,闽南炎热的夏天,祠堂就成为了村民乘凉的场所。并且,作为本族共有财产,也成了老人小孩休息谈天、游戏玩耍的空间。

---

❶ 引自:许瑞安.福全古城[M].北京:中央文献出版社,2006:89.

4　宗族下的福全古村落宗族空间形态的再解读

根据前几章分析,可知:福全历史悠久,古村落变迁经历了分散的小聚落到军事要塞所城的发展过程。另据文献记载,到了明代,福全古村落官兵定居者逐步增加。有族谱可据者,如蒋氏始祖蒋旺,翁氏始祖翁思道,刘氏始祖刘全生,射江衍派陈氏始祖陈抮,都是调往福全所的军官。从《晋江县志·职官志·武秩》考,按明代制度,屯驻的官兵都可以带家眷。而查证当时在福全所居住还有以下姓氏:阎姓,阎斌、阎国栋和阎凤扬先后任福全千户所百户。路姓,路忠、路一程和路一汉先后任福全千户所百户。翟姓,翟旺任福全千户所百户。吕姓,吕荣任福全千户所百户。吉姓,吉洋任福全千户所百户等。由此可见,古村落内的人口是达到了空前的规模,结合本章的论述,可以进一步梳理出当时姓氏家族圈的大致范围(参见表2-1、表2-2)。

由此可知,福全古村落是多姓聚居村落,各姓繁衍数百年,逐步形成了大小各异的非均质的宗族形态群。其次,宗族绝大多数是在元末明初开基,在明中叶前后形成宗族社会,在近500年的历史中得到大发展。

另外,宗族是农村类政权的基层自治组织,对宗族来说,强化它的内聚力是它生存和发展的基本要求,所以在许多情况下从宗祠到祖屋多层次的布局,决定了在整个村落的布局中首先强调宗祠位置的布局。古籍中记载:"君子营建宫室,宗庙为先,诚以祖宗发源之地,支派皆源于兹。"因此,一般村落的布局习惯以宗祠为中心展开,在平面形态上形成一种由内向外自然生长的村落格局。其次,由于受儒家伦理观念的影响,村落除了宗祠地位显赫,其街道网的形式也由宗祠的位置及大小来决定,各种建筑的排列遵守封建宗法礼俗按等级分布。另外由于长期盛行聚族而居之风,因此作为宗族社会象征的宗祠作为村落的核心,一切其他建筑都也以此为重心布局,正如清代《宅谱指南·宗祠》中所言:"自古立于大宗子之处,族人阳宇四面围位,以便男妇共祀其先。"宗祠等建筑成为礼制空间的核心,其他居住建筑为围合体,它们之间遵循家族伦理关系,几乎所有的古村落都遵循这一空间的组合原则。当然这并不代表宗祠的修建要在住宅或支祠等之前。因为宗祠的规模与等级最高,代表整个家族的兴旺与荣誉,是全体族人的象征,要建设一座宗祠需要大量的物力与人力,家族要有较充足的财富,要有在整个宗族中极高威望的族人鼎力支持,因此往往需要几代人甚至更长的时间,所以不是每个姓氏在宗族聚落范围内都有豪华的宗祠,而这也是闽南地区祖厝、祖厅等利用旧宅改造成为祠堂家庙的原因之一。而一旦时机成熟,特别是有族人当上官员或者能得到海外的资助时,宗祠的建设就会提上议事日程,如林氏家庙、卓氏宗祠等都是在得到海外资助下新建或者得以重建的。

结合福全古村落的空间变迁分析及对现存祠堂的调研,在整个村落的层面上,形成了以祠堂为核心的家族圈,家族圈内各成员家庭按照血缘等级关系形成以祠堂为核心的,由核心向外延展的空间拓展形态。由此,从宗族的角度分析则整个古村落是由众多不同姓氏的家族圈组成,家族圈内以祠堂为核心形成圈层式的空间拓展模式,众家族圈外则由卫所制度这一特殊时代背景下的军事防御空间要素——城墙、城门、护城河所围绕,因此,在宗族的视野下,整个古村落空间形态就演绎为:城墙包裹着一系列非均质的家族圈的空间形态。(如图6-25所示)

村落的空间结构是宗族的社会等级结构的转化或映射,即两者之间存在着对应关系。村落以宗祠为中心发展,宗族的裂解所产生的房支在宗祠的周围以血缘亲属来划分空间领域,并以房支的祠堂为中心形成各自相对独立的居住团块。每个团块的家族已形成各自的小组团,这些小组团同样围绕着次一级的礼制中心——小支祠或家祠构成。村落最后形成以宗祠为中心,以若干支祠和家祠为次中心的多层次的等级空间结构。基于政治权利的分配,人口和经济上具有主导地位的宗族依照惯例会占据村落的中心部分,而弱小的宗族则被排挤在村落的周边地区,主导宗族及其房支对于他们所占据的村落中心地带的建设具有较强的发言权和控制力。这样的结果使得村落的中心部分,特别是有祠堂的街区不仅组织得相对比较规整,并且其空间的可理解度也较好,其中北门街以蒋氏家庙为核心的区块就很好地解释了宗族对村落具体地块的影响。❶

---

❶　图示见第五章图5-1。

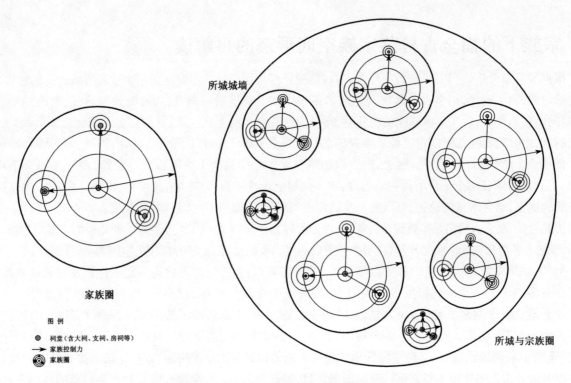

所城城墙

家族圈

图 例

◉ 祠堂(含大祠、支祠、房祠等)
→ 家族控制力
◉ 家族圈

所城与宗族圈

图 6-25　宗族影响下的村落空间形态分析

　　因此,村落之间在这部分空间的组构上显示出较大的相似性。以街巷为主的村落虽然是自然发生的,但这种生成却是在人们约定俗成的模式下一步步进行的,又由于各个以宗族为中心的小聚落各不相同,所产生的空间序列变化也是相当丰富的。基于这样的思考,福全古村落的外部空间结构可以进一步抽象,即显示出:整个村子就由两个方向的巷道所控制,即南北与东西方向:北门街、南门街、西门街、太福街、庙兜街等等,而这两种巷道交汇处则呈现出较为不规则的街巷——丁字街,这就大致形成了整个村落格网状的布局。其次,在整个村落中有不同的宗族势力,当宗族内部之间有纠纷时,就会使村落形成几个部分,发展到极致时邻里之间的界线还会更明显,这也是形成福全古村落格网状布局的一个重要因素。如以北门街为轴线,两侧形成了蒋氏家族小聚落,这个小聚落四至清晰,东到下街池,南到西门街—太福街,北与西到城墙,用地规模较其他家族大,且为蒋氏姓氏独占,没有其他家族介入,而其他地块的聚落则相对夹杂,界线较为模糊,用地分散,建筑规模也较小。

　　纵观整个福全古村落,虽然格网状的结构没有形成一个明确界定的开阔的公共中心,但祠堂这一公共建筑,使祠堂前的这条道路街巷成为人们交往最集中的地方。

第七章 信仰中的庙宇建筑空间解析

众所周知,民间信仰包括了祖先崇拜、神明信仰与巫鬼崇拜三部分,其中,福全古村落内的祖先崇拜是依靠诸如蒋氏、林氏、陈氏等宗族组织的力量来维系,并随着宗族势力的改变而发生变异。而祖先崇拜的物质承载体就是祠堂建筑,祠堂建筑的空间形态营造出了富有地域特色的祭祀活动,并在漫长的发展中划定了以宗族血缘为基础的"祭祀圈",演绎出了家族与整个村落的兴衰。

在福全古村落中,除了上述的祠堂建筑外,还留存着大量的寺庙类建筑,如城隍庙、关帝庙(分上、下关帝庙)、观音庙及境宫庙宇等。这些庙宇与祠堂建筑一样,是福全乃至整个闽南地区民间信仰的物质载体,共同营造着一个血缘、地缘、神缘交织下的富有人情化的社会空间形态。

众所周知,闽南地区自远古就有"好巫尚鬼"的传统。秦汉以前土著原始宗教与巫术盛行,三国至唐中期,中原民族民间信仰元素不断渗透,唐末至宋元,在佛、道、儒正统宗教文化的影响下,闽南的民间信仰迅速发展,到了明清时期,民间信仰达到鼎盛,并随移民潮对外进行强烈地辐射,如台湾的广大地区都保留着闽南地域特色的民间信仰。时至今日,闽南地区的民间信仰仍对诸如福全这样的乡村、聚落的百姓生活产生着莫大的影响。据此,本章就福全民间信仰开展研究,借助文化人类学与考古类型学等方法,从福全古村落的民间宫庙以及供奉的神灵着手,对民间宗教信仰空间进行系统的分类、分层考察与研究,以期获得对整个村落更为清晰、深入的认识。

1 村落寺庙概况[1]

1.1 概况

宋元时,福全港已是商贸十分繁荣的港口,且建有妈祖庙,以祀海神妈祖。明初,建福全所城,建城隍庙。依明朝制度,福全所城内划分十三境,各境都分别奉祀各自的境主,建造了相应的境宫庙宇建筑。因而福全所城内外寺庙特别多。至今,福全所城内外仍有寺庙 19 座。在南门外紧邻南门城墙还保留着留从效庙宇、灵佑宫(供奉三大巡)、赵仔爷宫(供奉赵爷)及其岩洞佛像。(如图 7-1 所示)

福全所城内四大庙:福全城隍庙、福全妈祖庙、元龙山关圣夫子庙和福全八姓府庙。

福全所城外有三座祀坛宫[2]:东门外有座东祀坛宫,西门外有座西祀坛宫,南门外有南祀坛宫,北门邻近后坡村而无祀坛宫。

福全所城内有四座土地庙:太福街的土地庙、祀福德正神土地公,为太福境的境主。南门街有座土地庙,祀福德正神,为威雅境的保护神。庙兜街有座土地庙,祀福德正神。北门瓮城内也有座土地庙,祀福德正神。

关圣夫子庙两座:元龙山关圣夫子庙(也称上关帝庙),乃福全四大庙之一。庙兜街的关圣夫子庙(也称下关帝庙),主祀关圣夫子,配祀周仓和关平,为定海境的保护神。

保生大帝庙(又称帝君公宫)两座:北门街保生大帝庙,祀保生大帝和玄坛公,为育和境保护神。南门保生大帝庙,祀保生大帝,为陈寮境保护神。

---

❶ 引自:许瑞安.福全古城[M].北京:中央文献出版社,2006:92-115。
❷ 即为上一章中论及的东祠、南祠、西祠。

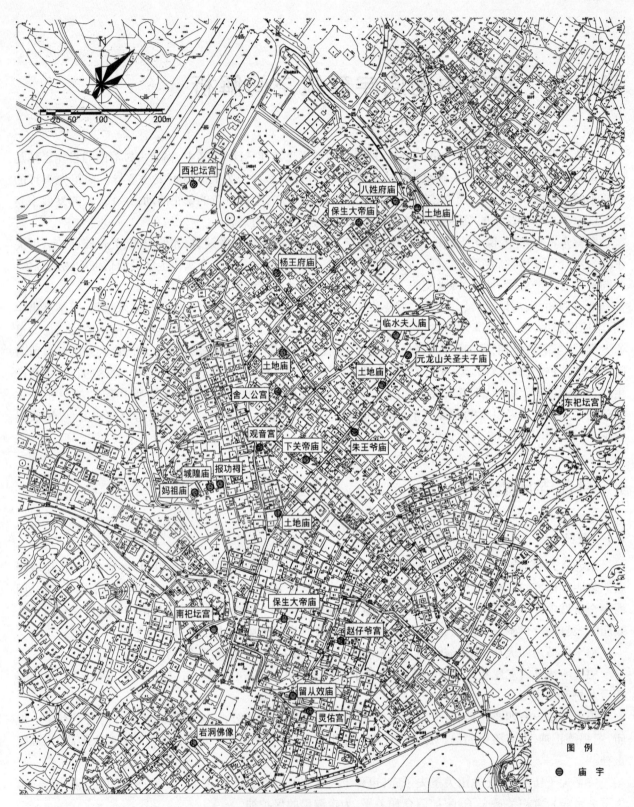

图 7-1　福全古村落庙宇分布图

临水夫人庙:址在元龙山西侧,祀临水夫人,为东山境的保护神。全村和晋南乡村都来奉祀。

观音宫:址在虎头墙前,祀观音菩萨,为镇海镜的保护神。也是全村奉祀的神。

杨王府庙:在西门街,祀杨王爷,为迎恩境的保护神。

舍人公宫:在文宣街,祀舍人公,为文宣境的保护神。

朱王爷庙:在庙兜街,祀朱王爷,为英济境的保护神。

已废的神庙:圆觉庵,址在北门帝君公宫旁。

朱文祠,址在元龙山东畔。民国年间废。

四王府庙,址在卓厝崎。已废。

大普公庙,址在南门前街。已废。

尹王爷宫,址在福全公所旁,已废。

1.2　城隍庙

1.2.1　城隍庙变迁历程

据现存的清代《重修城隍宫记》碑文:"福全所城城隍庙由来久矣,相传所城告竣在洪武二十年,庙之兴大约与所城后先并建",另外,根据洪武初曾有诏令各地城隍之神"造木为主,毁塑像",而福全城隍庙中不仅有城隍塑像,还奉祀着一尊题刻着"福全城隍府主"的木主。据此可知,福全城隍庙建于明洪武年间,即福全所城建造之时。

福全地处晋江东南,古来为海防重地。明洪武二十年,江夏侯周德兴于福全建筑所城,朱元璋立国之始,从京都到州县,直至卫所,凡有城池处,大封城隍神,期以"阴阳表里",使"人有所畏,则天下不敢妄为"。一来督察地方官吏,二来监诫天下百姓,以神道设教巩固封建统治。

《重修城隍宫碑》又载:"国初海氛寝炽,所城内外寺院居民悉遭毁劫,斯庙亦煨烬。"清康熙年间"迁界"为闽南沿海一大浩劫,福全城在迁界以后,逐步衰落,由一个繁荣的所城变成一个普通的乡村。直至光绪五年,才由"邑中善士陈浤可倡议重修","都人士鼎力创建",重新修建城隍庙。当时题缘捐资的信善颇众,见于碑刻的就有500多位,其中包括晋南一些郊行店肆。据载,重修后的殿宇"镶金错彩,革乌飞翠,轮奂聿新,诚泉南神庙一钜观矣"。

城隍庙于"文革"期间再度遭毁,1983年由吕毓德、陈阳泽、林务炮、张振荣、张荣业、郑道兴、蒋丽途、蒋人认、蒋福恩、蔡碧惠等善男信女组成董事会集资,至1985年重新修复。该庙有《复修城隍宫续记》志其始末:

"庙之建历时五百余载,为泉南古圣迹之一。自光绪年间重修,因年湮代远,瓦砖绽裂,屡经小修,易旧补缺,多年风雨侵蚀,栋梁腐朽将倾,金身荡然无存,岁壬戌,同人乃邀集各乡董事倡议复修。赖众董事同心协力及海内外诸善信慷慨捐资,助襄厥事,则庙宇之复建,金身之重塑,得以早观厥成。为巩固长远,原栋梁改用以石代木,即保持原貌且不失壮观,行见庙宇复新,香火兴盛而垂规模于永远,是为志。"

碑文后开列重建城隍庙的乡村:福全、厚安、科任、清沟、埔宅、山尾、坑园、曾坑、新市、钞岱、围头、南江、洋下。这十三村是传统的共同崇祀福全所城隍的乡村,旧称"五乡四股"。碑文又列缘捐者名字及捐资金额。续后又有捐建拜亭、石埕等附属建筑的,另镌名于石柱上。

1.2.2　庙宇现状

城隍庙位于福全城西南,左邻天后宫(又称妈祖庙),右近报功祠。庙宇坐北向南,居高临下,规模宏伟。殿堂依旧式营造,为飞檐翘脊的歇山式殿顶、砖石结构的墙体:栋梁采用当地丰富的花岗岩材琢造,坚固美观。殿面三间,阔四丈有余,进深三丈余。殿门、梁枋、隔扇彩画精美。殿前走廊阔约一丈,《复修城隍宫续记》就烧制在白瓷砖上贴于走廊东西壁堵上。殿门前建拜亭一座,方广丈余。

庙埕面积250多平方米,以细雕石板铺砌。四周护以白石雕栏。埕东建一座举行庆典时上演"嘉礼"(提线木偶)的戏台;埕西建护厝,翼护金炉及两座清代留下的石碑。石碑为清光绪己卯年重修城隍庙落成时立,碑文《重修城隍宫记》为当时翰林院庶士邑人陈榮仁所撰,而今且漫患不可尽识。拜亭及宫殿石柱上均镌有楹联,多劝善惩恶之词:

福报善心处事无亏天可鉴

全消恶念获罪能悟神自知　(拜亭联)

是是非非地

明明白白天　（拜亭联）

作福灵昭九有

安全德合三光　（廊柱联）

庙貌仰崔巍为民捍患御灾重作四方保障

神灵昭赫濯自古祭防祀水长留万祀馨香　（庙门联）

福地有神明作恶为非何须强辩

全乡多善信扶危济困自得安居　（庙柱联）

纠善恶是非报应丝毫不爽

赞乾坤化育衡平曲直无私　（庙柱联）

暗里亏心未入门已知来意

自家作孽欲免罪不在烧香　（庙柱联）

将大改小我心愿

乡中弟子万世传　（神橱前柱联）

殿堂内悬挂匾额四方,题词为:"法镜高悬"、"海甸藩宣"、"燮理阴阳"、"赏善罚恶"。概括地表明人们对城隍神职能的认识。

庙中共塑有城隍金身五尊,又有神主一尊,人们分别依次命名:

大城隍,塑像高五尺余;二城隍,六城隍塑像高三尺余;四城隍,即是神主,并置神橱中;五城隍,塑像高一尺余,置于神橱外案桌上;三城隍,塑像高四尺余,坐于藤轿中,由"五乡四股"轮流供奉,长年不在庙中。

除三城隍外,二城隍、六城隍、五城隍都经常被乡人"借"出镇宅。一般不"借"四城隍,因为这是一座神主,与家中奉祀的祖宗牌位差不多,乡人心理上不能接受。按理说,庙中设诸多城隍神像只缘多有奉请而设,神像虽有多尊,城隍神却只有一位。可是在乡人意识中,却多认为城隍神有六位,所以神像的装扮也有所不同。这种现象表明了民间造神的随意性和宗教的中国特点。

神橱前案桌两头塑一高一矮两尊鬼卒,是传说中的地狱勾魂使者谢必安、范无救。

案桌前塑一尊五尺余高、手执印信的"先生公",相传这位文质彬彬的先生公是附近蓝田村人,姓陈,至于他为何成为城隍爷的师爷,乡人又不甚了了。先生公旁边塑泥马一匹。

两厢又塑张、蔡、李、董四位"牌公",高五尺余,手执金瓜、竹板,貌甚狰狞。相传早先庙中这四位牌公扮相更可怕,且安设机关于庙中,人每进庙,四位牌公即向人扑来,让人胆战心惊。

神橱东边,另有神桌,供地藏王和土地。西边供有两尊夫人妈。

两厢墙壁皆贴彩绘瓷砖,上绘十殿阎君像、廿四孝图、本庙杯诗图。本庙不设神签、签筒,以掷筊杯三次卜吉凶,筊杯掷三次计得 27 种形式,庙中神案前悬一木板,上镌《福全城隍公灵应杯诗》以对照。"杯诗"词意通俗浅显,乡人多能解说。

1.2.3　城隍神崇拜

乡人对城隍神的崇拜十分虔诚,还流传着不少关于神灵的历史故事。据传神橱前边的对联是本所城隍神亲自撰写的。因城隍的职位有高有低,一同地方官员,又都有升转的机会,福全城隍是所城城隍,可说是城隍中品位较低的。某年,这位城隍得到调令,将提升为安溪县城隍。将离任时,这位城隍却对他治下的百姓依恋不舍,情愿放弃升转机会,永镇此方。于是他托梦与乡人,告明此事,且劝乡人一心向善,勿辜负自己的心愿。次日,众人纷纷诧异得了奇梦,同往城隍庙,果然见神案上书写着"将大改小我心愿,乡中弟子万世传"一联,于是众人皆受感动,对神倍加崇敬,且刻联于石以示不忘。

传说本庙城隍最能惩恶劝善。福全村民多务农,每年八、九月秋收季节,乡人抬出城隍神像巡游山界,插旗为号,借城隍威灵保护收成,名曰"放兵"。放兵期间,每户逢初一、十五应备简单筵碗敬祀城隍属下的"阴兵",名曰"养兵"。（如图 7-2 所示）

图 7-2　城隍庙

现今每日到庙中求神、问事、敬拜者络绎不绝。庙中终日香烟缭绕。每年一度的城隍神诞庆典更表现出乡人对城隍的热诚崇拜。古历五月十三日是城隍诞辰,福全村民将这一天定为"圣节日"(其他乡村"圣节日"多定在秋收后八、九月间)。是日,全村家家户户宴请亲友,醵钱演出高甲戏、提线木偶、电影,一般演三四夜至五七夜。本村及近村善信各备办丰盛的筵碗往庙中奉祀,真是人山人海,热闹非凡。

"迎城隍"是城隍诞辰庆典的高潮。事先,五乡四股董事会齐在神前卜杯。以得信杯最多的村获得迎城隍的资格。经一年准备,该村于神诞前夕,到福全城隍庙演一台戏。次日早,全村男女老少组队往福全恭迎城隍神像。富裕人家租乘马匹,其余步行,青壮年抬出村里大小神庙的神像,扛着神旗和五色彩旗;妇人腰扎黑围巾,手持扫帚作清道状;小孩则经过化妆,穿着戏服,骑马或坐在雇人抬着的软阁上,一般出动数百人、上百匹马,再雇佣鼓吹、十音、舞龙、舞狮等穿插队伍间,一路燃放鞭炮,游历乡里。所经过的村落亦家家备香烛果品于门首虔敬。迎回的神像则奉祀于该村,至次年神诞前二、三天再送回。因为相信"迎城隍"可使村中得福得财,所以乡人不惜花费金钱举行这样盛大活动,旅菲侨胞、旅港澳同胞除了捐资支持组办,还多有特意回乡参加"迎城隍"的。

福全村及邻近的溜江、后垵,遇有婚丧喜庆或上梁动土诸要事的人家,多往庙中商请城隍镇宅,将请去的神像,以清茶果品供于厅堂,冀祛邪纳福。事毕则送还庙,并敬纳香资数十百余元,作为新塑神像更换蟒袍的费用。俗称"借城隍"。

世代相传的祭城隍文曰:

"岁次……时日……直当□□乡主祭□□□,暨各乡诸弟子,谨以牲醴庶馐、果品香楮、金帛之仪敢致祭于城隍府主之灵前曰:惟神正直,职掌城隍,阴阳燮理,报应昭彰。凭依在德,作善降祥,千秋俎豆,祭祀孔长。主盟会社,揖睦诸乡,同心同德,振弱摧强。永敦气谊,不敢有忘,英灵赫濯,遐迩播扬。兹逢诞降,庙貌肃将。于以奠之,黍稷馨香。于以佑之,钟鼓铿锵。神其来格,鉴此佳肴,伏维尚飨。"

1.3　元龙山关夫子庙

　　元龙山是福全城内的最高处,向南遥望围头、金门岛,东俯视台湾海峡,北望石圳、科任,向西可看见南安市诸山。在明代嘉靖、万历年间,倭寇屡犯福全城,在抗倭战争中,元龙山是观察城内外的瞭望台,也是抗倭战争的指挥台,得天独厚,曾数次击退来犯之敌,雄镇一方,确保了一方社会的安宁。

　　元龙山关圣夫子庙亦称上关帝庙,建在元龙山的顶峰,其庙宇虽不大,占地约50平方米,建筑面积38平方米。但巍巍壮观,且庙中粉壁多处名人题诗和名人楹联,山下有多处摩崖石刻,已列为晋江市文物保护单位,其间蕴含丰富的文化内涵,成为人们朝圣礼佛、参观游览的胜处。(如图7-3所示)

图 7-3　元龙山关帝庙

　　元龙山关帝庙祀关羽,配祀周仓和关平。庙东的朱文公祠倾圮,其朱熹神位移祀于庙中。

　　据《重建元龙山关圣夫子庙碑记》:

　　"元龙山关圣夫子庙始建于何年代,无从查考,惟依其旧庙址推测约于明清之间,庙宇矗立元龙山顶峰,壮丽巍峨,遥望东北山海大观,俯视西南龟燕献瑞,万派朝宗,素有元龙钟秀之称。庙因经历长远年代,墙壁倾圮,金身荡然。一九五四年本境旅菲乡侨陈阳咸乃独资复修,惟因工程拙劣,栋梁歪斜,年久失修,形将倒塌。一九八四年本境旅菲乡侨陈梦麟先生倡议复建,并带头缘捐,蒙敦义诸盟友暨四方善信热诚解囊捐输,同年着手兴工,翌年完竣。为巩固长远,除屋盖仍椽桷外,其壁栋以石代木,既保持其原有状态,且不改旧观,于今庙宇重新,香火兴盛,不失元龙古迹之本色也,落成之日,爰书以志。陈连文撰志。"

元龙山关圣夫子庙的楹联都是名人所撰,且字体书写各异。

其拜亭楹联:

元殿涌芬长留正气;龙山圣迹永著威灵。
　　　　——旅菲华侨　石狮　王观如　撰

敦念前盟永世难忘旧谊;义无反顾千秋共仰高风。
　　　　——旅菲华侨　霞泽　王映青　撰

敦结芝兰馨扬海峤;义重金石高薄云山。
　　　　——旅菲华侨　新市　曾连胜　撰

庙门楹联:

福神高列文昌座;全节匡扶炎汉基。

庙中柱楹联:

元龙山宫殿辉煌四季香烟长不断;关帝庙岁时祭祀千秋忠义永流芳。
　　　　——旅菲华侨　福全　蒋人菊　撰

1.4　妈祖庙

福全妈祖庙亦称祇园堂。址在嵋山(红岩山)东麓,背靠嵋山,面际大海,右旁陡峭石坡下即福全古港遗址。妈祖庙始建于何年代虽乏史料稽考,但史载福全港自宋代已列为泉州海外贸易的重要港口,福全因海外贸易和海防的重要位置,明代洪武廿年江夏侯周德兴才会选此筑福全所城。而妈祖林默娘被世人奉祀为"航海保护神"。据此可推测福全妈祖庙始于南宋或元代,传说明代福全陈姓曾重修。其后毁于清初迁界。

1932年福忍禅师见庙宇倾圮而发起募捐。在乡人吴泽云等诸善信的鼎力资助下,在废墟原址复建,并扩建围墙和庙门及两旁护厝作禅房,并建钟鼓楼。正殿奉祀妈祖,又塑千手观音。宫中设置完善,常住僧尼十余人,晨钟暮鼓,念经诵佛,僧尼养牛、耕作、种菜,自食其力。宫中清雅,香火兴盛。

1958年僧尼被遣散回原籍,宫中乏人管理,供物零乱散失。又因年久失修,庙宇又复倾圮,金身毁没。1985年,乡人吕毓德发起,诸董事李文华、郑道兴、陈阳泽、陈梦麟、蒋丽途、卓清辉倡议重建。发起缘捐,海内外善信慷慨捐资建正殿,重塑妈祖神像。1991年再建功德堂、钟鼓楼和左、右禅房。

现主体建筑建于1991年。庙门高大,为1932年的原建筑。庙门左侧为功德堂,原祀先贤禄位以示先贤对本庙修建作贡献之功绩。原供桌尚存。钟鼓为八角亭式。进庙门有大拜台,现建成拜亭。正殿为重檐歇山式殿顶,殿堂为三开间。殿壁的柱栋以石代木,粉壁间书2米方的"泉南佛国"四个大字。左壁嵌贴白瓷砖书写天上圣母林默娘传,右壁嵌贴白瓷砖记载重建妈祖宫捐资芳名。整组建筑群占地870平方米,建筑面积318平方米。(如图7-4所示)

殿中石柱楹联:

福海静波慈航普渡江湖外;全城乐土母德遍歌乡里中。

水德配天海国慈航并济;母仪称后桑榆俎豆重光。

天道无私朝夕叩神麻何如为善;后司有责虔诚求尔福岂在烧香。

挂一匾书"石航永奠"。

庙中祀妈祖娘于神龛中,神案前左塑"千里眼",右塑"顺风耳"神像。

以前配祀千手千眼观音塑像(已毁没),现配祀三世尊。

1932年重建妈祖宫的福忍禅师是和尚,因使道教和佛教的神灵合祀一庙,而称"祇园堂"。

妈祖自宋以来,被人们奉为"海上保护神"。福全古港对外贸易十分繁荣,航海人员和渔民笃信妈祖,十分虔诚,每逢出航前,必先祭祀妈祖,祈求出航平安。海上如遇风浪,船员必烧香祀妈祖保佑,或祈祷妈祖保平安。因而香火兴盛。今有和尚或尼姑常年住寺主持,每日念经诵佛。每逢斋日,乡中诸善信到庙中"勤佛"吃斋。

图 7-4　妈祖庙

1.5　临水夫人庙

临水夫人庙是闽台民间信仰的一尊专司保护产妇婴幼的神祇。

封建时代人们最讲究子嗣问题,所谓"不孝有三,无后为大"。未曾生育的,要求嗣;已怀孕的,求顺产;已生育的,求保庇婴幼平安,一般都向临水夫人(俗称夫人妈)求助。临水夫人信仰缘此普及南北各省且影响及海外。

临水夫人庙为晋江福全所城四大宫庙之一。福全城分十三境,临水夫人庙坐落于城东北隅的东山境。庙宇坐东向西,为砖石结构的宫殿式建筑。殿脊高耸,飞檐施彩,帘沿饰剪瓷彩雕,石柱、石梁、石阶、石铺地板,墙壁下段砌石,上垒油面红砖,具典型的闽南建筑风格。庙貌轩敞壮观,环境开阔清幽。占地 322 平方米,建筑面积 128 平方米。(如图 7-5 所示)

图 7-5　临水夫人庙

　　庙檐口挂一立匾,上书"东山境临水夫人"几个金字。庙廊左右砖壁上各嵌一方白瓷砖,上书碑记及缘捐人名。右边碑记有二:

　　(一)重修临水夫人庙碑记(原志):

　　临水夫人之崇祀于福全东山境,由来久矣,灵爽昭赫,四方祈厘祷嗣护产卫孩求无不应。香火之盛不仅十乡而止。敬稽夫人为福州古田陈昌之女,名进姑,生唐大历三年,适刘杞。生即秉灵通幻。会大旱,脱胎求雨,年二十四升遐。诀云:"我死后必为神救人难产。"其生前即有神异也。后古田临水乡有白巨蛇吐气为疠,一日,乡人见一朱衣人仗剑索蛇斩之,诘其姓名,曰:"我江南下渡陈昌女也。"言讫不见,由此显赫四方,生益群黎,没护妇幼。原原本本,非泛漫无据者。庙之建不知始于何时,由于世久年湮,庙宇倾圮,康熙年间,吏部候选清军厅陈君瑞熊倡而修之。嗣二百余年,经风霜剥蚀榱橼朽蠹,庙宇崩塌,岁壬午里人募义者集鸠捐重为修葺,依然旧颜,无改前观,亦期朴质巩固,以垂永远。庶神得所凭依云尔。(诸董事名略)光绪二十一年乙未玖月榖旦。

　　(二)重建临水夫人庙碑:

　　庙自光绪二十一年重修至共和庚子再次倾颓,金身毁没,栋折梁崩,瓦砾无存。壬戌秋经海外诸善信发起,捐募重新庙宇。原系土木结构,为免年久榱橼腐朽,乃改石代木,以图长远。今庙已告竣,金身重塑,既较固于前且保持旧貌不失壮观。行见香火重兴,灵庇四方,为同人所馨香祝祷也。爰书数语以志。(诸董事名略)共和甲子年五月吉旦。

　　左边墙上载《缘捐重修临水夫人庙芳名录》,壁堵上方饰瓷砖画像,一为"松大夫招来百福",一为"艾使者扫去千灾"。廊前立石柱一对,镌刻楹联:"我本具一片婆心抱个孩儿给你;汝须行十分好事留些阴骘与他。"

庙门对联:"东山朝紫燕灵钟福里;临水傍元龙气壮全城。"

庙门两旁石柱镌联:"庙貌镇东山每追古邑遗徽年年寿庆元宵节;神光週南土仍是颍川嫡派岳岳灵钟大历时。"

庙中石柱一对,镌联为:"祈雨救群黎可怜旱魃为灾罪及父兄斗法甘终廿四岁;斩妖除大患深悯娠身遇难命关妇孺成神愿护亿万人。"

居中一室为神龛,上悬一匾,书"保赤功高"四个金字。两旁镌对联为:"紫燕灵龟长献颂;明灯朗月助称觞。"龛中临水夫人塑像高一米多,相貌端庄秀丽,头戴凤冠,身着绣袍,坐于神座,神像双手关节可以活动,便于更换冠服。因有玻璃屏风阻隔,可免受香烟熏染。内置白色大理石一方,是为原庙的碑记。

神案上石香炉香烟缭绕,案上还有一些特制的,一寸左右长的布鞋、塑料鞋,可供人乞取回去给小孩子佩带身上,以消灾去疾。还愿时须加倍奉还。

神龛周围贴着许多红纸写的契书,那是人家为求庇护小孩平安长大,特来神前卜杯乞得同意,认临水夫人为"契母"(干娘)所履行的一种手续。

神龛左右另设神桌二,各奉一尊黑脸虬髯,一手举剑,一手执蛇,威风凛凛的神道,据说是临水夫人治妖拿怪的助手,曰翁、杨太保。

两厢粉墙上有六幅壁画,居中均画一"注生娘娘"提笔坐于案前,两判官随立旁边。案下瓶花,花朵作孩儿状,有十八名侍女提抱孩儿奔走花下。据说两尊"注生娘娘"为林、李二夫人,早年随临水夫人学道,后同时升退成神。在其他临水夫人宫庙都有配祀的。三十六侍女相传为闽王王审知宫娥,遭蛇妖所害,后被陈靖姑救活,王审知便将她们赐予陈靖姑。其余四幅壁画分别为"闾山学法"、"拯救宫女"、"收张坑鬼"、"助产驱妖",内容都采自《临水平妖》的民间传说。

临水夫人庙主祀临水夫人,为晋南祷嗣、护产、卫孩之神,香火兴盛,晋南金井、英林、深沪、龙湖和石狮等地的新婚夫妇常到庙中烧香祷嗣。怀孕妇女,尤其是胎位不正的孕妇更十分虔诚地到庙中叩祈临水夫人保佑顺产。新生婴儿,其父母定特备办果烛牲礼,亲至庙中贴契书,拜临水夫人为谊子(女),祈护孩儿健康成长。每有灵验,而致神龛前贴满契书。

每年正月十五日神诞,凡结契临水夫人的孩儿都办果烛牲礼至庙中叩谢酬神,并向庙祝交纳"契儿钱",几十元至上百元,也有交纳数百元的。至孩儿长大至十六岁,则要备办丰盛的牲礼至庙中叩谢,赎回契书。

正月十五日为临水夫人寿诞,各方善信备办筵碗奉敬祭祀,并演戏酬神。庙中举行卜"龟"(一种面制的龟形食品)活动,卜回的"龟"给家中小孩食用以保安康。第二年则要加倍回敬,供人再"卜龟"。而致食龟逐年增加。每年正月十五日神诞,求神还愿者摩肩接踵,卜"龟"活动热闹非常。

1.6　八姓府庙

八姓王府庙坐落在福全城北门内,背靠凤髻,傍依北城墙,前临官厅池,乃福全四大庙之一。现八姓王府庙为三开间仿木结构。正殿、拜亭、左右厢房齐全,外观典雅壮观。整幢建筑占地120平方米,建筑面积86平方米。(如图7-6所示)

八姓王府庙始建于明代,历史悠久。几经复修,至1965年倾颓,金身荡然,将成废地。为保护数百年古圣迹,乡贤许经习、陈梦麟、李文华、刘春生、蒋连应、蒋丽途、蒋人通、郑道兴、蒋才林、蒋人注、张荣业、林超群、蒋人强、黄进福和鲤鱼穴村施东海诸善信倡议重建。于1986年6月兴工,同年11月完竣。并重塑金身,既保持原貌,且又十分壮观。

拜亭石柱楹联:

　　　金炉不断千年火;玉盏常明万岁灯。

庙门楹联：

　　　神镇福全称八姓；威灵乡境佑黎民。

庙中奉祀玉、七、天、包、黄、金、马、朱八位王爷；左侧配祀福德正神、船王公和神马；右侧配祀夫人妈；整个庙宇的神灵神威显赫，灵庇四方。并分灵鲤鱼穴村和龙水寮村奉祀，香火兴盛。尤其是每年十一月初一圣诞日，四方善信至庙中祭祀，祈求平安，演戏酬神，热闹非凡。

蒋申智撰并书的《重修八姓府庙碑记》及楹联"庙貌辉煌光福里，神灵显赫护全城"。

图 7-6　八姓王府庙

1.7　十三境保护神庙

明代，设隅、铺、境作为较大城镇的行政管理划分，以管理户籍，征调赋役，传递政令，敦促农商。各境都有该境的保护神，由该境百姓奉祀。当时，福全所城划分十三境。

育和境：由北门城头至街头。祀保生大帝、玄坛公为保护神。

迎恩境：由西门至街头。祀杨王爷为保护神。

泰福境：太福街一带及林厝、翁厝。祀福德正神土地公为保护神。

东山境：临水大人庙至苏厝及赵厝。祀临水夫人为保护神。

游山境：所口埕和所后。祀尹王爷、邱王爷为保护神。

文宣境：文宣街。祀舍人公为保护神。

英济境：庙兜街。祀朱王爷为保护神。

定海境：东门内，帝爷宫口至南门土地宫。祀关圣夫子为保护神。

威雅境：南门四房一带。祀土地公为保护神。

嵋山境：卓厝崎至报功祠。祀四王府的四位王爷为保护神。

镇海境：虎头墙至风窗竖，祀观音菩萨为保护神。

宝月境：风窗竖至南门，祀大普公为保护神。

陈寮境：南门留厝，祀保生大帝为保护神。

2　神明崇拜的文化信仰空间内涵解析

2.1　多元的民间文化信仰辐射空间

通过上述，可以看出福全古村落的民间信仰呈现多元的状态，有信仰妈祖、关公、保生大帝、临水夫人、观音菩萨、城隍爷、土地公土地婆、王爷，甚至还有信仰马神、虎神等等，整个古村落的文化信仰空间呈现多元交织的空间形态。（如图 7-7 所示）

马神   虎神   观音与土地

图 7-7　福全古村落内的信仰

与此同时,在神明信仰范围的辐射上,也呈现出辐射范围大小、长短不一,即:①辐射整个村落及其周边乡村的文化信仰神灵,如城隍爷、妈祖、临水夫人、关羽(元龙山关帝庙)等。②辐射福全古村落的文化信仰神灵,如八姓王爷、观音、太福街土地公及其宗祠、家庙等先贤信仰❶等。③辐射铺境区块的文化信仰神灵,如杨王爷、朱王爷、舍人公、保生大帝等。④辐射某一小地块的文化信仰神灵,如庙兜街土地公、北门瓮城内土地公、东南西三大祀坛宫等,由此构筑了多元交叠的民间文化信仰空间形态。(如图 7-8 所示)

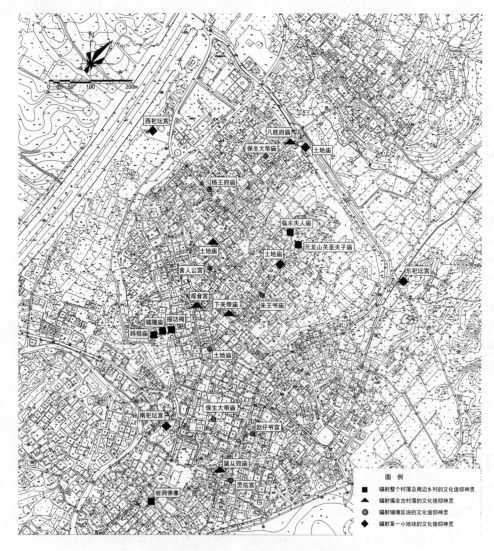

图 7-8　庙宇文化信仰空间辐射范围图

❶　部分宗祠家庙也辐射到周边村落,如林氏家庙辐射到周边乃至台湾等聚落,南门陈氏宗祠辐射到溜江村。

2.2 泛神与专神崇拜交织与共融的文化空间

在文化信仰辐射空间上,福全古村落的神明空间呈现出多元的特征,与此同时,可以进一步分析得出其信仰内涵上呈现多元的空间形态,即有妈祖、关夫子、保生大帝、临水夫人、观音、城隍、八姓、土地等信仰交织于村落中,并且在同一座庙宇中既可以单独崇拜一种神明,即专神,也可以崇拜多种神明,甚至可以崇拜佛、道、儒混杂交融的神灵,即泛神。因此,在福全古村落内诸多的神灵可以单独建庙观被人祭拜,也可以多个神灵同处于一座寺庙内。其间较为典型的如城隍庙,庙内以供奉城隍神为主,同时还供奉着地藏王、土地、夫人妈、马神等神,而八姓王府庙内则同时供奉了"玉、七、天、包、黄、金、马、朱"等八位王爷,并在其左侧配祀福德正神(土地)、船王公和神马,右侧配祀八姓的配偶——夫人妈等。由此在寺庙建筑空间上形成多元的空间形态,即专神与泛神的共存。其中对于泛神宫庙而言,无论宫庙面积的大小,一定会供奉两尊以上的神灵,这些主神往往有配偶神、侍神、护卫神等,从祀神相伴还有同祀神和寄祀神等,使得每一间宫庙都形成完整的神灵崇拜体系。(如表 7-1,图 7-9 所示)

表 7-1 泛神与专神崇拜庙宇的文化信仰空间

类型	名称	崇拜对象		辐射范围	文化信仰空间特点
		主要	次要		
专神	元龙山关帝庙	关羽	周仓、关平、马神	整个村落	村落四大文化信仰空间之一,并是周边地区重要文化信仰空间
专神	太福境土地庙	土地公	—	整个村落	整个村落重要的文化信仰空间
专神	庙兜街土地庙	土地公	—	庙兜街周边	街道重要的文化信仰节点空间
专神	北门土地庙	土地公	—	北门瓮城内	北门重要的文化信仰节点空间
多神	下关帝庙	关羽	周仓、关平、马神、土地、观音	定海境	定海境保护神
多神	妈祖庙	妈祖	观音、土地、注生娘娘、三圣佛	福全及周边村落	村落四大文化信仰空间之一,并是周边地区重要文化信仰空间
多神	城隍庙	城隍神	地藏王、土地、夫人妈、马神	福全、厚安、科任、清沟等十三村	村落四大文化信仰空间之一,并是周边地区重要文化信仰空间
多神	临水夫人庙	临水夫人	土地公	整个村落及其东山境	村落及其周边乡镇的重要信仰空间之一。并且是东山境的保护神
多神	八姓王府庙	八姓王爷	土地,船王公和神马、夫人妈	福全及其周边村落	村落四大文化信仰空间之一,并是整个村落重要文化信仰空间
多神	岩洞佛像	如来	观音、土地、哪吒、马神	福全、溜江及周边村落	福全及其周边地区重要文化信仰空间
多神	南门街土地庙	土地公	观音	威雅境	威雅境的保护神
多神	北门街保生大帝	保生大帝	土地公	北门街附近	育和境保护神
多神	观音宫	观音	土地公	镇海境及其整个村落	整个村落的保护神,镇海境的保护神
多神	杨王府庙	杨王爷	土地公	迎恩境	迎恩境保护神
多神	舍人公宫	舍人公	土地公	文宣境	文宣境保护神
多神	朱王爷庙	朱王爷	土地公	英济境	英济境保护神
多神	南门保生大帝	保生大帝	观音、土地、老虎神、马神	南门附近	陈寮境保护神

形成这一文化空间的原因一方面来自于福全古村落所在地域——闽南独特的文化内涵,即福全古村落所属的闽南地区是中国东南土著民族"蛮"、"闽"的重要活动区域,是相对于中原正统王朝的"四方万国"的组成部分,同时也是闽南民系与闽南文化形成与发展的起源地。从自然地理位置上涵盖了晋江、九龙江流域所在的福建泉州、漳州、厦门三地,倚山傍海,区域内山地、丘陵纵横、岛屿众多,在这种山水相间的生态环境下,闽南民间的宗教信仰呈现出独特且纷繁复杂的文化面貌。

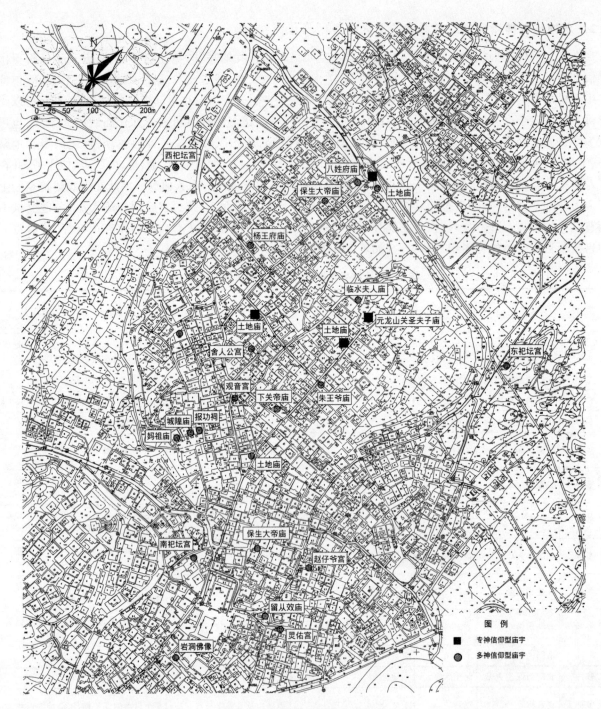

图 7-9　专神与多神型庙宇分布

　　其次,宗教信仰本身的发展历程与地域文化的结合造就了这一共存与交融的文化空间形态。闽南民间宗教的发展经历了以"灵魂不死、万物有灵、图腾崇拜、祖先崇拜"为主要内容的原始宗教和巫术盛行的早期发展阶段,到了三国至唐中叶时期,随着"北人南迁",北方的民间信仰逐步传入闽南地区,并得到了初步的发展,如对山川水火、日月星辰、风雨雷电等自然崇拜的庙坛逐步建立以及城隍庙、土地社庙、佛教道教的庙观等都在这一时期逐步建设发展起来。唐末宋元时期,因社会稳定,经济发展,民间信仰得到了迅速的发展,并逐步本土化。其间福全古村落所在的地域城市泉州就成为闻名于世界的海外贸易城市,在社会、经济、文化的大发展中,正统的宗教如佛教、道教发展迅速,其中《八闽通志》中就记载了寺观的数量"至于宋极矣,名山胜地,多为所占,绀宇琳宫,罗布郡邑"。从民间信仰的层面上来看,这个时期整个福建都处于一个造神运动的大潮中,地方志中常有这样的说法"闽俗好巫尚鬼,祠庙寄间阎山野,在在有之"❶。因此,在这一大潮中,福全古村落也随之建造了许多庙宇,其中较为典型如南门的留从效庙、观音洞等。同时,这些民间信仰与地域的人文、地理条件、生态环境等相适应,产生若干变异,逐步实现了本土化的转型。如关帝原先只是被视为义的化身受到崇拜,随着宋元时期福建商业的繁荣及海外贸易的发达,关帝则被视为财神和海上保护神,不少商人和航海者都奉祀他。又如城隍神原先为城池的保护神,宋代发展为司民之神,具有秉人生死、立降祸福的职能,百姓有疑难之事大多要到城隍庙祈祷,城隍神遂成为冥冥世界中的一位父母官。

另一方面也是最重要的方面,整个闽南地域内在这个时期涌现的数以千计的神灵中,从北方或邻省传入的神灵不多,绝大部分是土生土长,至今仍在这个地域有较大影响的神灵都是在唐末至两宋时期产生并发展起来的,诸如福全古村落中的妈祖、临水夫人、保生大帝等都是这个时期涌现出来的地方神。由于这些土生土长的神灵是在闽南这一特定的自然地理条件和历史文化背景下孕育和发展的,所以具有浓厚的地域特色,这一点在神灵的职能方面表现得尤为突出❷。明清至民国时期,民间信仰则逐渐兴盛并向外拓展辐射。这期间由于官方税收等制度的影响,促使诸如佛教、道教的正统宗教的衰败与世俗化,许多僧徒走出寺庙来到民间诵经拜忏、祈福禳灾才得以谋生,这无疑促进了民间信仰的繁荣发展。与此同时,随着正统宗教的衰败,民间的供奉地方神的宫庙随之兴盛,并成为百姓宗教活动的主要场所❸。另外,在整个闽南民居的宗教信仰中,那些比较正统的佛、道、儒三教及比较大型的寺院,村民对它们的态度多是敬而远之,或是拜奉有节。相反,那些属于古村落内的寺庙,包括一些莫名其妙的旁门左道、神魔鬼怪的偶像,却受到族人、村民的倍加崇拜,香火缭绕,盛典不绝❹。综上,闽南地区这一特殊的、极具地域特色的宗教信仰的嬗变过程必然导致多神与专神崇拜的交织与共融,因此,福全古村落内民间信仰是宗教本身发展的必然产物。

其三,基于上述,在民间宗教信仰的发展中,政治制度起到了关键性的作用。纵观我国的社会发展历史可以看出:宗教信仰与政治体制的关系历来密切。汉唐时期,政府注重关注的重心在于佛教、道教等宗教团体,到了宋元时期及其以后的历史时间段,随着宋明程朱理学的兴起与释道的衰微与世俗化,官方试图通过乡村礼教的推行,对混杂的民间宗教加以控制,毁坏淫祠、禁师巫邪术成为政府工作的重点❺。从礼制意义上分析,神灵祭祀在明代洪武礼制的确立过程中是不可缺少的内容,它包括了正祀、杂祀以及不允许崇拜的淫祀❻。比如社稷的祭祀,是从京城到乡里都存在的,日月、先农、先蚕、高媒等只存在于京城;在各级统治中心城市里,城隍、旗纛、马神、关帝、东岳等都属于正祀系统。但是为了满足政治统治的需要,"洪武元年命中书省下郡县,访求应祀神祇。名山大川、圣帝明王、忠臣烈士,凡有功于国家及惠爱在民者,著于祀典,命有司岁时致祭",这样在实际上就大大增加了应列入"正祀"的神灵。第二年"又诏天下神祇,常有功德于民,事迹昭著者,虽不致祭,禁人毁撤祠宇",这无疑大大扩大了民间神灵信仰存在的空间,因为任何神鬼都可以假托灵验,被传说为"有功德于民",虽不被官方致祭,却可以保留民间的香火。洪武三年再下令说,"天下神祠不应祀典者,即淫祠也,有司毋得致祭"❼,但是该项制度中也只是禁止官方的礼仪行为,而没有采取禁毁的行动。这无疑表明属于"淫祀"的民间信仰十分普遍,甚至地方官员也往往入乡随俗,对其采取了礼仪性的做法❽。政治制度上的嬗变促进了福全这个千年古村落民间信仰的多元,庙宇建

---

❶ 引自:林国平,彭文宇.福建民间信仰[M].福州:福建人民出版社,1993:10。

❷ 引自:林国平,彭文宇.福建民间信仰[M].福州:福建人民出版社,1993:11。

❸ 引自:林国平,彭文宇.福建民间信仰[M].福州:福建人民出版社,1993:1-15。

❹ 引自:陈支平.近五百年来福建的家族社会与文化[M].北京:中国人民大学出版社,2011:138。

❺ 引自:陈支平.福建宗教史[M].福州:福建人民出版社,1996:58。

❻ 按照《礼记·曲礼》被官方或士绅称为"淫祀"的民间信仰活动是指越份而祭,即超越自己身份地位去祭祀某一种神,后世(至少是从宋以后)"淫祀"还包括了对不在政府正式封赐范围内的鬼神的信仰活动,包括了对被民间"非法"给予帝王圣贤名号的鬼神的信仰活动和在任何信仰活动中充斥所谓荒诞不经和伤风败俗行为的活动。

❼ 引自:明史(卷50):"礼四"[M].北京:中华书局,1974:1306。

❽ 引自:赵世瑜.狂欢与日常——明清以来的庙会与民居社会[M].北京:生活·读书·新知三联书店,2002:58-59。

筑空间的多样,而其间深层的原因在于:政治制度嬗变的目的是"利用民间崇拜在村落、乡镇以及城市的非行政首府的中心来对它们加以控制",是"利用神来召集民众,颁布法令"❶,而这一嬗变促进了福全文化信仰空间的多元化。

其四,功利实用的诉求加剧了信仰的交织与共融。在我国广大农村,民间宗教信仰是普通老百姓生活的一部分❷。其间百姓对美好生活、健康身体、蓬勃兴旺的事业等等的诉求,造就了他们对神的憧憬与期盼,在这份功利与实用的诉求下,自然多一个神灵就要多一份这样的寄托与保护,由此造成了泛神的现象,造成了福全古村落中众多的文化信仰空间的并存。与此同时,与泛神信仰相联系的是,福全古村落内民间信仰带有融合性的特征,即由于受实用功利性的宗教信仰目的所支配,信徒们所关注的是自己祈求的愿望能否实现,至于所祈求的是哪一路神仙佛祖以及他们属于哪一种宗教等都无关紧要,更不必去深究。同一个人,他既可以是佛教信徒,也可以是道教信徒,还可以是其他民间宗教或基督教的信徒。遇到疑难之事需要求助于神灵时,哪一个神灵特别"灵验"就求谁,或者是求佛不灵后就求仙,求仙不灵就求神等等。本村的神灵祈求不应的话,就求外村的神灵;外村的神灵还不应的话,就求外乡、外县的神灵庇护,总之,在一般民众的观念中,神灵不分彼此亲疏,只要有"灵验",尽管烧香磕头便是❸。所以,在这种文化信仰下,福全古村落内必然呈现"不同宗教的神灵被供奉在同一庙宇中,和睦相处,分享百姓的香火"的现象。

2.3 务实下的功利性成为了文化信仰空间存在的基础

福全古村落内散布的寺庙,从城隍庙到妈祖庙再到面积仅仅几平方米的土地庙都具有实用性,具有相应的功能性。功能性对于神灵而言是其职能的体现,实用性则对于古村落内及其周边村落、城镇的居民而言是对神灵的信仰,体现了闽南传统文化中的务实与功利的交织,具有务实下的功利性,这是寺庙这一文化信仰空间存在的基础。

首先,从神灵的职能来考察福全民间信仰的功能性特征。众所周知,神是人创造出来的,但人在创造神的同时,又赋予神以超自然的力量;同时,人们又臣服在神的脚下,为神的奴隶,在对神灵所渲染的文化信仰空间中膜拜、感悟,这一过程是人们自身的物质需求与精神需求的发展中,在与自然及社会等进行抗争,臣服;再抗争,再臣服中逐步形成的文化信仰与对神灵崇拜的产物,是地域历史、文化、社会发展的必然结果。在这种结果中,这些神灵具有主宰万物的超自然力量,能够为人们带来雨露、财产、平安、健康……因此,神灵的绝对意志和至上权位,是在这种简单的佑与不佑之中,诺与不诺之间,确立与显现,而这一切就是神灵的功能所在,是其功能性特征的强烈体现,也是其存在的基础。

在民间信仰中,神灵的功能性特征集中地表现在各种神灵的职能上,各神灵按照其职能分工。考察福全古村落内的神灵,可分为祈雨禳疫疠、御寇弥盗、捍灾御患、避灾降福、祈风涛险阻、祈求发财、祈求子嗣、祈求平安等,这些神的职能与百姓日常生活、生产均有着十分密切的联系,是百姓根据自己的需要赋予不同神灵的。(见表7-2所示)

表7-2 福全古村落庙宇的功能情况表

名称	主神	主要职能
城隍庙	城隍神	惩恶劝善,驱邪纳福、祈福求财,督查地方官吏、监戒百姓,巩固统治
元龙山关帝庙	关羽	御寇
妈祖庙	妈祖	祈雨、海神,祈求海上平安、祈福驱灾、治病、御寇弥盗
临水夫人庙	临水夫人	祈子嗣、求顺产、护产、祈雨、镇妖、消灾祛疾、妇幼保护神
八姓王府庙	八姓王爷	祈求平安、避灾降福、驱疫鬼
太福境土地庙	土地公	祈求平安、避灾降福

---

❶ 引自:[英]王斯福,著.帝国的隐喻[M].赵旭东,译.南京:江苏人民出版社,2008:76。

❷ 引自:郑振满,陈春声.民间信仰与社会空间[M].福州:福建人民出版社,2003:1。

❸ 引自:林国平,彭文宇.福建民间信仰[M].福州:福建人民出版社,1993:34-35。

名称	主神	主　要　职　能
南门街土地庙	土地公	祈求平安、避灾降福
庙兜街土地庙	土地公	祈雨
北门土地庙	土地公	祈求平安、祈福驱灾
下关帝庙	关帝	祈求财运亨通、御寇弥盗
北门街保生大帝	保生大帝	医神、祈雨旸、御寇弥盗,地方守护神
南门保生大帝	保生大帝	医神、祈雨旸、御寇弥盗,地方守护神
观音宫	观音	祈福驱灾
杨王府庙	杨王爷	祈福驱灾
舍人公宫	舍人公	祈福驱灾
朱王爷庙	朱王爷	祈福驱灾

从上表可以看出,福全古村落中的庙宇与抵御灾害有着密切的联系。这些灾害主要包括:倭寇之害,瘟疫之害,雨风旱涝之害。因此,消除这三大祸害职能成为了福全整个古村落庙宇的主要职责。同时,从上表中也可以发现,神灵的职责是多元的,并且不是固定不变的,尽管每种神灵都有一种主要职能,但同时会兼顾其他职能,而这些职能的多元实际上是为满足村民在现实生活中的需求,是务实需求的外在表现。其次,这种务实的需求往往是与神级是对应的,即神级越高,其职能也越多,承载的村民需求也越多,也能体现出村落民居信仰文化的务实性。如妈祖最初的职能是祈雨和言人祸福,宋宣和四年以后被奉为航海保护神,以适应闽南乃至整个东南沿海海上交通发展的需求,但同时还兼掌祈雨、治病、御寇弥盗等职能;又如临水夫人,死后被奉为妇幼保护神,但同时也兼有祈子、祈雨、镇妖、治病等职能;再如保生大帝,死后被奉为医神,南宋时又增加了祈雨旸、御寇弥盗等职能,逐渐朝地方守护神的方向转化❶,明清时期成为了福全陈寮境、育和境的保护神。

对于实用功利性可以进一步从村民祭拜神灵的目的中加以考察。众所周知,我国是一个重视伦理教化的国度,统治阶级力图把宗教信仰纳入社会教化的轨道,因此,据《八闽通志·祠庙》:"礼法施于民则祀之,以死勤事则祀之,以劳定国则祀之,能御大灾、捍大患则祀之,有戾乎此者皆淫祈也。"但是,一般百姓信仰宗教并不注重社会教化,更不是从纯洁灵魂出发,他们祭拜神灵祖先的最主要目的是为了祈福禳灾,因此,在村民们的观念中,祭拜鬼神有百益而无一害,只要点上几炷香、献上若干祭品,再磕头,就可以得到具有万能的神灵的庇佑,从中可以得到种种好处,诸如逢凶化吉、全家平安、五谷丰登、人丁兴旺、财运亨通、国泰民安、风调雨顺等等。据此,千百年来,村民们在现实中无法实现的美好愿望,就是通过对神灵的祭拜祈祷,在虚幻的精神世界里得到某种补偿,这就是一般民众的宗教信仰的基本心态。在这种心态的作用下,村民在初一、十五要祭拜土地神,祈求和答谢神灵赋予的五谷丰登;渔民们要拜祭妈祖,以祈求平安顺利;手艺人要拜祭各自的祖师爷,以求得平安通达;而普通的村民则要去各自的保护神庙,焚香祷告,祈求满足他们心里的期盼。总之,福全古村落的村民们既是按照自己的需要塑造神灵,又是用实用功利性的心态来对待神灵。所谓"平时不烧香,临时抱佛脚"的实用功利心态在古村落民间信仰中表现得十分充分。他们把世俗的人与人之间关系移植到宗教的神与人之间的关系中去,相信如在世俗的人际关系中一样,接受了人家的钱财,就应该为人家排忧解难。在神人关系上也是如此,神灵受人香火和膜拜,也就必定要为人祈福消灾,因此,"有求必应"和"有应必酬"成为村落文化信仰空间的内涵特征所在❷。

2.4　以巫鬼神灵崇拜为核心的文化信仰

在福全众多的庙宇中,从观音到关帝再到土地的崇拜与信仰都透露出对巫鬼神灵的崇拜。对于巫鬼

---

❶ 引自:林国平,彭文宇.福建民间信仰[M].福州:福建人民出版社,1993:25-26。
❷ 引自:林国平,彭文宇.福建民间信仰[M].福州:福建人民出版社,1993:31。

神灵信仰最早记录是《汉书·地理志》,上载东南越人"信巫鬼,重淫祀"。经秦、汉、隋、唐、宋的发展,随着汉民族文化与福建土著民族文化的融合与变迁,民间信仰逐步形成以"救生"为核心的巫鬼神灵的文化信仰空间,福全古村落内的保生大帝、妈祖、临水夫人等都是在这漫长的发展中逐步被"塑造"出来的。对此,林拓、王铭铭、林国平、陈志平、郑振满等学者研究认为:唐宋以来福建民间对巫鬼神灵的虔诚崇拜,一方面是闽越族鬼神崇拜的文化传承,另一方面还有中原佛道宗教文化影响的缘故。由于官府的扶持,佛道在福建获得了很大的发展,佛道宫观庙宇在闽中各地增建了许多,僧侣与道士的数量激增,与由民间自发形成的巫鬼神灵及其宫庙相比,汉式佛道神灵与宫观庙宇似乎更为兴盛。事实上,民间巫鬼神灵崇拜一直是福建信仰文化的主流,它被掩盖在佛道宗教的光环之下,或者借助佛道文化的外衣顽强地生存在福建广大乡村中。❶ 这些巫鬼神灵生前大多是福建本土亦巫亦道的人物,百姓认为他们能与神灵沟通、能预测祸福、能排忧解难,加之大多数稍懂医术,这对于瘟疫多发、医疗水平低下的古代福建至关重要,这些巫道之人死后,百姓往往为他们建庙立祠,把他们当做救苦救难的神灵供奉起来。据此,福建各地创造的数量庞杂的巫鬼神灵,都具有共同的"救生"功能,这也是闽南民间信仰的主体特征。

对于福全古村落而言,其中较为突出的如保生大帝崇拜、临水夫人崇拜及土地公崇拜与瘟神崇拜等,这些都佐证了上述的信仰特色。

2.4.1　土地崇拜❷

土地是与人们生存联系最为密切的物质基础。由于地能生长万物,因此,从很早开始人们便将代表土地神的社与代表五谷神的稷结合起来,作为社稷由皇帝、诸侯带领进行祭祀,春祈丰收、秋祀报赛。在民间,土地公则被视为财神与福神,因为,民间相信"有土斯有财"。

土地神源于古代的"社神",是管理一小块地面的神。《公羊传》注曰:"社者,土地之主也",汉应劭《风俗通义·祀典》引《孝经纬》曰:"社者,土地之主,土地广博,不可遍敬,故封土为社而祀之,报功也",清翟灏《通惜编·神鬼》:"今凡社神,俱呼土地。"

另据《礼记·祭法》载:"王为群姓立社曰大社,诸侯为百姓立社曰国社,诸侯自立社曰侯社,大夫以下成群立社曰置社",可见,当时祭祀土地神已有等级之分。汉武帝时将"后土皇地祇"奉为总司土地的最高神,各地仍祀本处土地神。

最早称为土地爷的是汉代蒋子文。据《搜神记》卷五曰:"蒋子文者,广陵人也。……汉末为秣陵尉,逐贼到钟山下,贼击伤额,因解缓缚之,有顷刻死,及吴先主之初,其故吏见文于道,乘白马,执白羽,侍从如平生。见者惊走。文追之,曰:'我当为此土地神,以福尔下民。尔可宣告百姓,为我立祠。不尔,将有大咎。'……于是使使者封子文为中都侯……为立庙堂转号钟山为蒋山",此后,各地土地神渐自对当地有功者死后所任,且各地均有土地神。

土地神在六朝时就已人格化了,其神像多是衣冠着带,白胡须,手持金银元宝,一幅福寿相。宋元之后社稷活动与民间信仰相结合,形成了大规模的迎神赛会活动,到了明代,传说朱元璋生于土地庙,土地公更是备受尊崇。土地神的正名是"福德正神",在民间则被称为土地公、土地爷或地头爷,传说中的土地公管的是一条街,一方土,地位虽不高,却是"县官不如现管",人人敬畏。对此,闽南地区有句俗语"得罪土地公,鸡鸭养不活"。土地公的祭祀之日定于农历二月二日和八月十五日,其实是春播日和秋收日,称春社和秋社,但民间多不明就里,而且抱着多多益善的想法,一年为土地公庆祝两次生日。

在福全古村落内土地庙有四座,分布在太福街、南门街、庙兜街街巷与瓮城内,其功能包括了铺境保护、旱季祈雨等,庙宇多较小,小的仅仅2平方米左右。虽然庙宇面积小,土地公在神灵体系中等级低,但由于土地与百姓生活密不可分,所以村内的百姓都敬畏他,往往会在自家的祖厅、祠堂、家庙中供奉他,并且,每月初二、十六日民间都要烧香祭祀土地公,俗称"做牙"或"牙祭"。另外,在福全古村落的其他庙宇中,多供奉着土地公,有些还设置了土地婆,甚至部分庙宇将土地公与观音放在一起供奉,由此可知土地神

❶ 引自:林拓著,文化的地理分析过程:福建文化的地域性考察[M].上海:上海书店出版社,2004:222。

❷ 引自:林国平,彭文宇著,福建民间信仰[M].福州:福建人民出版社,1993:87-88。

灵在村民心目中的地位,也可以看出土地公的神佑功能。(如图7-10所示)

林氏祖厅－土地公　　　　　下关帝庙－土地公与观音神灵　　　　　土地公土地婆

图7-10　福全古村落内的土地神

2.4.2　保生大帝❶

福全古村落内保存有保生大帝庙宇两座,即北门街保生大帝庙与南门保生大帝庙,其中北门保生大帝庙所祀保生大帝与玄坛公,是育和境的保护神,南门保生大帝庙所祀保生大帝,是陈寮境的保护神。

保生大帝原名吴夲(979—1036),是漳泉一带的地方神,生前以行医为业,专心一意为民治病,死后被民间奉为医神。宋高宗绍兴二十一年,朝廷准许为吴夲立庙奉祀,之后赐吴夲庙额"慈济"。自此以后,漳泉各地纷纷为吴夲立庙。在民间的建庙中,吴夲已由医神升格为地方守护神,成为漳泉民间信仰体系中的主神。与此同时,有关吴夲的灵异传说日益增多。在《慈济宫碑》中"开禧三年春夏之交,亢阳为渗,邻境东地数百里,独此邦有祷辄雨,岁乃大熟。会草窃跳梁,浸淫至境上,忽有忠显侯旗帜之异,遂汹惧不敢入。一方赖以安全"。由于吴夲的神通不再局限于治病救人,而是具有全知全能的本领,因而逐渐受到社会各阶层的共同信奉,成为主宰一方的重要神灵。两宋时期,闽南民间对吴夲的崇拜增添了道教色彩。到了明代,吴夲已经完全道教化,并在此过程中人们按照道教的要求编撰了吴夲的生平传记及灵应故事,把他纳入了道教固有的神仙谱系之中,由此使得吴夲这位保生大帝进一步在民间广泛流传,其宫庙中盛行的"药签"被广泛流传于民间的慈济方。

2.4.3　妈祖——林默娘

福全妈祖庙位于城南的眉山东麓。妈祖,原名林默,又称林默娘,福建莆田湄洲岛人,相传生于宋建隆元年(960),卒于雍熙四年(987),在世28年。有关妈祖的生平事迹,在地方文献记载中有一个逐步演变发展的过程,大致是宋代略简,元代演变,明代发展,清代完备或定型。这个演变过程不仅反映了历代不同的社会背景与思想观念,而且还体现了民间造神运动的一般规律。❷

由于林默娘生前是一位能"预知人祸福"的女巫,死后被当地人奉为神灵——妈祖,后逐步扩大其影响成为海上保护之神。北宋宣和四年(1122),给事路允迪奉旨出使高丽,航行途中遇到狂风怒浪,其余的船只均覆没。唯有路允迪所乘的船只在妈祖显灵指引下,避开风浪平安抵达。事后,路允迪上奏朝廷,为妈祖请功,宋徽宗特赐莆田宁海圣墩庙庙额为"顺济",历代有关妈祖的文献都视此事为官方正式承认妈祖信仰的开始,宣和"顺济"庙号也成为各代帝王赐封的起点。南宋时期,妈祖信仰得到统治阶级的大力扶植,先后被赐封的各种封号达14次之多,封号的等级也从"夫人",一直晋升为"妃",其身份也由民间巫神转变

❶ 引自:郑振满.乡族与国家[M].北京:生活·读书·新知三联书店,2009:183-185。
❷ 引自:林国平,彭文宇.福建民间信仰[M].福州:福建人民出版社,1993:146。

为道教神仙，随着道教把妈祖纳入其体系，其影响力也进一步扩大，各地的妈祖庙纷纷建立❶。元代，妈祖成为漕运的保护神，在朝廷的推崇下，妈祖由凡间神提升到上天的尊神，并且辖管四海诸神妖怪，这就完全确立了妈祖在四海诸神中至高无上的权威，元朝对妈祖的推崇，在中国沿海各地掀起了崇拜妈祖活动的热潮，使妈祖信仰得到空前的传播和扩散。

随着妈祖信仰日盛，其职能也不断扩大，妈祖逐渐成为人们心目中的一位无所不管(管渔业丰产、男女婚配、生儿育女、祛病消灾等)的神祇了。

2.4.4 临水夫人庙

临水夫人庙为福全所城的四大官庙之一，位于所城东北部的东山境。临水夫人原名陈靖姑，福州下渡人(今仓山下藤路一带)，传说出生于唐代大历二年(767)，卒于贞元六年(790)。仅度过24个春秋，她被后人尊为"扶胎救产、保赤佑童"的女神❷。

但目前所知道的有关临水夫人陈靖姑女神的最早文献记载，是明洪武年间古田人张以宁撰写的《临水顺懿庙记》。据该文献记载，古田县临水庙建于唐代，同时结合民国《古田县志》的相关记载，可以得出：对陈靖姑的崇拜与信仰兴起于唐代后期，且宋朝时陈靖姑受到朝廷的赐救庙额和顺懿夫人的封号，陈靖姑女神的信仰得到朝廷的正式承认，使普通民间的女神一跃成为官定的神明，这对陈靖姑信仰的传播起了关键性的作用。后在明中后期嘉靖《罗川志》、万历《古田县志》都对其进行神化描述，进一步促使了陈靖姑女神的灵异传说由古田县迅速向四周传播，临水庙逐渐成为福建民间信仰的中心场所之一。陈靖姑生前作为巫师曾经脱胎祈雨，死后被奉为保胎救产的神明被民间崇拜，其崇拜文化的核心是"救产保赤"，陈靖姑这种保育的职能在福建众多的地方神灵中独具特色。❸

另外，在陈靖姑信仰的发展过程中还受到了佛教和道教的影响。在万历年间编撰的《绘图三教源流搜神大全》中的"大奶夫人"传中写到"观音菩萨赴会归南海，忽见福州恶气冲天，乃剪一指甲化作金光一道，直透陈长者葛氏投胎"，明确提出了陈靖姑是观音娘娘点化赐生，所以具有菩萨的保育功能，赋予了陈靖姑佛性。同时传说中又说陈靖姑曾受异人传授口术，"神通三界，上动天将，下驱阴兵，威力无边"，还提到去闾山学法的事。这样就把陈靖姑装扮成既有佛性又有道性的神人。在福全古村落内的临水夫人庙中就充满了这种佛性与道性交融，同时又注入民间地域特色的元素，使之充满地方的人神同一的崇拜观念。

2.4.5 王爷信仰

福全古村落的北门处有座八姓王府庙，是古村落的四大庙宇之一，庙宇供奉了八位王爷，对于这些王爷的崇拜实质是一种闽南的王爷信仰，是福建各地流行的瘟神信仰的一种。

由于福建地处亚热带，气候炎热潮湿，在古代，福建各地经常发生瘟疫。汉代淮南王刘安称福建为"呕泻霍乱之区"，直到唐宋时期，闽南地区仍被外省人视为"瘴疠春冬作"的是非之地❹。有关瘟疫流行、死者无数的记载在福建各地的方志中随处可见。瘟疫是一种急性传染病，传染性极强，一旦染病，十有九死，所以人们对瘟疫心存恐惧，又无可奈何。对于瘟疫的无助与无奈，使人们相信瘟疫是瘟神作乱引起的，于是纷纷延请巫师到家中跳神驱邪，后来又为瘟神造庙供奉起来，希望借助超自然的力量消弭瘟疫。

整个福建民间的瘟神数量众多，且不同的地区有不同的瘟神体系和关于瘟神的神话传说。福全所在的闽南地区的瘟神被称为"王爷"，数量也极大❺。关于王爷的来历，众说纷纭，这些王爷的共同之处是都死于非命，无一善终。如同安区马巷镇五甲美街元威殿奉祀的池王爷是闽南及台湾池府王爷的信仰源头。据方志所载，池王爷，名然，字逢春，原籍南京，明万历三年(1575)武进士，为人耿直，居官清正，后任漳州府道台。相传他途经马巷小盈岭，路遇往漳州撒播瘟疫的使者，为拯救千万生灵，他设计智取瘟药并全部吞

---

❶ 引自：蒋维锬，编校．妈祖文献资料[M]．福州：福建人民出版社，1990：5。
❷ 引自：林国平，彭文字．福建民间信仰[M]．福州：福建人民出版社，1993：162。
❸ 引自：林国平，彭文字．福建民间信仰[M]．福州：福建人民出版社，1993：162-168。
❹ 引自：林嗣平．闽台民间信仰源流[M]．福州：福建人民出版社，2003：131。
❺ 有研究者统计王爷数量多达360位。

下而死。玉皇大帝感其德,封他为代天巡狩,并委派在马巷元威殿为神❶。这些传说曲折地反映了古代闽南地区的人们对瘟疫的恐惧与脱离瘟疫之灾的强烈愿望。在无法摆脱瘟疫的情况下,人们塑造出能"舍己救生"的善良瘟神,代替从前传播瘟疫的瘟神,这应是闽南巫鬼信仰传统与自然地理条件相结合而产生的崇拜文化。

对于祭祀瘟神的活动,福全古村落经常举行,且祭典较为隆重,其中,"送王爷船"最为典型。王爷船为木制,长约二三丈,能载重二三百担,中间设神位,正中为主神,左右为陪神,每条船上供三、五或七尊单数的王爷像,船上两侧插着大牌、凉伞等神道设施,神座前陈列案桌,供奉各种祭品以及纸人等。后仓装着柴米油盐等日常生活用品,船上还放一只白公鸡或白山羊。在经过一系列仪式后,王爷船被推入水中,先由佩带符箓的水手驾驶出海,然后在海滩停泊,择定方向,水手将佩带的符箓烧掉,并祷告,寓意将王爷船交于神明,然后水手上岸,任凭王爷船顺水漂走。(如图 7-11 所示)

图 7-11　福全王爷船

2.4.6　观音崇拜

佛教和道教大约在三国两晋时期传入福建,宋以前发展比较缓慢,自王审知建立闽国以来,"王氏三代俱信道,又因道而信巫,于是各县亦成巫道世界"❷,因此,在宗教气氛浓厚的福建地区,佛教是在宋元时期才不断得以普及,但佛教与道教一样,也逐步走上了世俗化道路,并与福建各地的民间信仰融合,成为民间信仰文化的组成部分之后,才获得了广阔的发展空间。

福建地区祭祀观音的历史悠久,史料记载闽地最早的观音寺是闽县的五仙观音院❸。宋元时期,闽人对观音的崇拜逐渐普及,并且逐步演化为类似妈祖的全能之神,百姓不论遇到什么问题,都向观音祷告,观音成为了村民精神支柱之一,成为人们生活的重要内容。元明清时期,由于供奉观音的人众多,每逢观音诞,观音寺十分热闹,同时,民间向观音求雨的祭祀活动也很兴盛。据光绪《福鼎县志》记载,"至凡逢旱潦,祈祷立应,功德及民,尤极灵显"。可见在福建观音菩萨已具有与南方巫神相同的文化特点。清代闽南地区的丧葬习俗中,观音还作为佛教宣扬的亡灵将要去的西方极乐世界中的三圣之一(阿弥陀佛、观音、势至菩萨)为人所敬畏❹。可以看出,在福建任何神灵都不是超脱凡尘的,只要能为百姓带来好运就受到人们的崇拜,佛教的本质虽在于空寂,但在百姓心中,观音已超越于佛教,成为百姓眼中具有母亲之爱和女神之能的万能之神,在观音的身上寄托了百姓的各种美好愿望。

福全古村落内,不单单有祀观音的观音庙,还在其他庙宇中,如土地庙、铺境保护神的庙宇中及大多数百姓家中的大厅正前方都会供奉一尊观音像,这些都反映了观音作为佛教神灵的代表在古村落民俗中的

❶ 引自:厦门市文化局,主编. 凝固的岁月——厦门文物保护单位概览[M]. 福州:福建美术出版社,2002:81。
❷ 引自:陈芝平. 福建宗教史[M]. 福州:福建教育出版社,1996:15。
❸ 建于唐天宝二年(743)。
❹ 引自:J J M De. Groot: Buddhist Masses for the Dead at Amoy, 1884,彭维斌. 闽南丧葬仪俗的民间考察[J]. 南方文物,2004(3):75。

影响较为深远。(如图 7-12 所示)

土地庙中的观音神像　　　　陈氏祖厅里供奉的观音神像　　　南门保生大帝庙中供奉的观音神像

图 7-12　福全古村落内的观音神像

2.4.7　关帝崇拜

闽南地区最早的关帝庙是建于明代的东山关帝庙,由江夏侯周德兴在沿海建立卫所时所建。关帝爷是明军祀奉的军神。随着《三国演义》的传播,关羽逐渐成为家喻户晓的人物。迄至明末,福建各地的关帝庙越来越多,福全古村落内就建造有两座关帝庙,一座位于元龙山顶,为上关帝庙;另一座则位于庙兜街与东门街交汇处,为下关帝庙。清代,关帝崇拜被推到新的高度,官建、民建的关帝庙在福建各地建造,其数量之多、规模之大,超过前朝。

闽南民间对关帝的崇拜虽是由于朝廷为宣扬儒家道德忠孝思想而大力推行,但是,关帝的信仰在闽南扎根后还得到了进一步的发展,关帝除战神一职外,还有预测之神、复仇之神的职能。后来,人们把关帝也看成与妈祖、清水祖师之类的保护神,不管什么事情都祈求关帝。在人们眼中,关帝与传统的福建神灵一样,是他们的保护神。据此,福全元龙山上关帝庙成为整个村落,乃至周边乡村村民祭祀的对象,每逢五月十三日关帝诞辰,福全及周边村民都要举行大规模的迎神赛会,抬着关帝塑像出巡时,沿途百姓焚香祈祷,外地香客也会赶来进香,瞻仰大典。在泉州每年举行的迎神赛会中,一般的神灵出赛,只能坐四抬大轿,唯有关帝、保生大帝、妈祖天妃可坐八抬大轿。甚至发生瘟疫时,人们也要请关帝出巡灭灾救民,可见,在福全乃至整个闽南地区,关帝崇拜已深深扎根于百姓的生活中。

2.4.8　城隍信仰

福全古村落眉山东麓的城隍庙是整个古村落及周边十三个村落共同崇祀的庙宇,其信仰范围是整个村落庙宇中最为广泛的,也是村落内规模最大的庙宇。究其原因在于:城隍的职责在于督察地方官吏,监戒天下百姓。因此,所谓"城隍为一州军民之保障……其所司虽有阴阳表里之殊,其责任则无幽明彼此之异。是故城隍非聪明正直不足以感太守之兴修,太守非公廉正直不足以致城隍之感应。城隍之所为,太守不能为之;太守之所为,城隍不能悖之"❶。由此可以看出城隍与地方官对应,并互补。

从城隍信仰的发展演变过程来,一般认为,城隍神的前身是《礼记》天子八蜡中的水墉,而水墉本是农田中的沟渠,即水墉最早是农田神❷。但农村的沟渠逐渐发展为乡村聚落的防护性设施,并在城市出现后变成城墙以及护城河,所以城隍神也从村落的保护神演变为城市的保护神。从最早的关于城隍的记载中,可以发现其功能首先在于护城保民,是一行政区域的守护神❸。

城隍神从最初的自然神发展到人格神,由以保卫城民、祈雨舒涝为主要职责扩展为具有执掌阴阳两界属性的神,在这一过程中,首先由唐代地方首长祭城隍神,文中开始提到的城隍与幽冥两界的关系,到明代

---

❶　引自:万历(1576).郴州志.卷 12《秩祀志》:第 3 页,《天一阁藏明代方志选刊》。转引自:赵世瑜.狂欢与日常——明清以来庙会与民间社会[M].北京:生活·读书·新知三联书店,2002:164。

❷　引自:(清)姚福均辑《铸鼎余闻》卷三,见王秋桂、李丰楙,编.中国民间信仰资料汇编(第一辑)[M](第 20 本).台北:学生书店,1989:256。

❸　引自:赵世瑜.狂欢与日常——明清以来庙会与民间社会[M].北京:生活·读书·新知三联书店,2002:164-165。

城隍神的制度化,由此使城隍神燮理阴阳的职能得到加强❶。

明代朱元璋进行礼制改革,通过将城隍神的封号、等级等以国家制度的形式规定下来,而把现世秩序的"礼乐"搬到冥土的"鬼神"上,使城隍神正式成为相对于阳间地方官的冥界地方官❷。清代,城隍神的职能更加丰富。根据邓嗣禹的总结,计有:城隍为民申冤而止巡抚之诛杀、城隍救火、城隍罚人示众、城隍为忠于职务之人驱鬼、城隍召人作证、城隍审理案件如阳间官府、城隍知人寿命、城隍注拟子嗣、城隍冥诛唆弄是非之人、城隍冥诛因奸致死人命之徒、城隍奖励孝道替人训妻、城隍深知人情世故、城隍治虎、城隍作诗等等。至此,城隍神不但成为阳间城池和百姓的保护神,更主管人之生死祸福,成为执掌阴阳两界的重要神明之一。在城隍信仰的发展过程,唐末五代时期,道教已将城隍纳入神明系统中,杜光庭(850—933)编纂的《道门科范大全集》中就有在斋醮请神仪式中开列城隍的法位的记载。而从宋代开始,城隍信仰进入国家祀典,皇帝大封城隍神,天下府州县城都立城隍庙奉祀。此时,佛教在民间的通俗世俗化的发展和流传,使城隍信仰融合了佛教的观念,如地狱、紫衣、经文等。

因此,在福全的城隍庙中,可看到"法镜高悬"、"海甸藩宣"、"燮理阴阳"、"赏善罚恶"等反映城隍神职能的匾额,还可以看到佛道交融的五尊城隍神像以及地狱勾魂使者的鬼卒塑像、地藏王和土地、夫人妈等。同时体验到在这一文化信仰空间内演绎出关系村民切身利益的"求神、问事、敬拜"的热诚崇拜、在城隍诞辰的人山人海与热闹非凡。

3　神明崇拜庙宇建筑空间形态类型解析

众所周知,我国古代建筑是在以宗法血缘制为基础的君主专制社会以及由此而形成的等级森严的伦理秩序、礼仪制度中发展的。因此,古建筑中都透露出"上自天子下至庶民,上尊下卑界限分明,不可逾越"❸规制文化的气息,而民俗是民间传统的积淀和表现方式,传统文化观念折射在民间寺庙建筑上是历史的必然。福全古村落乃至整个闽南的传统寺庙建筑在风格上承袭了传统的建筑美学,即以木构架结构为主要结构方式,讲究严格的轴线,左右对称、注重平衡、遵循比例和谐等。同时,不以外部的体量特征为神性象征,而是在充分考虑地形地貌及其地域社会、文化、经济及其技术的发展状况,以"间"为单位构成单座建筑物,再以单座建筑物筑成深井庭院,并由深井庭院构成建筑群。建筑群组平面、有序、依次展开相互配合、衬托,即把空间意识转化为时间过程。福全的寺庙就是这样通过对寺庙外部形式和周围环境造成的"意境"以及内部的装饰来表现神明的威严与慈爱,同时,在一定程度上打破"天界"与"人间"的界限,将人间帝王之宫殿奉献给神,作为诸神的居处,神人共处、天人合一的氛围中弥漫着世俗的气息。

纵观整个古村落内的庙宇建筑,其平面与传统民居较为类似,多来源于民居建筑,呈现出生活化与世俗化的特色。但因其文化信仰的缘故,形成了独特的仪式空间,多由供奉神像的内室、拜殿、外廊等组成,部分庙宇还布置有轩亭、配殿、广场等。总之,这些是有别于传统民居的显著要素之一。

3.1　按照性质划定

众所周知,福全古村落庙宇的信仰是多元的,呈现泛神与专神交织的空间形态,但在这种形态中,从按各庙宇主神的性质,可以划分为岩洞、宫、庙、厅等形制。

一般意义而言,洞是道教中神仙居住的地方,道士居此修炼或登山请乞,则可得道成仙,所谓洞天福地。《真诰·稽神枢》谓句曲山(茅山)"洞虚内观,内有灵府……清虚之东窗,林屋之隔沓……真洞仙馆也",对此,陶弘景注云:"清虚是王屋洞天名,言华阳与比,并相贯通也","以洞天内有金坛百丈,因以致名",即以"洞天"是指山洞。

❶　引自:徐李颖.佛道与阴阳:新加坡城隍庙与城隍信仰研究[D].厦门大学博士学位论文,2007:46-47。
❷　引自:滨岛敦俊.朱元璋政权城隍改制考[J].史学集刊,1995(4):8。
❸　引自:郑镛.论闽南民间寺庙的艺术特色[J].华侨大学学报(哲学社会科学版),2008(4):78-81。

宫是指帝后太子、神仙居住的房屋❶,多是以道教为主的信仰场所。

庙是中国古代奉祀祖宗、神灵或前代贤哲的祭祀建筑,同时,也用于祭神,祭祀自然山川、土地以及民间崇奉的龙王、财神、牛干、马王等神灵❷,一般是以佛教为主的信仰场所。

厅主要是以家庙、宗祠、先贤祠堂等为主的信仰场所。

对于闽南地区民间信仰来说,"洞、宫、庙、厅"的划分是否是佛、还是道往往是模糊的,常常会出现宫中供奉着佛教的神像,而庙宇也会供奉道教、甚至是非道非佛的神灵。因此,宫、庙的划分更多是从现存信仰场所的名字本身去考量,同时兼顾其主神的性质、地理位置等,以此来剖析其空间形态特征。

在福全古村落中,现存"宫"主要有古村落外的三座祀坛宫、南北两座帝君公宫(即保生大帝庙)以及观音宫、舍人宫等七座宫。其他多属于庙类。比较这些岩洞、宫、庙、厅的建筑面积,岩洞面积一般较小;宫稍大些,厅的建筑面积多较大❸,庙宇则有大有小,其中庙兜街、南门街土地庙都不足2平方米,而城隍庙、妈祖庙近300平方米。总体而言,福全古村落内庙宇的建筑面积要大于宫、宫则大于岩洞。(见表7-3)

表7-3　福全古村落宫、庙面积比较分析

类型	名称	占地面积(平方米)	平均结论
庙	城隍庙	337	建筑占地规模有大有小,最大为妈祖庙,最小为南门土地庙。 较大类庙宇有城隍庙、元龙山关帝庙、妈祖庙、临水夫人庙。 土地庙属于较小类庙宇,其建筑占地面积在20平方米以下。 整个古村落内,庙的数量最多,达13处。其中留从效庙在城墙外
	元龙山关帝庙	621	
	妈祖庙	745.6	
	临水夫人庙	324.4	
	八姓王府庙	81	
	太福境土地庙	18.4	
	南门街土地庙	2.5	
	庙兜街土地庙	8.42	
	北门土地庙	6.7	
	下关帝庙	15	
	朱王爷庙	29.8	
	杨王府庙	39.3	
	留从效庙	237.2	
宫	北门街保生大帝	86.4	宫类庙宇最大为北门街保生大帝庙,最小为南祀坛宫。 东西南三大坛宫属于较小类宫。 宫的数量达9处。其中,灵佑宫、赵仔爷宫在城墙外
	南门保生大帝	42.1	
	观音宫	40.9	
	舍人公宫	78.9	
	东祀坛宫	38.3	
	西祀坛宫	28.68	
	南祀坛宫	6	
	灵佑宫	57.65	
	赵仔爷宫	37.4	
岩洞	摩崖造像(岩洞佛像)	36.46	
比较结论	福全古村落内庙的数量、建筑规模等最多、最大,宫次之,岩洞最少		

从建筑布局来看,岩洞类简单,如南门摩崖造像,即岩洞佛像属于岩洞类形制,该庙宇为二巨石构成一岩洞,洞内面积约4米,内摩崖上刻佛像1尊,像身高0.95米,宽0.70米,螺髻垂耳,身披佛衣,胸前露"卍"万字符佛号,结跏趺坐于莲台彩云上,俯视下方。佛像形象古朴,具有宋代风格,该摩崖造像为市级文物保护单位。佛像前布置有案桌、石桌,案桌上放置鲜花、香烛及观音、土地神像、香炉等,石像顶部悬挂

❶ 引自:王效青.中国古建筑术语辞典[M].太原:山西人民出版社,1996:299。

❷ 引自:王效青.中国古建筑术语辞典[M].太原:山西人民出版社,1996:249。

❸ 厅在祠堂建筑中论述,本章不列入论述的内容。

"如来佛祖"的横幅锦旗,石桌前则放置磕头的方形蒲团,在岩洞的东北处布置有焚香炉等,整个岩洞布局自然简洁。(如图7-13所示)

图 7-13　观音洞

属于"宫"的庙宇,较为典型的是妈祖庙、城隍庙、临水夫人庙等,这类庙宇布局相对较为复杂,多有辅助建筑、院墙、广场等元素组合而成,如妈祖庙是一组带有广场、院门、内院、拜厅、二层的厢房及其主殿组成,规模较大,是整个古村落中规模最大的庙宇建筑群。

属于"庙"的形制的信仰建筑,在整个古村落中,其布局最为多样,有带有院落、拜厅的形制,也有拜厅加厢房加主殿的紧凑型形制,还有仅仅只有主殿形制等多种类型的布局形式。

属于"厅"的形制则主要来源于传统民居建筑,多是指公妈厅、祖厅、祠堂、家庙等,而在整个古村落中属于该类的庙宇主要有报功祠及供奉土地、观音等神灵的祖厅、公妈厅等。

3.2　按照建筑与深井围合划定

可以按照单体建筑与深井围合来划分建筑平面的形制,即单殿型、围合型、花园开放型等。多元的庙宇类型对于丰富古村落的空间特色具有非常重要的作用。

3.2.1　单殿型

单殿型庙宇,平面简单,仅为一间殿堂。这类庙宇的数量相对较多,但根据其附属建筑的情况,可以进一步划分为:带附属的单殿型与不带附属的单殿型两类。

(1)带附属的单殿型

带附属的单殿型是指在单殿前或旁边有附属的小型建筑和广场,如太福街土地庙、杨王爷庙、两座保生大帝庙、下关帝庙等。其中,太福街土地庙的平面简单,面积仅为14.3平方米,且建筑低矮,仅供一、二位信仰者进入拜祭,单殿外西侧为配殿,里面置一香炉,用于焚烧香烛纸钱。主殿与配殿一字排开,面朝太福街,整体造型简洁。(如图7-14所示)

杨王爷庙　　　　　　　　　太福街土地庙　　　　　　　　　北门土地庙

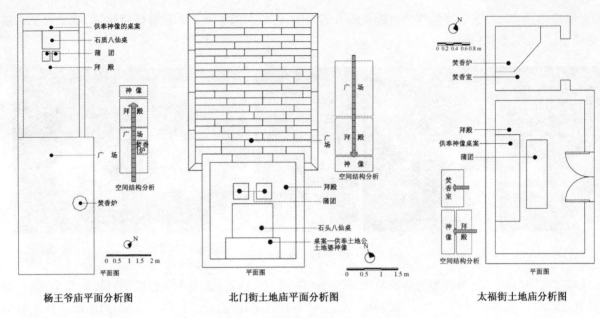

图 7-14　带附属的单殿型空间分析

杨王爷庙位于西门街,建筑占地面积为 38 平方米,其中主殿 16 平方米,主殿前为一小型长条形广场,面积为 22 平方米。主殿不设殿门,空间开敞,内部装饰简单。中央案桌上摆放杨王爷神像、土地公神像等,案桌前再放八仙桌及蒲团,主殿外广场上置焚香炉。整个建筑简单朴实。

北门、南门的两座保生大帝庙都在单殿前附小广场的布局形态,单殿内部则较杨爷庙复杂,空间划分为祭拜厅与内室两部分,两部分空间用隔墙分隔,内室供奉保生大帝神灵像,其中北门保生大帝庙隔墙为木质,格栅式门、窗,一般信徒是无法入内的。南门保生大帝庙的隔墙为砖石墙体,中央开设花格窗,两侧开圆形拱门,信徒可以入内。两座庙宇的祭拜厅相对内室宽阔,中央放置桌案、八仙桌、上悬挂天宫炉。北门保生大帝庙的祭拜厅与室外用间用矮的栅栏、栅栏门加以分隔,由此使得拜厅空间相对开阔,光线较为明亮,而南门保生大帝庙拜厅与室外用砖墙隔离,墙体中央开设大门,两侧布置有八角形简易的蟠虎窗,并且大门外置外廊、建有简易的轩亭,布有小广场,整个南门保生大帝庙宇空间序列清晰,层次明确,室内外界线肯定,有封闭私密空间(内室)、半封闭公共空间(拜殿)、半封闭半公共灰空间(外廊)、开放公共空间(小广场及简易轩亭)。另外,两座神庙除了供奉保生大帝外,还供奉虎神、土地神等等,而南门还供奉了观音与马神。(如图 7-15 所示)

北门保生大帝庙

南门保生大帝庙

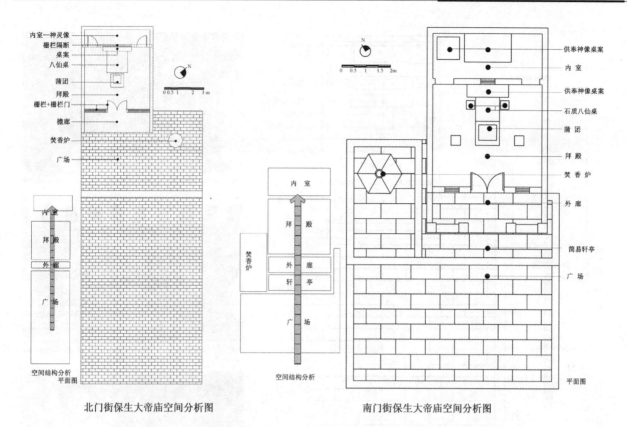

北门街保生大帝庙空间分析图　　　　南门街保生大帝庙空间分析图

图 7-15　两大保生大帝庙宇空间类型分析

　　下关帝庙位于庙兜街中部,是供奉关公的庙宇,庙宇内部用栅栏分隔为内室与拜殿两部分。两部分空间通透,栅栏加上在栅栏上方悬挂的"威震华夏"、"义薄云天"、"气壮山河"等匾额,清晰地划分了内室与拜殿的空间,营造了较为丰富的室内空间层次。内室供奉关公、周仓、关平及马神等神像,拜殿则布置有两张供奉土地公、观音及放置香炉、签筒等的长桌案、八仙桌等,上悬天公炉。拜殿左边摆放着关公用的大刀、旗帐及马神像等器物。拜殿与外廊间用栅栏、栅栏门加以分隔,使得拜殿空间与外部空间通透。庙宇外部设置广场、焚香炉,内部先通过外廊形成的灰空间,再进入空间呈现半封闭的拜殿,再到封闭的内室空间,整个庙宇空间层次丰富。(如图 7-16 所示)

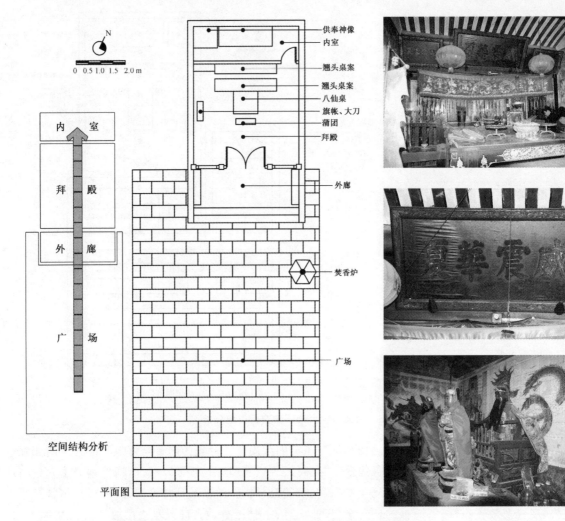

图 7-16　下关帝庙空间类型分析

(2) 不带附属的单殿型

不带附属的单殿型庙宇,是指不带附属性的建筑物、构筑物及广场等的庙,南门街土地庙、朱王爷庙、庙兜街土地庙均属于这一类型。其中,南门、庙兜街土地庙平面简单,面积多为 2～3 平方米,信仰者不能入内,室内空间狭小,高度多在 1.5 米以内,装饰非常简单,且神像体量小,多不布置焚香炉或者焚香炉用铁桶替代,总之该类形制的庙宇建筑空间简单朴实,功能布局单一。

朱王爷庙布局较土地庙复杂,其单殿内部用木质格栅墙分隔为内室与拜殿,内室供奉朱王爷神灵像,拜殿则放置桌案、八仙桌、蒲团等,拜殿外设置外廊,外廊相对较为宽阔,外廊放置简易的焚香炉。拜殿与外廊之间用栅栏隔开,视线通透。(如图 7-17 所示)

庙兜街土地庙　　　　　　　南门土地庙　　　　　　　朱王爷庙

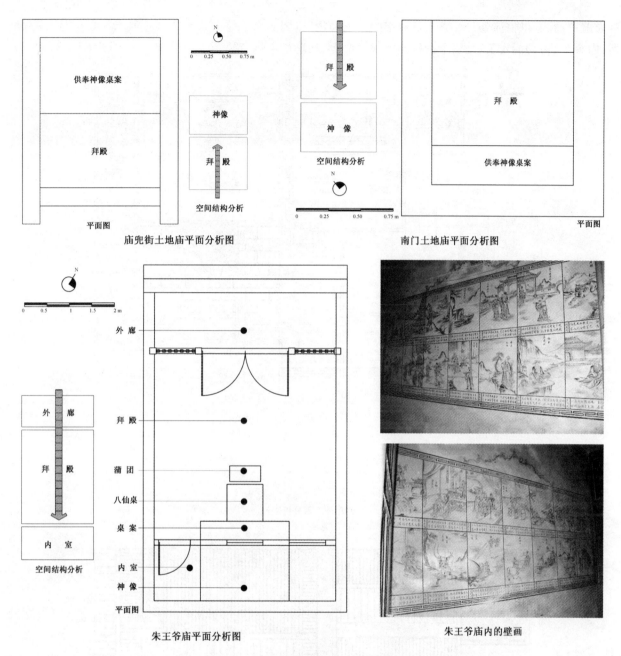

图 7-17 不带附属的单殿型空间类型分析

3.2.2 围合型

围合型是指庙宇主殿有院落、配殿、拜厅等围合而成。该类型根据建筑的围合情况,又可以进一步划分为合院型、开敞围合型、封闭非合院围合型、院墙围合型等类型。

(1) 合院型

妈祖庙是典型的三合院型制的庙宇,其平面划分为外部广场与合院,其中合院部分有门房、内院、轩亭、外廊、主殿、配殿、护厝及辅助用房等组成,门房、两侧配套与主殿围合形成三合院,两侧护厝又形成"一院、三深井"的格局,即中央内院、两侧护厝与主殿间形成两个深井,右护厝前后房间再形成一个深井。门房为院亘门式,硬山屋顶,板门上绘有门神,身堵、柜台柱等雕刻精美,两侧院墙上开设竹节窗。门房后即内院,内院中央置轩亭,歇山式屋顶,中央供奉弥勒佛,并布置有香炉等。轩亭左右为二层配殿,二层屋顶上置亭阁式的钟鼓楼。钟鼓楼为二层建筑,一层为四坡式屋顶,二层为八角形亭式屋顶,二层屋顶相互交错,十二条屋脊均塑有丰富、精美的雕塑。主殿面宽三间,进深五间,面向轩亭通透而开敞布置,中央内室置妈祖神像,两侧供奉土地公、注生娘娘神像,左右山墙分别供奉西方三圣佛及观音塑像与画像,并在每尊神像前置蒲团,供信徒朝拜。整个拜殿空间开敞通透,气势宏大。整个庙宇的规模较大,空间层次序列清晰,内容丰富,功能复杂,是整个古村落内规模最大、功能最丰富、空间最复杂的庙宇。(如图 7-18 所示)

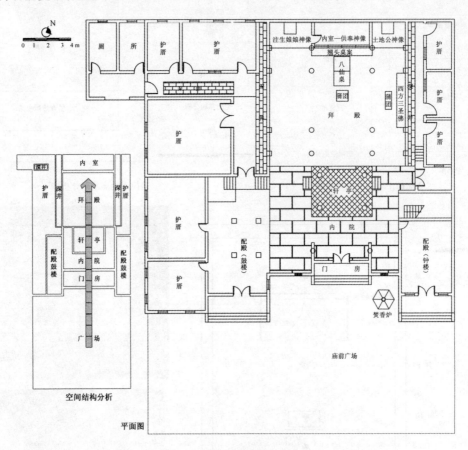

妈祖庙平面分析图

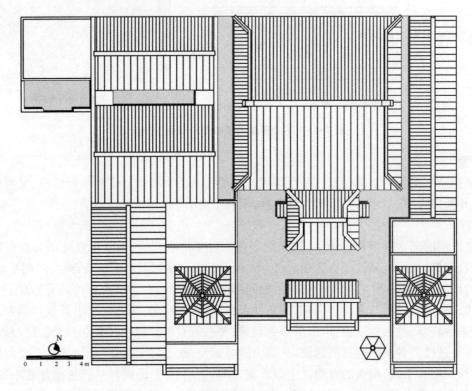

妈祖庙屋顶平面图

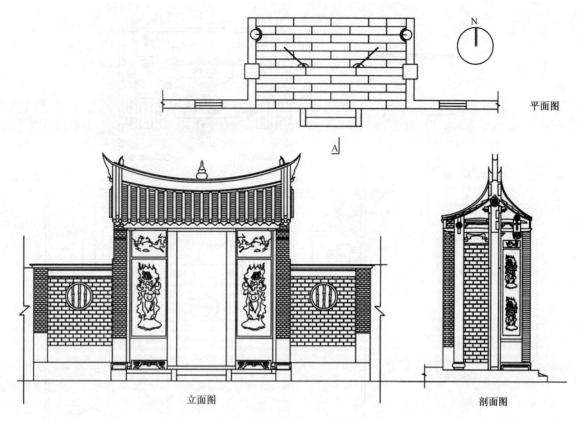

平面图

立面图　　　　　　　　　　　　　　剖面图

妈祖庙门房平、立、剖面图

图 7-18　妈祖庙空间分析

（2）开敞围合型

开敞围合是围合型的一种特殊的布局形式，它以松散的建筑来取代院墙、院门，进行非封闭的围合形成民间信仰文化空间。典型的例子就是城隍庙，该庙宇由主殿、左右两大配殿及轩亭等围合成空间相对开敞的空间场所。在空间序列上，由大型广场——公共开敞空间，到简易轩亭，再到具有一定空间感的轩亭，再到外廊——灰空间，再到带有格栅的拜殿——半公共空间，最后到供奉神像的封闭的内室空间——私密空间，由此形成了一个具有层次与序列感的空间群。在这一空间群中，呈现了公共开敞到半公共半开敞，再到封闭私密的过程，这一空间的变换，与城隍神的威严、公正、肃穆的神灵氛围相吻合。另外，在建筑上，主体建筑城隍庙大殿为歇山式殿顶，殿面阔三间，宽12米，进深8米，大殿内部又通过格栅划分为内室与拜殿，内室供奉城隍神灵像，内室两侧供奉着城隍夫人像与土地公神像，并供奉着马神、排公神像等，各神像前都设置桌案、蒲团，形成了一系列神灵祭拜小空间。大殿外建有外廊，外廊直接与轩亭相连，在空间界定上，通过高差及台阶加以确定，轩亭外再置简易轩亭，并延伸至广场的入口处，这一处理方式加强了纵向的空间层次，同时在轴线的两侧加以树木、配殿等进一步强调了其轴线的空间感。左右两侧的配殿，一方面是用于布袋戏的演出，另一方面是用于焚香，由此增添了整座庙宇的文化信仰氛围，并进一步渲染了感化民众与愉悦民众的双重作用。（如图7-19所示）

（3）封闭非合院围合型

封闭非合院型是通过一系列的建筑进行围合，但建筑之间并没有围合形成院落或者深井，建筑围合空间封闭，是围合型的特殊子类型。其典型类型是八姓王府庙。该庙宇位于北门街北段，庙宇由主殿、配殿及轩亭围合而成，围合中并没有形成院落或者深井，而是在主殿与配殿、轩亭间形成外廊，轩亭与配殿间形成类似于"一线天"的狭长空间，且相互之间通透，但围合空间封闭。

整个庙宇的主入口通过轩亭进入，轩亭四周通透，直接与左右的配殿、轴线上的外廊相连，两侧配殿墙、屋顶上都绘有民间信仰的图案，山墙开设八边形的窗。主殿与配殿、轩亭间通过外廊联系，外廊

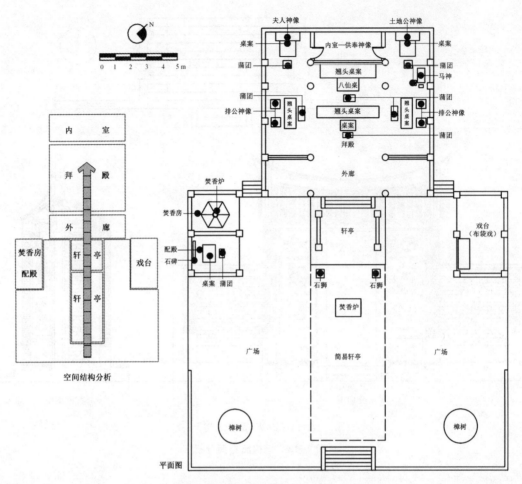

城隍庙平面分析图

图 7-19   城隍庙空间类型分析

两端开设外廊门,可以直接通向庙外,主殿入口处用栅栏及栅栏门过渡,主殿内部则通过墙体分隔为内室与拜殿。内室供奉八姓王爷神像,拜殿左右供奉土地公、夫人妈(王爷夫人)神像、马神及神船,主殿内部光线昏暗,加上神像及其墙体上绘制的民间信仰图案,整个空间充满着肃穆、威严、压抑的气氛。

整个庙宇在平面形态上呈现出封闭、围合的特征,同时,轩亭除了屋顶外,其建筑的四面都非常通透,因此,轩亭内的"灰空间",使得它类似于庭院,而两侧配殿类似于榉头间。由此,暗示出八姓王府庙的平面形态与民居三间张榉头止形制上的一致性,因此,从某种意义上可以得出,八姓王爷庙宇的形制是民居三间张榉头止形制的改良,即在平面上将庭院改为通透的轩亭;而在建筑立面上,通过轩亭的通透来突破院墙的围合,同时在空间上又营造出空间的存在——灰空间;屋顶上,则将两坡改为歇山,并增设了庙宇所需的诸多装饰,由此营造出源于民居又不同于民居的建筑特征。(如图7-20所示)

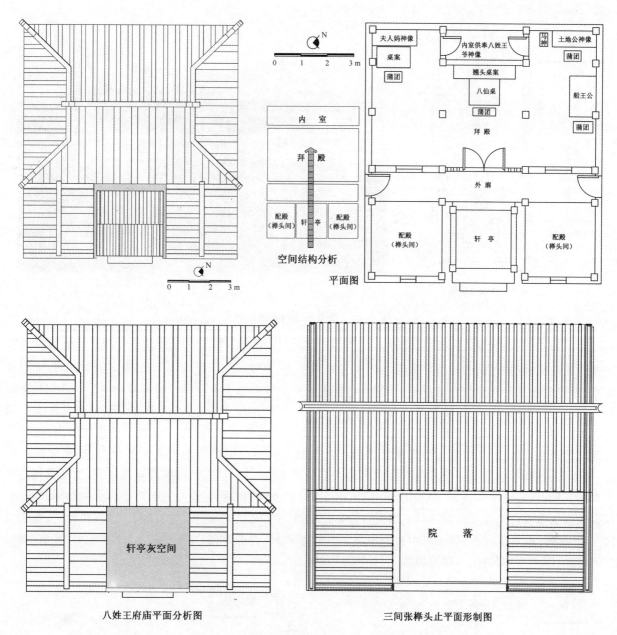

图 7-20　八姓王府庙空间类型分析

（4）院墙围合型

院墙围合型是指庙宇是以院墙来围合空间,形成封闭的院落空间。这类较为典型的有观音宫、舍人宫、临水夫人庙等。其中观音宫通过铁质栅栏将轩亭围合起来,在轩亭外仅设置焚香炉,栅栏的分割鉴定了庙宇与外部道路的空间边界,信徒须通过栅栏门方可进入殿宇之中,因此,栅栏的存在起到了引导与限定空间的作用。轩亭内部,为了突出庙宇空间的序列,在中轴线上安排香炉,主殿的外廊,主殿门,拜殿。信徒通过这一系列的空间要素后,展示在其面前的是观音神像及神像前鎏金、雕刻精致的神龛,神龛的前面是红漆长案,案台上是烛台等神器,案台下就是信徒拜祭用的蒲团。整个殿堂中光线阴暗,神灵之上是天公炉微弱的灯光在闪烁,光线漫射在充满慈爱的观音神像上,再加上观音左边的土地公神像,进一步彰显了民间信仰的神秘与多元。（如图 7-21 所示）

临水夫人庙则有别于观音宫的围合方式,即是通过不通透的围墙将庙宇围合在其中,形成封闭的空间。庙宇位于元龙山西麓,由院门、庭院、临水夫人庙、土地公庙、焚香炉室组成,在空间轴线上形成了一主一次两条轴线,即以临水夫人庙为中心形成主轴,以土地公庙为辅形成次轴,两轴以院落为交汇点,以院落

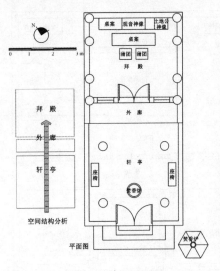

观音宫平面分析图　　　　　　　　　　　观音宫

图7-21　观音宫空间类型分析

为两庙宇共同的外部广场,同时又以院墙将其封闭在院中。在主轴上,通过椭圆形焚香炉、长方形焚香炉来强调其与次轴的区别,两焚香炉后即为临水夫人庙宇,庙宇建筑高于地面4个台基,沿台基进入主殿的外廊,外廊廊柱及其两侧廊心墙身堵上的壁画、卷鹏的屋顶等形成了主殿外部的过渡灰空间。外廊与主殿之间通过开设有螭虎窗的墙体及其带有栅栏门的通透的栅栏加以分隔,使得内外空间既分隔又联系。通过通透的栅栏为主殿营造了明亮的内部空间,主殿内部中央为翘头桌案,桌案前为八仙桌与蒲团,翘头桌案后再置翘头桌案,案上放置烛台等拜祭器具,桌案后即为内室,供奉临水夫人神像,内室的两侧供奉着翁、杨太保,在两侧山墙上还绘有临水夫人画像。主殿内部空间相对宽阔,神秘的氛围较弱,这是因为庙宇本身层高较高,庙内空间较大,面积达68平方米,另外加上栅栏的通透、光线的明亮等因素的作用,使得临水夫人这一本身较为亲民的神显得更亲民。在临水夫人庙宇的北侧即为土地公庙,庙宇规模较小,面积仅13.6平方米,庙内空间布局简单,中央为桌案,案上供奉着土地公神像。两个庙宇,一主一次,关系明确,空间清晰,院内空间封闭,领域感较强。(如图7-22所示)

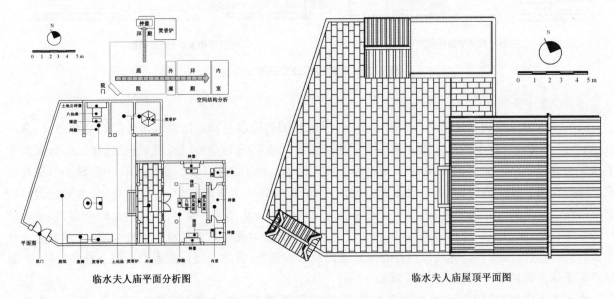

临水夫人庙平面分析图　　　　　　　　　临水夫人庙屋顶平面图

图7-22　临水夫人庙空间类型分析

与临水夫人庙形制相同的还有舍人宫,该庙宇位于文宣街中部,由院落围合成相对封闭的空间。庙宇为主庭院的后部,庙宇内部布局简单,仅仅有翘头桌案(供奉舍人公神像与土地公神像)、八仙桌、蒲团等,由此组成拜殿。拜殿外为外廊,外廊立面简洁,中央开设大门,大门两侧为螭虎窗。整个庙宇空间布局简洁,但形制则充分体现了院落围合的模式。(如图7-23所示)

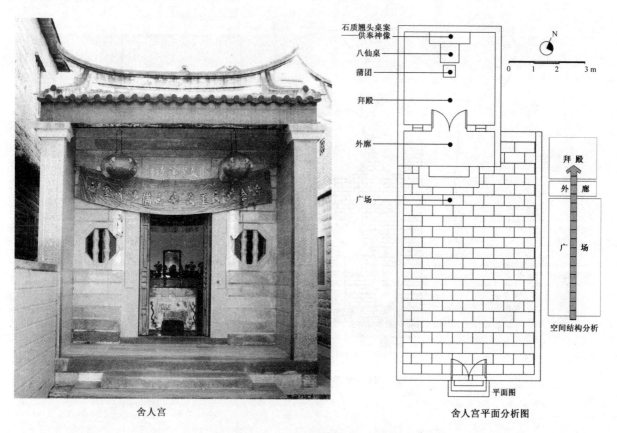

舍人宫　　　　　　　　　　　　舍人宫平面分析图

图 7-23　舍人宫空间类型分析

3.2.3　花园开放型

　　花园开放型庙宇是指整座庙宇空间相对较开放,主殿多建在地形较高的位置,视线开敞,庙宇后面或者周边多以绿地为主,该种类型较为典型的有元龙山关帝庙、留从效庙。

　　上关帝庙即元龙山关帝庙位于元龙山顶端,庙宇类型在整个古村落中较为独特,整个庙宇空间开敞。从踏步到拜殿空间都非常开敞,并且庙宇三面因元龙山绿化及山林的围绕,其特色鲜明。其次,在空间序列上,自上而下为一体系,即从山下的踏步,经山中部的小广场,再到轩亭,再经轩亭与拜殿间开敞的格栅进入拜殿。拜殿因地势较高,且格栅的通透,内部光线充沛,拜殿中央纵向串联放置二张八仙桌、翘头桌案,两侧放置马神、大刀等,桌案上放置烛台、香炉、神杯、签筒等,两侧山墙上绘制有文人墨客的诗文、对联等,在拜殿的尽端即为空间相对封闭的内室,供奉关公、周仓等神像。整个殿宇内部空间相对简洁,庙宇后面即为元龙山山岩及林地,之间建造观海亭、摆放桌椅等,在此可以远眺大海,并能听闻海潮之声,这些都为这座花园开放型的庙宇增添了几分特色。或许正因为如此,整个庙宇的宗教氛围比其他类型的庙宇较弱。(如图7-24所示)

　　留从效庙位于南门东侧的高地上,整个庙宇居高临下,可以看到不远处的大海,同时可以鸟瞰溜江村。庙宇面朝大海、背靠林地,特色鲜明。在空间上,由踏步、广场、焚香炉、简易轩亭、外廊、拜殿、内室及庙后的林地形成一条南北向的轴线,轴线空间序列清晰,层次明清,沿小广场空间开敞,外廊与广场直接由台阶相连,而外廊与拜殿之间则由格栅窗、螭虎窗相连,拜殿空间相对较大,层高较高,空间开敞,中央放置蒲团、八仙桌、翘头桌案,桌案边为马神,拜殿左右两边供奉广泽尊王神像,内室供奉留从效神像,整个殿宇因其地势较高、空间高敞而宗教氛围较弱。(如图7-25所示)

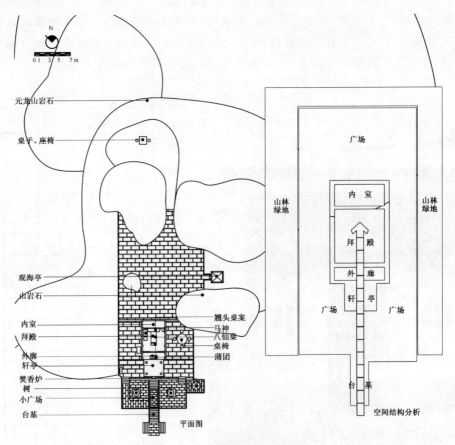

图 7-24　元龙山关帝庙空间类型分析

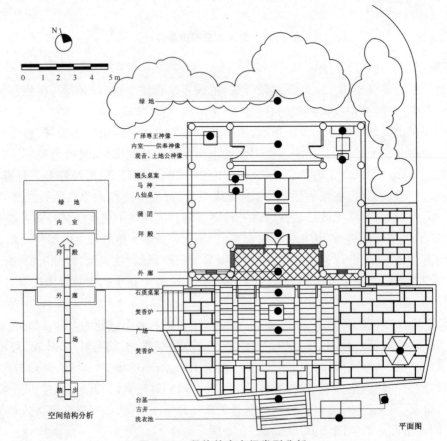

图 7-25　留从效庙空间类型分析

3.3　类型归纳

整个福全古村落内,庙宇类型相对较为丰富,各类的空间特色较为鲜明。其中,花园开放型庙宇的宗教氛围相对较弱,围合型庙宇则较强;而在围合型的庙宇中,封闭非院落的围合型庙宇的宗教氛围最浓。其次,在空间布局上,合院型庙宇空间布局最为复杂,而单殿型中,不带附属设施的单殿型的空间布局最为简单。

福全古村落内的寺庙多为泛神与专神崇拜类寺庙,对于泛神崇拜类寺庙,其正殿多分为三部分,如观音庙,以两列木柱或石柱相隔。正中为主祀,有上下供桌,两侧副祀。主祀供奉神明较多,甚至多到要安奉在供桌上,二副祀一般供奉注生娘娘、土地神等。左右两部分或为收香油钱,或售祭祀用品、放置签诗。这类庙宇,平面布局多较为狭小,面积多在 100 平方米以内。少数规模较大的寺庙如城隍庙、妈祖庙等带有相对狭小的深井,形成了具有地域特色的文化信仰空间。

4　宫庙建筑造型分析

福全古村落中的宫庙建筑从其材料分析,主要包括:砖、石、木等材料。其中,砖石普遍用于墙体和门窗,木材则普遍用于梁柱、斗栱以及门窗,近现代的宫庙建筑还采用了水泥等建筑材料。其次,从宫庙建筑造型构成而言,分为台基、墙体、门窗、梁架、屋顶等。其中,梁柱犹如人的筋骨,门、窗、墙是其身躯,而屋顶则为其冠,屋顶也就成为整座建筑的视觉焦点。因此,福全古村落宫庙的特色一方面体现在其屋顶上,另一方面则通过在台基、墙体、梁架、门窗等上的雕、塑、镶、贴、砌、书、画、彩等体现浓郁的地方特色。而对于这一切,匠师们并没有刻意去营造精致高雅的士大夫气质,也不去强调灵性和意境,更多的是直接而天真地表现创意,独具一种自然活泼的风格,由此发展出另一类有别于中原地区的宫庙建筑与装饰风格❶,形成地域民间信仰的文化空间特色。

4.1　屋顶类型与特色分析

福全古村落内宫庙的屋顶按照造型可以划分为:平屋顶(或单坡顶)、硬山顶、歇山顶与混合顶等。其中平屋顶(或单坡顶)相对较少,主要局限在规模小的宫庙中,比较典型的如南门土地庙、东门外祀坛宫等。其屋顶均用条石块铺设而成的平顶,略有坡度,其屋顶造型粗犷简洁,没有装饰。

其次,在这些屋顶的屋脊上,往往也是装饰的重点,彰显其特色所在。这些装饰多以剪粘的造型,即以铅线做骨架,搭成所需的形态,如龙身、人形、宝塔、花鸟等。其中,双龙戏珠、双龙护塔是最常见的主体造型,一般在屋脊的正中装饰火球或宝塔,两边各装饰一条头朝火球或宝塔的青龙。这样的装饰来源于民间相信龙能注雨以济苍生,有祈雨辟邪、压制火灾的作用,而卷革作为边饰,作成斜脊最末端的回卷形装饰,使脊线增加弯曲变化,看起来既像花草,又似浪花。另外,在屋脊的脊堵上,还有许多彩瓷雕塑,如花卉、喜鹊、八仙等吉祥动物与人物故事造型,制作剪粘的材料多用五颜六色的瓷片,使整个屋面充满了动态感。

4.1.1　硬山顶的特色分析

硬山顶的宫庙建筑屋面仅有前后两坡,左右两侧的山墙与屋面相交,并将檩木梁架全部封砌在山墙内,福全古村落小型宫庙多采用这种类型的屋顶,且屋脊多装饰繁缛的彩瓷剪粘。其中,较为典型的如关帝庙、北门保生大帝庙、朱王爷庙、留从效庙、赵仔爷宫等,北门保生大帝庙其屋顶为硬山顶,屋脊的脊堵上用彩瓷剪粘着花草、喜鹊、鲤鱼、祥云等。脊背靠近燕尾脊附近则塑有金龙,形成双龙戏珠,即在屋脊的正脊及其燕尾脊尾端,以玻璃、陶片、碗片等材料剪花粘塑图形装饰,在燕尾脊尾端装饰两条相对视的双龙,龙间置"火焰宝珠",龙身呈 S 形,爪朝内似抢珠、护珠、戏珠之态,其下脊堵即"下马路"饰有鱼、花草、祥云等饰物,以体现华丽富贵吉祥之气势。其中,双龙戏珠意味着吉祥、庆丰年之意,因龙能兴云作雨,立于屋脊有庇佑及防火的功能,而花草寓意着旺盛的生命力与对生活热切的期望,有如意、吉祥、幸福、延绵之意;鲤鱼

---

❶　引自:康锘锡.台湾古建筑装饰图鉴[M].台北:猫头鹰出版社,2012:10。

则与"利"、"余"谐音,且鱼多子,又传为龙的一个分支,故有多重吉祥如意的含义❶。(如图 7-26 所示)

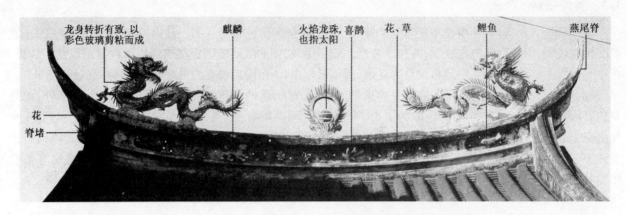

龙身转折有致,以彩色玻璃剪粘而成   麒麟   火焰龙珠,喜鹊也指太阳   花、草   鲤鱼   燕尾脊

花
脊堵

图 7-26 北门保生大帝屋脊装饰分析图

庙兜街朱王爷庙的屋脊与北门保生大帝的屋脊较为类似,也采用了双龙戏珠的形式,但双龙不是回头的龙,是采用了正面相对的龙,戏珠也采用了形式较为复杂的火焰宝珠式,并带有浪花。脊堵则饰有麒麟、祥云、花草等。脊堵的整个装饰采用了彩绘的变异形式,即构图上呈现出将脊堵划分为三段,由箍头、找头、枋心组成,其变异点在于彩绘不饰于梁枋之上,而是饰于脊堵之上。其次,采用了不等长的三停线,中间枋心部分占据了整个脊堵的二分之一,两端各占四分之一,色彩上突破了传统的绿、青、黄等陈设化的规则,大胆地采用了琉璃、碗片、陶片等材料的色彩,因此其色彩艳丽。再次,找头部分采用了鲤鱼装饰,由此使整个脊堵具有辟邪、祈福、防火灾的寓意。(如图 7-27 所示)

图 7-27 庙兜街朱文爷庙屋脊装饰图

下关帝庙也为硬山顶,屋脊上方为双龙护塔,塔顶置葫芦,因此也隐含着双龙护葫。双龙相向而立,脚踏祥云,龙身采用琉璃塑贴,脊堵的构图与朱王爷庙类似,采用了变异的彩绘形式,中央为花草,两侧为麒麟,找头部分采用鲤鱼装饰,整个脊堵具有辟邪、祈福、防火灾的寓意。(如图 7-28 所示)

留从效庙的屋顶为硬山顶,整个屋顶装饰简单,屋脊两端为燕尾脊,其尾端加吻兽作为装饰,吻兽为绿色的陶饰,其形如龙,呈坐立状,寓意辟邪、防火。脊的中央为宝瓶,脊堵则采用了简易的"分三停"形式,即在三停线分界线出处以实体的脊堵,其余则在束腰处以空透的红砖砌筑成"梳窗脊"。整个屋面铺设筒瓦与板瓦,即板瓦屋面、筒瓦做边的做法,檐口处铺设勾头与滴水,砖红色的屋面与宫庙的其余部分融为一

❶ 引自:康锘锡.台湾古建筑装饰图鉴[M].台北:猫头鹰出版社,2012:26,74,98。

图 7-28　下关帝庙屋脊装饰图

体,屋面平缓、轻薄飘逸、朴实大方。(如图 7-29 所示)

图 7-29　留从效庙屋顶分析图

　　另外,诸舍人宫、庙兜街土地庙等宫庙的屋顶则非常简洁,基本没有装饰,只在舍人宫的正脊中央放置火炉,以起到风狮爷的辟邪之功能,风狮爷即瓦将军,在《绘图鲁班经》中,它为屋顶上陶瓦走兽的总管,其功能包括克制远处兽牌、屋脊、墙头及牌坊锐角的对冲。其次,可以克制病魔,镇宅辟邪,在民间风狮爷的形式尚有罐子、花盆、坛、火炉、碗等❶。其他则在屋脊两端采用了燕尾脊。(如图 7-30 所示)

图 7-30　舍人宫屋脊的火炉

　　在古村落内也存在着硬山与平屋顶相结合的形式,如北门土地庙、西门杨王爷庙等都是这类形式,其硬山屋顶基本没有装饰,且与平屋顶的结合也非常简洁。

❶　引自:林会承.传统建筑手册[M].台北:艺术家出版社,2009:174。

4.1.2 卷棚歇山顶的特色分析

歇山顶又称九脊顶,共有九条屋脊,即一条正脊、四条垂脊和四条戗脊,从外部形态看,上半部分为悬山顶或硬山顶的样式,而下半部分则为庑殿顶的样式,因此是庑殿顶与悬山顶或硬山顶的有机结合,即以下金檩为界可将屋面分为上下两段,上段具有悬山顶或硬山顶的形态特征,屋面分为前后两坡,山面两坡与檐面两坡相交形成四条脊。

福全古村落内,歇山顶都以歇山卷棚顶的形式出现,即无正脊,屋脊部位形成弧形曲面,为歇山式屋顶之一,且这种歇山顶多与其他屋顶结合形成混合的屋顶类型。这些宫庙始建年代多较早,且供奉的主神多受到历代朝廷的册封和官府的支持,在民间拥有较高的声誉。如妈祖庙,其主殿建筑、轩亭都为歇山顶,另外,城隍庙、观音宫、元龙山上关帝庙等宫庙的轩亭也都为歇山顶。其次,有些宫庙为当地供奉这类神灵的开基庙,如北门八姓王爷府庙的主殿等为歇山顶,这些宫庙因而采用这种具有帝王居所象征的屋面造型,以体现神的尊贵。

4.1.3 混合式顶的特色分析

混合式顶是指一座宫庙的屋顶带有多种形式,如歇山、硬山、卷棚、平顶等形式,而这些不同的形式主要出现在主殿、配殿、轩亭、外廊等上。由此,根据其不同的组合又可以进一步划分为:硬山+平顶;硬山+歇山混合式;歇山+硬山+卷棚混合式;硬山+卷棚混合式;歇山+硬山+卷棚+攒尖+平顶混合式等。其中,硬山+平顶即主殿为硬山顶,下落厅为平顶,这类屋顶组合形式较为典型的如报功祠。

(1) 硬山+歇山混合式

硬山+歇山混合式即主殿为硬山屋顶,轩亭为歇山顶,其较为典型的宫庙如元龙山关帝庙、城隍庙、观音宫、灵佑宫等。元龙山关帝庙主殿为硬山顶,轩亭为卷棚歇山顶,主殿硬山屋脊为双龙护塔,塔顶置葫芦,因此也隐含着双龙护葫,脊堵上饰有凤凰、牡丹、麒麟以及花草、祥云等,都代表着太平盛世好兆头,有光明美好、幸福美满、吉祥如意的含义。脊堵的装饰也是采用了简易的"分三停"形式,即整个脊堵划分为三段,中间枋心部分占据了整个脊堵的二分之一,两端各占四分之一,色彩上大胆地采用了琉璃、碗片、陶片等材料的色彩,因此色彩艳丽。再次,找头部分采用了鲤鱼装饰。轩亭屋顶装饰相对简洁,在歇山戗脊采用了串角草花的饰物,檐口下梁上饰有双龙抢珠的图案,以增强关帝庙的德配天德的神格。(如图7-31所示)

图 7-31 元龙山关帝庙主殿屋脊分析图

另一个典型的例子就是城隍庙,该庙主殿为硬山顶,双燕归脊,脊上塑有双龙护塔,双龙为金龙,且为龙回首相对,塔顶置葫芦,因此也隐含着双龙护葫。脊堵处塑有凤凰、麒麟及牡丹、花草、祥云等,轩亭为歇山顶,正脊为燕尾脊,脊上塑有双龙护珠,脊堵上塑有金牛、喜鹊、牡丹等,寓意吉祥,轩亭山墙山花处绘有葫芦、毛笔等图案,戗脊翼角处为串头草。两侧配殿为硬山顶,基本没有装饰,简洁明了,以突出主殿建筑

的重要、威严。(如图7-32所示)

双龙护塔　凤凰麒麟　串角头草　　　　花草毛笔山花　　　串角头草　双龙护珠

图7-32　城隍庙屋脊装饰分析图

(2) 歇山＋硬山＋卷棚混合式

　　歇山＋硬山＋卷棚混合式即主殿为歇山顶,配殿为硬山顶,轩亭为卷棚顶,较为典型是八姓王府庙,其主殿与轩亭都为歇山顶,两侧配殿为硬山。主殿正脊为双燕归脊,脊上饰有双龙护塔,塔顶置葫芦,因此也隐含着双龙护葫。另外,较元龙山关帝庙而言,宝塔下才有了莲花的式样,而非祥云。脊堵则为凤凰、麒麟与花草等,寓意吉祥。戗脊翼角处饰有串头草,歇山山面山花归尖处采用灰塑,塑有狮嘴、祥云、双龙、花篮等,以辟邪安境为寓意。轩亭为卷棚式顶,檐口处用鳌鱼作为装饰,两侧配殿则装饰简洁,仅在山花处塑有三英战吕布。整个宫庙建筑屋顶四周饰有祥云花草规带,使得屋顶不同类型的组合巧妙、变化丰富,以主殿屋脊最高,两侧配殿最低,形成高低错落有致,层次分明,以此突出庙宇之中神灵的威严与灵犀。(如图7-33所示)

鳌鱼　三英战吕布　卷叶花草　　双龙护塔　凤凰麒麟　　　规尖灰塑　　　　串头草

图7-33　八姓王府庙屋脊装饰分析图

（3）硬山＋卷棚混合式

硬山＋卷棚混合式即主殿为硬山顶,配殿为卷棚顶,较为典型的如临水夫人庙,即主殿采用了硬山顶,并采用双燕归脊的形式,脊上塑有双龙护塔,脊堵则相对简单,饰有花草,外廊则为卷棚顶,翼角处装饰有串头草,外廊檐棱上饰有双凤牡丹、鲤鱼、喜鹊等吉祥陶作。整个庙宇屋顶相对简洁。

（4）歇山＋硬山＋攒尖＋平顶混合式

歇山＋硬山＋攒尖＋平顶混合式即主殿为歇山,配殿为硬山、平顶,钟鼓楼为攒尖顶,这类混合式宫庙功能较为复杂,妈祖庙就属于这类形式,庙门入口门房为硬山顶,脊上用剪粘法砌筑"双凤牡丹",双凤寓意高雅尊贵,牡丹寓意尊荣华贵,双凤飞翔寓意天下太平。脊堵中央塑有南极仙翁,两侧为八仙人物,整个脊堵人物生动,寓意庆寿、华丽高贵。屋脊山面山花为书、笔、祥云图案,书上刻有"天书"两字,寓意文化的传承、智慧的结晶。（如图7-34所示）

仙童献桃　　　　　　　　　八条脊翼角处装饰　　　　　　　　门房山花

图7-34　妈祖庙门房屋脊分析

门房后为轩亭,轩亭为歇山顶,在戗脊翼角处采用了串头草,风吹嘴处以花篮加以装饰,正脊脊堵绘有花草图案,整个屋顶装饰相对简单。主殿为歇山顶,正脊塑有双龙护塔,塔顶置葫芦,因此也隐含着双龙护葫,戗脊翼角处饰串头草,整个主殿屋脊装饰简单。两侧护厝为硬山顶,也基本没有装饰,相对简洁。左右配殿为平顶,平顶上设钟鼓楼,钟鼓楼均为重檐八角攒尖顶,一层屋檐为四攒顶,四条脊的翼角处均有串头草,风吹嘴处塑有花篮,二层为八角攒尖顶,顶部筑有宝塔,塔顶置葫芦,八条脊的翼角处均有串头草,风吹嘴处塑有仙童献桃的陶作。

整座庙宇屋顶层次清晰,主次明确,由入口硬山,经轩亭歇山,至主殿歇山,两侧护厝硬山,配殿平顶,其上为重檐八角攒尖顶的钟鼓楼,形成了一个形式丰富的屋顶群,以此反映出妈祖庙在福全古村落中地位,及神灵本身在普通老百姓中的地位。另外,妈祖庙背靠眉山,南朝大海,遥望天际,保佑着在海上拼搏的人们,其屋顶形式无疑营造出了极具人文内涵的景观意蕴。

综上所述,福全古村落内的宫庙建筑屋顶从平顶到硬山顶,再到歇山顶,再到多种屋顶的组合形式,其种类丰富,色彩多为红瓦屋顶,白色的规带、屋脊,与整个建筑的色彩较为和谐。屋顶装饰也呈现出多样性,即由朴实性的土地庙,到装饰繁杂,色彩丰富的妈祖庙等,其装饰正脊脊饰多为双龙与宝珠、葫芦或宝塔的结合,一般秩序为双龙戏珠、双龙护"葫"和双龙护塔,其中,葫芦多以与宝塔结合的形式出现,即往往是宝塔上置葫芦。其次,在歇山式庙宇屋顶脊端,一般以卷草或龙、凤交趾陶雕塑作尾端部处理,取卷草克火而龙凤呈祥的美意,将屋顶装饰得更加富丽堂皇。对于硬山两坡顶,正脊双曲燕尾端,也以彩瓷或颜料精心装饰底部,并以凤凰、麒麟、喜鹊、牡丹等置于脊堵中,脊堵的构图均为变异的彩绘形式,即以鲤鱼为基础,结合彩绘的三停线进行变异形成适合古村落民居信仰需求的脊堵装饰风格。另外,垂脊端部的装饰也很讲究,称为"盘头",一般为微缩亭台,放置人物典故或戏剧名段。总之,福全古村落内的宫庙建筑屋顶的形式及装饰充分体现了村落文化信仰空间的多元与底蕴的深厚。

4.2　宫庙立面造型分析

在福全传统建筑中,宫庙建筑的立面造型受到的等级限制相对较小,因此,其建筑立面较民居而言更为自由。本章立面包括了外立面与建筑内部立面,其中外立面是指宫庙正立面,即入口处的立面造型,该立面按照建筑从下到上的组成部分划分,可以分为:台基、屋身、屋顶三部分。内部立面是指包括带有深井内院的横向剖立面与纵剖面。

纵观福全古村落内的宫庙,为了显示凡人对神明的崇敬,凡是可以给神明脸上贴金的做法都可以应用在宫庙上,如前文论述到的屋脊的装饰、下文论述外立面装饰、建筑内部装饰等,由此产生了精致繁复的建筑立面艺术。

4.2.1　立面类型分析

基于立面的复杂性,下文以外立面为突破口,对福全古村落内的宫庙建筑立面进行系统的分析。福全古村落内现存宫庙建筑外立面的通透程度,划分为:通透型立面、半通透型立面、封闭性立面三大类。

(1) 封闭性立面特色分析

封闭性立面是指宫庙入口处立面相对封闭,属于这类立面造型的主要有:太福街土地庙、北门瓮城土地庙、妈祖庙等,其中土地庙外立面是采用主殿墙体围合,在外墙上仅仅开设庙门,外立面造型简洁,基本没有装饰,由此形成相对封闭的外立面造型。

而妈祖庙则通过庙门房、院墙形成相对封闭的外立面,其门房采用民居的塌寿的变异做法,形成门房入口空间。入口身堵绘有秦叔宝、尉迟恭两大门神,龙边(左边)为秦叔宝,白面凤眼,貌不怒而威,手持搬指、头戴凤盔,足等云头战靴,身着文武袍,持铜,背插四面靠旗。虎边(右边)为黑脸怒目圆睛的尉迟恭,一手执鞭,威猛而不张扬。以此驱鬼辟邪、迎新纳福、安宅镇殿。另外,顶堵绘有《隋唐演义》的故事,柜台脚处刻有浅浮雕螭虎对,以此寓意长久不断的吉祥之意。大门周边用石块围合,形成石箍,寮圆上刻有牡丹并进行鎏金,托木上则刻有鎏金的狮子、牡丹等,吊桶处刻有飞鱼等,以此寓意避凶迎宾及吉祥富贵。另外,在两侧的身堵上绘有"风调雨顺"四大天神的画像,顶堵则绘有丹凤朝阳、鹤寿松龄青竹图案,以此寓意天下太平,富贵吉祥。门房两侧为红砖院墙,墙上开设竹节窗,装饰简洁,以突出门房。主殿与轩亭联系为一个整体,面向内院开敞,主殿面宽三间,进深五间,主要檩条为木质,梁与柱子为石柱,屋架为典型的穿斗与台梁的结合形式,即插梁式,檩条上绘满了凤凰牡丹、祥云、飞天以及鲤鱼、瑞狮等。另外,在钟鼓楼的枋与檩上也绘有卷草叶,塑有鎏金瑞狮、鲤鱼等,整个妈祖庙内部装饰纷杂,华丽富贵。(如图7-35所示)

(2) 通透型立面特色分析

通透型立面是指宫庙的主入口立面不做围合处理,直接面对外面,属于该类的宫庙有杨工爷庙、庙兜街土地庙、南门街土地庙等,该类庙宇的外立面因开敞而没有什么装饰,因此非常简单,其内部结构也相对简单,多为墙体直接承重,宫庙规模较小,空间简单,装饰也非常少。

妈祖庙门房

风调雨顺四大天神

妈祖庙门房柜台脚

钟鼓楼檩坊上的瑞狮、鲤鱼等装饰

图 7-35　妈祖庙立面造型艺术分析

（3）半通透型立面特色分析

半通透型立面是指对宫庙的主入口立面进行适当围合，但较封闭型立面而言，其通透性增加，这类立面往往采用低矮的格栅、格栅门分隔空间，如朱王爷庙、北门保生大帝庙、下关帝庙、元龙山上关帝庙等；或者采用墙体，墙体开设对称的窗户来分隔内外空间，如城隍庙、南门保生大帝庙、八姓王庙、留从效庙、灵佑宫等。

其中采用低矮格栅的立面，其立面的装饰多集中在屋顶上，屋身、台基等相对简单，如北门街保生大帝庙，其外立面采用了低矮格栅的形式，使得立面内外通透，格栅门上方的挂落采用了螭虎对的形式，格栅的上方额枋，绘有八仙的图案，在水车出景处塑有喜鹊与鲤鱼，以寓意吉祥、富贵，山墙顶堵处绘有青龙白虎壁画。殿内为墙体承重的结构形式，两侧山墙上绘有封神演义、隋唐演义、三国演义以及佛教的故事，内部隔断采用挂落的形式，将拜殿与内室分开，挂落两侧为侧门，侧门上布置有螭虎窗，整个宫庙外部立面通透，内部立面壁画丰富，均为村民捐钱请人绘制，充分反映了村民对保生大帝的虔诚信仰。（如图 7-36 所示）

城隍庙采用对墙体进行围合的半通透型立面。城隍庙主殿外廊开敞，外廊与主殿间用格栅、木板墙加以分隔，其中格栅采用了螭虎窗，窗楣用透雕的形式塑有牛羊猴等动物木雕图及农耕、对弈等木雕图，额枋处绘满了鎏金的花草图案，在瓜筒处刻有狮坐，整个外立面雕刻丰富，殿内为山墙承重，两侧山墙上绘有《二十四孝图》、《十八地狱图》等警示世人要讲孝道、积功德的墨线图壁画，壁画人物描写细腻生动，场面恢宏，充分体现了庙宇的教化功能，整个殿内装饰繁复、精致，充分展现了城隍爷的威严与公正。（如图 7-37 所示）

北门街保生大帝庙水车出景及其八仙图案

两侧山墙上的壁画

右边白虎，左边青龙

图 7-36 北门街保生大帝庙宇造型装饰艺术分析

十八地狱图

二十四孝图

图 7-37 城隍庙壁画

4.2.2　庙宇造型文化的归纳

综上所述,福全古村落内的宫庙的建筑特色可以归纳为:世俗化、伦理化、区域化、综合化。

世俗化指宫庙艺术与世俗社会紧密联系,神性被有意无意地淡化。福全古村落内宫庙就建筑形式看,神格较高的如关帝圣君、保生大帝、观音、妈祖、城隍爷等神明的居所,宛如人间帝王的宫殿,金碧辉煌,神像大多威严中蕴含慈爱,让人感到可敬可亲,能倾听人间的倾诉并福佑一方。神格较低的如各路王爷、八方散仙、土地山神则随处可见,他们的居处有的甚至与民居混杂在一起,其神像或为儒生武将或为绝代佳人或为憨态老者,神人之间界限模糊。宗教信仰的世俗化集中反映在地域人文性格中的务实、理性的特点。

伦理化指宗教艺术其教化功用的指向,是儒家传统道德即仁义礼智信。无论是庙中二十四孝的绘画,还是戏曲故事的演绎都带伦理教化色彩。与西方基督教等宗教艺术不同,福全古村落宫庙艺术在很大程度上脱离了神本体,成为独特的艺术存在,并与传统伦理道德相结合成为对百姓教化的直观形态,表达的甚至是与信仰对象毫不相干的内容。如多数宫庙的壁画均取材于《三国演义》、《西游记》中的故事,又如宫庙楹联的劝善抑恶的众多文辞,均为伦理教化的生动展示,反映中国传统社会世俗的、儒学的伦理道德一直是占主导地位的社会意识形态。

区域化指民间宫庙艺术具有独特的风格特点。从艺术创作的材料看,大都取材于本地,如石雕材质绝大部分是本地矿产花岗岩。木雕则是以樟木、杉木和龙眼木为主,这类木材也为本地盛产。从选题内容看,绘画、楹联的内容很多取材于本地的风俗、传说。从表现手法看,雕刻中之金漆木雕、色瓷剪雕,很能体现闽南区域的艺术特色。

综合化指福全古村落民间宫庙把各种艺术形式综合运用以调动信众的观赏——嗅觉、触觉、听觉,烘托渲染宗教氛围。规模较大的庙往往不遗余力地创作大量石雕、木雕、瓷雕以及绘画作品,晨钟暮鼓,香火缭绕。而规模较小的寺庙则注重神像雕塑的传神,建筑构件的精巧,虽未臻富丽堂皇却也温馨雅致。

第八章　文化景观空间与特色分析

　　文化景观是地球表面文化现象的复合体,它反映了一个地区的地理特征❶。它表达了一种人、地关系的遗产,在《保护世界文化和自然遗产公约》中,文化景观代表了人与自然共同的作品,它解释了人类社会和人居环境在物质条件的限制和自然环境提供的机会的影响之下,在来自外部和内部的持续的社会、经济和文化因素作用下,持续的进化。其次,文化景观也很好地解释了人与自然环境间相互作用的多样性。强调在某一区域人与自然之间持续的相互关系,即由人类的实践之于自然的影响而形成的景观。所以,文化景观具备突出的普遍价值,能够代表一个清晰定义的文化地理区域,并因此具备解释该区域的本质和独特的文化要素的能力❷。

　　再次,费孝通先生认为文化是"From the soil",从乡土中生长出来的东西❸。从本质上看,以地域为基础的遗产描绘的就是人类在大地上形形色色的生活方式及习惯,而我们栖居的土地也正是我们民族的景观艺术发生和归属的地方。而文化景观中所包含的人类起源和演变,环境和地域特征,民俗和经济状况,艺术和信仰等多种内容,反映了人类与自然交流与抗战的历史❹。

　　据此,在前几章的基础上,本章从文化景观的视角进一步揭示福全古村落的文化及其文化与地、人间的关系,以此展示福全及其所在地域的本质和独特的文化魅力。

1　福全古村落的文化景观属性

1.1　世界遗产委员会的划分标准

　　按照世界遗产委员会公布的《实施世界遗产保护的操作导则》文化景观可以分为3个主要类别:

　　(1)设计的景观(Designed landscape):由人类设计和创造的景观。包括出于审美原因建造的花园和园林景观,它们常常与宗教或其他纪念性建筑和建筑群相联系。

　　(2)进化而形成的景观(Organically evolving):起源于一项社会、经济、管理或宗教要求的历史景观,在不断调整回应自然、社会环境的过程中逐渐发展起来,成为现在的形态。具体又可分为:

　　连续景观(landscape-continuous):它既担任当代社会的积极角色,也与传统生活方式紧密联系,其进化过程仍在发展之中,如传统种植园。

　　残留(或称化石)景观(landscape-fossil):其进化过程在过去某一时刻终止了,或是突然的,或是经历了一段时期的,然而其重要的独特外貌仍可从物态形式中看出,如古文化遗址。

　　(3)关联性景观(associative landscape):也称为复合景观,此类景观的文化意义取决于自然要素与人类宗教、艺术或历史文化的关联性,多为经人工护养的自然胜境,如风景区、宗教圣地。

1.2　美国的文化景观分类

　　美国国家公园管理局将其所管辖的文化景观分为以下四个类型:①历史场所。联系着历史的事件、人

---

❶　引自:李旭旦.人文地理学[M].上海:中国大百科全书出版社,1984.223-22。
❷　引自:蔡晴著.基于地域的文化景观保护[D].南京:东南大学博士学位论文,2006:82。
❸　转引自:方李莉.传统与变迁[M].南昌:江西人民出版社,2000:8。
❹　引自:蔡晴.基于地域的文化景观保护[D].南京:东南大学博士学位论文,2006:83。

物、活动的遗存环境,如历史街区、历史遗址;②历史景观。著名的历史景观,或代表了特定艺术风格的作品的四周环境,如历史园林;③历史乡土景观。被场所的使用者通过他们的行为塑造而成的景观,它反映了所属社区的文化和社会特征,功能在这种景观中扮演了重要角色,如历史村落;④文化人类学景观。指人类与其生存的自然和文化资源共同构成的景观结构,如宗教圣地。

1.3 我国文化景观的分类

基于对我国文化景观遗产特征的认识,参照 UNESCO《实施世界遗产保护操作性导则》有关条款及美国国家公园的文化景观分类方法,我国的文化景观可分为以下四种类型:(如表 8-1 所示)

表 8-1   我国的文化景观遗产分类

类 刑	特 征	实 例
历史的设计景观	被景观建筑师和园艺师按照一定的原则规划或设计的景观作品,或园丁按照地方传统风格培育的景观,这种景观常反映了景观设计理论和实践的趋势,或是著名景观建筑师的代表作品,美学价值在这类作品中有重要地位	传统私家园林
有机进化之残遗物(或化石)景观	代表一种联系着历史的事件、人物、活动的遗存景观环境,过去某段时间已经完结的进化过程,不管是突发的或是渐进的,如考古遗址景观	大遗址
有机进化之持续性景观	即被场所的使用者通过他们的行为塑造而成的景观,它反映了所属社区的文化和社会特征,功能在这种景观中扮演了重要角色,它在当今与传统生活方式相联系的社会中,保持一种积极的社会作用,而且其自身演变过程仍在进行之中,同时又展示了历史上其演变发展的物证	历史文化名村、名镇
基于传统审美意识的名胜地景观	包含了传统的对环境的阐述和欣赏方式,以与自然因素、强烈的宗教、艺术或文化相联系为特征,而不一定以文化物证为主要特征,如我国传统的六景、八景、风景名胜	风景名胜区

注:有机进化的景观,它产生于最初始的某种社会、经济、行政以及宗教需要,并通过与周围自然环境的相联系或相适应而发展到目前的形式。

1.4 福全古村落的文化景观属性

综上所述,可以得出福全古村落属于有机进化之持续性景观,即被古村落内的村民们通过他们的劳作与努力塑造而成的具有闽南特色与古所军事特色的景观。这一景观反映了所属闽南社区的闽海文化和社会特征,而历史上曾经的军事功能在这种景观中扮演了重要角色,并且古村落在当今与传统生活方式相联系的社会中,保持这种积极的社会作用,而且其自身演变过程仍在进行之中,同时又展示了历史上其演变发展的物证。

2   福全古村落文化景观的构成要素分析

2.1   文化景观构成要素分析❶

文化景观既是一种实体对象,又具有相应的人文内涵。在此,根据文化景观的特点,用演绎的方法从其所呈现出的物质形式和表达的文化内涵两个方面进行分析,将其构成要素划分为"物质"和"价值"两大系统。不同类型的文化景观都由这两大系统所构成。其中物质系统包括:建筑、空间、结构与环境。价值系统包括:行为文化、人居文化、历史文化、产业文化、精神文化。文化景观是精神与物质合一的有机整体,其物质系统与价值系统二者相互间有着内在的联系,共同构筑起文化景观的全貌。(如图 8-1 所示)

---

❶ 引自:李和平、肖竞.我国文化景观的类型及其构成要素分析[J].中国园林,2009(2)90-94。

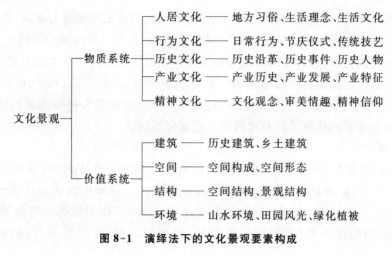

图 8-1 演绎法下的文化景观要素构成

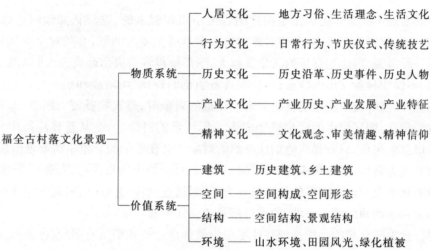

图 8-2 福全古村落文化景观要素构成

2.2 福全古村落文化景观要素构成

基于上述,作为有机进化之持续性景观的福全古村落,其构成要素包括了田地、山川及村落地域内活动的人群和他们的传统行为模式等。同样从演绎法的角度,福全古村落的文化景观可以划分为物质系统与价值系统两大层面,物质系统包括留存在古村落内的大量的历史建筑、乡土建筑及其遗址等,还包括由建筑物、构筑物形成的村落空间,具体包括建筑深井院落空间、街巷空间、村落整体空间等,由此建筑空间构成的空间结构与景观结构,并有元龙山、眉山、三台山、官厅池、下街池、龟池等构筑成村落内部的山水环境与田园风光,而在村落的外围则由碎石山、峻山、吉龙山及滨海林地等构筑成为村落外围的山水环境与滨海古村的景观特色。其次,从价值系统的层面,则包括了人居文化、行为文化、历史文化及产业文化、精神文化等要素。

再次,福全古村落的文化景观是村民和村落社会环境互动过程中形成的,因此,它具有地理性、地方性,并且其地形地貌、气候等是形成福全古村落文化景观的基础。同时,与村民的社会生活相关的社会群体的价值观、习俗和心理结构等是文化景观在环境中的象征物。(如图 8-2 所示)

2.3 福全文化景观要素分析理论与方法❶

众所周知,福全古村落的形成是建立在人与人的自然关系和人与社会的关系基础之上的。人与自然

---

❶ 因前几章中论述了街巷、民居、祠堂与寺庙等,故本章不对此做重复论述。

的关系是建立在获得良好栖居和生存的环境条件上的,人与人的关系常表现为聚居,是建立在家族血缘上的。因此,"人"及"人在日常生活中的各种活动"是解析古村落文化景观内涵的关键所在。福全古村落作为不同于城市的闽南沿海村落,其独特的历史与地域条件创造了独特的生产生活方式与景观风貌,形成了独特的文化形式。在古村落内留存丰富的文化景观资源,如传统民居、寺庙、祠堂、街巷、城墙等,还留有大量的石刻、古树、古井、遗址、学校、人工水池等,并且涌现了一大批历史人物与充满神秘色彩的故事传说,这些与民居、祠堂、庙宇等共同构筑了具有地域特色的文化景观。

2.3.1   感知理论概述

现实生活中,人们总是在知觉上对所感知到的现象进行组织和秩序化,以便更好的认知对象,并对环境做出正确的反应。意象就是在这样的认知过程中形成的。意象的形成遵循完形心理学的认知规律,也就是格式塔的组织律。每一个人,不论是儿童还是成年人,其知觉意象的形成,都遵循这一系列的组织规律。这些组织规律主要包括:图底组织律、推理组织律、近邻组织律、相似组织律和惯性组织律。

图底组织律。人对事物整体的认知是按照图底关系组织起来的,这种认知倾向可称为图底组织律。具体来说,在具有一定配置的场所内,有些对象突显出来形成主要的图形,有些对象退居到衬托地位而成为次要的背景。一般来说,图形与背景的区分度越大,图形就越容易突出而成为人们的知觉对象。要使图形成为知觉对象,不仅要具备突出的特点,而且应具备明确的轮廓,明暗度和统一性。这种主次之分主要是人们心理场的特性,当环境中的建筑物成为人们注意的对象时,建筑物就成为图形,而其他不被注意的空间和场所就成为背景,即环境中的建构筑物成为人们注意的对象时,会从整体环境中突显出来成为图形。就人们的环境意象来说,只有那些他们注意到的对象才会在他们的意象中清晰地出现,而那些他们没有注意到的对象就成为背景,从而构成完整的环境意象。对于福全古村落而言,如果将建筑当成背景,那么元龙山东北麓的林地及眉山西南麓的林地就成为了图,通过这样的图底组织关系的分析,很快就可以得出第一章中的结论:"东西两绿地夹一城"的古村落景观空间形态特征。

推理组织律。意象随环境的功能推理往往呈现出整体性。彼此相属的部分,容易组合成整体。反之,彼此不相属的部分,则容易被隔离开来。这种认知趋于完整的倾向说明知觉者心理的一种推理倾向。即把一种不连贯的有缺口的图形尽可能在心理上使之趋合。推理组织律在所有感觉中都起作用,它为意象图形提供完善的定界、对称和形式。就环境中的区域来说,某些区域并不具备完整和闭合的形式,但是人们在心理上会自然地把其看作为一个完整和闭合的区域,形成完整的意象。运用该规律,可以推论出蒋德璟故居的院落形态,即现状中,仅留存残缺不全的围墙、古井、部分古厝、古树等,从这些不具备完整和闭合的形式中,可以推想出蒋德璟故居是一个近似长方形的、由几落古厝组成的大型院落群,该院落群中呈现出极其丰富的院落类型与景观形态。

近邻组织律。指观察者倾向于把一些距离较短或相互接近的部分,放在一起组成整体。比如,福全古村落中的村民习惯将古所内自己生活的村落看作一个有机联系的整体,该整体中包含了古所城墙遗址、元龙山、林地与空地等,由此形成对福全古村落的所城的景观意象。

相似组织律。人对世界的认识需要分类简化,彼此相似的元素容易被当做一个整体来感知。无论认知对象在颜色、形式、质感还是其他方面的类似,都会使其从其他的对象之中被归纳为相同的一类。针对于解释为什么在福全古村落中会出现番仔楼这种非古厝的民居的认知理由,番仔楼尽管在建筑造型上与传统古厝有着本质的区别,一个是西式的建筑风格,一个是传统的闽南风格,两种截然不同的建筑风格,却在认识领域中,被村民分类简化,将番仔楼中的红砖、富有地域特色的对联、室内的布局与陈设等加以统一,由此在心理层面接受并认可番仔楼这种带有异国风格的建筑形式。

惯性组织律。意象可以经历长时间的积淀而不会失去其本身的特点,也即意象形成之后就会具有一定的惯性,虽然某些环境已经经过时间的洗礼而不再存在,但其形成在人们脑海中的意缘还会存留很长一段时间,并不会因为其形式的改变或灭失而立即从人们的脑海中消失。对于福全古村落而言,曾经在明清时期是闽南沿海著名的军事所城要塞,在这段历史岁月中涌现了类似明末宰相蒋德璟、抗倭英雄蒋君用等等历史名人,因此,即使在今天所城的城墙、军事设施等早已不复存在,但村民的脑海中依旧留存着所城的辉煌。因此,这样的地域精神,促使了该古村落中的诸多村民自发投身于古所城的重建之中,这无疑有利于古所历史文化遗产的保护。

2.3.2　乡土意象的认知来源与形成过程

意象是依据客观存在的环境形象,经由一系列的心理过程,通过对客观环境的感知、评价、加工而最终形成的。乡土意象是乡土环境的信息在人脑中的反映。人们获取乡土环境信息的途径多种多样,分为直接获取或间接获取。直接获取一般经由个人亲身经历,即在农村生活或到农村游玩。间接获取的途径很多,但主要由以下几个方面构成:文字类阅读,如地方志、家谱、对联诗词等;图画类阅读及其他艺术品等;与前辈的交流,代继流传、故事传说神话等。经过对意象元素的分析整理,可以将元素分为三个大类:自然元素类;建构筑物元素类;农事风俗活动元素类。

3　物质系统构成要素的解读

文化景观的意涵是以物质载体为媒介在人类社会历史中的传承,即使相同的文化内涵也会有不同的表现形式。文化景观物质系统的构成要素按照特点和空间规模可具体分为三种,即建筑要素,空间与结构要素,环境要素。

3.1　建筑要素

建筑包括历史遗留下来的建筑物、构筑物以及遗址,它反映了地域的建筑文化、社会职能或与特殊的历史事件和人物相关,是文化景观的重要载体。

3.1.1　民居、寺庙、祠堂

从功能的角度,首先是大量的民居建筑,这类建筑包括:一条龙,三合院,四合院以及番仔楼、石屋等建筑类型,其中合院又包含有:三间张、五间张等传统官式大厝,甚至还留存诸如吴氏祖厝这样的五间张榉头间止单护厝的类型。其次是祠堂、寺庙等建筑。据此,从图底组织律可以看出福全古村落的图底关系,即这些建筑物构成了整个古村落的景观基底,构成其空间结构与景观结构❶。

3.1.2　石刻

除了上述的民居、寺庙、祠堂等建筑之外,福全古村落还留存有大量的石刻,主要包括碑刻与摩崖石刻两大类,其中碑刻主要有《功德碑》、《怀恩碑》、《重修城隍宫记碑》等,碑刻中涉及所城事件的主要有 2 块,涉及庙宇重建的有 3 块。另外,摩崖石刻为福建省文物保护单位,有大小石刻 9 块。(如图 8-3 所示)

北门街碑刻

---

❶　前几章已论述,本章不再赘述。

三台禁约　　　　　　　　祀神碑刻　　　　　　　　摩崖石刻

元龙山摩崖石刻

图 8-3　福全石刻艺术

(1) 碑刻

《功德碑》碑高 1.55 米，宽 0.54 米，厚 0.14 米，中刻楷书竖行"永卫经卫刘公功德碑"，上款小字"公讳志义别号碧潭湖广松滋人"，下款刻"嘉靖戊午岁孟冬十月"。此碑在北门街与西门街交叉处，系明嘉靖间，永宁经历刘志义受命来福全所勘边海钱粮时，秉公据实，平心处理，息事宁人。福全人感其恩，而于嘉靖三十七年戊午为之立像竖碑祀之。

《怀恩碑》碑高 2.34 米，宽 0.98 米，厚 0.18 米，圭首，上首楷书"怀恩碑"，碑文竖列，已多漫漶。此碑立在北门街与西门街交叉处，《福全蒋氏族谱》载：七世祖蒋继实，嘉靖元年袭正千户，精于骑射，尤长于海战，善于治兵，曾驾轻舟出海袭倭寇，智擒其酋李文信，击退倭党林风，被都督侯国弼称为"异才"。"户侯阎君恭、陈君庆率阖所人民勒碑怀恩，撰文者黄公澄也"。

《重修城隍宫记碑》位于福全城隍庙前，两碑并立，一高 2.19 米，宽 0.83 米；另一高 1.74 米，宽 0.83 米，圭首篆额，额书"重修城隍宫记碑"，碑文楷书竖排，记载福全城隍庙兴衰经历及重修的主持人、捐资人姓名，文字已有残缺。该碑系翰林院庶古士等撰记，立于清光绪己卯五年盂冬。

《重修临水夫人庙碑记》，在东山境临水夫人宫，该碑系大理石刻制，高 0.90 米，宽 0.60 米。碑记临水夫人由来、神庙"世久年湮，庙宇倾圮，康熙年间吏部候选清军厅陈君瑞熊倡而修之"，及光绪二十一年重修的经过。

《重新公署记》碑高 2.30 米，宽 0.85 米，厚 0.15 米。碑首题目清晰、碑文已模糊不清。据《晋江县志公署志》"福全守御千户所署——成化五年(1469 年)正千户蒋辅重建"。

《祀神》碑高 145 厘米，宽 45 厘米。字径 37×35 厘米。立于西祀坛宫中。

《福全妈祖庙碑刻》戊寅年(1938)建福全妈祖庙的功德堂，其门前左右角牌，各有伍荣光书写的高 65 厘米，宽 45 厘米的辉绿岩石刻，碑文为："世露风霜，吾人炼心之境也；世情冷暖，吾人忍性之地也。戊寅冬月"；"自处超然，处人蔼然，无事澄然，有事斩然，净土安然。伍荣光书"。碑文书法行草，竖排 3 行，署名下刻二篆章，书法镌刻俱佳。伍荣光，清末民初泉州人，工书法。

（2）摩崖石刻

福全所城摩崖石刻现为福建省省级文物保护单位。主要包括：元龙山石刻 9 处、三台山摩崖石刻 1 处。（如表 8-2 所示）

表 8-2　元龙山、三台山及其其他地块石刻情况表

位置	字体名称	字体情况	现状情况	备注
元龙山	天子万❶	楷书单行竖排，字径 50 厘米	字体清晰	
	元龙山	楷书单行横排，字径 45 厘米	其山石现翻转倒置	
	山海大观	楷书四字两行，字径 80 厘米	字体清晰	
	诗刻	山石上凿出长 107 厘米，高 47 厘米的长方形框，内刻行书律诗一首	字多漫漶，尚可辨"月明独上看高峰，四望光□似镜中，碧海波涵银□移，万山□□□□"等字	
	桃源洞	楷书单行横排，字径 13 厘米	字体清晰	
	海山深处	楷书单行横排，字径 33 厘米。其右方题刻"隆庆庚午夏丹阳少鹤"	字体清晰	丁一中，字少鹤，江苏丹阳人，隆庆元年（1567年）任泉州府同知
	吉龙飞渡	楷书两行竖排，字径 35 厘米	字体清晰	
	仙脚迹	两处，一长 78 厘米，宽 36 厘米；一长 30 厘米，宽 12 厘米	字体清晰	
三台山	"三台山禁约，不许打石挖土"、"禁约"	摩崖石刻"禁约"二字字径 23 厘米，"三台山"字径 10 厘米	字体清晰	

（3）结论

这些散布在古村落内的碑刻、摩崖石刻等，一方面从其书法艺术的角度可以看出地域及整个村落的文化底蕴，另一方面从其碑刻的内容来说，则可以看出整个古村落中关于古所城的建设情况，蒋氏家族的情况，寺庙的情况等信息。这些片段式的文献资料，对于解读整个古村落的空间形态变迁起着重要的作用，并且可以佐证家谱、地方志的相关记载，更进一步印证了古村落空间的变迁历程。再次，这些散布的碑刻、摩崖石刻与街巷、建筑、山体等相伴，随着时间的流逝，这种相伴的关系逐步演化为一种街巷的景观、建筑的景观、山林的景观等，因此，对于丰富古村落景观具有一定的作用。

3.1.3　古井

福全所城地处临海高地，城内多石山，地下石层浅，水源较为缺乏。在那"百家姓、万人烟"的明代，有后城井、后营井、衙内井、金厝井、肯井、西门井、翁厝井、所后井、银厝井、张厝井、苏厝井、吴厝井、柳厝井、洞内井、观音井、风窗竖井、南门井等数口古井，挖在石缝中或石层较低处，泉水较多，以供居民饮用。（如图 8-4 所示）

其中，万军井最具人文特色。明初建城设守御千户所，因驻兵突增，原有水井供不应求，军民苦不堪言。于是在下街池边挖一口直径 2.4 米的大井，虽不深，但泉水充足，源源不断，可解全城军民饮水之难。因而称为万军井。

图 8-4　古村落内的古井

---

❶　石刻文义不完整，应为"天子万年"，疑为未完成石刻。

这些散布在古村落内的古井,在满足村民的生活、生产需求的基础上,也见证了整个村落的发展变迁历程,同时这些古井又与街巷、深井、庭院等组织为一个整体,将村民的劳作与生活融入到这些物质空间中,很好的演绎了人、街巷、建筑、深井、庭院交融的文化景观,所以这些古井成为考察古村落文化景观的重要元素之一。

3.1.4 遗址

（1）朱文公遗址

朱文公遗址位于元龙山东麓许厝潭畔。明代,福全所城人文荟萃,文风甚盛。"人文炳炳麟麟,英贤蔚起",有"无姓不开科"之誉称。"执卷甲出而显仕者,尤难枚举",堪称海滨邹鲁。当时读书人崇敬宋理学大师朱熹,而建朱文公祠,奉祀宋徽国朱文公主牌。该祠也作士人读书讲学,宣扬朱熹理学,研讨学问,培育科举人才的场所。清初迁界时被毁。

清光绪十一年(1885)乙酉十二月,乡人择于元龙山东畔重新建朱文公祠,并塑朱文公圣像奉祀。民国间倾圮,而移朱文公圣像于元龙山关圣夫子庙中崇奉。现朱文公祠的地基、残墙、青石门墩、柱础尚存。

刘紫瑜先生缮写的《重兴福全朱文公祠碑记》、《捐资芳名录》及清光绪间的《重新建筑朱公庙于元龙山落成塑圣像祭文》和《开光安位祝文》至今保存完好。

（2）圆觉庵遗址

福全圆觉庵址位于北门街帝君宫边。圆觉庵不知建于何时,为明成化至正德年间蒋姓六世祖正千户蒋慎莲修建。"特建中坛月台,甬道中出,四壁大书祝圣坛场,以奉龙牌。"

现尚存方形青石门墩一副,长72厘米,宽37厘米,高40厘米。又有一螺鼓形门墩一副,长95厘米,高75厘米,厚21厘米。

3.1.5 无尾塔

无尾塔位于所城东门外,原为所城镇塔。据传原塔尖耸立,巍然壮观,乡人皆以此为傲。后因故塔尖被移除,改称"无尾塔"。塔方形、石构实心三层,筑于条石砌成的方形平台上,塔身底层用条石纵横迭砌,边长3.4米,往上逐层收分;二层四角雕方柱,中置堵石;三层四方合石,中雕圆洞,径0.2米,外小腹大,洞口朝向东南;塔顶尚存一圆鼓形石,塔刹已圮,残高8.6米。现为晋江市市级文物保护单位。（如图8-5所示）

图8-5 无尾塔

3.1.6 节寿坊

福全所城内西门街原来竖立一石结构的节寿坊。明崇祯年间,"为庠生赠大学士蒋际春赠一品夫人吴氏立。在十五都福全所"。清道光年间废。

蒋际春生于嘉靖十一年(1532)壬辰"邑诸生,质甚鲁,然一笥腹中,竟年不忘"。卒于嘉靖三十四年(1555)乙卯,时年仅二十四岁。

吴氏生于嘉靖十四年(1535)乙未九月初二,"诸生蒋际春妻。际春殁,氏年二十一,子甫三岁,事舅姑及祖姑皆尽孝。抚子成立。寿九十八。崇祯中以百岁纯节旌表。后以子光彦官副使,赠恭人。孙德螺,官大学士,赠太大人"。又"吴氏,蒋氏子妻。年二十寡。倭乱,城将陷,督家丁拒之,躬为炊爨。倭引去,曰'吴贞妇,勿犯也。'寿九十八"。

吴氏卒于崇祯五年(1632)壬申十月初七。称"百岁妈"。"漳浦黄道周为之志墓并书"。

现存花岗岩雕坊柱一支,高3.98米、径0.4×0.4米,下有半葫芦形护柱石一对翼护。又有花岗岩浮雕云龙戏珠的横枋一条,长2.59米、高0.34米、宽0.26米。散存人家的有葫芦形青石匾一方,高0.78米、宽0.53米、厚0.13米,双面浮雕龙凤及"恩荣"两字。还有其左、右两边门的石坊盖两个,长2.1米、宽0.85米。（如图8-6所示）

节寿坊遗存构件

尚书探花坊一　　　　　　　　尚书探花坊二

图 8-6　节寿坊

　　节寿坊现仅存少量石构件。依据《中国文物古迹保护准则》，已损毁文物古建筑重建应参照文献依据和"同时期、同类型、同地区"实物佐证进行。因此，可以通过搜寻泉州乃至闽南地区现存相同等级明代石牌坊的形制，以此来揭示或推测节寿坊的原貌。

节寿坊原貌的推测：

　　首先，对于牌坊类型等级问题的研究，是还原节寿坊的第一步。众所周知，由皇帝下诏封建旌表牌坊始自明初，《古今图书集成·考工典》载"洪武二十一年年，廷试进士赐任亨泰等及第出身，有差上命，有司建状元坊以族之。圣旨建坊自此始"。明清皇帝赠封的牌坊分为三等：御赐、恩荣、圣旨。御赐是指皇帝下诏，国库出银建造；恩荣是指皇帝下诏，地方出银建造；圣旨是指地方申请，皇帝批准然后由家族自己出银建造。节寿坊为"恩荣"牌坊，形制应较"御赐"略低。

其次,对于地域时间与地区的考证,泉州明清时期牌坊盛行,规模数量世罕,据清道光《晋江县志》记载,晋江境内泉州古城内外共有明坊 172 座,然而从民国初年到"文革",牌坊历经劫难损毁几尽。其中,具参考价值的是闽南漳州市区"尚书探花"坊和"三进宰贰"坊两座明代石坊。节寿坊建于明崇祯五年(1632)左右,而"尚书探花"坊建于明万历三十三年(1605),"三进宰贰"坊建于万历四十七年(1619),营建时间非常接近。而且两座牌坊均为"恩荣"赠封,等级相当。同属闽南建筑文化圈中的漳、泉地区,建筑形制相近,因此通过这两座明代牌坊可以窥视到节寿坊的原貌。

3.1.7 私塾、学校与公所

(1) 私塾

清末,蒋彩所在福全办私塾,教授乡中学童,也受聘邻近社里为塾师,桃李芬芳。光绪二十三年丁酉,其所教的学生出资为之捐一个官衔。其后又有蒋仰高在蒋氏四房祖厅办私塾,郑文卿在全祠办私塾,陈君让在庙兜街办私塾,蒋孝思、辛德民和曾焕章先后在蒋氏祠堂办私塾。刘子儒在刘氏祖厝办私塾。满城尽是读书人,桃李春风、人才济济。

今庙兜街留有"梦蘭小筑"的书斋,即是陈君让办的私塾遗存。占地 135 平方米,建筑面积 48 平方米。现该处遗存已经改为农舍,室内污秽不堪,梁柱均已腐朽,部分墙体已经开裂、变形。屋顶已部分倒塌,亟待修缮。周边环境较差,沿庙兜街建筑立面尚保持传统风貌,门楣"梦蘭小筑"字迹尚存。(如图8-7所示)

图 8-7 庙兜街"梦蘭小筑"书斋

(2) 福全小学

福全小学遗址位于三台山南麓,现为福全村村委会,占地约 2 000 平方米,建筑面积为 1 000 平方米。

1947 年旅菲归侨乡贤王清潭先生在福全公所创办福全小学,免费招收本乡学童入学读书。1959 年旅菲华侨捐资首建志昔堂,为学校奠定校址规模。该校舍也于同年获得了福建省教育厅、晋江县教育局的批准,正式成为标准小学,命名为晋江县福全完全小学。继志昔堂完竣之后,续建两旁及下落课室十二间。

后福全小学几经修建,逐步形成现在的规模与布局形式。如 1982 年重修,屋顶更换为楞形水泥瓦;1990 年,第三次复建。原志昔堂扩建加高为二楼,命名为许志昔纪念楼,下层则为许苏荷栗纪念室,除正中纪念楼外,上下层两旁续建四间纪念室。下落中厅于 1980 年接建。目前,小学有课室十七间(不包括上下层中厅)。(如图8-8所示)

私立福全小学童军会（1948年春）　　　　　　　　　　现存的福全小学

图 8-8　福全小学❶

（3）公所

公所位于村落的西南部,北门街的尽端处。公所始建于民国二十年(1933),当时,福全的乡贤们希望有个公众娱乐的场所,于是在 4 月 7 日(农历三月十三日)晚在"天地仁"(厝)召开筹建福全公所执监事委员全体联席会,讨论建筑福全公所事宜。会议决定"开凿妈祖娘宫边石堀,开采取石料建筑福全公所,其余下石料则定价出售"。后因有人阻挡开凿石堀。而于 4 月 20 日(农历三月廿五)下午二时召开第二次执监事联席会议。与会人员一致公决:"该处地权系属福全吾乡公共所有,今吾乡以建筑公所而开取石堀是以公作公益,非所偏私。况该三位所提交涉理由证见俱无充足,而议决继续进行。"(以上据张湘柏记录)于当年建成三开间两层楼,木瓦屋盖的福全公所,为供乡人活动的公共场所。

1974 年 2 月旅菲华侨卓正伞、卓正交先生捐资在原址重建福全公所。新的福全公所为石结构的二层楼。旅菲华侨郑学源、郑仲钦、郑仲庆、郑道川、郑道奋等捐建供销部。旅菲华侨张道盘、张道虎先生捐建医疗室。这些使福全公所更为壮观。后又用作村委会办公楼,目前为村卫生室、小店,整个建筑占地 300 平方米,建筑面积 240 平方米。(如图 8-9 所示)

图 8-9　公所

❶　该照片由许瑞安教授提供。

3.1.8 其他

庙兜街船穴:古代一风水先生(堪舆师)来福全庙兜街勘察,忽惊叫曰"此船穴也"。庙兜街的尤厝埕较高,往北渐低,至庙兜街土地公宫往北又渐高,如船形。其尤厝埕为船头,往北依次为船舱,土地公宫下水涵为排水口,元龙山上有两巨石向北突出更似船尾。元龙山上关夫子庙为船尾楼,元龙山北侧有一石山凌(石英石山根)为舵。南门土地庙为船锭,尤厝埕南至南门土地庙的街道是锭绳。在尤厝埕北的街道两旁有两颗圆形绿辉石(青草石)是船眼,以前每逢清明节必描红敬祀。

另外,在许氏祖厝北侧,庙兜街的东北段,现放置着一尊石貔貅。众所周知,貔貅是凶狠的瑞兽,且护主心特强,有镇宅辟邪的作用。(如图8-10所示)

石貔貅　　　　　　　　　　　　　　船目

图 8-10　石貔貅与船目

3.2 空间与结构❶

空间是由山体、水体、植被等自然要素或建筑、构筑物等人工要素所围合或限定的物质空间,具有材料、形状、质感和色彩等性状。它不仅意味着抽象的地点,而且是关于环境特征的一个具体表达。福全古村落的空间包括建筑本身的古厝深井空间、建筑群空间、街巷空间、及整个村落的空间变迁等。

结构是由聚落、街巷、建筑群、山体、水系等自然和人工要素构成的整体格局和秩序,不仅反映了文化景观空间布局的基本思想,更印刻着一定地理、历史条件下人们的心理、行为与自然环境互动、融合的痕迹。

因此,从整个村落而言,首先村落的边界是由明清时期建造的所城城墙遗址来界定,城墙内部则由元龙山、眉山、三台山、下街池、龟池、官厅池、及东北的农田林地等自然要素构成三山夹一城的内凹型自然生态基底。在这一基底内,以灰暗色的石质民居构筑成整个村落的空间形态特征。其空间结构是通过北门街、西门街、庙兜街、下街、太福街等宽度不足10米的街巷构成丁字形的街巷网络系统。同时,古村落外轮廓则给予地形的起伏与城墙的封闭围合,由此形成丁字街、葫芦城的结构形态与空间肌理。

---

❶　对于福全古村落空间与结构的研究已在前几章论述过,故本章不做深入探讨。

3.3　环境

环境是指文化景观中的山川、农田、果园、植被等自然环境要素,是文化景观生成和发展的背景和基础,并且融入景观的整体构成之中。

3.3.1　自然生态环境

福全村地处闽南东南沿海,自然生态环境较好,气候宜人,夏无酷暑,冬无严寒。年平均气温为20.4℃。最热月平均气温达28.2℃,最冷月也有12.2℃。全年基本无霜。年日照时数为2 064.1小时。降水充沛,干、湿季甚为分明:3~9月降水量占全年的82%,为湿季;10~2月仅占全年的18%,为干季。降水量年际间变化大,少雨年份降水量不及多雨年份的一半。

在地质地貌方面福全所在区域的地层较为简单,其大地构造,属"闽东滨海加里东隆起带"(或称"闽东滨海台拱")的一部分。整个古村落及其周边区域的地势呈现由西北向东南倾斜的阶梯状,即向台湾海峡、围头澳方向下降。在水文条件方面,地表河流仅在村落西南有阔溪自西向东流入大海。另外,在古村落的西侧有少量的池塘等,整个古村落及其周边区域地表水资源不丰富,而地下水资源缺乏,且地下水质较差。在自然生态环境方面,整个村域范围内自然环境保护较好,自然资源相对丰富。村域西北部为林地,东南部沿海处为成片的木麻黄林地,近海处为保护较好、尚未开发的海滩,海水水质较好,基本没有受到周边工业企业发展的污染影响。

3.3.2　古树

整个古村落因建所城,砍伐了村内的树木,另因清初海禁迁界,村内遭大火焚烧,故留存下的古树甚少。仅在蒋德璟故居内有一明代所植刺桐树,该树位于其侧院内。高大的树干、繁茂的枝叶、艳红的刺桐花与其旁的古厝相得益彰,越发突出古村落的年代久远并散发出一股苍劲的韵味。

3.3.3　环境孕育下的村落

基于上述自然生态条件,结合前几章的论述,福全古村落内的空间形态呈现"三山夹一城"的"内凹型"特征,即中央低四周高的"内凹"型形态,而这一形态是自然环境所孕育的产物。

同时,结合古村落的周边自然环境,则营造出了"群山环城外,名山在城中"村落空间景观格局。福全所城地处临海的丘陵地带,城外多山。自东北方沿西往南方有峻山、吉龙山、慕山、塔山、乌云山、碎石山(铜钵山)、茂山、狗山、雨伞山等诸山蜿蜒连绵环抱,东临台湾海峡。天造地设的峰环水抱烘托了美不胜收的福全城,群山交联更组成福全所城的天然屏障。在城外诸山设哨防守,如有来犯之敌,可举信号通报敌情。而驻兵防守,则可御敌于城外。

另外,所城北门外有一山叫大山头,南门外又有一山称内厝山,西门外有三牲石山,东门外有青任头、加罗东、中屿等诸山屹立海滨,诸山成为守城御敌的环状城外堡垒。

城内屹立元龙山、三台山、眉山三座石山。站在山上眺望城外群山绿野,逶迤起舞。尤其元龙山是福全城内的最高点,登上元龙山顶峰,福全城内外尽在脚下。南望围头,金门岛历历在目。东观台湾海峡,碧波千顷,心旷神怡。北望可达乌浔司城及海域,天风海涛。西眺可见南安诸群山,作拱相拥。在那以旗号和烟火作联络通讯的冷兵器时代,此山可作守城御敌的瞭望台和指挥台。得天独厚,而使福全所城成为"哨守最要",曾经多次击退来犯的倭寇和海盗,雄镇一方,确保社会安宁。

其次,独特的村落地形,营造了福全独特的水系景观。根据所城城池建造情况,古村落外围开挖有壕堑,现仍留下"北壕沟"、"南壕尾"的遗迹与地名。另外,在西门外挖有二堀,一堀(池)叫大桥堀,上架有大石板桥。另一堀上石板作二桥。在南门与北门处设有水口,以供所城内雨水及其村民生活污水的排放之用。在南门外有一条阔溪,自西向南蜿蜒流入大海。

再次,所城内,东北低洼之处形成下街池、龟池、官厅池三大池塘,这三大水池结合周边的元龙山、临水夫人庙等形成极具特色的水系景观空间,即"三山沉、三山现、三山看不见"。(如图8-11所示)而在元龙山东部还有一水池为许厝潭,该潭与朱文公遗址紧邻,且潭四周均为岩石,仿佛石碗盛着许厝潭这一潭绿水。另外,在眉山西麓还有一处城边潭,水池面积较小,但处于山林之间,其水面高于周边的民居,故形成了较为独特的景观效果。

图 8-11　官厅池

4　价值系统构成要素分析

4.1　构成要素的解读

除可见的物质形式之外,文化景观还包括载体中蕴含的无形文化,可以将这部分内容称为价值系统。按照所反映出的不同人地文化关系,价值系统可分为人居文化、行为文化、历史文化、产业文化、精神文化等要素。

(1)人居文化:指受山川地理、气候条件影响而形成的人居理念和生活文化,在文化景观中的地方习俗、乡土建筑、聚落空间等物质要素中得以体现。福全古村落的民居就是反映该地域的自然地理条件、人文历史等所赋予的生活理念,由此形成有别于其他地域的人居文化。

(2)行为文化:指地方原住民语言、礼俗、仪容、动作形态的表现,它可被视作地域心理文化的直接显示和书面文化的外在形态。在文化景观中,行为模式是长期积淀下来的社会心理、思维方式和风俗习惯的外在形式,包括日常行为、节庆仪式和传统技艺等。

(3)历史文化:文化景观在其形成和发展过程中都与一些重要的历史事件或历史人物相关联,并赋予其历史内涵。蒋德璟故居、城墙遗址、万军井、元龙山指挥台、节寿坊等纪念性建构筑物,为纪念历史事件和人物而产生的诸如迎城隍、出兵、收兵、卜龟、请相出海等民俗活动,都是福全古村落文化景观历史内涵的重要体现形式。

(4)产业文化:是与文化景观职能相关的要素,集中反映了文化景观的区位条件和资源禀赋。福全聚落景观中的传统纸扎工艺、职能建筑(会所、商铺等)及遗址、与产业职能相关的环境资源,区域景观中与古代商业贸易相关的文化遗址,如古港等,都反映了文化景观的产业特征。

(5)精神文化:山川地理、气候条件、区域位置、资源要素以及历史上发生的事件和诞生的著名人物都会对地域的思想文化产生重要影响,形成各地不同的文化观念、审美情趣、精神信仰。人们可以从民俗行为、祭祀仪式、宗祠神庙、私塾书院以及聚落的风水格局等方面去理解和体验文化景观的这种精神内涵。

　　另外,文化景观是精神与物质合一的有机整体,其物质系统与价值系统二者相互间有着内在的联系,共同构筑起文化景观的全貌。

4.2　闽南精神下的红砖文化景观分析

4.2.1　闽南精神

　　众所周知,村民的一系列生活、生产都与建筑发生着某种关联,都是在建筑空间中发生。因此,建筑是承载文化的容器,同时也是文化的重要组成部分。文化的三结构中,物质层次即包括了建筑空间,而精神文化是其深层的心理层次。两者都是属于文化统一体的一部分,表现相同的文化本质。福全古村落中的建筑最基本的是为村民提供生活的空间,为他们遮风避雨、躲猛兽而建造的围护空间。随着岁月的发展,人类有了更高的需求,不再满足于纯粹的低层次的遮蔽空间需要,开始追求更高级的需要,诸如宗教活动、休闲娱乐、商贸交流等。而这一切都最终归结到建筑中,最终成为文化实现,反映精神文化。所以,为了进一步揭示福全古村落的空间内涵,揭示其文化景观的特征,有必要深入剖析其地域精神,即闽南精神。

　　通过前几章的论述,我们得知:福全所在的闽南地区,其文化既有中原文化的特征,又具有海洋文明的要素,是多元交融的文化体,另外,加之相对封闭的地理环境和历史文化传承上的多元性及随之而来的宽容性特征,闽南文化的进程已成就了兼容并蓄的文化生态环境。因此,闽南文化呈现既开放又封闭的状态,造成这种状态的原因是陆地农业文化与海洋商业文化二者的并存与相互交融,这两种文化具有不同的思维和视野,前者具有脚踏实地的务实精神,而后者更富有拼搏开拓的意识。内陆性与海洋性的文化特质贯穿始终,对后世闽南文化的发展产生了深远影响,是闽南文化的重要组成部分。闽南文化区别于其他区域文化的突出标志是闽南人更加鲜明的性格特质。因此,闽南精神的特质具有以下特征:

　　其一,拼搏精神。许多研究闽南文化的学者指出,勇于拼搏是闽南文化中最为突出的精神特质之一,即表现为拼搏、励志、开拓的精神,这也是闽南人历经千锤百炼后形成的一种价值观。村落家族人员产生的这种价值观,聚合起来就成为闽南社会的价值观。

　　其二,开拓、开放精神。勇于开拓,敢于开放,也是闽南文化观念体系中较为突出的特征之一。中原移民南迁至闽南,在地少贫瘠、生存空间日显狭迫的地盘中,通过传统的农业耕作维持家族生存所必需的资源显得愈来愈难,只能依靠地理上深水良港的优势,"独步东亚东南亚水域",寻求解决温饱问题的生计,弥补家族生存资源的贫乏。家族生存的基本要求,决定了不断地开拓进取成为闽南村落家族的一种价值取向,促使闽南沿海的村落家族很早就寻求向海外发展,远赴海外各地开展贸易,同时积极吸引海外商人到闽南进行贸易。

　　其三,包容精神。闽南的村落家族虽有家族性的封闭,但是由于经商传统造成其封闭性不大,排他性在家族观念中逐渐弱化。闽南人具有开拓创新、开放进取的价值观,通过海洋文化的传播交流,对待外来文化表现得比较宽容。闽南村落家族在与外部较为广泛的接触中,容许这些阿拉伯、南洋、西方文化的介入,并适当的兼收并蓄,充实本地固有乡土文化,使之显得更为丰富多彩。

　　总之,闽越人善于使楫驾舟的生活方式,孕育了他们最显著的人文特点,即具有浓郁的海洋文化精神。闽南人发展捕捞业和航运业,逐渐形成了"走海行船三分命"的坚韧冒险拼搏精神和开放的商业文化意识。在漫长的征服海洋的历史过程中,闽南人日益形成了重利价值观的海洋商业经济意识和海洋商业文化。因此,闽南文化既有深厚的本土文化,又有外来的东西方文化,具有多样性、包容性和开放性的特征。

4.2.2　闽南精神下的红砖文化

　　福全的民居最典型的特色就是其红色的建筑外形,这也是整个闽南地区民居建筑的特色所在,因此,许多学者将其命名为"红砖文化"。对此,有学者认为,泉州红砖的尺码与古罗马、古波斯传统建筑上的红砖规格十分相似,以此推测泉州的红砖来自古罗马或古波斯;有学者则认为红砖从古印度传入泉州的可能性更大,原因是在泉州的建筑遗迹中,古印度、古罗马与古波斯的文化要素随处可见;也有学者认为,红砖文化圈的形成与泉州"海上丝绸之路"的繁荣息息相关,中国早在唐朝就已和阿拉伯国家有频繁的贸易往来,到宋元时期海上丝绸之路更是频繁不断,泉州与海外的联系其至比与内陆的联系更密切❶。

基于上述种种观点,可以得出:红砖文化有着漫长的发展历程,是不同文化交融的产物,是形成闽南地域建筑文化主要组成部分,由此红砖成为了闽南地域文化的典型符号。

闽南红砖民居孕育于独特的地理环境和社会历史环境,其建筑风格的成熟离不开生活在居室中的闽南人长期积累养成的各种精神、观念的影响。因此,一方面,红砖文化建筑的特征集中体现在"红砖白石双坡曲,出砖入石燕尾脊,雕梁画栋皇宫式"❷——这也是闽南传统红砖民居装饰特征。另一方面,透过装饰的背后浸透着文化对民居的影响。闽南地域文化对红砖民居装饰的影响,民居的装饰是附加于建筑实体下的"附加功能美",它依附于建筑实体或构件之上,起到保护作用,与建筑结构不可分割,因此,装饰的发展与深化,使民居空间形象更加完美。建筑作为艺术的表现形式,装饰起着重要的作用。对于福全古村落传统民居的装饰,总体上可以看出,其装饰既满足视觉感官的需要,又体现了装饰与实践功能的有机结合,装饰行为大胆、开放,自由地应用各种题材,同时在其奢华的装饰背后又暗藏了浓郁的文化底蕴。具体体现如下:

(1) 燕尾脊

燕尾脊是指主脊向两端延伸并超过垂脊,它两端向上曲翘,在尾端还有分叉,就像燕子尾巴划破天空一样,因此被人们形象地称呼为燕尾脊。福建的传统民居的屋脊一般都有翘角,大致可以分为几大类:武脊、文脊、尖脊、圆脊,而闽南传统红砖民居主要是尖脊和垂脊。

尖脊即燕尾脊。燕尾脊之所以演变成为今天生动灵巧的形态,与中原文化、古闽越文化的影响分不开。关于燕尾脊起源的观点,主要有:①象形论。闽南一带渔民居多,多依靠打鱼为生,大海是他们赖以生存的第二故乡,打鱼是他们谋生的手段。渔民的日常生活与海洋息息相关,他们对海洋怀有强烈的亲切感和敬畏感。在装饰屋顶的正脊时候,工匠们取船只的龙骨为原型,将其形态移植到屋顶的主脊上,但象形论仅仅追究燕尾脊在形状上相似,在名称叫法上相差甚远❸。②宫廷论。对于这一说法,前文已经论述。古代宫廷建筑的屋脊正脊两端都有个装饰性构件,外形略显如鸱尾,因称鸱尾。鸱尾象征水兽、镇邪,具有保护房屋不遭受火灾之意。③闽越族崇拜图腾论。古闽南地区,环境恶劣,气候潮湿,周边被丛丛森林所覆盖,野兽、鸟蛇非常多,闽越部族逐渐形成了以蛇、蛇纹为崇拜图腾的习俗。随着北人南迁,中原汉人带来了先进的农耕技术和思想体系,改造地理环境的同时也改造了当地人的文化价值观。其中,南迁的汉人带来了当时在中原广为流传的五行风水学。风水学源自易经,以"象"来表达。所谓"风水四砂",也称四砂神。左边(东)称青龙,右边(西)代表为白虎,前面(南)为朱雀,后面(北)玄武。以五行风水学说的角度出发,闽越地区身处中原的南方,南方属火,扬辉,图腾为朱雀,闽越应当是以凤鸟作为崇拜图腾的部族。开放、包容的闽越人吸纳了中原的易经学说,他们逐渐以鸟作为图腾崇拜,甚至在日常器皿上都可以看见鸟形的装饰。如同蛇形的装饰逐渐简化为蛇纹一样,鸟形的装饰发展到后期也简化为抽象图案。闽南人在建造居室的时候,在民宅上建造了燕尾脊,以燕尾形象地隐喻了族群崇拜的图腾,这一做法不断延续下来并成为闽南极富有地域性的装饰语言——燕尾脊。燕尾脊刚开始仅是在庙宇作为装饰使用,是闽南地区等级制度较高的一种主脊形式,后来陆续出现在官办人家和富人家中,随着时代的发展渐渐流行,但依然是一种等级较高的主脊形式。

(2) 马背

马背是另一种等级较高的主脊形式,它与闽南地域文化有着密切的关系。马背就是山墙顶端的鼓起,它与前后屋坡的垂脊相连,形如弯曲的背,也有人称其为圆背,是由屋顶曲脊呈圆角形状而得名❹。

---

❶ 引自:郑伟林.福建传统建筑工艺抢救性研究——砖作、灰作、土作[D].南京:东南大学硕士学位论文,2005:27。

❷ 泉州南建筑博物馆原馆长、泉州民居研究专家黄金良对闽南传统建筑的概括。

❸ 引自:曾舒凡.浸蕴之美——人地关系互动下的闽南红砖民居文化研究[D].厦门大学硕士学位论文,2008:20。

❹ 引自:戴志坚.福建民居[M].北京:中国建筑工业出版社,2009:73。

　　马背在形制上有多种式样,造型丰富,是极富装饰性的一种屋脊装饰方式。而这些形制与五行有着密切的联系。泥瓦匠在建造民居山墙时,认为是建成了一座山,而山形有所谓龙脉与五行风水之说有机地结合起来,山墙的形态构成风水上所谓的屋形,屋形再分为金、木、水、火、土等五行的象征❶。"水龙经",专言水龙象形肖物之义,五行城格体形,圆者为金城,曲者为水城,方者为土城,直者成木城,火城则尖利。因此,在风水师的眼中,金的形状是圆的,水是弯曲的,土是方正的,木是笔直的,火是尖锐锋利的。

　　由此,马背也对应五行形成了五种形态,即:金型马背,亦称圆角归头,这是一种最常见和最古老的形态,曲背是圆角形的,虽然具体各地作法稍微有些区别,但是还是有圆角的共通点,金型马背与五行形制中的金形相似而得名。木型马背,木则直,木型马背得名于其形式与木形相似,木型是将圆角变成五个平直的边,较常在庙宇和较富贵的人家使用。水型马背,水作曲,水形马背得名于其形制与五行的水形相似,都是有弯曲的弧度。火型马背,火形尖角,火型马背得名于其向外弯曲的尖角像五行中的火形尖锐的形状。土型马背,土则方,土型马背直线式的形式与五行中的土形相似,有一字、凸形两种不同形态。(如图8-12所示)

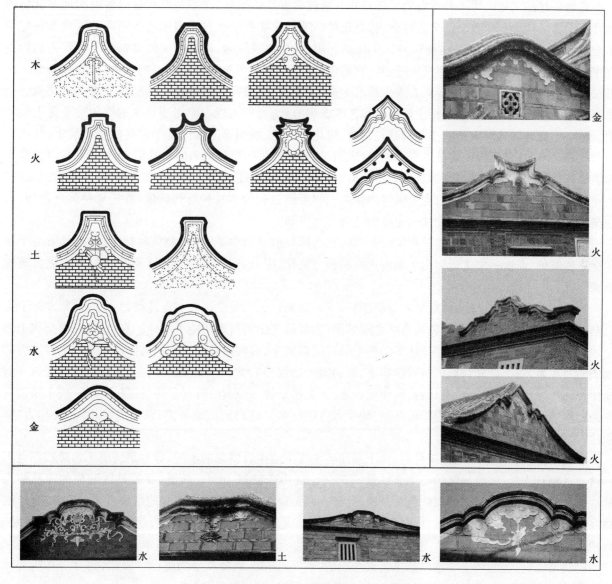

图8-12　具有五行象征意义的山墙

---

❶　引自:戴志坚.福建民居[M].北京:中国建筑工业出版社,2009:73。

其次,同一建筑之中,多应用"相生"的两组五行造型,如主屋是"金",次屋或轩则为"土";主屋是"水",则次屋或轩为"木"等,这些相生关系,符合了中国传统的求吉趋吉的人生哲学。据此,正堂方位坐北,即坐"水",则山墙可用"金",所谓"金"生"水"为吉。如果坐东,则为坐"木",山墙可用"土","土"生"木"为吉❶。

再次,基于第五章的论述,在马背山墙部分,往往采用泥塑等材料的纹花起一种丰富视觉的效果,近现代民居也有用一些彩色瓷片,纹样有火纹、云纹等,两边对称适合,并以花灯、花篮摆在中间,这些纹样装饰大体构成一种如意葫芦形。色彩上,蓝白相间,为了与墙面协调,用一些紫、红诸如此类同类色穿插其间。这些图案有些为辟邪形象演变而来,并融入了地域民俗风情。然后整体通过一些诸如绶带飘动流转把所有图形统一起来,从山墙的装饰来看,云、水、火龙、风的象征自然是一种传统上的隐语,这种隐语表现在花篮、花灯上,如灯就是添"丁"的谐音。作为民居,对子孙后代的衍生不息是极为重视的。

(3) 花墙

花墙是红砖文化的另一种重要的表现形式。通过第五章的论述,这些花墙折射出浓郁的地域文化内涵,即:①等级理念。在整个福全古村落内,有花墙的民居往往属于在村落内或者在闽南地区具有一定的社会地位、经济实力的家族,如陈氏、蒋氏的民居。因此,在建筑领域,虽然花墙的装饰易于表现人们的主观审美意趣,但其表现形式并不是能随心所欲的创作和应用的,而是要合乎"礼"的精神,即等级观念。②祈愿理想。在中国民间,千百年来为人生祈求幸福、安康、长寿和官运亨通的美好心愿,这是广大民众一个永恒不变的主题。人们通过各种虔诚祈求和艺术表现方式,希望实现心中渴望已久的愿望。于是人们就把这种心愿通过各种形象塑造出来,钱币、荷花、梅花、马、龟、蝙蝠等图案出现于红砖的镜面墙上,其中六角形代表长寿,八角形代表的是吉祥,圆形代表的是圆满,钱币的形状代表的是富贵,葫芦形状代表的是子孙满堂等。人们通过创造这些形状表现出他们对生活的美好向往、寄托。所以,福全古村落内的传统民居的花墙不仅仅是用以美化建筑,更为重要的是人们想要通过它传达某种思想感情,寄托某种信念期望,表达某种文化寓意,这是值得人们细细品味的民俗文化内涵。

福全古村落内的传统民居,其燕尾脊、山墙、花墙以及前几章中论及的门窗、雕刻等等,都是形成了红砖文化的特征,而这一文化折射出了闽南人的精神与文化,因此,闽南精神是形成福全古村落文化景观的根源所在。

对于红砖文化的外在实体红砖本身的剖析,一方面来自于历史文化的变迁过程,另一方面则来源于其自然地理环境。福全古村落独特的自然地理环境,为红砖文化的营造创造了条件。众所周知,福全属于闽南地区,该地区在亚热带气候和暖热多雨的季风气候影响下,溶解性较弱的铁铝氧化物及高岭土等次级矿物质相对积累,在干湿交替季风气候影响下,铁铝氧化物较多的富集,以红壤化为主,呈红化或砖红色。闽南传统民居以此土为主要建筑材料,制作成砖坯,再装窑焙烧。烧制的时候采用马尾松夹杂一些干柴杂草作为燃料焙烧,由此烧制出色彩华丽红艳、稳重大方的红砖。这种砖质感朴实、色彩黑红相间,被称为"胭脂砖"、"烟炙砖"、"颜紫砖"。

胭脂砖是福建本土化的建筑材料,由于福建各地土壤中含铁量的不同,导致焙烧出来的砖石颜色不一致。从统计上看,平原地区的土中含铁量8.5%,山区中含铁量10%。因此,平原地区制作的成品砖为鲜红色,山区地区的成品砖为深红色。其次,红砖入窑焙烧时,常采取斜向叠加的摆放方式,堆码烧制时松枝灰烬落在砖坯相叠的空隙处。出窑后.表面会自然形成几条红黑相间的纹理,这些纹理在砌筑墙体时,自然形成装饰,使墙面变化丰富、自然活泼❷。而闽南的能工巧匠利用这些红砖本身的纹理按一定的美学规律砌筑墙体,在镜面墙上装饰以紫黑条纹构成的"＜"形图案,犹如燕子的尾巴。因此,拥有了一些美丽的名称"胭脂砖"—"燕子砖"、"烟炙砖"—"雁字砖"、"颜紫砖"—"雁只砖"等。

❶ 引自:戴志坚.福建民居[M].北京:中国建筑工业出版社,2009:74。

❷ 引自:王治君.闽南"红砖厝"——红砖之源考[Z].第十五届中国民居学术研讨会,2007:494-495。

但正是这种红砖打造了独特而协调的建筑色彩。福全古村落的传统民居,其外墙立面由勒脚、墙身、檐边、屋顶等构成。在这一系列的组成部分中,从建筑外立面颜色比例对比分析,红砖构成的镜面墙约占外立面总面积的55%,其他,如白色或灰色的勒脚等约占30%,泥塑彩绘等约占15%。红砖呈现的朴实的"红"色与大理石的灰白色,形成鲜明的对比关系,更加衬托出"红"的气质和格调。

另外,红色的建筑色调融入闽南丘陵、大海的环境之中,形成地域独特的风貌。福全古村落内的传统民居,其红色的外墙与其自然地理环境,即碧海、蓝天相互衬托,形成较强烈的对比,视觉上"红"与"蓝"这两种色彩更加突出、鲜丽、生动,由此充分显示出一种浓郁的红艳温润的气息。

总之,福全古村落的传统民居,其"红"的颜色取向沉稳、柔和、亲切、不骄躁,它融合了乡土景观的其他各种色彩,在闽南地区呈现出一种以浊色为中心,和谐温润且带有暖意的色彩意向。"红"具有红色的生命力,但又融入了黄色的雅致,还有泥土色的沉着。"红"在气氛的制造上既有温暖的阳光调子,又有沉稳可靠的土地色,它体现的是大自然的色彩,是自然意向的典型范本。

4.3　民间曲艺文化景观

闽南地域悠久的历史,北人南迁的发展历程及其独特的自然地理环境,孕育了福全古村落独特的民间曲艺文化景观。目前古村落内保留着布袋戏、南音、大鼓吹及剪纸等民间艺术,这些艺术与古村落的街巷、传统古厝、寺庙等物质空间结合,在一系列的诸如"迎城隍"、"巡境"、"婚丧喜庆"及春节、元宵等民间风俗庆典活动中加以演艺,由此营造独特地域特色的文化景观。

4.3.1　地方曲艺文化景观

(1)"玉成轩"布袋戏

布袋戏是掌中木偶戏的俗称。由于演员的手掌套在木偶的布内套中操作偶人表演,而称掌中木偶。又因掌中木偶戏班的全部行头(当)用一口面粉袋就能装下,轻装简载,走乡串里流动演出,故称布袋戏。福全"玉成轩"班布袋戏,始创于清嘉庆年间,闻名遐迩,至今乡人时时传颂,并引以为荣。

玉成轩班布袋戏的创始人为郑光赏,人称赏师。光赏有一定文化素质,精通掌中木偶的表演艺术技巧,表演动作逼真,刻画人物细腻,深谙闽南方言韵味,道白清晰,唱腔优雅,能按生、旦、净(北)、丑各行当角色的不同年龄、身份、性格及剧中不同情节发出不同声音,观众誉称"八音声",而使玉成轩班布袋戏声誉大振,深受观众欢迎。

玉成轩班的第二代传人郑裕交,自幼随父(赏师)学艺,深谙其父的表演技艺。又以其五指较长的优势,能灵活操作偶人,使之动作更到位,武打动作逼真,刚劲有力。表演射箭能比别人射得远。父子同台演出,使玉成轩班的声誉大振。当时,泉州一带著名的"五虎班"的班主金豕、银狗、何象、玉鸡、陈豹对之甚为钦佩。

玉成轩班以掌握剧目多而著称。民国初,玉成轩班曾应邀往菲律宾和金门演出。目前,玉成轩班已师承传至五代,可惜第五代传人旅澳改行经商,而后继乏人。但祖传的玉成轩木质精雕细刻油漆镏金的牌楼及偶人、道具至今保存完好。

在每年"迎城隍"的庆典中,"玉成轩"布袋戏也为此增加了几分热闹,村民会在庆典的前夕,在城隍庙的东北配殿中搭台。次日,在全村恭迎城隍后便开始演艺,引来村落及其周边乡村的村民前来观看,此时的城隍广场热闹非常,营造了具有乡土气息的文化景观。

(2)大鼓吹

大鼓吹原来是宫廷的鼓乐,主要乐器有唢呐、大鼓,音乐高亢响亮,后来流传民间,成为迎宾、庆典、丧事的礼乐。清末,福全陈应贵和林呈祥各组织一支大鼓吹乐队。现今有蒋人优、郑光荣两支大鼓吹乐队。

每逢城隍巡境、迎城隍、拜妈祖等民间活动之际,大鼓吹、高甲戏、提线木偶等都成为营造节日氛围的重要内容。(如图8-13所示)

大鼓吹

御前清曲南音

高甲戏

内帘四美嘉礼戏

纸扎工艺

图 8-13　福全古村落现存的文化景观❶

❶　图片来源:许瑞安教授提供。

（3）福全"内帘四美"嘉礼戏

嘉礼戏即提线木偶戏的俗称。它始于汉,兴于唐,盛于宋,历史悠久,源远流长。

清末民初,晋江有五十多台嘉礼戏班。闽南礼佛的善男信女常请嘉礼戏酬神。谢天,乔迁,谢土,祠堂落成晋主等盛典必以"前棚嘉礼,后棚戏"为隆重,这也是"嘉礼"之称的由来。

嘉礼分生、旦、北(净)、丑(杂)四角色,而称"四美班",俗称"四角嘉礼"。共有36尊木偶形象,表演各种人物,可演多种剧目。嘉礼的音乐自成一格,称"嘉礼调"。

清光绪年间,福全郑学包创建"内帘四美"班嘉礼戏。郑学包(称包师)原是泉州嘉礼戏界的名演员,也是著名师傅。郑学包的演技精湛,生、旦、北、丑各种角色表演都精通。所操作的生、旦、北、丑的坐相,站姿,走态科步,各种手姿动作如真人一样表演。其表演的举伞,摇扇,握笔写字,掌印,提酒壶,斟酒等特技更为精彩。武打动作十分逼真。能依生、旦、北、丑不同角色,不同剧情发音,而有"八音声"的美称。且声音洪亮,道白清晰,唱腔优美。因而深受观众好评,闻名遐迩,而成闽南著名的嘉礼戏班。(如图8-13所示)

（4）御前清曲南音社

南音是唐宋时代从中原流传到南方的宫廷古乐。自明代以来,演奏幽雅柔美的南音已成为福全乡人的一种雅兴。弦友们每于劳作之余,招朋引伴,各自携带着拿手的乐器,聚集在庭前月下、元龙山巅,演唱南音以自娱,奏乐者其乐也融融,听者其乐也洩洩。日受熏陶,互教互学,又屡聘名师前来教授指点,乡中能弹奏乐器、演唱南曲者越来越多,且有不少精通于此道的高手。至今流传"拳头、烧酒、曲三不入"的俗语。(如图8-13所示)

（5）高甲戏

上世纪50年代末,倡导民间文艺百花齐放,福全陈形镇、陈来法组织村民排演高甲戏,丰富农村文娱生活。较为有名的剧目有:《扫秦》、《桃花搭渡》、《十五贯》、《宗泽摘印》等。(如图8-13所示)

4.3.2　地方纸扎工艺景观

纸扎工艺在闽南俗称糊纸,是一门伴随着地方习俗发展起来的民间手工艺术。

在福全,王荷爱老人,是纸扎工艺的行家。她自12岁起就从其先辈学纸扎,为人家做周岁、做十六岁、谢天、敬神、办丧事糊各种花亭、神座、彩灯、纸轿、纸龛,扎各式各样花鸟人物。她自幼心灵手巧,加上实践经验,很快掌握了纸扎工艺的诀窍,能应付各种场合的需求。尤其擅长扎制人物,制作的各种纸人仔形象逼真,姿态优雅,衣装摺纹流畅,神态栩栩如生。(如图8-13所示)

4.3.3　民间曲艺下的文化景观

福全古村落内留存这些非物质文化遗产,结合寺庙、祠堂、山林及街巷等,营造出了极具地域特色的文化景观。如每年春节后,福全渔民出海前都要来妈祖庙占卜择日,并向妈祖进香,由妈祖神灵意定夺出海佳期,时间确定后,渔民们从妈祖庙中将香火带到船上,并准备有三牲,带香烛、金箔、鞭炮等在海滩上设坛祭神,由船主点香跪拜,祷告神灵恩泽广披,顺风顺水,满载而归,接着焚纸,作为进贡神仙的钱财,鸣炮吹鼓,以壮声威,在振聋发聩的鞭炮与吹鼓声中,渔船驶向大海❶。

另外,在春节、元宵节、七夕节等都综合了上述非物质文化遗产的内容。春节与元宵节,是大鼓吹、布袋戏、提线木偶、南音等民间曲艺演艺的最佳时期,其中,元宵节在庙宇中挂宫灯、猜灯谜、听南音以及看布袋戏等活动,使得整个福全古村落充满中生机与活力。

而七夕节,福全人将此节定为七娘妈的诞辰,所谓"七月初七七娘生",因此,要举行祈祥活动,村民们要备七种水果、七种花卉、七小碗糖粿、七色甘味(鲜菇、木耳、金针菜、松菰、腐皮、山东粉、花生)、胭脂花粉七件、剪刀七把、燃香七柱、酒盏七个、筷子七双、小型纸轿七乘,内设七个座位的纸亭一座,以此来迎接七娘妈的六位姐姐,共庆"七娘妈生"。其供品为以"七"为数,与我国传统文化中数的思维模式有关,即"数

---

❶　笔者向福全村民蒋福贤老者访谈,并参考了林国平,彭文宇,著.福建民间信仰[M].福州:福建人民出版社,1993:132。

"七"为阳数之一,是吉祥之数❶。其中,纸扎工艺所营造的花亭、神座、彩灯、纸轿、纸龛,扎各式各样花鸟人物等,无疑给这场活动增添了几分风景。

5 由十三乡入城的传说到铺境文化景观空间的演绎

前几章中论及了福全古村落是一个"百家姓、万人烟"的村落,特别是明初随着所城的建造,大量军户的入迁,加剧了人口的增长,与此同时,随着 14 世纪倭寇的频繁侵扰,使得周边村落的村民也融入所城中,以求得庇护。由此,古村落内流传着"十三乡入城"的传说。

其次,福全古村落内保留着十三境的区块名称及其相应的保护神❷。面对这两组"十三"的数据,引发了许多学者的思考❸,这之间是否存在着某种耦合,两者都产生了怎样的文化景观效果,对整个村落的空间形态又将产生怎样的变化等等问题值得深入的探究。

5.1 传说产生的文化景观遗存

对于"十三乡入城"可考的文献主要是流传在民间的口碑文献,其他文字性文献并没有直接的记载相关记载。据唐代《通典》记载,唐代实行乡、里、保、邻的地方制度,晋江在宋代分为 5 乡,23 里,元明两代改乡、里为隅、都。城内为隅,城外为都,实行隅、都、图、甲的制度。城内分为 3 隅,城外分为 43 都,共统 135 图,图各 10 甲。元明时期,福全所在的地域属于十五都,即现在的金井东南部与深沪的西南部,清代十五都拥有 23 乡。它们分别为:南沙岗、陈山东、洋下、坑尾、石兜、上清、茂下、溜宅、溜湾、福全、后垵、石圳、进井(今晋井)、山尾、埔宅、莲厝、坑西、峰山、古安、畲下、乳山(今柳山)、吕宅、石井、西尾、坑前后。❹

针对"十三乡入城"的口碑文献,结合福全古村落内的先贤蒋福衍、翁永南等老者口述,传说中的十三乡,是指十乡十三股,它们分别为:围头、清沟、坡宅、曾坑、坑黄、科任、山尾、后垵、泽下、南江,其中围头乡分为两股,科任乡分为三股,因此,称为"十乡十三股"。另外,据《晋江市地名志》载:围头为多姓的村落,明洪武二十年(1387)江夏侯周德兴建造司城,周 160 丈、高 1 丈 8 尺,有南北二门,各建城楼,素有"城脚"之称,另外,围头正瞰大海,南北洋舟船往来必泊之地❺。围头距离福全约 5 公里,由此可以推断:围头是一个重要海岸停泊之港,并且也是兵家重要防御之地。南江,又称南沙岗,因地滨海而得名。曾坑,因地势低洼而得名,此地居住着以举网捕鱼为主业的村民,该村落周边有座塔山,明代江夏侯周德兴曾于此山建造石塔。后垵背靠圳山面朝大海,位于福全古村落的东北侧,距离不足 2 公里。清沟与山尾皆为人口规模小的自然村落。科任又名浔江,村内留有许氏十世许岳镇建造的建筑群,即后城。❻ 对于坡宅、坑黄、泽下等乡的名称地方文献中没有出现,由此得出,这三个地名不属于"乡"一级,它们是比"乡"更低一级的自然村落。

其次,据《晋江县志》载:"《海防考》福全西南接深沪,与围头、峰上诸处并为番舶停泊避风之门户,哨守最要。《闽书》:福全汛有大留、圳上二澳,要卫也。"❼另外,大量文献表明:围头、深沪等地曾经是倭寇侵犯陆地的登陆点,而这两处中间就是福全所城,因此可得出:福全所城在东南至深沪、西南到围头的沿海区域的重要地位,它是守护该区域重要的军事要塞,具备保护该区域安全的职能。而这个区域范围与上述的十个乡的范围基本吻合。由此,福全具备接待上述"乡"村民的能力,成为他们的庇护所。

再次,长期以来,为了抗击倭寇,在闽南地区形成了各个家族、甚至几个乡联合起来,相互救援,以保障

❶ 引自:陈桂炳.泉州民间风俗[M].北京:中国文联出版社,2001:193。
❷ 十三境保护神庙前章已经论述。
❸ 对这一问题,已做过一定研究的学者主要有:吕俊杰、陈力、关瑞明等学者。
❹ 引自:晋江市地方志编撰委员会.晋江市地名志[Z].北京:方志出版社,2007:280-284。
❺ 引自:(清)周学曾.晋江县志[Z].福州:福建人民出版社,1990:95。
❻ 引自:晋江市地方志编撰委员会.晋江市地名志[Z].北京:方志出版社,2007:132-138。
❼ 引自:(清)周学曾.晋江县志[Z].福州:福建人民出版社,1990:108。

地方上的共同安全的联盟机制,如漳州沿海一带,所谓"凡数十家聚为一堡,砦垒相望、雉堞相连"、"数十乡连为一关,合盟御敌"。❶ 因此,这样的联合机制也为"乡民"入城提供了存在的可能。

综上,地方行政建制、福全地理位置与军事功能,及其地域抗倭中形成联盟的习惯等都预示着:尽管没有直接的文字证明曾经有十乡的村民在倭寇来袭时曾经逃入福全所城以求得庇护的事件,但上述零碎的文献记载可以推断出"十乡入城"的可能性。

再次,在闽南地区,乡类似于今天的村,村内往往因血缘或者地缘的关系会自发形成一个个小团体,这种团体往往在某一方面存在着公共的利益,因此他们会为了这一利益结成联盟。因此,在上述传说的十乡中,也是以十三股的形式进入福全所城,而为了叫法的方便,人们习惯将其称为"十三乡",再经过历代的流传,渐渐演变为"十三乡入城"的传说。在当地闽南语方言中,"乡"既是"村","十三乡"实指"十村十三股"。所以,因地域方言及其流传世间的原因,十三乡入城就混淆了原本的十乡十三股说法流传至今。

但是不管如何,十三乡入城的传说,在福全所城内外都留存了大量的历史遗存,这些遗存在村民漫长的历史岁月中,不断被人为地改造加工,逐步形成了具有历史底蕴的十三乡入城的文化景观。即在所城外,至今尚有多处残存的厝基和残墙等遗存:福全所城西门外,有地名庵后,有多处残墙和厝基,原有一小乡村——礼家庄,目前有多处残存的厝石地基,有一镌刻"礼家庄"的摩崖石刻,民间有火烧礼家庄的传说。距福全所城西北方二里许,有地名东苏和井仔内。各有多处地基和残墙,据说东苏一带原有一个苏坑乡。城外多处残存地基。❷(如图8-14所示)

仙脚印　　　　　　　礼家庄

图8-14　西门外遗存

5.2　十三境的村落文化景观

5.2.1　铺

福全所在地域自宋初,始分乡、里,元、明以来复有坊、隅、都、甲之制❸。另外,根据《晋江地名志》记载,明代在福建地区自上而下设"隅、都、图、甲"的地方行政管理单位。明代前期,政府推行严密的黄册里甲制度,但从正统、成化之后,政府对于民间社会的控制能力日益下降,里甲制度有名无实。

"铺"源自古代的邮驿制度,为古代为传递官方文书或专用物资等而设置的机构,又称"递铺",一般由国家的兵部统一管理。北宋沈括在《梦溪笔谈·卷十一》中写道"铺递旧分为三种,曰步递,马递,急脚递"。清《永乐大典》中记载:"宋朝急脚递,凡十里设一铺",因此,"铺"慢慢成为测量距离的单位。福建地区民间

❶ 引自:陈支平.近五百年来福建的家族社会与文化[M].北京:中国人民大学出版社,2011:81.
❷ 引自:许瑞安.福全古城[M].北京:中央文献出版社,2006:44-45.
❸ 引自:林志森.基于社区结构的传统聚落形态研究[D].天津:天津大学博士学位论文,2009:210.

长期以"铺"作为距离单位,"凡十里设一铺",一"铺"相当于十里(5千米)。❶

铺成为城镇管理单位是由宋代城市"坊市"制度的破坏而逐步发展起来的,原先以坊市为单位的治安制度已失去作用,为了适应新的城市发展形势,自五代由禁军负责京城治安,演变至宋初在城内设置"巡铺",也称为"军铺",这是按一定距离设置的治安巡警所,由禁军马、步军军士充任铺兵,每铺有铺兵数人,负责夜间巡警与收领公事❷。到了明代,铺兵还兼市场管理的职能。洪武元年(1368),太祖令在京(南京)兵马司兼管市司,并规定在外府州各兵马司也"一体兼领市司"。永乐二年(1404),北京也设城市兵马司,成祖迁都北京后,分置五城兵马司,分领京师坊铺,行市司实际管辖权。随着全国各地市镇的发展,明代城镇普遍置坊、铺、牌,所谓"明制,城之下,复分坊铺,坊有专名,铺以数十计"❸。

5.2.2 境

"境"的含义据《说文解字》解释为:"境,疆也,从土竟声。"《康熙字典》释"境"为:"《说文》,疆也,一曰竟也,疆土至此而竟也。"可见境的本义为疆界。后来"境"亦有地域、处所、境况和境地的含义。另外,从与"境"相关的词汇群如环境、境域、境界、边境等,都表明在一个以界限划分的场域观念的存在。其次,"境"的划分,代表了某一区域、界限内,又是整个境域、全体,即"境"也是一个心灵安顿的场所。因此,"境"是描述中国古村落空间形态的一个核心概念,它的形成与中国传统的"人神共居"的观念息息相关。在古村落中,村落主神对于本境域的戍守,保佑其"合境平安",守卫的不仅仅是有形境域,更包括了看不到的与鬼神有关的精神境域。闽南城镇村落中出现的"境"是在其本含义基础上延伸出来的一种空间区划单位,是一种地缘组织,由长期居住在一起的呈邻里关系的群体所组成,以共同的信仰和祭祀为特征❹。

传统的社祭在明代得到空前的强化,明初规定,凡乡村各里都要立社坛一所,"祀五土五谷之神";立厉坛一所,"祭无祀鬼神"(《洪武礼制》卷七)。这种法定的里社祭祀制度,是与当时的里甲组织相适应的,其目的在于维护里甲内部的社会秩序。明中叶以后,虽"里必立社"不再是国家规定的制度,但它已成为一种文化传统在民间扎根,里社随之演变为神庙。明初朝廷推行的里社祭祀,尽管露天的"社坛"变成有盖的社庙,以"社"这个符号作为乡村社会的基本组织单位,围绕着"社"的祭祀中心"岁时合社会饮,水旱疫灾必祷",制度上的承袭是相当清楚的。尽管后来的"社"与明初划定的里甲的地域范围不完全吻合,但"分社立庙"这一行为背后,仍然可以看到国家制度及与之相关的文化传统的"正统性"的深刻影响。因此,在"境"的形成过程中,"社"的创立具有决定性的意义。境是指一社、庙的管辖范围,亦指绕境巡游的"境"❺。

其次,在很多传统聚落中,当地民众每年都要在各自铺境举行"镇境"仪式,对各自的居住领域进行确认。一些地方志在述及"乡社祈年"习俗时,如"各社会首于月半前后,集聚作祈年醮及舁社主绕境,鼓乐导前,张灯照路,无一家不到者。……筑坛为社,春秋致祭,不逐里巷遨嬉,其礼可取"❻。在福全古村落里也保留着这样的"镇境"仪式。由此可见,这种仪式因能满足村民的心理需求,保证民生的安定,所以得到了官方的认可。该仪式每年要举行两次:一次在春季,一次在冬季,要挑选一个吉日在境庙内举行"放兵"仪式。这一天,各铺境的家家户户都在家门口摆放食品款待兵将。将晚时分,仪仗队伍抬着铺或境的主神神像巡游,巡游路线为境和铺沿界。在巡游过程中,不同铺境之间的分界点都系上勘界标志物和辟邪物,体现了作为古村落社会空间边界与区域的确认。年底重复同一系列仪式,称为"收兵"。"放兵"和"收兵"仪式形成一种年度周期。在这一仪式周期中,始于保卫这个领域,终于这项任务的完成。周而复始,仪式中创造出一种各铺境相对独立的地方性时空。

"镇境"的庆典仪式,一方面,可以通过娱神来祈求"合境平安";另一方面,通过"巡境"强化各境域的边

---

❶ 引自:林志森.铺境空间与城市居住社区[D].泉州:华侨大学,2005:20-22。

❷ 引自:周远廉,孙文良,主编.中国通史(第七卷·上册).(中古时代·五代辽宋夏金时期)[M].上海:上海人民出版社,1996:397。

❸ 引自:余启昌.故都变迁记略(卷1)[M].北京:北京燕山出版社,2000:

❹ 引自:吕俊杰,陈力,关瑞明.从"十三乡入城"看福全古村的铺境空间[J].南方建筑,2010(3):88。

❺ 引自:郑振满.乡族与国家——多元视野中的闽台传统社会[M].北京:生活·读书·新知三联书店,2009:222-224。

❻ 引自:弘治《兴化府志》卷一五《风俗志》。农历七月十五日为"中元节","中元"之名起于北魏,在民间又称"鬼节",闽南民俗祭事繁多,俗称"月半"。

界。由于中国传统"人神共居"的自然观念的影响,境域需要通过神的力量加以界定。因此,"镇境"仪式通过对隐喻对地域外部陌生人的"鬼"的驱逐,达到对地域内部的净化,从而保证了境域的平安,同时,创造出境域与其临近地方的分野。❶

5.2.3　铺境

在闽南地区,"铺"成为行政空间单位,每铺又分为若干个"境",形成铺境体系,每个境都有一定的地域范围,包括若干街巷,境内居民一般共同建造庙宇,俗称"境庙",奉祀一个或若干个特定的神明作为保护神,俗称社公、地主、大王或境主等。

随着明朝的建立,"铺"作为行政空间单位开始在福全及其所在的地域实施,该制度仿效元代铺驿制,但其功能已由军政等信息的传递与储存转变为铺兵组织与行政空间。道光版《晋江县志卷二十一·铺递志》记载:"而官府经历,必立铺递,以计行程,而通声教。"由此可以看出,铺的作用,除了管理户籍,征调赋役,还要传递政令,敦促农商,并向地方官府提供各种信息,以资行政。其次,明清泉州的海禁及对外防守,使政府对基层社会的控制大为巩固,直接导致铺境制度的产生。铺境制度是"明清时期,闽南地区的泉州府实行的一套完整的城市社会空间区位分类体系"❷。"铺境"作为城镇的行政管理划分,以管理户籍,征调赋税,传递政令,敦促农商,并向地方政府提供一定信息,以资行政。

明清时期,官方在接受宋明理学为正统模式之后,为了营造一个一体化的理想社会,朝廷及地方政府需要不断通过树立为政和为人的范型来确立自身为民众认可的权威。官方积极从民间的民俗文化中吸收具有范型意义的文化形式,设置祠、庙、坛,所供奉的神灵。有的是沟通天、地、人的媒介,如城隍、观音;有的是体现政府理想中的正统的历史人物,如朱文公、关帝等;有的则是被认为曾经为地方社会作出巨大贡献的超自然力量,如妈祖、保生大帝、广泽尊王等。并且,村民们形成了固定的时间规律为这些神灵举办祭祀活动。如每年五月十三日就成为了福全城隍诞辰——圣节日,这一天,会举办迎城隍、借城隍等庆典,而每户村民也都会举办相应的活动,以表对城隍的敬仰与崇拜。

在这个过程中,民间通过模仿官办或官方认可的祠、庙、坛、社学等民间神庙,"通过仪式挪用和故事讲述的方式,对自上而下强加的空间秩序加以改造。于是,铺境制度吸收民间的民俗文化后被改造为各种不同的习惯和观念,也转化成一种地方节庆的空间和时间组织"❸。在此改造和转化的过程中,官方的空间观念为民间社会所扬弃,并在当地民众的社会生活中扮演着重要角色。

5.2.4　福全十三境文化景观特色分析

福全古村落内保留了十三境,每个境都供奉着各自的保护神。这些铺境宫庙是在铺境地缘组织单位的系统内部发育起来。在各个境单元中,每个境庙都有作为当地地缘性社区的主体象征的祀神,民间信仰与铺境制度的相互结合与渗透对传统社区空间产生深刻的影响。

铺境空间的形成过程深受民间信仰的影响,处处留下民间信仰的印记。从当时朝廷的角度来看,这是为了加强地方社会的控制,但从民间的角度出发,铺境制度同民间信仰的结合,使官方的空间观念为民间社会所扬弃,形成一个新的空间划分体系。在此过程中,特定的信仰在特定区域内获得居民的普遍认同,村落空间被重新整合,形成具有明确的区域范围、固定的社会群体以及强烈的心理认同的地域性社会——空间共同体,对福全古村落、所城空间形态与村落意象产生深刻的影响。(见表8-3,如图8-15所示)

表8-3　福全十三境文化景观概况

序号	境名	境域范围	保护神庙	境主神灵	其他
1	育和境	由北门城头至街头	帝君公宫	保生大帝、玄坛公	
2	迎恩境	由西门至街头	杨王爷庙	杨王爷	
3	泰福境	泰福街一带及林厝、翁厝	土地庙	福德正神土地公	

❶ 引自:[英]王斯福,著.帝国的隐喻[M].赵旭东,译.南京:江苏人民出版社,2008:76。
❷ 引自:王铭铭.走在乡土上:历史人类学札记[M].北京:中国人民大学出版社,2003:96。
❸ 引自:王铭铭.走在乡土上:历史人类学札记[M].北京:中国人民大学出版社,2003:88。

序号	境名	境域范围	保护神庙	境主神灵	其他
4	东山境	临水大人庙至苏厝及赵厝	临水夫人庙	临水夫人	
5	游山境	所口埕和所后	尹、邱王爷庙	尹王爷、邱王爷	已废
6	文宣境	文宣街	舍人公宫	舍人公	
7	英济境	庙兜街	朱王爷庙	朱王爷	
8	定海境	东门内,帝爷宫口至南门土地宫	下关帝庙	关圣夫子	
9	威雅境	南门四房一带	南门土地庙	土地公	
10	嵋山境	卓厝崎至报公祠	四王爷宫	四位王爷	已废
11	镇海境	虎头墙至风窗竖	观音宫	观音菩萨	
12	宝月境	风窗竖至南门	大普公宫	大普公	已废
13	陈寮境	南门留厝	保生大帝庙	保生大帝	

保生大帝资料来源:许瑞安.福全古城[M].北京:中央文献出版社,2006:92。

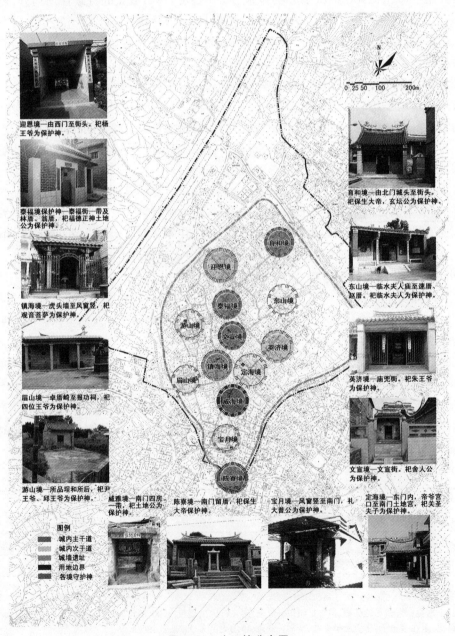

图 8-15 十三境分布图

5.3　从传说到境域的交融

十三乡入城的传说已经无法考证了,但传说带来了周边乡村人口涌入福全古城的事实,使本已经复杂的古所内部血缘关系更为复杂,实现了血缘关系的大交融。众所周知,宗族就是以血缘关系为纽带而形成的社会群体,宗族血缘关系的组织,使得聚落获得"整体性"和"领域性"。从聚落形态看,一个血缘宗族聚居成为一个聚落,往往表现为以各级祠堂为中心,建立起以宗法制度为背景的生活秩序以及相应的空间结构。修建祠堂,主要用以供奉和祭祀祖先,商议解决族内大事,"上聚祖宗之灵爽,下联子孙之繁衍"。宗祠是宗族的精神中心,在聚落空间(物质空间和心理空间)中总是占据最重要的地位。血缘型聚落大多层次清晰而严密,大型村落的祠堂往往有等级建制,包括宗祠(族祠)、支祠和家庙(祖厅)等。村落布局主要以宗祠为中心展开,在平面上形成一种由内向外生长的格局,但同时由于祠堂的控制作用,聚落形态也表现出明显的内聚性和向心力。

对照之下,福全古村落的生长过程就是由一个个分散的血缘小聚落逐步演变为一个大聚落。而在这一过程中,十三乡入城的传说无疑是推动这一大融合的关键因素,它为"百家姓,万人烟"创造了条件。福全所城内现有的居住模式就是以血缘型聚落为模式凝结成的小型聚落,而这一系列小型聚落内都有各自的主要姓氏和祠堂,这些祠堂成为了小型聚落的中心,营造出具有浓郁宗族特色的聚落空间文化。与此同时,在神灵的层面又存在一个以境神庙宇为中心的境域空间,当这两种空间叠加时,可以得出:血缘与神缘叠加的网络体系。在这个网络体系中,每个境各成一个小型聚落,聚落内有各自的主要姓氏和祠堂,分别为各聚落的居住核心。除主要姓氏外,每个境其他的姓氏种类都很少,大多为后迁的居民。所以每个境居住的特征非常明显,是以宗祠为中心的血缘型聚落。(见表8-4)

表 8-4　血缘与神缘叠加的网络体系

序号	境名	主要姓氏	其他姓氏	宗祠与祖厝	保护神庙
1	育和境	蒋		蒋氏宗祠、蒋氏祖厝	帝君公宫
2	迎恩境	蒋	杨、黄、林、赵	黄氏祖厝、赵氏祖厝	杨王爷庙
3	泰福境	张	陈、林、翁	陈氏宗祠、林氏家庙、林氏祖厝、张氏祖厝、翁氏祖厝	土地庙
4	东山境	刘	赵、吴	刘氏宗祠、陈氏祖厝、苏氏祖厝	临水夫人庙
5	游山境	王	陈、张	射江陈氏宗祠	尹、邱王爷庙
6	文宣境	何	张、李、翁	何氏祖厝	舍人公宫
7	英济境	陈	尤、王、郑、曾	尤氏祖厝、郑氏宗祠	朱王爷庙
8	定海境	陈	许	许氏祖厝	下关帝庙
9	威雅境	陈			南门土地庙
10	嵋山境	卓	郑、曾、陈	卓氏宗祠	四王爷宫
11	镇海境	陈	曾、林、卓	陈氏宗祠	观音宫
12	宝月境	留	陈	留氏祖厅	大普公宫
13	陈寮境	陈	留	陈氏宗祠	保生大帝庙

再次,由地缘群体为主要成员组成的聚落,称为地缘型聚落❶。地缘型聚落一般为多姓氏村落,每一姓氏达到一定规模后,其内部相应产生宗族组织的某些特征。但这种宗族性在整个地缘型聚落中已不再具有统领整个聚落的权威作用。地缘型村落是一个多族群组合的社会单位,每个住区为一个相对稳定的邻里单位。各个族群共居一地,相互协调和制约,平衡发展,是居民理想的聚居状态。这种地缘型聚落布局不再按照以某一祠堂为中心的方式进行,而是根据街区形成多中心的布局特征❷。在福全古村落中,因

---

❶ 引自:李晓峰. 乡土建筑——跨学科研究理论与万法[M]. 北京:中国建筑工业出版社,2005:31。
❷ 引自:李晓峰. 乡土建筑——跨学科研究理论与万法[M]. 北京:中国建筑工业出版社,2005:31-32。

所城军事的需求,造成了古村落内部血缘本身的混杂,再加上十三乡入城的传说,进一步促使了不同姓氏的人群逐步向同一个具有某种优势的地点:福全聚集,由此形成了地缘型聚落。而某种优势是指福全所城能够提供免于倭寇侵犯的安全保障。

"十三乡入城"和"十三境"在数字上的吻合,引发对"乡"与"境"可能——对应的推想,福全古村被划分为13境,每个境除了原有居民外,接纳了从"城外"迁入的13股新居民。从上表可以看出:①有5境的主要姓氏为"陈",主要集中在古村落的南部,靠近南门土地庙周边,则为陈氏纯血缘的小聚落,除此之外,陈姓还分布在村落的中部等其他4境中,还有1境保留"陈氏祖厝",说明福全古村落的主要姓氏中陈姓占据一定的地位;②蒋氏集中在北门与西门的育和境、迎恩境两大境内,且集中,边界较为明确,因此,蒋氏也是该村落重要的姓氏之一;③大约在9境内具有2个姓氏以上,说明福全古村落从"血缘型聚落"向"地缘型聚落"的转变,最终形成血缘与地缘相结合的"神缘型聚落"。❶(如图8-16所示)

图 8-16　姓氏分布图

其次,地缘型的聚落使得福全古村落的空间形态呈现出街巷线型清晰,区段分明,多中心的特色。具体而言,福全的街巷呈现非常明确的丁字街格局,其北门街、西门街、南门街、庙兜街等街巷平直、线型清晰,整个村落围绕这些明确的街巷形成一个个区块,而每个区块又呈现出境域神缘与宗族血缘双重特色,即街巷分成地块,地块形成境域,每个境作为一个居住单位,再由十三境组成整个村落。在这一过程中,整个村子就相当于一个地缘型聚落,而其中每个境就相对具有了神缘型与血缘型的意义。每个境都有各自的中心——境庙与祠堂主姓,各个境综合起来又形成了一个大的整体,这个大的整体由多个中心组成。而多个中心就是其神缘与血缘的中心,即境主庙与祠堂建筑。

在闽南地区,人们是以血缘为纽带,以姓氏(宗族)为主体形成了"血缘型聚落",血缘型聚落的标志性建筑就是祠堂。然而,闽南地区地处东南沿海,明清时期多受倭寇和海盗侵扰,为了保护自己的家园而筑

❶　引自:吕俊杰,陈力,关瑞明.从"十三乡入城"看福全古村的铺境空间[J].南方建筑,2010(3):89.

起"南海长城",福全所城除了原有的居民外,又有"十三乡入城",逐渐形成了地缘与血缘兼顾的复合型聚落。在民间信仰发达的闽南地区,共同的民间信仰是不同血缘的居民产生凝聚力和认同感的动力,"地缘"的范围从"境域"中可以看出,每个境内都有一座供奉民间信仰"神灵"(一个或多个)的境庙,因此,福全又是"神缘型聚落"。

综上,从"十三乡入城"的传说到十三境的文化景观,村落空间在这一系列的文化诱导下形成了散布于古村落内的相对均质的行政管理与民间信仰交融的独特的空间模式,这一模式是以地缘社区为中心的网络,而该网络在"十三乡入城"的传说下,逐步与以家为中心的血缘网络,以神明为核心的神缘网络一起编织成覆盖整个村落的网络体制:血缘、神缘、地缘交织的网络体系,"十三乡入城"的传说以其多姓氏、多信仰的人流因素推动了三张网络的交融。

6 文化景观要素构筑的地域特色归纳

基于上述,福全古村落文化景观特色要素,可以进一步归纳为:自然环境要素、人工要素、人文环境要素等三个部分。这三部分的特色归纳如下:

6.1 自然环境要素

自然环境要素指有特征的地貌和自然环境。如海、溪;山地,池、潭;气候;特产等。(如表8-5所示)

表8-5　福全自然环境要素构成表

要　素	要　素　描　述
海、溪	南面面临台湾海峡,阔溪从南门而过,流入大海
山地	周边的山有碎石山、乌云山等;古村落内的山有云龙山、眉山、三台山
潭、池	官厅池,下街池,龟池,许厝潭,城边潭
气候	属亚热带海洋性季风气候,雨量充沛,气候温和
特产	海鲜渔产品,鱼丸,石头等

6.2 人工要素

人工要素指人们创建活动所产生的物质环境,如历史遗构、文化古迹、民居、街巷、古村落格局等。(如表8-6所示)

表8-6　福全人工环境要素构成表

要　素	要　素　描　述
历史遗构	寺庙,十三境保护神庙、妈祖庙、元龙山关圣夫子庙、临水夫人庙、八姓府庙等。 塔,无尾塔。 城墙,城壕——西门、北门、护城河遗址、城墙遗址、水关等。 祖厝,吴氏祖厝、许氏祖厝、尤氏祖厝等。 家庙、祠堂——林氏家庙、林氏宗祠、蒋氏宗祠等。 故居,蒋德璟故居、翁思诚故居等。 小学、私塾——福全小学、"梦蘭小筑"的书斋、公所等。 枪楼,东门枪楼
文化古迹	古井,石刻,节寿坊,校场,朱文祠遗址,石貔貅,古树
民居	蒋德璟故居,翁思诚故居,官式大厝,石屋,番仔楼
街巷	丁字街,西门街,北门街,文宣街,庙兜街,下街,太福街,后街等
古港	福全港
古村落格局	葫芦城,三山夹故所,依山面海

6.3　人文环境要素

人文环境要素是指村庄生活风貌的集中体现。福全村的人文环境要素主要包括社会生活、民风民俗等人文风貌。具体如历史事件、历史人物、民间工艺、习俗节庆、民俗文化。(如表 8-7 所示)

表 8-7　福全人文风貌要素构成表

要素	要素描述
历史事件	与所城相关的一系列的抗倭、禁海等事件。与海上丝绸之路相关的一系列的商贸运输事件
历史人物	林延甲、蒋德璟、蒋君用、蒋旺等
民间工艺	雕刻、纸扎工艺、陶瓷等
民俗文化	闽南方言,布袋戏、大鼓吹、嘉礼戏、高甲戏等
宗族文化	修宗谱,《留氏族谱》、《福全刘氏家谱》、《福全张氏家谱》、《福全吴氏仲房家谱》、《福全赵氏家谱》等。 立宗祠,如"林氏家庙"、"蒋氏宗祠"、"全祠"等。 义塾,朱文公遗址、"梦兰小筑"的书斋、后所小学遗址、现村委会(原小学)等。 屯田、举族合祭、宗族文学等

6.4　福全古村落文化景观特色构成含义

基于上述,福全古村落文化景观特色要素可以进一步解读为:千年古村、海交明珠、东南古所、灵秀地。其具体含义如表 8-8 所示。

表 8-8　福全古村落文化景观特色构成含义

内涵	内涵的构成	内涵的解读
千年古村	历史回寻	唐末五代,形成村庄与福全港;元末明初构筑所城(军事); 清代,由军事所城嬗变为具有多种职能的村落;解放后演化为自然村,现在成为金井镇的一个社区
	古迹遗踪	林氏家庙,留从效庙,寺庙,古井,古塔,祖厝,石屋,番仔楼等
海交明珠	岁月钩沉	唐宋丝绸之路港口组成部分;明清禁海停滞;今已消失
	留存拾遗	地名,海蛎壳;船锚锭索等遗存、无尾塔等
东南古所	往昔回眸	元明时期的抗倭寇历史
	历史遗存	城墙城壕遗址,地名,校场,万军井,水关等
灵秀地	名人	林延甲,蒋德璟,24 姓氏,举人进士、学者、乡贤、侨胞等
	事件	抗倭,祭祀,十三境等
	曲艺	布袋戏、大鼓吹、嘉礼戏、高甲戏等
	遗存	城墙,校场,公所,寺庙,私塾,小学等

第九章　两岸文化交流下的福全古村落保护与发展

福全古村落是一座具有千年历史的古村落,其历史遗存丰富,特别是近 600 年来,随着明清所城的建设,其葫芦形的村落外形、丁字形的街巷格局及城墙、万军井、枪楼、碑刻等军事防御设施与非物质文化遗产一起构建了福全古村落的个性,见证了福全及其周边地域的发展历史。

与此同时,随着城镇化进程的迅猛推进,城乡文化交流的日趋频繁,古村落内的传统建筑正面临着结构性的老化与功能性的退化等问题,面临着被高楼新房替代的命运……而这一切都需要我们用一份珍爱的心态去正确看待历史的留存,审慎地对待历史的留存及其背后的更为关键的地域文化与传统。

保护好福全古村落是建设社会主义新农村的基础。众所周知,福全古村落在历史演进中被附加上各种历史信息,如明清军事防御信息,民间文化信仰信息,血缘、神缘与地缘信息等等,这些信息都蕴含着极其丰富的价值,而这些价值正是福全古村落最大的优势,也是其发展最有利的资源。对历史文化遗存进行有效的保护,是维系古村落个性与特征的基础。福全古村落作为泉州地区第一批被国家授予"历史文化名村"的传统村落,其本身就具有潜在的经济价值。

20 世纪 90 年代以来,村镇旅游在国内外市场需求和我国旅游扶贫政策的影响下应运而生,并迅速地发展起来,现在已经成为我国旅游的重要形式之一。为了进一步发挥乡村旅游在"社会主义新农村"建设中的作用,我国把 2006 年定为"中国乡村游"主题年,宣传口号为"新农村、新旅游、新体验、新风尚",这一口号的提出,进一步调动和激发了在全国范围内发展乡村旅游的积极性,这几年来,乡村旅游也逐步成为一大热点。

与此同时,海峡两岸文化交流也日趋频繁,这也为福全古村落依托两岸文化,面向海外彰显其活力提供了机遇。福全地处台湾海峡西岸,是海西文化生态区的重要组成部分,在血缘、地缘上都与台湾有着密切的联系,台湾及东南亚的许多地方都有闽南的族人,如福全旅居海外的族人就有上万人,其中,林氏、陈氏、李氏、卓氏家族的后人在台湾、香港等地区,许氏、尤氏、郑氏家族后人在马来西亚、菲律宾、印度尼西亚等地。族人的外迁一方面带去了闽南的地域文化与建筑营造技艺;另一方面也带来了外来的文化、经济与建筑技艺,极大地推动了文化的交流。近年来随着两岸文化交流的日趋频繁,一系列的学术会议与旅游活动极大地促进了两岸的交流与发展❶。

综上两方面,历史文化名村作为乡村旅游发展的一个重要组成部分,对我国实现扶贫旅游、发展经济,有着十分重要的意义。同时,历史文化名村有着深厚的文化内涵和旅游开发价值。历史文化名村旅游已经成为旅游资源的一个重要组成部分,也将在我国旅游业的发展以及历史文化的传播中发挥重要的作用。随着我国旅游业的快速发展,旅游者已从单纯地追求娱乐内容转为体验历史传统与风土人情的文化旅游。因此,基于这些时代背景,预示着福全古村落将拥有更加灿烂的明天。

1　历史文化名村的相关理论

1.1　基本概念

2007 年 5 月,因其深厚的历史文化底蕴,福全古村落被评选为国家级历史文化名村。历史文化名村

---

❶　如"中华之根——海峡两岸谱牒"学术研讨会、"纪念抗日战争胜利 60 周年暨台湾建省 120 周年光复 60 周年学术研讨会"、"闽南文化论坛"以及通过一系列诸如南音、木偶戏、高甲戏等"文化使者"来推动两岸文化的交流。

是指保存文物特别丰富且具有重大历史价值或纪念意义的,能较完整地反映一些历史时期传统风貌和地方民族特色的村。由国家住建部、国家文物局共同组织评选,通常和"中国历史文化名镇"一起公布,第一批于2003年10月8日公布,共12个村;第二批于2005年9月16日公布,共24个村;第三批于2007年6月9日公布,共36个村。2010年12月13日,公布第五批历史文化名村61处,平均每年增长24个,年增长率200%。福全属于第三批国家历史文化名村。(如图9-1所示)

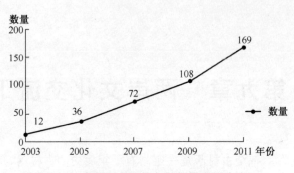

图9-1 中国历史文化名村数量增长统计

1.2 历史文化名村评选标准

中国历史文化名村的评选依据住建部和国家文物局2003年10月8日发布的《中国历史文化名镇(名村)评选办法》进行。其中,历史价值与风貌特色是评选名村的核心要素,也是保护古村落的标尺所在。

历史价值与风貌特色包括:建筑遗产、文物古迹和传统文化比较集中,能较完整地反映某一历史时期的传统风貌、地方特色和民族风情,具有较高的历史、文化、艺术和科学价值,现存有清代以前建造或在中国革命历史中有重大影响的成片历史传统建筑群、纪念物、遗址等,基本风貌保持完好。

原状保存程度:村内历史传统建筑群、建筑物及其建筑细部乃至周边环境基本上原貌保存完好;或因年代久远,原建筑群、建筑物及其周边环境虽曾倒塌破坏,但已按原貌整修恢复;或原建筑群及其周边环境虽部分倒塌破坏,但"骨架"尚存,部分建筑细部亦保存完好,依据保存实物的结构、构造和样式可以整体修复原貌。

现状具有一定规模:村的总现存历史传统建筑的建筑面积须在5 000平方米以上。已编制了科学合理的村镇总体规划;设置了有效的管理机构,配备了专业人员,有专门的保护资金。

1.3 历史文化名村的保护与发展的具体任务

1.3.1 保护文物古迹

文物古迹是历史文化名村的基础,在保护工作中,要注意对文物及遗址、代表性建筑及革命纪念地等的保护。对各级文物保护单位要划定保护范围和建设控制地带,并做出相应的管理规定。在文物保护范围之内,一般不得进行其他建设。文物保护单位四周"建设控制地带"的划定,要认真研究文物在历史上的功能、环境特色,要研究认识原来的历史环境,以保存历史环境为前提,科学地加以划定。

1.3.2 保护核心区域

在历史文化名村中总有一个区域,其传统格局和风貌较其他区域更为完整,因此,保护好这一区域对于保护整个古村落而言具有重要的意义。保护核心区域的重点就在于保护其整体风貌,主要包括建筑物外观、道路、绿地等。要作出保护管理规定,采取保护修整外观、更新改造内部的原则,对传统建筑要按原样进行修整,对非传统建筑要逐步改造使之符合环境风貌的要求。其次,注意改善基础设施,提高生活环境质量,要完善该地区的使用功能,保护社区活力。再次,不要大拆大改以新换旧,尽可能少的干扰核心区域的整体风貌。

1.3.3 保持历史文化名村的风貌特色

保持历史文化名村的风貌特色是带有整体性和综合性,其中有的是保护要求,如保护古村落的空间形态、平面格局、重要景观之间的视觉通廊等,也有的是创作要求,要求在创作中把延续历史传统的特色作为设计原则。

在历史文化名村中,大部分区域不属于文物保护单位,在这些区域中更新和改造是必然的,所要求的只是保护和延续古村落风貌的特色。因此,可以通过合理、巧妙的设计使之既满足现代化生活的需要,又延续历史特色,如控制建筑高度、保护空间特征、创造与传统相联系的新的建筑形象等。

1.3.4　发扬历史文化名村的传统文化

在历史文化名村中除有形的文物古迹之外,还拥有丰富的传统文化内容,如南音、剪纸艺术、布袋戏、大鼓吹及名人轶事和传统产业等,它们和有形文物相互依存、相互烘托,共同反映着古村落的历史文化积淀,共同构成村落珍贵的历史文化遗产。为此应该深入挖掘、充分认识其内涵,把历代的精神财富流传下去,广为宣传利用。它既是社会主义精神文明建设的重要内容,也是扩大对外交流,特别是促使台海两地交流、促进古村落经济发展的重要手段。

1.3.5　重视历史文化名村的资金投入

在保护过程中,资金投入往往是影响保护的关键所在。西方国家在保护遗产中有良好的投资体制,如德国柏林、吕贝克市对古城、古迹保护方面资金的投入是多渠道、多元化的。首先是政府的投入,从联邦政府到市政府每年都有一定比例的资金投入到古城古迹的保护;其次是政府各级职能部门专项基金投入;再次是私人自筹资会;第四是企业投资;第五是税收优惠,凡企业投资到古建筑保护的项目都可享受免税待遇。多元化的资金投入使德国走出一条保护古城古迹的良性循环之路。这种融资体制颇值得借鉴。对于历史文化名村的保护而言,其资金投入方面应:①制定详细的规则,依据规划进行投资。②重在改善名村保护投资的软环境,即借鉴西方国家立法比较完善的经验,建立一套适合中国国情,特别是农村村情的立法,健全管理机构,严格审批手续,建立健全精干的投资管理队伍,各级地方政府对名村保护实行政府辅助、税收优惠政策等。③积极拓宽保护的投资资金来源,如建立专项的历史文化名村保护财政基金,采用资本市场直接融资和以项目融资为主体的方式扩大投资来源,在政策性银行中专设为保护历史文化名村贷款的业务,积极引进海外民间资金,特别是华侨资金,引导其投入历史文化名村的保护。④正确引导名村保护投资资金的流向,创造效益。如对建筑物的保护主要依靠政府的补贴;建筑物的整修则以企业、个人投资为主,政府给予适当补贴;可以指定一系列的政策措施包括税收制度等,吸引旅游企业、海外企业的参与。

2　现实中的困境

随着城市化进程的迅猛推进,福全古村落所在的闽南地区正经历着经济、文化、环境等众多领域的冲击与影响。这一方面给古村落的发展带来了诸多的发展机会,同时也给遗产保护带来了诸多问题。

2.1　由村委会大楼违建的博弈引发的思考

2010 年 6 月,福全村村民委员会(下简称村委会)在未经相关管理部门审批同意的情况下,擅自在距古城址仅 9 米处,开工钻土,准备兴建村委大楼(后村委会声称是建设旅游集散中心),由此引发了一场"保护古城与违建"的博弈,博弈的一方是以村民委员会为代表的地方基层管理部门,另一方是热衷于古城保护的民间人士,其中包括海外华侨。博弈的焦点是城墙外能否建设,建设什么,如何建设等问题。

查询《福全保护规划》:该地段为属于重点保护范围,是不允许建设的。而在建设控制地带,可以建设旅游集散中心,但其建设规模在 200 平方米内,距离城墙最小距离为 60 米,建筑风貌要求——不得高于 7 米,造型为传统古厝形式。

根据保护规划,可以得出地方基础层管理部门一方在博弈的过程是属于败诉方,其建设行为严重违背了保护规划的规定,属于违法建设,加上在建设过程中未经相关管理部门的审批同意,因此属于违章违法建筑。(如图 9-2 所示)

十分明了的结论,本该可以得到解决,但博弈双方的矛盾却得不到相关上级部门的仲裁,上级主管规划、建设、国土、旅游、文化等部门尽管都承认了其违章违法性,但以"无为"与"相互推诿"的做法,延续了博弈双方的矛盾,致使这一矛盾到本书写稿即将完稿之际也未能得到妥善解决。

博弈促使我们反思,反思我们的保护,反思我们的管理,反思……

图9-2   距离城墙不足10米处的违章违法建设

2.2   村落传统空间形态和文化景观破坏严重

2.2.1   空间功能衰败严重

福全古村落内大量的传统建筑都出现了功能性的衰败。古厝普遍老化、损坏等现象严重,加上使用不合理,很多传统建筑已不符合现代生活需求。由此,造成了许多古厝空置现象严重,但是房屋的空置进一步促使了建筑的老化与破损。所以,激活古城功能活力是延续古厝生命的关键。(如图9-3所示)

村民自建

无人问津的古厝

侵占城墙遗址的违建

图9-3   福全古村落保护的困境

2.2.2   建筑密度膨胀

一方面传统古厝大量空置,另一方面,村民"见缝插针"式的自建,使得古城内建筑密度大大升高,而建筑之间的采光、通风、消防等问题突出,严重影响了生活环境,使得历史文化名村的风貌特色破坏严重而难以延续。

2.2.3   风貌特色丧失

历史文化名村的风貌特色至少包含两方面的因素:一是传统建筑;二是新建的当代建筑。随着村民生活水平的提高,许多村民开始拆旧建新,另外,传统的技术也逐渐被现代工艺所替代,工匠开始采用水泥、大理石面砖、玻璃幕墙等现代材料及技术建造房屋,但这些房屋与传统民居反差明显,产生了很明显的不协调感,加上一些房屋尺度较大,对整体古村落传统风貌的破坏十分严重。而传统古厝、旧屋自然老化,加上台风、地震等自然因素的破坏突出,又由于缺乏有效的规划指导和管理机制,这些历史遗存缺无人问津,村落建设也呈无序发展的状态,致使村落传统空间形态和文化景观受到很大破坏,其中最为突出就是村民建房严重破坏了城墙遗址,破坏了三台山、眉山、元龙山的自然生态环境。这些都造成了历史文化名村风貌特色的丧失。

另外,在近几年的发展中,特别是为了旅游业的发展,村民自发采取了一些措施,试图保护好古村落的传统风貌,但由于缺乏对整个古村落空间形态特征的研究,致使对一些古厝的修缮、改造往往流于表面,甚至产生了画蛇添足的现象。例如一些寺庙的修缮,村民在材料、色彩、尺度等方面都存在一定随意性,致使修缮后与修缮前的面貌出入较大,效果过于奢华。

再次,随着城乡交流的日趋频繁,城市的生活方式逐步成为村民模仿的对象,由此改变了福全人的一些行为活动方式,其中最典型的就是对传统古厝住宅建筑的抛弃,认为传统的形式就是落后,就是农村。因此,他们用建造四五层甚至六七层的现代建筑来彰显他们心中的现代城市生活方式,彰显时尚与自身的经济实力与社会地位。但是这种建造方式无疑进一步严重损坏了古村落的传统风貌。

2.2.4　公共空间破坏严重与传统习俗的丢弃

随着自来水、有线电视、电话等公共设施的完善,井台、公所、戏台等传统的公共空间虽仍然在使用,但已不再像往日那样是日常生活的必要空间了,由此,导致一些传统的民俗文化活动开始失去吸引力,井台、戏台等设施也年久失修,破坏严重。同样对于所城的防御设施而言,也随着防御功能的消失和聚落扩张的需要,城墙遗址都被村民自建所侵占,福全古村落与溜江村、后安村已经连成一片,聚落形态发生了很大的改变,原先清晰的整体空间意识被破坏。这些现象都体现出行为文化变迁对于聚落空间的影响。

古村落中许多中青年外出打工或留洋海外,导致古村落中日常居住的人口结构发生了变化,这也直接影响了很多公共活动的开展、空间的使用乃至村落文化的传承。同时,随着这些村落中坚人群的外出,也带来了与外界社会、文化、经济交流的日趋频繁,因此,从该层面来说也对古村落传统文化的继承带来了诸多的冲击,传统文化与现代文化、甚至西洋文化的碰撞与冲击中走向更大、更为迅速的变迁,最终很可能会失去最为核心的一些精神文化内涵。特别是在民居建筑的建造过程中,一些传统的仪式、禁忌也被简化,不再像以往那样严格了。总之,不同文化的冲击导致了福全古村落文化传承的危机以及村落形态、尺度及景观的破坏。

2.3　历史文化资源的优势有待进一步提升

基于前几章的论述,得出福全古村落的历史文化资源非常丰富,而其丰富的历史文化资源,一方面对于研究唐宋时期北人南迁,海上丝绸之路的发展,元明清时期抗倭及民国时期抗战等都具有重要的学术研究价值,另一方面对于丰富地方文化资源,推动社会、经济、文化的发展都具有积极的意义。特别是对于推动台海的健康发展,维护世界的和谐与和平都将起到一定的作用。但这一切都需要进一步挖掘,进一步研究,以此提升其资源的优势,在这个过程需要得到多方面的支持,特别需要得到地方政府的大力支持。

目前,福全古村落的保护与发展已经编制了相关的保护规划,但其具体的保护多来自于村民自发的行为,缺乏地方主管部门的引导、日常管理等,由此必然存在诸多问题,这些问题不在于保护规划方案的优劣,而在于缺乏有效的监管。

其次,村落地处东南沿海的台湾海峡,而且地域内侨乡、海外侨胞较多,这些都应当视为优势条件,如许氏家族自清代起就有族人移居台湾,20世纪初,志昔公家族移居菲律宾、美国、澳洲、香港等地❶,另外,据台湾温陵渎头青阳屿头陈厝世科《陈氏祖谱》记载:"廿六世春公(屿头12代)逊公子,居屿头……子四:用举、用宾(世居青阳陈厝后宅)、有光(卜居后库山关王庙前)、恪直(讳元祚徙居福全所英济境陈宅)……

---

❶ 引自:许瑞安.福全古城[M].北京:中央文献出版社,2006:122。

廿七世,用宾? 春公次子……子三:斗昭居山头、斗曜居屿头,美瑛徙福全溜澳。"而现美国犹他家谱学会所藏台湾家谱微缩资料中的《台湾盐水赵氏族谱》中记载,青阳赵氏,始祖偆祖,迁台始祖荣华公,原籍福建省泉州府晋江具福全所陈山。对于这些海外资源,福全村民自发地进行了一系列的联系,得到了海外华侨的支持,但缺乏地方政府部门的引导与鼓励,因此,海外的资助多局限在修复庙宇,铺设街巷,修家谱、祖厝、公妈厅、祖坟,或者接济同族人的生活开支等慈善公共事业与宗族自身的发展,其规模较小,内容单一,且投入的海外资金分散,对于古村落的整体保护与未来发展缺乏进一步的引导。(如表9-1所示)

表 9-1   福全古村落具有海外关系、台海关系的姓氏统计表

	姓氏	郡望	分布\分支	外迁	祖厝\宗祠	备注
现有主要姓氏	蒋氏		泉州、同安、广西	台	有	
	留氏	彭城衍派	泉州、同安、	台	有	
	林氏	西河衍派	泉州	台	有	
	刘氏	彭城衍派	泉州	台	有	全氏
	许氏	瑶林衍派	泉州、厦门、北京	菲、美、澳、港	有	
	张氏	清河衍派	泉州、厦门、广东	台、新加坡	有	全氏
	苏氏	武功衍派	泉州	台	有	
	陈氏	青阳衍派	泉州		有	
		射江衍派	泉州	台	有	
		鹤峰衍派	泉州		有	
		飞钱衍派	泉州		有	
		颍川衍派	泉州		有	
	吴氏		泉州		有(深沪)	全氏
	何氏	庐江衍派	泉州	台	有	全氏
	卓氏	西河衍派	泉州	台	有	全氏
	赵氏	天水衍派	泉州		有	宋皇族、全氏
	郑氏	荥阳衍派	泉州、厦门、龙岩	菲、港、澳	有	全氏
	尤氏	吴兴衍派	泉州		有	全氏
	翁氏	盐官衍派	泉州	台	有	全氏
	黄氏	江夏传芳	泉州		有	
	曾氏	龙山衍派	泉州	越南、菲、港、台		全氏
外迁姓氏	柳氏		泉州	台		
	余氏					
	巫氏			菲		
	叶氏		漳州			
	杨氏					
	白氏					
	詹氏					全氏
	金氏					
	银氏					
	郜氏		漳州			
	阎氏					
	路氏					
	翟氏					
	吕氏					
	吉氏					

2.4　村落经济相对落后制约了古村落保护与发展

福全地处晋江市金井镇,晋江经济发展迅速,实力雄厚,但是福全古村落经济相对落后,因此,从某种意义上讲,经济的滞后制约了古村落的保护与发展。

福全隶属于金井镇,金井镇域内设有1个居委会:金井社区;20个行政村(62个自然村):金井村、新市村、钞岱村、山头村、玉山村、围头村、南江村、埔宅村、山苏村、古安村、塘东村、湖厝村、三坑村、丙洲村、岩峰村、洋下村、石圳村、溜江村、福全村、坑口村。户籍人口约5.6万人,外来人口约4.5万人,各村人口共10.1万人。比较这些村落人口变迁、农业生产经营、规模以上企业等,可以看出:福全古村落人口规模在整个金井镇处于较低的水平,农业经济水平不高,村落没有规模以上企业,经济结构单一,村民收入相比金井镇其他地区低,居民生活水平有待改善。(如表9-2、表9-3所示)

表 9-2　2009年金井镇村庄、社区人口与农业经济情况分析表

村名	农村居住住户					在名村地域居住的农业生产经营户(人)	本户农业生产经营情况					
							农业耕作		畜禽存栏数		
	本户填表人数(人)	本户是否外来户	是否农业生产经营户	外来户人口数(人)	农业生产经营户人口数(人)		农作物播种总面积(亩)	种植粮食(亩)	猪(头)	鸡(只)	鸭(只)
社区	38		10		38	38	82.4	44.2	25	50	
古安	1 464	1	161	4	616		1 276.6	652.9		1 481	161
石圳	3 679		70		268		356.9	297.7		852	222
福全	**1 295**	**1**	**89**	**4**	**474**		**791.4**	**314.8**		**894**	**200**
溜江	2 216	11	183	33	673		752.6	432.6		1 290	330
洋下	1 398		161		637		338.1	200.5		1 875	398
南江	1 417		205		902		323.7	222		434	258
岩峰	1 608	3	295	5	910		1 326.6	753.8		3 354	47
围头	3 930	94	94	350	398		228.5	89.4		312	84
湖厝	1 338		68		321		643.3	643.3	502	1 331	555
塘东	3 987	66	213	232	861		927.2	307.6		1 187	382
坑口	2 261	8	112	26	504		2 002.6	617.9	32	1 036	534
钞岱	3 157	203	181	752	825		230.1	370.3	3	1 250	301
金井	1 138	21	65	72	312		851.9	463.6	241	352	326
三坑	951		94	5	411		748.1	460.3		878	253
新市	1 849	21	227	81	961		1 210	612.1	29	2 131	332
丙洲	3 815	8	379	24	1 647		1 140.9	227.8		1 212	438
玉山	3 091		444		1 822		2 295.4	2 106.2	251	2 515	1 119
山头	2 102	23	75	85	310		1 895.6	1 137.2		182	110
山苏	2 343		68		267		1 124.3	665.8	22	207	83
埔宅	1 844	18	139	60	586		772.3	772.3	1 033	800	298
合计	44 915	480	3 333	1 733	13 743		19 818.5	11 392.3	2 138	23 673	6 431

资料来源:金井镇政府年报统计表

表 9-3　2009年度村落拥有规模以上企业名录

序号	村/居	企业名称	主要业务	序号	村/居	企业名称	主要业务
1	玉山	天辉织造	纺织	29	居委会	长锋服装织造	服装织造
2	玉山	大新服装织造	服装生产	30	居委会	华源纤维	纤维PU革

序号	村/居	企业名称	主要业务	序号	村/居	企业名称	主要业务
3	玉山	宏利制衣	服装生产	31	居委会	隆上超纤	超纤
4	玉山	爱都制衣	服装生产	32	居委会	元吉服饰	服装生产
5	玉山	大利纤维工业	织纱	33	居委会	福建著龙服装有限公司	
6	山头	盛隆纺织实业	织布	34	居委会	晋江市新远宏建材货架有限公司	
7	山头	大发集团	织布	35	钞岱	乙丰织造	服装生产
8	山头	恒丰服装织造	喷胶棉	36	钞岱	万昌鞋服	服装生产
9	山头	天资纺织实业	纺织、服装	37	石圳	玛莱特针织	服装生产
10	山头	祥泰针织	织布	38	石圳	霖园塑胶雨具	服装生产
11	山头	可莉莎(旭日)服装	制衣	39	石圳	滨浪制衣织造	服装生产
12	山头	晋江市世兴达服饰织造有限公司	服饰	40	石圳	东方骆驼制衣织造	服装生产
13	山苏	海发服装织造(莎莎)	服装生产	41	石圳	福建晋江天然气发电有限公司	
14	山苏	鹏程服装织绣	服装生产	42	丙洲	达胜纺织实业	化纤布
15	山苏	戈克服饰	服装生产	43	丙洲	浚龙服装织造	服装生产
16	山苏	多美都针织	服装生产	44	丙洲	新龙泰服装织造	服装生产
17	山苏	艾奇服装织造	服装生产	45	塘东	德艺服装纺织	服装生产
18	山苏	佳士达塑料五金	牙刷生产	46	塘东	鸿途服饰织造	服装生产
19	金井	福鑫服装织造	服装生产	47	三坑	锐高服装化纤纺织	服装生产
20	金井	永盟服装织造	服装生产	48	新市	爱天奴(福建)服饰实业	休闲服生产
21	金井	友成制衣	服装生产	49	新市	梦依妮服装织造	泳装
22	金井	爱华顿服装织造	服装生产	50	溜江	鑫阳服装织造	服装生产
23	金井	海丝服装织造	服装生产	51	溜江	盛港服装织造	服装生产
24	居委会	七匹狼实业	服装生产	52	湖厝	森狼服装织造	服装生产
25	居委会	七匹狼服装	服装生产	53	埔宅	踏仕王服装织造	服装生产
26	居委会	与狼共舞服饰	服装生产	54	金井	福思南针织制衣	服装生产
27	居委会	七匹狼鞋业	运动鞋生产	55	山苏	晓鑫服装织造	服装生产
28	居委会	华侨玩具	玩具生产	56	石圳	三伟力服装织造	服装生产

资料来源：金井镇政府年报统计表

　　福全古村落经济上的落后，必然致使村落保护工作的滞后。一方面促使地方政府及其村民的关注点在于加快经济发展、提高生活水平，而非村落保护本身；同时加上缺乏有效保护管理机制，因此，村落内违反保护规划的建设行为成为一种常态，致使这一原因的重要因素就在于村落经济基础的落后，由此容易形成对短期和局部利益的经济追求而忽视整个村落的长期发展和整体利益。另一方面，经济上的滞后也引发了保护资金严重不足的问题，必然导致人力、物力、智力资源的缺乏，难以形成一支有力的文化遗产保护与管理的队伍。所以，在经济因素的作用下，当发生对村落传统风貌破坏的事件时，村民们表现出更多的是无动于衷，而地方政府则为了村落经济的发展，一切都可以为此让步，由此引发了诸多的矛盾。

3　福全古村落的保护

3.1　保护与发展的原则

3.1.1　保护福全古村落文化遗产的真实性

真实性是福全古村落内在价值的重要体现。它不仅包括物质空间本身,还包括对村民传统生活方式与地域特有的文化情结的保护。因此,应对福全古村落中承载着丰富历史信息的文物建筑(构筑物)、历史建筑、历史环境等进行严格地真实保护。而村民的社会生活的真实性同样是真实性保护的重要内容之一。福全古村落适应了内在的社会需要,保留了真实的历史信息,延续了动态的历史发展,因而真正反映了从过去、现在到将来的真实历程,对此也是需要得到真实性的保护。另外,逐步走向现代化的福全古村落,人们还保留着传统的出海捕鱼、手工业与小商业结合的生活方式,如布袋戏、南音、祭祀等民间活动,而且每次出演诸如布袋戏时都有大批小孩子围着看,有些小孩也装扮齐整,边演边学。再次,很多村民留洋打工谋生,但每每节庆,福全古村落都对他们保持着浓郁的吸引力,他们时常会不远千里回家看望家长亲人、祭祀先辈。长年累月这种海外游子的情结凝结为一份福全乃至闽南特有的文化与传统生活方式,因此,保护福全古村落必须真实地保护好文化与传统生活的方式。

3.1.2　保持福全村历史景观的完整性

历史景观包括物质与非物质的景观,而这两者的交叉点在于福全人,福全人是福全文化传承发展的根本,其生活方式、行为习惯、各种公共娱乐活动、宗教仪式乃至历史留存的铺境社区的特点都是福全文化的重要组成部分。因此,对福全文化的保护和发展一方面要落实到古村落的空间上,另一方面则要加强对闽南传统文化的传承,重点在于在深入研究闽南地域文化的基础上,解析福全文化精神与古村落空间结构存在着同构关系,而空间结构具有空间等级主次分明,形态规则有序等特点,因此在古村落的保护中也有必要保留和突出这些重要特点,其最终目的是为了保证福全人的传统生活方式在今后仍然能够与空间形成完整的契合关系。

3.1.3　维护福全古村落传统功能的连续性

维护传统功能的连续性,首要是满足村民居住的功能需求,其次是其他生产、娱乐等功能。因此,保护好古村落内的传统民居、祠堂、寺庙等文化遗产、历史景观与风貌特色是维护传统功能的基础,而改善居民的生活环境,提高生活质量是传统功能得以连续性的保障。

总之,随着社会主义新农村建设步伐的加快,作为留存有丰富文化资源的福全古村落,因其资源的独特,所以显得非常珍贵,需要坚持有效保护、合理利用、科学管理的工作原则,围绕新农村建设的目标要求,从新的视角,在理论和实践上加强对古村落及古村落文化的研究,从福全留存下来的文化遗产中总结或者探寻出农村建设的历史经验,从村落及其地域优秀的传统文化中汲取营养,更好地为新农村建设服务,推动农村精神文明建设和文化建设。同时通过对古村落所城空间、山水景观、军事防御设施的保护与合理利用,立足于海峡两岸文化交流日趋频繁的基础,推动古村落旅游的发展,促进农村经济的发展,增加农民经济收入,实现古村落保护与新农村建设的和谐发展。

3.2　福全古村落总体发展定位

总体发展定位:适合村民生活、居住、娱乐、就业的国家历史文化名村;闽南抗倭古所遗址纪念地;以发展文化为基础的台湾海峡重要的旅游休闲胜地。

3.3　总体规划结构形态

根据上述定位,福全古村落规划形成"一环、二轴、二片、五区、十三穴"的结构形态。(如图9-4所示)

一环——围绕城池形成所城绿色生态链。

二轴——古所海交风情轴、古村文墨情结轴。

古所海交风情轴,以展示福全所城、古港风情。

古村文墨情结轴,以彰显福全人文、宗族文化。

三片——所城英杰、万家寻宗、儒香佛影三片。

　　　　所城英杰片,以展示蒋氏家族历史人文与福全所城历史发展、抗倭及其中国沿海所城等为主。

　　　　万家寻宗片,以展示福全24姓氏的宗族文化,渲染血脉情结。

　　　　儒香佛影片,以传述福全尚文尊儒及其多元文化交融的民间文化信仰。

五区——福全迎恩、元龙绿潭、眉山烟寺、三台禁约、妙高远眺五区。

福全迎恩区为福全旅游集散中心。

元龙绿潭为东北绿地公园与所城军事旅游体验区。

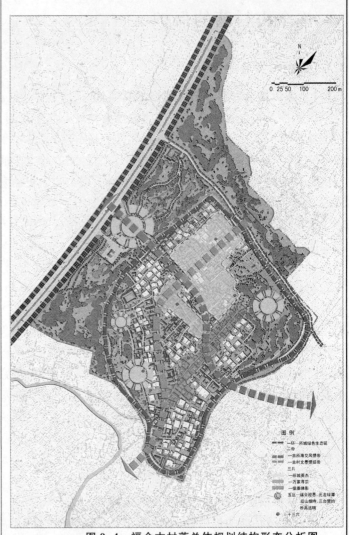

图9-4　福全古村落总体规划结构形态分析图

眉山烟寺为以依托眉山、城隍庙、妈祖庙而形成的青山古寺的民间文化信仰区。

三台禁约为西南绿地公园,山林旅游休闲区。

妙高远眺为俯瞰所城,仰望沧海的景观节点,并集民俗、购物、餐饮于一体。

十三穴——以十三境保护神庙为核心,营造能够激发十三境区域活力、村民地域宗教文化信仰的休闲、娱乐的场所。

3.4 福全古村落保护框架

　　基于前几章的分析,可以得出福全古村落的各个构成要素,包括物质与非物质的历史遗存,而这两者都反映在空间节点、线带、区域三部分。其中,节点是指有特殊历史价值的构筑物或者是人流集散的交汇点。主要包括山、宅、祠、庙、池、刻、塔、井、坊、树等。如元龙山、三台山、眉山、蒋氏古厝、翁氏古厝、陈氏古厝、上关帝庙、临水夫人庙、城隍庙、下厅池、上厅池、龟池,无尾塔,万军井,节寿坊等。线带主要包括城墙、街巷、溪流等。如城墙遗址、丁字街、阔溪等。区域是指具有某些共同特征的地段、区域。如以蒋德璟故居为核心所围合的蒋氏家族聚居的区域、元龙山、眉山、三台山所形成的区域及其整个古城等。这些元素所构成的节点、线带与区域等构成了福全历史文化名城保护的框架,保护这一框架,古村落的文脉就能留存,古村落的发展才有基础。(如表9-4所示)

表 9-4　福全历史文化名村保护框架

结构	要素	内涵
节点	山	元龙山,三台山,眉山
	宅	吴氏祖厝、许氏祖厝、尤氏祖厝、蒋德璟故居、翁思诚故居等
	祠	林氏家庙、林氏祠堂、蒋氏祠堂、陈氏祠堂等
	庙	城隍庙、妈祖庙、临水夫人庙、十三境保护神庙等
	池	官厅池,许厝潭,下街池,龟池,城边潭,水关等
	刻	元龙山石刻,三台山石刻、碑刻
	塔	无尾塔
	井	万军井等
	坊	节寿坊等
	树	蒋德璟故居内古树
线带	城墙	城墙遗址,城壕遗址
	街巷	西门街,北门街,太福街,下街,庙兜街
	溪流	阔溪
区域	蒋德璟故居	以蒋德璟故居为核心所围合的蒋氏家族聚居的区域
	三山	元龙山、眉山、三台山所形成的区域
	古城	由城墙遗址围合的整个村落
	海	深沪湾海域

3.5　福全古村落保护的主要内容

3.5.1　地理自然环境的保护

作为具有千年发展历程的福全古村落,其地理环境与城防工程体系相互联系,构筑为一个整体,诸如所城城墙是建造在地形较周边高的山陵高地上,军事指挥中心则布置在整个所城最高处元龙山的山顶,而元龙山山脚下的低洼平坦之处则为校场,整个所城街巷形成葫芦城、丁字街的空间形态。而在所城东北角濒临大海的平坦之地则为当年的古战场等等,这些足以体现所城与地理环境的合一,因此,没有地理环境的依托,其军事防御工程也就失去了存在的意义。《国际古迹保护与修复宪章》中提到:"古迹的保护包含着对一定规模环境的保护,古迹不能与其所见证的历史和其产生的环境分离。"因此,保护好福全古村落内外的地理自然环境,是保护好福全古村落的重要内容之一。

3.5.2　古村落格局与形态的保护

福全古村落其空间形态经历了从村到所城再到村的过程,其中所城历史上经历了海防、屯兵、行政治所直至居住等功能,虽然年代久远,而且还处于经济热潮发展的边缘,历史上原有的空间格局虽有变化,但仍保留着传统建筑特色、街巷格局、聚落空间形态等,这些共同构成了古村落的风貌特色。因此,保护古村落的格局与形态是维系整个村落的特色的核心所在。

3.5.3　古村落传统建筑的保护

目前古村落内留存着大量的传统建筑,按照其功能划分包括了居住类建筑、宗教类建筑、文化类建筑、军事类建筑等,按照建筑风貌划分则包括了传统古厝、石屋、番仔楼、洋楼、现代式样建筑等。针对这些历史遗存的建筑,首先必须对此进行价值的判定,根据判定,实行分级保护,即划分为重要保护建筑、遗址、一般民居、改造类建筑和拆除类建筑等类型;然后根据类型赋予修缮、维修、改善、保留、改造、拆除、复建等保护与整治措施,以此实现对福全古村落每栋传统建筑的保护。

3.5.4　古村落轮廓线的保护

自沿海大通道望福全古村落,其高耸的城墙遗址、城门楼掩盖了古村落内部的建筑,这样一种空间形态,形成了福全平缓的天际轮廓线。因此,首先必须保护好古城墙遗址,保护好城门、城门楼;其次严格控制城内村民的建设,控制建筑高度与体量,以此来保护古城平缓的轮廓线。

3.5.5 古村落地方民俗和文化内涵的保护

众所周知,北人南迁、海上丝绸之路以及海外经商等等造就了福全文化的多元与交融,也形成了独具特色的地方民俗文化,这些文化习俗和传统的人居环境、地方曲艺、民间信仰等构成了丰富的非物质文化遗产,这是最能代表福全历史文化内涵的真实素材,因此,必须加以保护。同时,在此基础上应充分利用,以实现文化的复兴与村落的繁荣发展。

3.6 古村落的保护层次与保护区划

根据上述确定的主要保护内容,依据《历史文化名城名镇名村保护条例》,同时结合福全古村落实际情况与周围的自然生态环境,将保护层次划分为三个层次:核心保护区、建设控制地带、环境协调区。

其中核心保护区的具体范围划定为:城墙所包围的古村落及其城墙向外拓展约 10 米的范围,其中,东北部局部向外拓展 88 米,东南部局部向外拓展 45 米,总用地面积为 35.15 公顷。

划定理由:①城墙所包围的古村落是完整体现福全古所、人文历史的载体;②文物保护单位所在地是重要的历史景观和名胜古迹所在地;③古村落内格局相对完整,街巷空间肌理保存较好,有比较完整的历史风貌;④古村落现留存的历史遗存种类较多,内容丰富,而且多为历史原物;⑤福全城墙遗址为福建省省级文物保护单位。据此,历史文化名村的保护范围应局部向外推进,其中包含了侵占城墙遗址的所有农宅,并为未来城墙的复建创造场所空间。

基于上述划定,其规划控制要求主要包括:(1)该区内从事建设活动,应当符合保护规划的要求,不得损害历史文化遗产的真实性和完整性,不得对其传统格局和历史风貌构成破坏性影响。(2)该区内除配设必要的市政基础设施、公共服务设施之外,一般不再进行任何新的房屋建设工程;因特殊情况需要在此范围内进行建设工程(含爆破、钻探、挖掘等作业的),必须保证历史遗存的安全,其建设项目选址及设计方案,需事先征得市文物行政主管部门同意。(3)凡在本区内执行任何一种保护和更新模式,其方案须经晋江市城市规划管理部门、市文物行政部门中的专门机构审定同意。(4)所有传统建筑一律不得拆除;非保护类历史建筑、番仔楼允许改造和原样翻建,改造与翻建要求尽可能采用传统工艺和传统材料;对多户人家住于一栋传统建筑的情况,以保持建筑原有内部格局为前提,陆续迁出多余住户至外围区域居住。(5)不得占用元龙山、眉山、三台山等保留的园林绿地、池潭水系、道路、城墙遗址等;对于现状中侵占的建筑物、构筑物必须全部拆除。(6)对于破坏天际线的建筑应进行拆迁,降层,立面改造等方式加以整治,以确保与整体风貌的协调。(7)严格保护街道空间格局和风貌,逐步恢复原有街巷路面的风貌特色。(8)整理电线、天线、门牌、路灯等和户外乱堆乱挂现象,拆除户外的水泥台板和水池,使之不干扰整体景观风貌。(9)拆除一切有损村落传统风貌的构筑设施。

建设控制地带的划定是根据《历史文化名城保护规划编制要求》《历史文化名城名镇名村保护条例》等的规定,在保护区外围划定一个区域,该区域划定的目的是为了保证核心保护区的景观完整性,使其文化价值不受到周边地段无序建设的影响而贬值或被破坏。基于福全古村落历史发展过程和目前村落建设的状况,同时考虑了文化遗产保护及其未来可能的旅游发展及新村建设的目标等综合因素,建设控制地带的具体范围为:以城墙为界,向外拓展城墙外围 30 米左右范围内,其中,东北部至滨海岸线,西部至沿海大通道道路中心线,南门处向外拓展约 50 米,总用地为 112.84 公顷。

划定的具体理由:西门历史上一直是福全对外的窗口与形象的代表,因此,西门及其外围的环境直接关系到古村落遗产的保护与村庄未来的发展。南门是整个古村落地形最高的地带,站在南门高处可以一览整个古村落,可以仰望大海,因此其地块的建设对古村落保护也起着关键性的作用。其次,南门外已经建造大量的非传统类建筑,有些已经危及到古村落的风貌。再次,东门外滨海处现状自然生态环境非常好,海水清澈,未受污染,另外,这里曾是抗倭的重要场所,也是海上丝绸之路的重要古港,其生态条件与历史意义都很好,能够为未来旅游业的发展提供很好的资源。

　　其规划控制要求主要包括:(1)在该区域进行建设工程,不得破坏古村落的整体环境和历史风貌。(2)凡在该区进行的工程设计,其方案须经市文物行政部门同意后,报市城市规划局批准。(3)该区新建筑的建造要求体量应严格执行规划限高,建筑高度控制在2层以内,建筑高度控制在9米以内;建筑色彩以暖灰、灰色为基调;造型鼓励传统形式或番仔楼形式。(4)对于该区内已建造的、与古村落风貌有冲突的建筑物或构筑物,应逐步进行降层、造型的整治等。(5)严格控制滨海古港地带的建设,不得进行任何有损滨海古港生态环境的建设活动。

　　环境协调区范围划定是基于:福全古村落三面环山,一面临海,其环境具有"依山面水"的典型特征。其次,目前周边环境存在着诸多不协调之处,如溜江村村民住房的建设,碎石山、乌山的开山采石等等都需要加以控制与引导,需要与古村落风貌相协调。据此,在建设控制地带外围划定环境协调区,具体范围:东至海边,南至南门外300米,西至沿海大通道向西300米,北至后安村。总用地95.90公顷。其规划控制要求:(1)该区内建筑要求体量应严格执行规划限高,建筑高度控制在4层以内,檐口高度不得高于15米;新建建筑控制在2层以内,总高度控制在6.4米,局部控制在9.6米以内,建筑色彩以暖灰、灰色为基调;造型鼓励传统形式或番仔楼形式,允许采用现代的建筑材料与现代式样,但不得影响古村落风貌。(2)保护溜江村内的传统建筑,原则上不得拆除,少数损毁严重且价值不高的经审批后方可拆除。(3)对影响古村落风貌特别严重的现代建筑,应尽量拆除,不能拆除则进行外观的整治。(4)严格控制沿海大通道西侧的建设,不得进行任何有损丘陵山地生态环境的建设活动。(如图9-5所示)

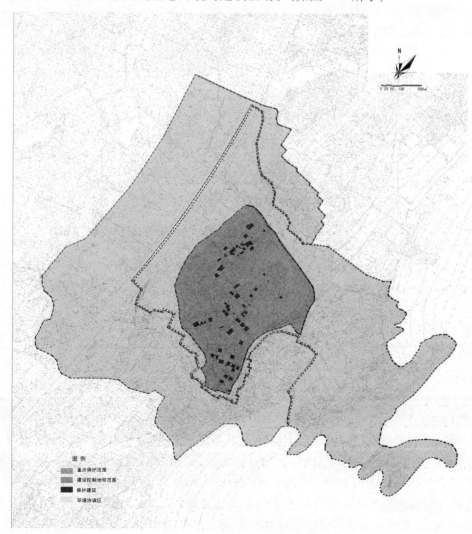

图9-5　福全古村落保护区划图

3.7　文物保护单位保护层次与保护范围

　　目前,福全拥有无尾塔、福全石刻、留从效庙、福全城墙遗址等四处省级文物保护单位。根据《全国重点文物保护单位保护规划编制要求》第八条:文物保护单位应根据确保文物保护单位安全性、完整性的要求划定保护范围,并根据保证相关环境的完整性、和谐性的要求划定建设控制地带。据此,需要划定为文物保护单位保护范围与建设控制地带。(如图9-6所示)

　　(1) 无尾塔

　　无尾塔位于福全古村落东门外的溜江村,建于明代为沿海气象设施实物。现塔尖已毁。2009 年被公布为福建省省级文物保护单位(闽政文[2009]375 号)。

　　根据闽政文[2009]375 号文件,无尾塔的保护范围为塔四周各 50 米。对于建设控制地带没有明确划定。对此,基于现状调研,其划定的范围边界不明确,难以管理,需要调整。调整后的保护范围具体为:以塔为核心,四周 5 米,用地面积为 100 平方米。建设控制地带的具体范围为:以塔为核心,向东推进 52 米,至村道道路中心线,向南推进50 米,至农宅山墙,西至城墙遗址边界,向北推进 50 米,总用地面积为 6 226 平方米。

　　其规划控制要求包括:①保护范围内,无尾塔的保护必须严格按照《中华人民共和国文物保护法》、《中华人民共和国文物保护法实施条例》等法律法

图 9-6　文物保护单位保护区划

规。应加以环境的绿化美化,但一切行为须以保护文物主体为基础,不得进行增添任何新的建筑物或构筑物。不得进行其他建设工程,特别是严禁在范围内开挖山体和进行任何有损山体的行为。②建设控制地带内,严禁开挖取土,严禁有污染、噪声的建设活动,对农宅进行建筑与环境的整治,农宅高度控制在 2 层以内,檐口高度控制在 6.4 米以内。

　　(2) 福全城石刻

　　福全城石刻分别位于元龙山、三台山及其西门“永宁卫刘公功德碑”、“怀恩碑”等,这些石刻均保存相对完好。2009 年被公布为福建省省级文物保护单位(闽政文[2009]375 号)。

　　根据闽政文[2009]375 号文件,石刻的保护范围为崖刻四周各 50 米。对于建设控制地带没有明确划定。基于现状调研,石刻多分散,其划定的范围边界存在着严重的不明确,难以管理,需要调整。

　　调整后的元龙山 9 处石刻的保护范围具体为:以“天子万”为核心向东推进约 13 米,向南推进约 43 米,向西推进约 34 米,向北推进约 38 米,四周沿元龙山等高线联系成的区域为保护范围,总用地面积为 2 290 平方米。建设控制地带的具体范围为:保护范围向东推进约 32 米,向南推进约 10 米,至关圣夫子庙前台阶,向西推进约 32 米至下街池与官厅池间的小溪,向北外推进约 30 米,总用地为 7 822 平方米。

　　调整后的三台山石刻的保护范围具体为:以三台山石刻为核心向四周推进约 5 米,总用地面积为 92 平方米。建设控制地带的具体范围为:以保护范围为界限向东推进约 24 米,向南推进 32 米,向西推进约

18米,距离城墙遗址3米,向北推进约20米,总用地面积为2 942平方米。

调整后的西门碑刻的保护范围具体为:以碑刻为核心,向四周推进3米,总用地面积为30平方米。建设控制地带的具体范围为:以保护范围为界限向东推进约15米,向南推进20米,向西推进约14米,向北推进约7米,总用地面积为1 197平方米。

规划控制要求:①保护范围内,石刻与碑刻的保护必须严格按照《中华人民共和国文物保护法》《中华人民共和国文物保护法实施条例》等法律法规。应加以环境的绿化美化,但一切行为须以保护文物主体为前提。不得进行其他建设工程,特别是严禁在范围内开挖山体和进行任何有损山体的行为。②建设控制地带内,严禁开挖取土,严禁有污染、噪声的建设活动,对农宅进行建筑与环境的整治,农宅高度控制在2层以内,檐口高度控制在6.4米以内。

(3)留从效庙

留从效庙位于南门东侧,2009年被公布为福建省省级文物保护单位(批文:闽政文〔2009〕375号)。根据闽政文〔2009〕375号,留从效庙的保护范围为:四周10米范围,北至巷。对于建设控制地带没有明确划定。基于现状调研,其划定的范围边界没有考虑到城墙遗址的存在,管理难度大,需要调整。

调整后的保护范围具体为:以庙为核心,四周至村道中心线,用地面积为688平方米。建设控制地带的具体范围为:以保护范围为界限向东推进约31米,南至村道中心线,向西推进约10米,向北推进约20米,总用地面积为3 028平方米。

规划控制要求:①保护范围内,留从效庙的保护必须严格按照《中华人民共和国文物保护法》《中华人民共和国文物保护法实施条例》等法律法规。应加以环境的绿化美化,但一切行为须以保护文物主体为基础。②建设控制地带内,对农宅进行建筑与环境的整治,农宅高度控制在2层以内,檐口高度控制在6.4米以内,建筑风貌应与古村落风貌相协调。

(4)福全城墙遗址

福全城墙遗址2009年被公布为福建省省级文物保护单位(批文:闽政文〔2009〕375号)。目前遗址保存总体较好,西门、北门已经建造了城门与一段城墙,约100米,但其建筑形制严重有悖历史原貌,需要重新复建。东门至南门段遗址约740米,已经建满了农宅。其余地带遗址保存完好。

根据闽政文〔2009〕375号,福全城墙遗址的保护范围为:福全城城墙遗址两侧各10米。对于建设控制地带没有明确划定。基于现状调研,发现其划定的范围可操作性不强,管理难度较大,因此,需要调整。

调整后的保护范围的具体为:以城墙遗址为界限向两侧各约10米,用地面积为13 512平方米。建设控制地带的具体范围为:以保护范围为界限向内城推进约10米,南门局部地带推进约25米,外则向外推进约45米,局部地带推进约30米,总用地面积为90 621平方米。

规划控制要求:①保护范围内,城墙的保护必须严格按照《中华人民共和国文物保护法》《中华人民共和国文物保护法实施条例》等法律法规;与遗址安全性相关联的土地,其用地性质改为"文物古迹用地";不得进行任何与文物本体保护无关的工程建设;不得进行任何有损文物本体的活动,不得进行爆破、钻探、挖掘等作业;实施全套环境安全整治措施对侵占遗址的建(构)筑物全部拆迁;对于城墙的复建应严格遵循《中国文物古迹保护准则》,应遵循阶段性有序进行的原则,分步实施,杜绝急功近利的复建,而破坏遗存。②建设控制地带内,对周边农宅及其他建筑物、构筑进行综合整治,建筑物高度控制在3层以内,建筑造型须为传统式样或者石屋、番仔楼,风貌应与古村落风貌相协调。对于城墙外侧空地进行绿化。

3.8 建筑的保护与环境的整治

3.8.1 建筑的保护与整治模式

根据《历史文化名城保护规划编制要求》《历史文化名城名镇名村保护条例》等的规定,结合福全古村落现有的具体情况,将制定历史文化名村内建筑物的保护与整治模式,具体可分为以下八类,其中古村落内7类,新区1类。(如图9-7所示)

(1)修缮,是指对文物古迹、保护建筑的保护方式,包括日程保养、防护加固、现状修整、重点修复等。

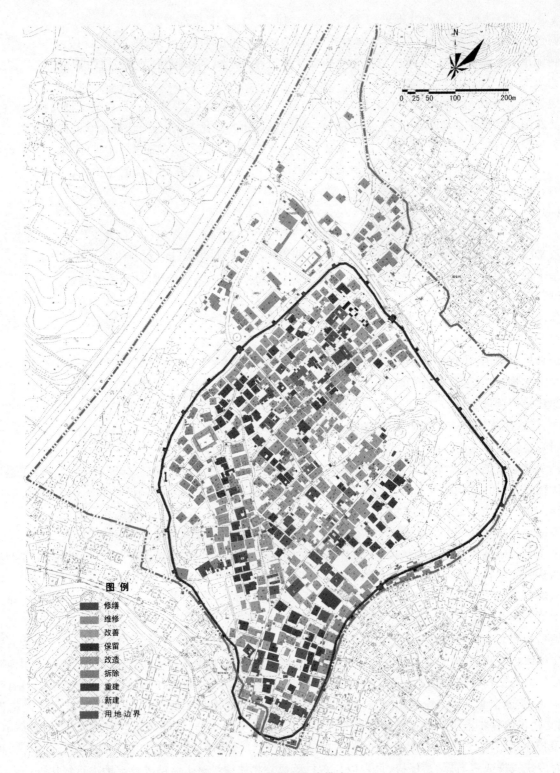

图例
修缮
维修
改善
保留
改造
拆除
重建
新建
用地边界

图 9-7   保护与整治模式

其适用范围为文物保护单位、保护建筑。

（2）维修,是指对历史建筑和历史环境要素所进行的不改变外观特征的加固和保护性复原活动。其适用范围为建筑格局、风貌和主体结构保存较好的历史建筑。

（3）改善,是指建筑格局、风貌和主体结构保存尚好的历史建筑,其中有些建筑已经相当破旧,有些建筑设施陈旧,难以适应现代生活需要。这些建筑及设施是构成村落历史环境的基质,在保持原有格局、结构和风貌的基础上予以修复,增加水电及卫生等设施,满足村民现代生活的基本要求。其适用范围为各类历史建筑。福全古村落内大部分历史建筑,特别是传统民居建筑及环境质量不佳,亟须修复改善。

（4）保留,是指对质量良好的石屋建筑、现代建筑的处理方式,这些建筑与古村落风貌基本无冲突,一般层数在2层及2层以下,且质量较好。其适用范围为重点保护区和环境协调区中的保留建筑均属此类范畴。

（5）改造,是指对福全古村落风貌有冲突的,但质量较好、难以拆除的现代建筑或石屋的处理方式。其适用范围为建筑质量较好,但风貌与传统风格有较大距离的新建建筑。主要进行立面整治和改造,并适当降低体量过大建筑的高度。

（6）拆除,是指对福全古村落风貌有冲突的,且破坏历史环境和空间形态的建筑的处理方式。其适用范围为在保护过程中指定拆除的破坏传统院落原有格局的建筑或其他与历史风貌不符的建筑物和构筑物。

（7）复建,是指重点保护区内有重要历史价值和相应历史依据,但现为遗址或无建筑遗存的,可根据《中国文物古迹保护准则》,即已损毁文物古建筑复建应参照文献依据和"同时期、同类型、同地区"实物佐证进行。其适用范围为重点保护区范围的古村落墙(含城门、月城、城墙、敌楼等)、蒋氏家庙。

其中对于城墙遗址,其复建的依据:首先,根据《晋江县志》记载"福全城……周六百五十丈,基广一丈三尺,高二丈一尺,窝铺十有六,为门四,建楼其上"。"永乐十五年……增高城垣四尺,并筑东西北三月城"。"正统八年……增筑四门敌楼"。其次,根据《八闽通志》载:"连女墙三丈一尺。"再次,参考同时期、同类型、同地区的实物,即惠安崇武。复次,结合口碑文献,了解了古村落的原貌、城墙的具体位置,月城的大小、式样,城楼的式样、雉堞、敌楼、马面的数量及相关尺度。最后,根据现存遗迹的勘测得知:城墙砖石的大小皆以1米左右长,24厘米见方的花岗岩条石纵横交叠垒砌,内以角石垒砌为内墙,中间夯土填实。城墙全长2 286米,宽4.8米。对于福全古村落明清时期的所城城墙将采取阶段性复建的策略,逐步恢复城墙、城门等,最终全部恢复城墙、城门等遗址。其阶段性的时序为:近期复建西门、北门城门、月城及其城墙;复建西门至眉山段城墙;其余地段原址保护,遗址四至用木桩或石块标识,并在东门、南门等地带立牌标识,说明城墙的概况。中期复建北门至东门城墙、东门城门、月城;其余地段原址保护,遗址四至用木桩或石块标识,并在东门、南门等地带立牌标识,说明城墙的概况。远期复建南门城门、城墙及与东门之间的城墙,拆迁南门至东门间侵占城墙遗址的所有农户及影响城墙建设的农户,拆迁户数为32户(包含建设控制地段内的农宅建筑)。在整个修复设计中依托文献记载,现状踏勘及访谈,以崇武现存古村落墙为参考对象。据此,城墙全长2 286米,城墙地基宽4.8米,城墙台面宽4米,城墙高6.5米,东、西、北城门设计月城,月城为方圆形,城门上设计城楼,为三开间歇山顶燕尾脊式样的城楼,红墙红瓦白色规带,双曲面屋顶。

（8）新建,随着人口的增加和村落规模的扩大,需要新建一些建筑,而保护古村落,复建城墙,保护三山等需要,要进行拆迁安置,由此,会新建一批建筑,所以在西门外、沿海大通道西部地块开辟为新村发展用地。对于新建这一类建筑应严格按照新村发展要求进行建设。在新建建筑上,建筑高度以6.4米为主,局部在9.6米以内,建筑风格应借鉴或运用传统建筑风貌或元素,建筑材料尽量采用传统木石、砖木结构形式。

3.8.2　保护建筑的保护措施

福全古村落留存有大量的传统民居,包括古厝、番仔楼、小洋楼、石屋等,对于这些建筑,需要进行价值评估,根据评估结论采用分级的保护措施,具体措施包括:修缮、维修、改善等。

保护建筑是指具有较高历史、科学和艺术价值,规划认为应按照文物保护单位保护方法进行保护的建筑物(构筑物)。[1] 历史建筑是指有一定历史、科学、艺术价值的,反映城市历史风貌和地方特色的建筑物(构筑物)。[2]

对于保护建筑与历史建筑评定,主要是基于建筑的建造年代、层数,院落完整性,建造材料,建筑形式,建筑风貌,建筑破坏程度与破坏速度及建筑所内含的人文历史信息等等因素,加以综合评估,最终进行综

---

[1]　引自:《历史文化名城保护规划规范》GB50357—2005)
[2]　引自:《历史文化名城保护规划规范》GB50357—2005)

合价值的分级。

综合价值分级包括:

价值高,即历史悠久、文化内涵丰富(如名人故居或具有特殊历史)、形制特别、格局完整的建筑物;价值较高,即整体保持传统风貌、格局比较完整,具有一定的文化内涵的建筑物;价值一般,即不具传统风貌,但也不影响传统风貌,可以保留的建筑物;较差,即不具传统风貌,对传统风貌有一定影响,但可通过较少整修,以协调传统风貌的建筑物;差,即具有破坏性,严重影响整个村落传统风貌的完整性的建筑物;或者,整修规模大或难以整修,以协调传统风貌的建筑物。

对于价值高的确定为保护建筑,价值较高的确定为历史建筑。

评估方法主要包括:现场调查,包括历史资料搜集、整理与分析;重点民居测绘,即对具有重要文化价值和典型空间形态的民居进行现场测绘;对所有民居建立民居档案;根据现场调查、测绘和民居档案分别进行建筑质量和文化价值评估。

3.8.3　环境要素的保护与整治模式

福全古村落内的元龙山、眉山、三台山、官厅池、下街池、龟池、城边潭、许厝潭、古井、古树、墙体、植被等等,都是古村落环境要素的重要组成部分。对于这些要素,需要制定保护、修整、更新、废弃、修复等方式加以保护与整治。

(1) 保护

其适用范围为现存自然历史环境要素。即:元龙山、眉山、官厅池、龟池、下街池、许厝潭、城边潭等水系主体、古井、古树名木及所有成形树木。具体措施要求为尽可能不改变要素原状。

(2) 修整

其适用范围为现存人工历史环境要素(即:桥、路面、院墙、水井等)。具体措施要求为原址保留,按照历史形貌、传统工艺、传统材料进行修复性整治,包括周围环境。

(3) 更新

其适用范围为需要改造的传统和非传统环境要素。具体措施要求为原址改造,按照使用功能要求和视觉协调效果进行。

(4) 废弃

其适用范围为形貌不协调的人工环境要素;对名村风貌造成明显不和谐作用的列为首批考虑对象。如一些露天的厕所、养殖家禽的棚屋等。具体措施要求为原址废弃,包括清除。

(5) 修复

其适用范围为现已不存的历史环境要素或者不完整的环境要素。如三台山大部分现已建造了农宅,需要修复。具体措施要求为修复要有充分的历史文献依据,并尽可能在考古勘查工作的配合下进行;允许原址重建,提倡使用传统材料、传统工艺、传统形式。

3.8.4　水系保护与整治规划

尽量保护历史环境的原有状态,加强对下街池、龟池、官厅池、许厝潭、城边潭、护城河、阔溪等水域周边环境及其水质的保护与整治。(见表9-5)

表9-5　福全古村落水系保护与整治措施

名称	占地面积 (平方米)	现状存在的问题	保护与整治措施
西门护城河	3 200	西门护城河水面多较小,且相互不联系。水质一般。据史料记载有两堀,现存一堀,堀西南部地势相对较低,且下雨后多积水成潭	梳理现有溪水,沟通水系,形成西门护城河,并架设石拱桥
下街池	690	水质较好,水面基本没有漂浮物;水中不见状如石燕的山丘;周边建筑物较为凌乱,与整个环境不协调。池东南视线开阔,景观效果较好	保护水体不受污染,禁止周边生活污染的排入。对西北角建筑物进行改造,超高建筑必须降层处理。保持池东南视线的开阔,并加强绿化美化建设

名称	占地面积（平方米）	现状存在的问题	保护与整治措施
龟池	953	水质较差,水面长满了水草,但岸线自然,植被生长良好。池东南视线开阔,景观效果较好	清理水面水草,使水池中状如石龟的小山丘露出水面,恢复"三山沉"之一
官厅池	3 828	水质较差,且气味难闻,水面水草茂盛,周边植被生长良好,四周视线封闭,有一条排污渠通入池内,池内不见状如水獭的小山丘	严禁一切有污染的水体流入,彻底改造排污沟渠,并将此改造为小溪。对官厅池中水体进行全部更换,清理池底被污染的淤泥,清理两岸植被,使得面朝元龙山处视线开阔,并使得池中小丘露出水面
许厝潭	465	水质较差,现已发绿,并且水量较少,四周山岩露出,颇具自然风景	更换潭中水,使得潭水清澈,并与沟通官厅池,以补充水量
城边潭	286	水质较差,现已发绿,潭南山岩露出,潭北部已建造农宅	禁止周边生活污染的排入,更换水体,清理岸堤,并结合眉山景区的建设,拆除侵占山岩的农宅,修复裸露的山岩
水关	108	北门水关水质较好,四周植被茂盛。南门水关水质很差,污秽不堪,并且局部已干涸,周边已经建满了农宅,环境较差	保护南北两门水关,对于北门水关加以维护;对于南门水关则结合南门广场建设,拆除南部农宅,禁止周边生活污染的排入,更换水体,清理岸堤
阔溪	16 832	水质较好,水面局部地段有漂浮物,但周边建筑物较为凌乱	保护阔溪,并结合"南门清溪"景点的建设,在阔溪入海口处建造拦水堤坝,使溪水水位提高,对两岸建筑进行整治

3.9　建筑高度与视廊控制

3.9.1　视廊控制

视廊控制的目的在于合理处理好古村落景观环境中的视线对景关系,使重要的景点(包括文物、保护建筑、历史建筑、古迹等)在视觉上得到突出和强化,并在此基础上保证古村落整体风貌的延续。

需要进行控制的视廊包括人流汇集处与重要景点之间的视廊、特色界面和特色传统视廊。针对古村落,则包括以下几条重要视廊:

(1) 人流汇集处与重要景点之间的视廊。主要包括:沿海大通道—西门、城墙;西门—北门街与西门街交汇点(碑刻、节寿坊);北门街与西门街交汇点(碑刻、节寿坊)—北门;全祠—朱王府宫;元龙山(关夫子庙)—朱王府宫;临水夫人庙—下街与泰福街交汇点;南门—庙兜街与后街交汇点;下街池(万军井)—下街。

(2) 特色界面,主要有:西门街、北门街、下街、泰福街、庙兜街等。

3.9.2　建筑高度控制

沿街特色界面,即沿街建筑高度控制在1~2层,一层建筑物檐口的高度控制为3.0~3.3米,二层建筑物檐口的高度控制为6.4米以下,建筑物总高控制为9.0米以下。另外根据《中华人民共和国文物保护法》的要求及特色视廊的保护要求,提出几项建筑高度控制要求:(如图9-8所示)

第一,点——文物古迹、山体、重要保护建筑周边高度控制。

凡文物建筑,要求严格遵守《中华人民共和国文物保护法》确保护其自身的高度维持原高;其周边建筑控制地带内的所有建筑的高度,应严格按照规划管理要求执行。

保护建筑、历史建筑高度维持原有高度不变,高度控制在1~2层内,一层建筑物檐口的高度控制为3.0~3.3米,二层建筑物檐口的高度控制为6.4米以下。

第二,线——重要视廊高度控制。

严格控制特色界面、特色视廊两侧沿街建筑的高度控制在1~2层;一层建筑物檐口的高度控制为3.0~3.3米,二层建筑物檐口的高度控制为6.4米以下,建筑物总高控制为9.0米以下。

沿街建筑后面的建筑,其高度控制以保证街巷传统风貌和视觉景观的完好为原则,控制在1~3层内,即一层建筑物檐口的高度控制为3.0~3.3米,二层建筑物檐口的高度控制为6.4米以下,三层总高度不得超过12.6米。

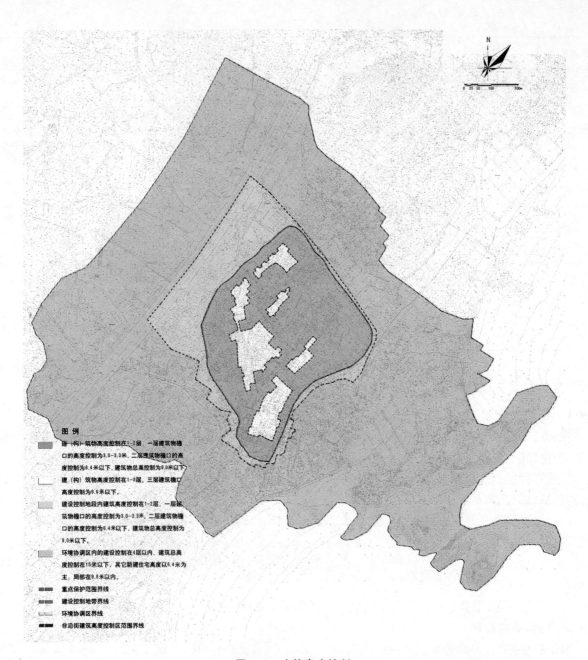

图 9-8 建筑高度控制

第三,面——村落高度控制

控制整个古村落内其他建筑的高度,高度控制在 1～3 层。三层建筑檐口高度控制为 9.6 米以下,总高度不得超过 12.6 米。同时保证整个古村落错落有致。严格控制古村落及其周边街区的新建建筑,保证由元龙山远眺特色景观界面。

3.9.3 古村落外围周边地区的高度控制

古村落外的高度控制主要指建设控制地段与环境协调区内的建设高度。

建设控制地段内的建筑高度控制在 1～2 层内,即一层檐口高度 3.0～3.3 米,二层建筑物檐口的高度控制为 6.4 米以下,建筑物总高控制为 9.0 米以下。

环境协调区内的建筑高度,特别是南门溜江村地段,传统建筑、番仔楼建筑高度保持现有高度不变,其他建筑则控制在 4 层以内,总高度不得超过 15 米。新建住宅高度以檐口 6.4 米为主,局部在 9.6 米以内。超过此标准的建筑予以改造或局部重建。

3.10　重要景观的保护与利用

福全古村落景观资源分为人文景观资源和自然景观资源两大类别。人文景观资源主要指村落内外人工建构的景观要素,包括传统建筑和构筑物(如水井、街巷路面、城墙等),也包括传统院落内外的树木植被。自然景观资源主要指村落内外自然山水及动植物系统。人文景观资源和自然景观资源沿视线通廊形成具有历史意义和文化价值的传统村落景观系统。要严格保护这些景观资源的轮廓、尺度、形式和种类,通过环境保护与整治,提高景观资源的质量。(如图9-9,表9-6、表9-7所示)

表 9-6　重要自然与人文景观的保护与利用

类型	名称	位置与范围	现状景观特点	保护、整治与使用方式
重要人文景观	福全村村口	村口主要指西门口	在沿海大通道与西门之间,现有护城河遗址(部分有水),大堀与西祀坛宫,并且西侧植被丰富,东侧服饰厂内留有较大面积的水域	拆除沿海大通道至西门、城墙间的所有房屋(西祀坛宫移建福全广场东侧),开辟村口福全广场,恢复西门外部分水系,并建造石拱桥,结合旅游配套服务中心建造迎恩亭,营造福全入口景观节点
	西门街	自西门至北门街,长145.67米	沿街留有杨王爷宫、节寿牌坊遗址、黄氏祖厝等。北侧紧邻蒋德璟故居	恢复街道条石铺地,沿街建筑立面进行整治,清除垃圾,修复节寿坊,并结合碑刻建造福寿广场;其次,结合蒋德璟故居的修复,开辟故居西入口小广场
	北门街	北门至后街,长373.44米	沿街留存有翁思诚故居、全祠、林氏家庙、林氏宗祠、蒋德璟故居、遗功祠、八姓公宫、蒋氏宗祠等	恢复街道条石铺地,沿街建筑立面进行整治,清除垃圾,开辟历史文化旅游线路
	下街	古村落中部,长252.28米	沿街留存有临水夫人庙、刘氏祖厅、吴氏祖厝等。古街两端均紧临古村落山地,即东为元龙山,西为眉山	恢复街道条石铺地,沿街建筑立面进行整治,整治下街池,整治万军井周边环境。沿泰福街与下街交叉点处结合吴氏祖厝整治环境,并进行绿化美化
	太福街	古村落中部,长198.87米	沿街留存有土地公宫、张氏祖厝、吴氏祖厝、陈氏祖厝等。东端以朱王府宫为起点,西端以全祠结尾,沿途古厝留存丰富,景观效果较好,空间有张有弛	恢复街道条石铺地,沿街建筑立面进行整治,整治全祠前环境,结合翁思诚故居、陈氏祠堂形成"万家寻宗"景观节点。沿太福街与下街交叉点处结合吴氏祖厝整治环境,形成景观节点
	庙兜街	古村落东部,长470.35米	该街巷是古村落古厝相对集中的街道,沿街留存有元龙山关帝庙、许氏祖厝、陈氏祖厅、尤氏祖厝、私塾、下关帝庙、枪楼等。古街两端北接元龙山,南接南门土地庙	恢复街道条石铺地,沿街建筑立面进行整治,元龙山关圣夫子庙前进行环境整治;沿街结合祖厝整修,形成相对完整,以传统风貌为特色的街巷
	文宣街	古村落中部,长112.80米	该街道比较短,沿街留存有何氏祖厝、舍人公宫、苏氏祖厝等。街道南北两端空间开阔,中间相对封闭狭小,空间变化丰富	恢复街道条石铺地,沿街建筑立面进行整治,结合北端张宅整修,形成景点节点
	古井	古村落内共98口	与传统院落、街巷一同构成村落的民俗性景观,具有浓郁地方特色	保护所有古井,整治古井周边环境,美化、绿化,形成福全古井景点
重要自然景观	碎石山	福全村正对之山岭	山势较平坦,但绿意盎然,是出西门的远景	加强绿化,搬迁采石场,开辟步行山道,供游人登至山顶,远看古村落
	东门绿园	位于东门外	是联系古港与古村落的绿色纽带,植被繁茂,景观优美	在原有道路的基础上,略加以拓宽,路面以条石铺设,形成能够通行太阳能电动车的"港城古道",加强古村落与古港的联系。道路两侧保持原生态,局部加强乔木与花卉的种植
	阔溪	古村落南部,溜江村内	河道蜿蜒,溪水较为清澈	在阔溪下游修建堤坝,提升阔溪水面,并加强两侧房屋整治,严禁一切污染排入水体
	池、潭	官厅池、下街池、龟池、许厝潭等	这些水池具有典型的"三山沉"的自然景观特色	融入元龙山景区,并成为景区的一个景点。对于这些要以保护为主,保护其池潭形状,对水质进行处理,使之清澈。同时,结合景区建设,开设亲水码头

表9-7　福全自然与人文混合景观的保护与利用

名称	位置与范围	现状景观特点	保护状况	保护与使用方式
滨海古港	村落东北滨海处	为一原生态的滨海沙滩,曾是唐至明初海上丝绸之路的古港之一,也曾是抗倭的古战场	保存较好	维持现状,保护现有植被与原生态的环境,局部点缀景观类建筑,逐步成为旅游发展的重要景点之一——滨海古港
元龙山石刻	村落东北,占地约4.62公顷	自然山地,且山岩上刻有明代石刻,人文气息浓厚,山顶建有关圣夫子庙,山地自然植被丰富,东留有2处无尾塔(村民自行复制建造),站在山顶可远看古港大海,近观古村落。周边聚水成池、潭,岸边树木茂盛,元龙山周边其他地块为农田、旱地,自然、朴素,田园情趣浓厚	保存较好	进行绿化美化等,西部将排污渠道改造为小溪,局部点缀小品等,官厅池绿化美化,局部地带修建亲水平台、小桥,许厝潭边建造"读书处",山顶结合原观景亭,补种古树,形成"元龙听潮"景观节点,整个景区添加其他配套基础设施,使之成为古村落内重要的(旅游)景点
眉山烟寺	村西南	建有城隍庙、妈祖庙与报功祠	保存较好	维持现状,保护通视走廊,对于夹在城隍庙与妈祖庙间的民宅与庙周边的简陋的石屋进行拆除,整治局部环境。形成"眉山烟寺"(旅游)景点
三台禁约	村西	山势较为平坦,山麓南处堆有山岩,上有石刻,自然且人文气息浓厚	山体已遭破坏	整治环境,拆除侵占山体的建筑,加强乔木的种植,绿化美化山林。形成"三台禁约"(旅游)景区

图9-9　元龙山、官厅池周边环境整治效果图

3.11　道路交通规划建设

(1) 总体策略

保护福全古村落丁字街的传统街巷系统,在保证重点保护区不受机动车交通干扰的同时,提高村落的交通可达性,并满足村民日常生活需要与突发事件救急需求。

福全古村落交通的发展,在能源上应充分利用太阳能、滨海的风源资源,严禁因交通而随意排放尾气。大力提倡太阳能电动车、风力发电设备。

加强交通管制,除了本村小型机动车辆及满足村民日常生活需要,解决突发事件救急需要外,其他车辆一律不得进入村落内部。

（2）道路交通规划

第一，主要机动车道路(可以通行旅游汽车道)。

内环路——结合城墙建设，在城墙内侧形成环古村落的机动车道路，路宽10米，局部8米，路面为黑色沥青路面。

福垵路——沿古村落墙外侧北门外，福全与后垵村之间，路面宽控制在10米以内。

福留路——沿古村落墙外侧，东门至南门(溜江村)段路面宽为7米，南门(溜江村)至沿海大通道段，路面宽10米，黑色沥青路面。

第二，步行道路。重点保护区内的其他传统街巷均保持传统街巷的尺度，街巷地面改为石板铺地，街巷以步行为主，并可通行手推车、自行车、太阳能电动车等，严禁通行机动车(本村小型机动车辆可以通行，紧急情况可以通行消防车、救护车等)。

北门街改造

（3）传统街巷保护与空间整治要求

对于传统街巷，其保护内容主要包括：①保护传统村落街巷格局、尺度。②保护传统街巷的构成要素和环境要素，包括传统民居院落、围墙、建筑结构、建筑色彩、立面、台基、地形、道路铺地及绿化、水井等。③在保证历史风貌完整性的前提下，利用现有的一些村落空地改造为广场或开放空间，为居民生活及旅游事业的开展提供便利。④重点保护范围内的机动车交通实施严格控制，除必要和紧急情况外，除本村小型机动车辆外，原则上机动车不进入保护区，在重点保护范围内以停放太阳能电动车为主，居民自用停车场则结合公共空间设计设置在建设控制地带内。旅游停车场设置在西门沿海大通道北端，为旅游专用生态停车场。

庙兜街改造

对于村落传统街巷空间中，涉及重点保护范围和重要景点街巷及沿街建筑的环境整饬，整治则主要包括：①保持空间尺度。除特别规定外现有传统街巷和便道均保持现状宽度。②保持空间构成。道路两侧院墙、绿化维持现状。如需修复颓塌的院墙，则仍采用传统块石砌法。③沿街立面整饬。采用传统做法。墙体以木、块石、红砖为主要材料，建筑以1～2层为主，坡屋顶。④道路铺面修复。传统街巷铺地采用传统块石或卵石铺砌。新修道路亦采用块石铺砌。⑤起路名编门号。所有道路街巷须根据村落历史文化典故或景观特色起路名，所有院落住宅根据所在道路街巷编号，便于统一管理。⑥道路标志。所有道路街巷入口设置明显标志。⑦设置路灯。所有线路埋地。主要道路每隔20～30米设置传统形式路灯一盏，路口增设一盏。(如图9-10所示)

西门街改造

图9-10 街巷改造与整治效果图

4　福全古村落的旅游发展规划

4.1　福全古城旅游资源的分析

4.1.1　地域资源概况

福全古村落位于晋江市的西南沿海,晋江市位于福建省的西南沿海,而福建依山傍海,风光绮丽,无山不奇,无水不秀,素有"东海仙境"之美誉。其最大特点是"山海一体,闽台同根,民俗奇异,宗教多元"。从旅游收入、旅游总人数、外国游客数的总量和增长情况来看,海西几个省份中浙江、福建、广东旅游实力较强。这为福全古村落的旅游发展创造了较好的外部环境。从旅游资源来看,福建旅游资源比较丰富,且拥有全国范围内稀缺的海滨旅游资源。然而目前海滨旅游开发整体水平不高,许多资源处于待开发或初步开发阶段,前有广东、上海、浙江遥遥领先,后有山东紧追在后,福建省应清楚地看到海滨旅游所蕴藏的巨大潜能,充分发挥其资源优势。

首先,福建旅游业发展的经济社会条件优良。经过多年的努力,福建省已逐步实现了从旅游资源大省向全国旅游大省的跨越,旅游业也从第三产业的先导产业成长为国民经济支柱产业。现在,旅游业已被福建省确立为六大重点发展产业之一。另外,近几年来,"海峡西岸旅游区"是国家旅游局"十一五"规划纲要中优先规划和重点建设的12个旅游区之一,其目标是立足西岸,对接东岸,携手共创旅游平台,打造世界级旅游目的地。

其次,泉州是国家首批公布的历史文化名城,也是福建文化、经济中心。东临台湾海峡,港湾曲折,岛屿罗列,是闽南经济开放区、对外开放港口。泉州历史悠久,人文荟萃,风景名胜,文物古迹多姿多彩,素称"海滨邹鲁"。在福建省,泉州的山海资源、文化资源都具有较强的竞争力。相比省内其他城市,泉州的经济产业集群已比较成熟,而且拥有独特的对台区位优势,因此,泉州有条件在海峡西岸旅游区中扮演重要的角色,成为海西旅游区的龙头。

再次,从整个晋江市域而言,晋江市位于我国东南沿海泉州地区,旅游地理环境优越,旅游资源特色鲜明,旅游业发展的经济社会条件优良。另外,根据《福建省旅游业发展总体规划》,福建省可划分为五大旅游区、四大旅游中心。晋江市紧邻省级旅游中心城市泉州、厦门和福州,同时联结闽南旅游区的重要旅游城市漳州、莆田,是闽南金三角商贸滨海旅游区的重要组成部分,同时还是《规划》确定的"重点旅游县市"。在《规划》确定的八条重点旅游线路中有三条(即"泉州海上丝绸之路游"、"闽台同根亲情游"和"妈祖圣地游")均以晋江市为重要节点。这些有利的条件都为福全古村落旅游的发展奠定了良好的外部空间。(见表9-8)

表9-8　福建省旅游区域划分(五大旅游区)

五大旅游区	区域中心/重点	区域特色(功能)
闽中商务休闲文化旅游区	福州、莆田	观光休闲、宗教朝圣、商务会展、科考科普
闽北绿三角生态旅游区	武夷山、南平、三明	绿色生态、观光度假、科普科考、文化旅游
闽南金三角商贸滨海旅游区	厦门、漳州、泉州	滨海旅游、商贸会展、文化旅游、宗教朝圣、观光度假
闽东山海畲乡民俗旅游区	宁德市	民俗旅游、观光度假
闽西客家文化红色旅游区	龙岩市	客家土楼、红色旅游

4.1.2　福全古城旅游资源价值分析与评估

在旅游方面,参照国家质量监督检验检疫总局颁布的《旅游资源分类、调查与评价》(GB/T 18972—2003)中有关旅游资源的分类方案,结合福全现存的这些历史文化遗存,则可以归纳为:地文景观;水域风光;天象和气候景观;遗址、遗迹、建筑与设施;地方旅游产品;人文活动等,对此加以价值分析。(如表9-9所示)

表 9-9　福全古城旅游资源价值分析与评估

主类	基本类型	资源名称	价值分析	旅游价值评估
A. 地文景观	岸滩	古港处海滩	属于小型里亚斯海岸,未受污染,景观优美	高
	岩礁	古港		
B. 水域风光	观光游憩海域	古港	海域海水未受污染,海岸线曲折变化丰富,涌潮澎湃、激浪较大	较高
	涌潮现象	古港		
	激浪现象	古港		
C. 生物景观	林地	古港滨海处,西门沿海大通道西侧,古城墙遗址东北段	生长茂盛,规模普遍较小,树种单一	一般
D. 天象与气候景观	日月星辰观察地	古港、南门、元龙山、眉山、西门	观察视线较好,开阔	高
	避暑气候地	福全	夏季海风凉爽,雨量充沛	高
E. 遗址、遗迹	历史事件发生地	福全抗倭古城、海上丝绸之路起点重要组成部分	古城遗迹保存较好,历史事件较多。所城格局较为完整	高
	所城	福全古城		
F. 建筑与设施	宗教与祭祀活动场所	林氏家庙、临水夫人庙、城隍庙、妈祖庙	庙宇众多,内容丰富,活动频繁	高
	景观观赏点	元龙山、西门、眉山、三台山等	景观观赏点丰富,类型多元	较高
	塔	无尾塔	总体保存较好,建筑历史悠久,具有较高的科学与艺术价值,并且多数都在利用	高
	城	古城		
	石刻	元龙山石刻、碑刻、三台山禁约等		
	传统与乡土建筑	传统民居、番仔楼		
	名人故居	蒋德璟故居、翁思诚故居		
G. 地方旅游商品	水产品及制品	海鲜、鱼丸	鲜美	一般
	日用工业品	服饰	为私有小企业,服饰较为大众而普通	一般
H. 人文活动	人物	蒋德璟、蒋君用、翁思诚等	具有一定的社会影响力,并对福全古城的发展起到了关键性作用,是福全历史的代表人物	高
	地方风俗与民间礼仪	晋南民俗	具有一定的地域特色,并且保存较好,内容丰富,工艺精湛	高
	民间节庆	春节、妈祖生日、集体出海首航仪式等		
	民间演艺	高甲戏、御前清曲南音社、"玉成轩"布袋戏、大鼓吹、福全"内帘四美"嘉礼戏、纸扎工艺		

4.1.3　福全古村落旅游开发 SWOT 分析

（1）优势（Strength）

福全古村落位于福建省泉州市所辖的晋江市金井镇,从全国范围上看,福建省位于我国的东南沿海,是我国经济水平最为发达的地区之一,同时也是我国对外开放的前沿地带;从省区范围来看,泉州市是福建省经济最为发达的地区,也是福建省 GDP 最高的地级市,而晋江市则是福建省 GDP 最高的县级市;从经济发展水平和地理区位条件上看,福全古城位于福建省经济最为发达的地区,进行旅游开发的地理区位条件和配套的各项基础设施条件优越,因此进行旅游开发的起点较高。

2007 年,福全古村落被评为"国家历史文化名村",其现有的大量历史和文化遗存不仅数量众多,而且种类丰富。最为可贵的在于这些遗存本身保存较为完好,进行开发的原真性很高,而且得益于村民对这些遗存的自发保护,使得这些遗存周边自然和社会环境条件良好,对其有负面影响的人为和自然破坏因素较少。从旅游资源的角度上看,福全古城具有很高的开发价值。同时作为第三批,也是闽南地区第一个国家级的历史文化名村,"国家历史文化名村"的称号更是成为福全古城在进行旅游开发中必须要利用起来的一项重要无形资产。

福全古村落民风淳朴、尚德尊孝之风延续至今。村中百姓和众多乡贤热爱家乡,建设家乡的热情很高,而且全都积极投身于福全古城的保护和开发工作中。

福全古村落作为我国著名的侨乡,从这里走出去在海外异乡获得成功的华人华侨很多,这些华人华侨及其后裔同样继承了福全古村落尚德尊孝之风,虽身处海外,却仍心系故土,经常通过各种方式为建设家乡出力。同时由于福全古村落的侨胞大都长期居于海外,不仅有较多的后裔子孙,而且在其所居之地都有一定的社会影响,海外关系广。因此,福全古城进行旅游开发必然会获得村民和海外侨胞的全力支持,能够吸引大量侨胞积极参与其中,在吸引和利用海外资金方面具有很大的优势,同时也使福全古城拥有大批的旅游潜在市场。

(2) 劣势(Weakness)

从福全古城的现状来看,其旅游开发尚处于起步阶段,与之相配套的餐饮、住宿、旅游接待服务等一系列的基础设施都还非常缺乏,特别是从金井镇到福全古村落还没有直达的客运路线,进行旅游开发最基本的条件如不尽快完善,将会对福全古城的开发带来相当大的负面影响。

福全古城虽然拥有数量众多和质量较高的可开发旅游资源,但这类旅游资源从质量分级上看大多属于二三级旅游资源,缺乏具有较高独特性或珍稀性的旅游资源作为主要的开发亮点(如崇武之城墙、泉州之海上丝绸之路文化及遗迹等)。另一方面,虽然福全古村村民已经开始重视到对于这些历史遗存的保护,但是由于缺乏相关专业知识和技术的指导帮助,同时也缺乏较为科学的管理措施,因此福全古城内的历史遗存仍然面临着被破坏的威胁。

福全古城遗址范围和现有福全古村落的行政区范围大部分重合,大量的历史遗迹都位于村民的日常生活活动范围之内,进行旅游开发的难度较大。同时由于村民生活习惯的负面影响以及村内排水、垃圾处理等设施的不完善,使得整个古城内的居民生活污水、生活垃圾以及牲畜粪便等对正常的生活环境都造成了较大的破坏,如不尽早改善,则将不利于今后的景区开发与旅游发展。

(3) 机遇(Opportunity)

2008年台海关系得到极大改善,台湾当局表示开放大陆人赴台旅游;国家旅游局明确提出将海峡西岸列入全国"十一五"期间十二大重点旅游区之首,着力打造"中国东南沿海旅游繁荣带",携手台湾打造"海峡旅游"品牌;此外,作为第三产业中的龙头产业,旅游业在世界经济中起着至关重要的作用,成为我国GDP核心增长点之一。闽南金三角地区无论从民间信仰文化、宗教文化、地方文化方面,都与台湾地区保持着紧密的联系,而旅游节庆活动作为闽台文化交流在旅游产业中最直接的外现形式,呈现良好发展趋势,截至2012年,两岸节庆活动已达31个,其中国家级5个。闽台两地旅游活动的开展,在政治、经济、文化方面都打下了坚实的基础。

晋江市获批国家体育产业基地,而该基地也位于福全古村落所在的金井镇。按照其"体育用品做龙头,健身娱乐做网络,竞赛表演做特色,园区建设做风格,扩大合作做贡献"的整体思路,福全古城在旅游开发的过程中应该紧紧抓住建设国家体育产业基地这一重要机遇,逐步实现其从依托本身历史文化到体育产业、海洋产业进行旅游开发的多元发展。

从目前国内旅游的发展趋势上看,观光游仍然占据较大份额,但依托文化资源的休闲度假旅游市场也呈现出高速发展的态势。按照国际上旅游发展的趋势,休闲度假旅游将成为旅游发展的主要市场。福全古城拥有所城文化、闽南民间艺术文化、宗族文化等大批内涵丰富的文化旅游资源,因此在进行旅游开发的过程中,可以根据景区生命周期的不同阶段实施不同的文化品牌开发战略,以实现多元文化品牌的可持续开发。

(4) 威胁(Threat)

由于福全古城尚处于旅游开发的起步阶段,因此较于成熟的旅游景区来说缺乏鲜明的市场形象和品牌特征(如桂林的自然山水、丽江的休闲和小资情调等),而品牌形象的缺乏将使整个景区的市场推广和营销等方面受到很大的负面影响。

历史上的永宁卫和其下属的福全等五个所城至今除中左和高浦外,均有一定的遗迹留存,从目前的开发程度和发展水平来看,崇武所城的开发程度已经远远高于永宁卫城和其他所城,并且已经形成了一定的产业规模和健全的市场营销网络。由于崇武古城和福全古城的众多相似性,因此在进行旅游开发的过程中势必出现竞争的局面。除此之外,随着台湾旅游市场的开放,金门所城也将成为福全古城旅游开发的另一个竞争对手。

福建省是我国的旅游大省,省内旅游资源丰富且各具特色。泉州是福建省旅游产业最为发达的地区之一,同样也拥有很丰富多彩的旅游资源,其中以海上丝绸之路为代表的历史文化资源和以南音、木偶戏为代表的闽南民间艺术最为抢眼。由于整体旅游产业的发展水平较高,旅游区数量较多,因此福全古城这一新兴旅游景区想要同福建省和泉州市内现有的不同层次和类型的旅游景区争夺有限的市场份额,必然还将面临更加严峻的挑战。

由于福全古城内的历史遗迹缺乏科学有效的保护措施与管理机制,使得古城内村民的日常生活会间接地对这些历史遗存造成永久性的伤害(如前文论及的西门违法违章建设事件以及蒋氏节寿坊的残留部件因为缺乏有效保护而使得其石刻花纹受到严重破坏等)。(见表9-10)

表9-10　福全古城 SWOT 分析归纳

优势:	劣势:
1. 位于东南沿海,地理区位条件和经济条件优越,开发起点高 2. 作为国家级历史文化名村,其丰富的历史文化资源具有极大的旅游开发潜力 3. 海外关系众多,能吸引较多海外投资和海外游客 4. 现存历史遗迹种类丰富,数量较多,且保存较为完好,原真价值很高 5. 周边自然条件良好,受人为破坏等因素影响较少 6. 本地村民以及海外侨胞热爱家乡、建设家乡的热情很高 7. 海外侨胞多	1. 旅游开发滞后,相关配套基础设施建设落后 2. 缺乏具有极高独特性价值的旅游资源作为开发的主体和亮点 3. 对于历史遗存缺乏妥善的保护和管理措施 4. 古城内生活环境较差,人为造成的环境污染较为严重 5. 古城遗址范围同现有居民生活范围重合较多,开发难度大
机遇:	威胁:
1. 台海两岸关系改善带来的众多机遇 2. 晋江市国家体育产业基地建设有利于以福全为中心带动周边村落依托海洋进行体育旅游、海洋旅游等项目的开发 3. 国内文化休闲旅游市场的快速发展 4. 福全古城的文化内涵丰富,进行多元文化品牌开发的市场空间以及潜力巨大 5. 政府部门的政策和战略性支持	1. 没有市场形象和独特的品牌特征 2. 周边同质或相似旅游目的地的竞争 3. 省市等区域内部各旅游目的地对游客的分流 4. 古城居民日常生活对各类历史遗存造成的永久性损害

4.2　旅游发展定位与发展重点方向

福全古村落位于晋江市域西南部,处于深沪湾国家地质公园的围头湾景区的中部,是地质公园的重要组成部分,具有很高的旅游价值。在加强文化遗产保护的前提下开展一定程度的旅游,对促进村落社会经济的健康发展,提高村民的保护意识,改善环境,都有明显的积极意义。

整个深沪湾、围头湾区域属于小型里亚斯海岸,未受污染,景观优美,且海底古森林地质遗产更是独一无二,是其特色所在。因此,福全古村落的旅游发展必须以海底古森林及滨海型的国家地质公园为依托,其旅游发展应服从深沪湾国家地质公园的规划,以文化旅游和生态旅游作为福全村旅游发展的主要方向,强调村落历史文化与自然环境结合所形成的人文景观。

福全古村落旅游开发定位:立足国内,面向台海,以文化旅游(闽南古迹游)、军事旅游和生态旅游为主要发展方向,集修学、会议、学术研究等多元化发展为一体的新型休闲度假旅游胜地。

福全古村落旅游产业发展重点方向:文化旅游、军事旅游、休闲度假游、寻根谒祖游。

4.3　旅游发展策略

全面展示福全古村落独特的历史文化和自然景观是旅游发展的核心内容之一。其中,抗倭所城的历史人文是推动整个村落发展的重点所在,也是创造优秀物质与非物质文化遗产的重要因素之一。因此,首先须结合围绕整个村落总体布局,突出所城的物质与非物质文化遗产在旅游发展中的体现。

其次,要突出形象。福全古村落的旅游形象要有自己的特色、鲜明的主题、无穷的魅力,才能吸引众多的旅游者,增强旅游目的地的吸引力,为此:①应以创新及科技观点,深探福全文化渊源,诠释古今及未来闽南海洋文化;②多元化活化利用古所城内山、水、城、房等资源,打造家庭与商务旅游热点;③打破边界,探寻与周边资源的联动,形成整个晋江沿海地区度假、养生、运动、文化的大旅游带。

再次,强调文化遗产的保护。任何旅游资源从某种意义上说都是不可替代的,都具有唯一性,因此,必须坚持文化遗产保护第一的原则。

4.4 所城的旅游展示

能够充分体现所城的物质遗产主要有:军事设施,官署设施,寺庙,民居,配套基础设施等。非物质文化遗产有:卫所文化(抗倭文化),地方宗教文化,地方民间文艺,地方宗族文化等。(见表 9-11)

表 9-11 所城的旅游展示的具体内容与途径

类型	内涵	依托内容	规划设计内容	展示途径
物质文化遗产	军事设施	城墙、护城河、中军台、军营、校场(演武场)、瞭望台、古战场(船场)等	复建城墙、东西北三月城,部分恢复护城河。结合元龙山景区建设,在元龙山西北布置中军台、军营与校场;在南门城墙处结合妙高远眺区块布置瞭望台;在古港处立碑明示古战场,古船场为主及其相关历史信息	结合二带中的古所海角风情带,三片中的所城英杰片及其五区中的元龙绿潭、眉山烟寺、妙高远眺区块,十三穴等加以展示
	官署设施	官署(所治),铁局,旗纛庙等	在万军井、打铁井附近立牌标识官署、铁局与旗纛庙的概况。结合蒋德璟故居形成所治展示馆,以展示福全所城发展历史、抗倭历史及其相关所城的故事等	
	寺 庙	城隍庙、土地庙、观音庙、关帝庙及十三境保护神庙等	对现有城隍庙、土地庙、观音庙、关帝庙及十三境保护神进行保护,整治周边环境,并立碑标识说明相关历史文化的信息。同时,结合环境的整治,通过铺设、小品等强化其所城文化底蕴	
	民 居	蒋德璟故居,翁思诚故居,蒋氏家庙,林氏家庙与宗祠以及祖厅祖厝等	修复蒋德璟故居、翁思诚故居、林氏家庙与宗祠、许氏宗祠以及保护建筑与历史建筑中的祖厅祖厝等。复建蒋氏家庙。整治福全所城中传统建筑的周边环境	
	配套基础设施	万军井、打铁井、粮仓等	保护万军井,打铁井及其他古井,整治周边环境。结合元龙山景区建设,在景区北部校场南布置粮仓 5 座,并在旁立碑标识福全仓的历史文化等相关信息	
	其 他	石刻、古树等	按照文保单位的相关要求保护福全所城内的石刻、石碑,整治周边环境,修复节寿坊,保护蒋德璟故居北侧庭院内的古树	
非物质文化遗产	卫所文化(抗倭文化)	相关所城的文献资料、故事传说。相关抗倭的文献资料、故事传统及其一系列与所城有关的传统工艺、曲艺等	以整个福全古村落作为展示对象,将福全古村落建设为卫所文化园。重点以所治展示馆为核心,结合蒋德璟故居、蒋氏家庙、遗功祠以及校场、军营、瞭望台等,形成所城核心展示区。同时,对现有街巷、民居进行建造的保护与整治,对环境进行整治、美化,配套相应的基础设施与旅游服务设施	结合二带中的古村文墨情带,三片中的万家寻宗、儒香佛影片加以展示
	地方宗教文化	相关地方宗教文献资料、故事传说及宗教活动等	以妈祖庙为基础,结合福全寺庙,如临水夫人庙、元龙山关圣夫子庙等形成闽南民间信仰文化研究中心,该中心致力于闽南民间信仰文化的研究及开发	
	地方民间文艺	"玉成轩"布袋戏、大鼓吹、"内帘四美"嘉礼戏、纸扎工艺、御前清曲南音、高甲戏等	将现福全村委会大院改造为闽南非物质文化遗产保护中心,中心设计项目内容包含:①以展示闽南地区非物质文化遗产的历史沿革,发展历程以及相关物件等。②将现有的各类民间艺术的传人和民间艺术团体组织起来,对传统的演出方式和曲目内容进行适当的改编,并定期在本中心开展一系列的文艺演出或宣传活动	
	地方宗族文化	修宗谱、立宗祠、建族墓、设义塾义田、举族合祭等	以太街街为轴,以全祠为核心,将两侧祖厝、家庙、宗祠等串联起来形成宗族文化展示馆,以展示馆的形式展示闽南宗族文化的相关内容	

4.5　福全古村落旅游项目策划

4.5.1　古所文化园

本项目是福全古村落的主题形象工程,也是福全古村落最重要的项目。本项目以整个福全古村落作为展示对象,将整个古村落打造成为集休闲娱乐、文化教育为一体的开放式公园,重点以所治展示馆(蒋德璟故居)为核心,结合蒋氏家庙、遗功祠以及校场、军营、瞭望台等,形成所城核心展示区。同时,对现有街巷、民居进行建造的保护与整治,对环境进行整治、美化,配套相应的基础设施与旅游服务设施,这样既能为游客提供舒适的游览环境和项目,又能满足古村落内居民的正常生活,最终目的是将福全古村落打造成与丽江、平遥齐名的"闽南活所城"。(如图9-11所示)

图9-11　所治展示馆(蒋德璟故居)修复效果图

4.5.2　闽南非物质文化遗产保护中心

本项目主要以保护和开发闽南地区非物质文化遗产为目的,特别是民间戏曲艺术等一大批面临失传威胁的非物质文化遗产。项目内容分为三部分:第一部分主要以展示闽南地区非物质文化遗产的历史沿革、发展历程以及相关物件等。第二部分着重非物质文化遗产的妥善保护,将现有的各类民间艺术的传人和民间艺术团体组织起来,对传统的演出方式和曲目内容进行适当的改编,使之适应现代文化市场的需求,并定期在本中心或者外出进行文艺演出或宣传活动。第三部分的着眼点是文化的传承,也是本项目最重要的部分。本中心应该与教育机构相互配合,将其开发成为泉州乃至福建省的学生课外素质学习基地,通过暑期夏令营等一系列活动,提高青少年对于传统文化艺术的认识和兴趣,这有利于非物质文化遗产得到更好的传承和发扬,同时也有利于将其打造成为福建省修学旅游的第一品牌。

该项目主要是在现福全村委会的大院内开展,即将村委会改造为保护中心,并将一楼两侧房屋改造为地方艺术乐园,供村民及游客体验、感受,以此形成"研、学、乐"结合的旅游项目。(如图9-12所示)

图9-12　非物质文化遗产中心

4.5.3　闽南民间信仰文化研究中心

本项目以妈祖庙为基础,结合福全寺庙,如临水夫人庙、元龙山关圣夫子庙等,致力于闽南民间信仰文化的研究及其开发。对于闽南民间信仰文化的深入研究,不仅有利于推进该领域学术研究,同时有利于更好地促进台湾海峡两岸的文化交流。台湾与大陆,特别是福建沿海地区文脉相连,神源相投。每年有大量的台湾游客返回大陆进行宗教访问旅游。而福全的临水夫人庙、元龙山关圣夫子庙等在台湾乃至整个东南亚地区都具有较大的宗教影响力,以此作为契机,建立闽南民间信仰文化研究中心,既有助于福全开发宗教访问和朝拜旅游,也利于闽南甚至整个东南地区民间信仰文化的深入研究和发展。本项目主要以相关文化发展,历史沿革的展示,开展文化宣传讲座等为主。应该定期举办相关文化交流或者文化研讨会,带动和推进会议旅游的发展。

4.5.4　闽南宗族文化展示馆

该项目以太福街为轴,以全祠为核心,将两侧祖厝、家庙、宗祠等串联起来形成宗族文化展示馆,以展示馆的形式展示闽南宗族文化的相关内容。同时抓紧修复福全所内现有各家族的古厝、家庙、祠堂等具有历史意义和宗族意义的建筑与之相配套。前期主要市场对象是与福全现有各姓氏家族有宗族关系的外迁人士、港澳台胞以及海外侨胞,还包括曾居于福全但已经外迁的姓氏家族,以寻根谒祖游为主要旅游项目。尽量吸引更多的港澳台胞以及海外侨胞回福全定居,同时配合海滨休闲度假旅游开发,将福全打造成为海外人士回国定居、养老和度假的首选之地。(如图 9-13 所示)

4.5.5　海滨度假区

深沪湾—围头湾对台滨海休闲旅游区项目是泉州市旅游重点开发项目。从地缘上看,围头距离金门最为接近,将其作为开发的节点最为合适。但是另一方面,深沪湾—围头湾的海岸线较长,基本上处于原生态的未开发状态,而深沪和围头刚好处在整条海岸线的两端,因而在开发深沪湾—围头湾一线时必须有一个中心节点连接两地,作为整个旅游区的中心服务区,避免出现两头快速发展而缺乏有效联系引起的整体性破坏。福全古村落一方面处于整个海岸线的中心地段,极具地利条件;另一方面由于福全古村落历史上在这一地区具有较大的社会、经济影响,现在又是这一地区最有潜力的旅游开发点之一,因此在开发深沪湾—围头湾整条海岸线时将福全古村落作为开发点重点之一,以点带线,带动周边村落和整个海岸线的旅游开发是最为合适的。

4.6　旅游路线规划

从晋江市域而言,其旅游路线的安排应纳入深沪湾国家地质公园的范围之中,成为整个公园的一个重要的旅游胜地,则以围头湾—南江—洋下—溜江—福全—石圳—变质岩保护区—科任—东海—深沪湾景区形成主干游线路线。

从福全古村落而言,则以西门—福寿广场—蒋德璟故居(所治展示馆)—蒋氏宗祠—遗功祠—临水夫人庙—元龙山关圣夫子庙—朱文公遗址—许厝潭—东门—校场—官厅池—北门水关—北门—滨海古港为 1 号旅游路线,以"漫步所城"为旅游意境,展示福全所城的历史与英雄壮烈的故事,体验闽南古所的文化的精髓。

2 号游线则以西门—福寿广场—林氏家庙—全祠—翁思诚故居—太福街—庙兜街—妙高远眺台—南门—眉山烟寺—三台禁约—福全非物质展示馆、地方艺术乐园—蒋氏宗祠—北门—滨海古港,以"万家寻宗"为旅游意境,渲染血脉情结,同根谒祖的认同感。(如图9-14、图 9-15 所示)

图 9-13　旅游项目布局

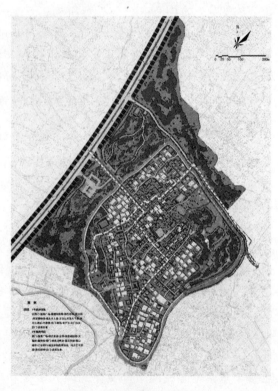

图 9-14　旅游路线组织

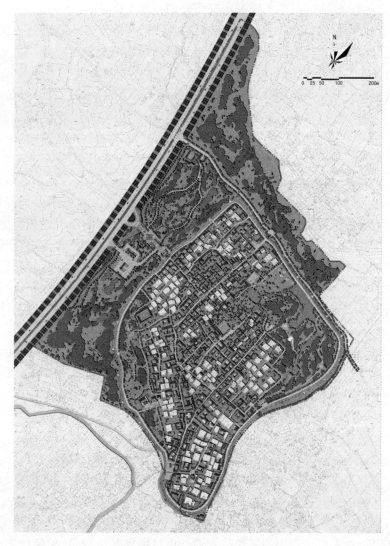

图 9-15　福全古村落规划总平面

5　结语

　　具有千年发展历史的福全古村落留给我们许多精彩,其中包含了大量的传统古厝、番仔楼、石屋等物质文化遗存,还包含了具有浓郁地域特色的闽海文化与闽南精神,这份厚重的历史遗产需要我们去珍惜、保护,并且最大限度地用我们的智慧去合理利用这些留存,激活其活力,为今天的社会发展服务。

5.1　充分调动各主体力量的积极性

　　目前福全古村落保护与发展中暴露出诸多问题,从表面上看是一片"混乱",而实质在于各方主体力量利益分配的不均导致了混乱,而且面对这一混乱,作为地方管理部门往往更多的是无所作为,因此,在缺乏上级政府部门管理与经济资助缺位的现实情况下,消除这一混乱更需要整合和发挥各方力量,其中包括村民委员会的力量、海外华侨力量、村民自身力量等,用制度的整合发挥出各要素的最大价值,来弥补政府的"有限理性"问题,这是福全古村落文化遗产保护与再利用模式创新的重要方面。

　　对村民个人而言,只要对他们进行适当的经济补助和技术引导,民居建筑的保护与再利用工作就可以推进,因为村民作为古村落的居民和物业的所有者,当然都希望保护好属于他们自己的财产,并不断改善自己的居住条件。另外,他们也愿意跟随民间力量为古村落的准公共物品和公共物品的保护利用贡献力量。因此,从个人层面剖析,解决问题的关键在于经济补助与技术引导。

其次,对民间力量而言,作为地方政府,诸如金井镇、晋江市政府首先应尊重这一民间的力量,用宽容的工作态度去倾听他们对福全古村落发展的设想。再给予政策上的支持与鼓励。这么多年来,福全古村落的民间力量的基础是非常坚实的,所城城墙的修复、村落道路、桥梁、水渠的整治等等都源自于他们的资助,因此,作为地方政府应充分认识到这股力量的存在,要最大限度地鼓励这股力量在古村落保护与旅游发展中发挥作用。

5.2　建立有效的资金运作机制

基于上述,福全目前的矛盾在于利益分配的不均衡,而其矛盾根源在于资金运作机制的缺乏。一方面,缺乏多渠道的资金来源,另一方面缺乏资金的监管机制。目前,福全古村落保护资金的来源局限于海外侨胞的资助,而对于文物保护领域的专项资金、国家级历史文化名村的专项保护资金等,大多数村民都不知情。对此,作为村落的主体——村民委员会应主动承担申请工作,加强宣传,按照国家的相关规定申请,以此拓展资金来源,同时,通过申请的过程,加大宣传力度,使村民知道作为国家级历史文化名村是有一定数量的经济支持的,是完全有条件处理好自身房屋财产的问题,古村落是存在良好的发展前景的,以此调动村民参与古村落保护与发展的积极性,消除村民"只知道历史文化名村限制其建设,不知道历史文化名村的好处"认识上的偏误。

另外,需要建立有效的资金监管机制。目前,海外侨胞的大量资助,有些被挪作他用,由此引发了侨胞与村委会的矛盾。所以,需要建立一个有效的监管机制,监督每项资金的使用情况。比如,应加强定期公示资金的使用情况,以增加资金运作的透明度。

5.3　建立古村落保护管理委员会

福全古村落作为国家级的历史文化名村,必须建立专门的机构,用于管理古村落的保护与发展工作,其管理机构由地方政府根据《历史文化名城名镇名村保护条例》、《中华人民共和国文物保护法》、《中华人民共和国文物保护法实施条例》、《历史文化名城保护条例》、《福建省文物保护管理条例》及《国家历史文化名村——福全保护规划》的相关内容建立,建议设立福全历史文化名村保护管理委员会(下简称"管委会"),统一负责保护管理、协调有关部门的工作。管委会由村民委员会成员、村民代表、海外华侨代表、金井镇政府代表及晋江市城市规划、建设、文化、旅游等管理部门的代表等组成,为了便于开展工作,应设立常设机构负责福全古村落的日常管理事务,常设机构成员由管委会选举产生。另外,为使遗产保护与旅游发展项目能够科学合理的开展,应设立技术咨询中心,该中心可以聘请国内外从事遗产保护、村落旅游等方面的专家、规划师、建筑师等加盟,有针对性地开展工作,以解决村民建设中技术上的困境。

其次,要建立相应的管理制度,其制度设计上应按照《历史文化名城名镇名村保护条例》、《中华人民共和国文物保护法》、《中华人民共和国文物保护法实施条例》、《历史文化名城保护条例》、《福建省文物保护管理条例》及《国家历史文化名村——福全保护规划》的要求,制定《福全古村落历史文化遗产保护管理条例》,所有保护活动都必须在条例的约束下进行。

5.4　培养稳定的古建筑修缮队伍,加强实施技术保障

为保证地方民居建筑特色的延续性,应重视技术及材料支持体系在实践中的作用,因此,管委会一方面要依托技术咨询中心的力量指导保护工作的开展,另一方面应对古村落保护管理人员实施定期培训制度,培养稳定的技术管理队伍,保证古村落的保护性建设按规划要求进行。同时,对参与古建筑修缮的设计施工队伍进行资格审查,并确保古建筑的修缮在技术咨询中心专家指导下进行。

5.5　建立一种协调与监督机制

为了确保管委会工作的顺利开展及最大限度地调动各方面力量的积极性,有必要建立一种协调与监

督机制,该机制应确保民间力量、村民个人或其他力量有权对管委会的策略进行评价、监督和抗议,上级政府对管委会的不佳政绩可以采取有效的惩罚措施,实现民间力量与政府力量双重监管管委会的工作。

　　总之,福全古村落的保护需要一系列机制的共同作用,任何单一力量都难以从根本上解决实际问题。因此,需要的是充分发挥闽南人特有的精神——团结一致、敢闯敢拼的精神,以合力的形式来解决问题,这也是闽南文化的本质所在。而对于古村落的旅游发展,则应抓住两岸文化交流的时代背景,深入挖掘福全所有的资源,强调区域旅游的合作与资源的有效整合,以此提高整个区域的旅游竞争力,这是实现福全乃至整个闽南地区旅游业可持续发展的新思路和必然选择。

后　记

　　福全古村落是东南沿海具有军事防御意义的千年古村落，曾经在六百多年前见证了闽南沿海的乡村社会、宗族血缘、军事防御、人口迁移等历史变迁的历程，也见证了村落自身的变迁历程。我非常幸运主持了《福全历史文化名村保护规划》的编制工作，目前该工作已经完成数年，该规划也通过了福建省住建厅的评审，并获得了好评。

　　数年来我一直想为这个村落写些文章，整理成一部书，以感谢福全古村落里曾经帮助我们的乡贤们，今日行书至此，当年蒋福衍、翁永南、许瑞安等人的鼎力相助依旧历历在目。记得我们一行 11 人，2008 年 8 月 11 日从上海坐火车去厦门，然后周转至福全古村落，那时天气非常炎热，室外温度达到 39℃。地方政府因对古村落保护认识上的不同而不愿意提供配合，村委会办公楼大门紧闭，无人接待，而且村落内没有旅馆与餐馆，对此，我们顿然一片茫然，不知所措。此时年近八十的蒋老先生与翁老先生蹒跚而来，操着一口带有浓重闽南口音的普通话跟我们交流，热情地接纳了我们，而且解决了我们的住宿与就餐问题。住宿安排在废弃的福全小学的办公室里，竹席与毯子是由村书记现买的，我、东南大学的顾凯博士、我的学生杨杰、李少俊、施华丰等一起打扫了房间，依稀记得当时打死了数十个蟑螂；就餐是许瑞安教授帮忙解决的，就在村里的一位厨师家里，他非常热情，把家里最好的饭菜给我们吃。后来的数次补充调研，也都是由蒋老先生、翁老先生帮忙解决的，吃住在蒋老先生的家里，翁老先生负责陪同我们调研。福全古村落的乡贤们对我们无私的帮助，令我们终生难忘，如今两位老先生已经仙逝，没能看到《福全历史文化名村保护规划》最终审批通过，更无法看到五年后本书的出版，我对此深感内疚。所以，此书首先献给这两位乡贤。

　　许瑞安教授是位非常耿直的学者，是位爱乡崇孝的华侨。他对我们的帮助也是非常之大的，可以说没有许教授的帮忙，《福全历史文化名村保护规划》难以完成，本书成稿也难以完成。许教授从我们进入村落开始调研起，就一直帮助我们，为我们提供许多文献资料，并带我们去考察崇武，跟我们讲述福全的历史……而且事隔五年后，我们重返福全进行回访时，也是许教授接待我们，协助我们进行一系列的调研工作。另外，从我们的研究中也看出，福全古村落没有许教授的努力，不可能成为国家历史文化名城；没有许教授与海外华侨的联系与努力，不可能有大量的海外基金投入福全的保护事业。所以，许教授为他的家乡付出了许多许多，福全应该感谢他，我们应该感谢他。所以，此书也献给热爱这片土地的、拥有一份赤子之心的华侨。

　　在本书完稿之际，曾国雄、许自展等华侨突然来上海找到了我，向我讲述了关于村委会在西门外违章建设的事件，我带他们去拜访了我的老师阮仪三教授，阮老师对此非常气愤，即刻写信给福建省住建厅、福建省文物局，反映了此事，并请求福建省相关部门处理此事。但是时至今日，此事才勉强得以解决，对此我再次感到愧疚，愧对海外的游子，愧对这个具有千年历史的古村落……

　　本书终于完稿，其间几经搁笔，无法安心写作，源自于我的浮躁。另外，书中许多内容涉及历史学、社会学的知识，而我原本是研究建筑的，因此一定还有许多地方存在问题，需要进一步深入探究。

　　本书的写作中，还得到了《文汇报》高级记者施宣园、包明廉两位前辈的帮助与指点。施老师是闽南人，福全是施老师介绍我们去的，其间他曾多次不辞辛劳地帮我们协调了许多事情，没有他的从中协调，我们的保护规划编制不会如此顺利地完成。另外，书稿的写作也得到了两位前辈的多次指点，在此表示感谢。

　　本书受到教育部青年基金项目(11YJCZH229)：两岸文化交流下的闽南古村落保护与发展研究；国家社科青年基金项目(12CGJ116)：文化生态下闽台传统聚落保护与互动发展研究；中央高校基本科研业务

费专项资金资助(WZ1122002)：文化生态下的闽台古村落空间形态研究及华东理工大学骨干青年教师资助。在此一并致谢。

在写作过程,得到了东南大学建筑学院的朱光亚教授大力支持,先生认真校对了全文,并提出了许多有益的意见,在此表示感谢;同时还要感谢东南大学出版社的杨凡编辑,为本书的出版付出了心血。另外我的研究生夏圣雪、高虹、王璐璐、沈姝君等同学绘制了相关分析图;高虹运用 GIS、空间句法技术对福全古村落进行了研究,并参与撰写了第二章的部分内容;夏圣雪、沈姝君校对了全书,付出了辛苦的劳动。2012 年 11 月参加福全古村落回访调研的同学有:我的研究生严欢、高虹、徐珊珊等人;2008 年 8 月 11 日参加首次调研的学生有:南京工业大学的本科生:李少俊、杨杰、刘旭元,南京三江学院的本科生:施华丰、马少亭、孙正、顾嘉庆、周永华,我的同窗:浙江大学的顾凯博士后;2008 年 11 月参加第二轮调研的学生有:施华丰、张松以及东南大学的研究生:李湘琳、田澄、金超、宿新宝博士;2009 年 4 月参加第三轮调研的学生有:李湘琳、庞旭、田澄、金超、施华丰;2009 年 11 月参加第四轮调研的有:施华丰、庞旭、田澄等。另外《规划师》杂志的编辑梁倩小姐、南京大学的蒋伟参加了文史组的研究,卢群、王征等同学参与了《福全历史文化名村保护规划》的编制工作。其中许多同学现在已经毕业或工作了,在此感谢他们的工作。

最后,感谢我的爱妻与我的儿子。记得福全调研时我的儿子才 4 岁,天天期盼我早日回家能够给他带礼物,书稿完成时,我的儿子已经上学了,让人不由感叹时间流逝之快。

张 杰
于上海华理苑
2013 年 11 月